全国中医药行业高等职业教育"十二五"规划教材

有 机 化 学

（供中药学、药学、药品生产技术等专业用）

主　编　陈　瑛（重庆三峡医药高等专科学校）
副 主 编　赵桂欣（南阳医学高等专科学校）
　　　　　万屏南（江西中医药大学）
　　　　　李　玲（湖南中医药大学）
　　　　　叶国华（山东中医药高等专科学校）
编　　委　(以姓氏笔画为序)
　　　　　王迎春（河北中医学院）
　　　　　田树高（重庆医药高等专科学校）
　　　　　刘江平（重庆三峡医药高等专科学校）
　　　　　孙　倩（辽宁医药职业学院）
　　　　　孙李娜（四川中医药高等专科学校）
　　　　　宋克让（宝鸡职业技术学院）
　　　　　姚　远（黑龙江中医药大学佳木斯学院）
学术秘书　王　振（南阳医学高等专科学校）

中国中医药出版社
·北 京·

图书在版编目（CIP）数据

有机化学/陈瑛主编 . —北京：中国中医药出版社，2015.10
全国中医药行业高等职业教育"十二五"规划教材
ISBN 978 - 7 - 5132 - 2514 - 4

Ⅰ.①有… Ⅱ.①陈… Ⅲ.①有机化学 - 高等职业教育 - 教材 Ⅳ.①O62

中国版本图书馆 CIP 数据核字（2015）第 110514 号

中 国 中 医 药 出 版 社 出 版
北京市朝阳区北三环东路 28 号易亨大厦 16 层
邮政编码 100013
传真 010 64405750
廊坊市晶艺印务有限公司印刷
各地新华书店经销

*

开本 787 × 1092 1/16 印张 19.75 字数 441 千字
2015 年 10 月第 1 版 2015 年 10 月第 1 次印刷
书 号 ISBN 978 - 7 - 5132 - 2514 - 4

*

定价 40.00 元
网址 www.cptcm.com

全国中医药职业教育教学指导委员会

张美林（成都中医药大学附属医院针灸学校党委书记、副校长）

张登山（邢台医学高等专科学校教授）

张震云（山西药科职业学院副院长）

陈　燕（湖南中医药大学护理学院院长）

陈玉奇（沈阳市中医药学校校长）

陈令轩（国家中医药管理局人事教育司综合协调处副主任科员）

周忠民（渭南职业技术学院党委副书记）

胡志方（江西中医药高等专科学校校长）

徐家正（海口市中医药学校校长）

凌　娅（江苏康缘药业股份有限公司副董事长）

郭争鸣（湖南中医药高等专科学校校长）

郭桂明（北京中医医院药学部主任）

唐家奇（湛江中医学校校长、党委书记）

曹世奎（长春中医药大学职业技术学院院长）

龚晋文（山西职工医学院/山西省中医学校党委副书记）

董维春（北京卫生职业学院党委书记、副院长）

谭　工（重庆三峡医药高等专科学校副校长）

潘年松（遵义医药高等专科学校副校长）

秘　书　长　周景玉（国家中医药管理局人事教育司综合协调处副处长）

前　言

中医药职业教育是我国现代职业教育体系的重要组成部分，肩负着培养中医药多样化人才、传承中医药技术技能、促进中医药就业创业的重要职责。教育要发展，教材是根本，在人才培养上具有举足轻重的作用。为贯彻落实习近平总书记关于加快发展现代职业教育的重要指示精神和《国家中长期教育改革和发展规划纲要（2010—2020 年)》，国家中医药管理局教材办公室、全国中医药职业教育教学指导委员会紧密结合中医药职业教育特点，充分发挥中医药高等职业教育的引领作用，满足中医药事业发展对于高素质技术技能中医药人才的需求，突出中医药高等职业教育的特色，组织完成了"全国中医药行业高等职业教育'十二五'规划教材"建设工作。

作为全国唯一的中医药行业高等职业教育规划教材，本版教材按照"政府指导、学会主办、院校联办、出版社协办"的运作机制，于 2013 年启动了教材建设工作。通过广泛调研、全国范围遴选主编，又先后经过主编会议、编委会议、定稿会议等研究论证，在千余位编者的共同努力下，历时一年半时间，完成了 84 种规划教材的编写工作。

"全国中医药行业高等职业教育'十二五'规划教材"，由 70 余所开展中医药高等职业教育的院校及相关医院、医药企业等单位联合编写，中国中医药出版社出版，供高等职业教育院校中医学、针灸推拿、中医骨伤、临床医学、护理、药学、中药学、药品质量与安全、药品生产技术、中草药栽培与加工、中药生产与加工、药品经营与管理、药品服务与管理、中医康复技术、中医养生保健、康复治疗技术、医学美容技术等 17个专业使用。

本套教材具有以下特点：

1. 坚持以学生为中心，强调以就业为导向、以能力为本位、以岗位需求为标准的原则，按照高素质技术技能人才的培养目标进行编写，体现"工学结合""知行合一"的人才培养模式。

2. 注重体现中医药高等职业教育的特点，以教育部新的教学指导意见为纲领，注重针对性、适用性及实用性，贴近学生、贴近岗位、贴近社会，符合中医药高等职业教育教学实际。

3. 注重强化质量意识、精品意识，从教材内容结构、知识点、规范化、标准化、编写技巧、语言文字等方面加以改革，具备"精品教材"特质。

4. 注重教材内容与教学大纲的统一，教材内容涵盖资格考试全部内容及所有考试要求的知识点，满足学生获得"双证书"及相关工作岗位需求，有利于促进学生就业。

5. 注重创新教材呈现形式，版式设计新颖、活泼，图文并茂，配有网络教学大纲指导教与学（相关内容可在中国中医药出版社网站 www.cptcm.com 下载)，符合职业院校学生认知规律及特点，以利于增强学生的学习兴趣。

在"全国中医药行业高等职业教育'十二五'规划教材"的组织编写过程中，得到了国家中医药管理局的精心指导，全国高等中医药职业教育院校的大力支持，相关专家和各门教材主编、副主编及参编人员的辛勤努力，保证了教材质量，在此表示诚挚的谢意！

我们衷心希望本套规划教材能在相关课程的教学中发挥积极的作用，通过教学实践的检验不断改进和完善。敬请各教学单位、教学人员及广大学生多提宝贵意见，以便再版时予以修正，提升教材质量。

国家中医药管理局教材办公室

全国中医药职业教育教学指导委员会

中国中医药出版社

2015 年 5 月

编写说明

本教材为全国中医药行业高等职业教育"十二五"规划教材之一,遵循全国中医药职业教育教学指导委员会、国家中医药管理局教材办公室制订的编写指导思想、编写原则和基本要求,牢固确立职业教育在国家人才培养体系中的重要位置,力求专业基础课为职业教育专业服务,在课程内容上与专业职业标准、教学过程、生产过程"三对接",提升人才培养质量,做到学以致用、统一规划、宏观指导,以服务专业人才培养为目标,坚持以育人为本,充分发挥教材在提高人才培养质量中的基础性作用,充分体现最新的教育教学改革和教材改革成果,以提高教材质量为核心,深化教材改革,全面推进素质教育。本教材供全国高等职业教育院校中药学、药学、药品生产技术等专业使用。

本教材在编写上以有机化学的基础知识、基本理论为主,充分考虑高职高专学生的特点,在教材内容上注重理论和实践相结合,重点介绍有机化学的基本知识,尽可能地删除了较深奥的有机化学理论分析和阐述。为了增强学生学习的目的性、自觉性及教材内容的可读性、趣味性,激发学生学习的主动性,突出培养学生分析问题和解决问题的能力,提高学习质量,本教材设立了"学习目标""知识链接""知识拓展""本章小结""思考与练习"等模块;每一章开篇通过"引子"强调各类有机化合物与药学、药物制剂等学科的联系以及在中药、化学药物中的应用,相关章节适当增加有关药物化学、环境化学及食品化学的内容,强化与有机化学相关的健康知识的联系。

本教材编写注意前后知识的连贯性、逻辑性,力求深入浅出,图文并茂,以有利于学生对新知识的理解。本教材中计量单位一律采用法定计量单位,有机化合物的名称遵循我国有机化合物命名原则,主要名词术语均附有英文,使用时可根据教学的实际情况进行补充和删减。

本教材由理论部分和实验部分组成,其中理论部分共15章、实验部分包含11个实验。编写分工如下:万屏南编写第一章、第五章、实验二;李玲编写第二章、第七章;王振编写第三章、实验三;刘江平编写第四章、实验十一;陈瑛编写第六章、第九章、实验七;孙倩编写第八章、实验四;宋克让编写第十章;姚远编写第十一章、实验十;叶国华编写第十二章;孙李娜编写第十三章、实验九;田树高编写第十四章、实验一;赵桂欣编写第十五章、实验五、实验六;王迎春编写实验八。编写中力求体现新知识、新理念、新方法,适当留有供自学和拓宽专业知识的内容,以便使用者根据学校专业情况进行选讲。

由于编写的时间紧、任务重,各位参编老师虽认真编写、反复修改,并进行交叉审阅,但对于"特色、创新"的认识还不够深入,加之编者的水平有限,书中难免有不妥之处,恳请广大师生提出宝贵意见,以便再版时修订提高。

《有机化学》编委会
2015 年 8 月

目　录

理论部分

理 论 部 分

第一章 绪 论

学习目标

掌握：有机化合物的特性，有机化合物的结构和共价键，有机化合物的结构表示方法。

熟悉：有机化合物与有机化学的概念，有机化合物的分类和共价键。

了解：有机化学的发展概况，有机化学与医药的关系。

【引子】有机化合物与人类生命活动息息相关，人体的组成成分除水和无机离子外几乎都是有机化合物，这些有机化合物在体内进行着一系列的化学变化，以维持体内正常的新陈代谢，保证人体健康。预防、治疗疾病需要的各类药物绝大多数是有机化合物。药物的提取、分离、合成、质量控制的研究都需要有机化学的基本知识。有机化合物的结构、特性、分类，有机化学与医药的关系均是本章要学习的内容，是学习后续内容的起点。

化学是一门研究物质的组成、结构、性质、变化及变化规律的科学，有机化学是化学的一个分支，其研究对象是有机化合物。

第一节　有机化学基础知识

一、有机化合物与有机化学

（一）有机化学的发展概况

回顾有机化学发展史，人们对有机化合物的认识是一个由表及里、由浅到深的过程，自有人类以来，就本能地与各种有机化合物打交道，从逐渐认识到利用、制备有机化合物经历了漫长的过程。我国在夏、商时代就知道酿酒、制醋，汉朝发明了造纸，成书于秦汉时期的药学专著《神农本草经》收载的许多药物都是有机物，这些都是我国古代认识和利用有机化合物对人类文明作出的贡献。

18世纪末，人们已经能够从动植物中提取分离出一系列较纯的有机化合物，如酒石酸、柠檬酸、乳酸、尿素等。由于当时这些有机化合物只能来源于有生命的机体，有些学者便提出了"生命力"学说，认为有机化合物只能在神秘的"生命力"作用下才能产生，不能用人工的方法由无机化合物合成。这种"生命力"学说曾牢固地统治着有机化学界，阻碍了有机化学的发展。

直到1828年德国化学家武勒（F. Wöhler）在实验室用无机化合物氰酸钾和氯化铵合成氰酸铵（NH_4OCN）时意外合成了尿素（NH_2CONH_2），才彻底推翻了"生命力"学说。继合成尿素之后，1845年柯尔贝（H. Kolbe）合成了醋酸，1854年贝特罗（H. Berthelot）合成了脂肪等有机化合物，此后又陆续合成了成千上万的有机化合物，开辟了人工合成有机化合物的新时期，推动了有机化学的发展。

> **知识链接**
>
> **有机化合物的应用**
>
> 我国于1972年从中药青蒿中分离得到抗疟有效单体青蒿素，青蒿素对鼠疟、猴疟的原虫抑制率达100%，是我国发现的第一个被国际公认的天然药物，被誉为"20世纪后半叶最伟大的医学创举"。1965年成功合成了具有生物活性的蛋白质结晶牛胰岛素，1981年又人工合成了与天然转移核糖核酸的化学结构和生物活性完全相同的酵母丙氨酸转移核糖核酸，在探索人类的生命奥秘和预防、治疗疾病方面迈出了重要的一步。

（二）有机化合物与有机化学

虽然多数有机化合物并非来源于有机体，但由于历史原因和习惯，迄今仍保留"有机化合物"这个词。有机化合物简称有机物，都含有碳元素，绝大多数含有氢元素，有的还含有卤素、氧、氮、硫、磷等元素，因此有机化合物可以定义为碳氢化合物及其衍生物。碳氢化合物又称烃类化合物，而衍生物是指碳氢化合物中的一个或多个氢原子被其他原子或原子团取代而得到的化合物。至于一氧化碳、二氧化碳、碳酸、碳酸盐等含碳化合物，因其有着典型的无机化合物的成键方式和性质而被看作是无机化合物。

有机化学是研究有机化合物的化学，主要是研究有机化合物的命名、结构、性质、合成、应用以及有机化合物之间相互转化所遵循的规律的一门科学。

（三）有机化合物的特性

组成有机化合物的基本元素碳位于元素周期表的第二周期第ⅣA族，碳原子的最外层有四个电子，失去或得到四个电子都很困难，所以有机化合物分子中碳与碳或与其他原子都是通过共用电子对形成共价键相结合的。碳原子的成键特性决定了有机化合物与无机化合物相比，有很多的特殊性。

1. 容易燃烧　绝大多数有机化合物都能燃烧并放出大量的热，如酒精、汽油、天然气等。燃烧时先碳化变黑，最后生成二氧化碳和水，若含有其他元素则生成物中还有这些元素的氧化物，且若无金属时最后燃尽，不留残渣。大多数无机化合物则不易燃烧，也不能燃尽，这一特性可用来区别有机化合物和无机化合物。

2. 熔、沸点比较低　固体有机化合物的熔点一般比较低，多在400℃以下，而固体无机化合物的熔点却比较高。这是因为固体有机化合物属于分子晶体，排列在晶格中的有机化合物分子之间是以较弱的范德华（Van der Waals）力相吸引，只需较低能量就可以被破坏；固体无机化合物多属于离子晶体，排列在晶格中的正负离子靠静电引力相吸引，需要较高能量才可以被破坏。同样，液体有机化合物的沸点也比较低。有机化合物的熔、沸点比较低且容易测定，故常用来鉴定有机化合物。

3. 难溶于水　有机化合物多是非极性或弱极性的，根据"相似相溶"经验规则，有机化合物一般难溶于极性强的水，而易溶于苯、乙醚等非极性或弱极性的有机溶剂。

4. 反应速度比较慢　有机化合物之间的反应比较慢，往往需要几十分钟、几小时甚至更长时间才能完成，而无机化合物之间的反应很快，瞬时完成。这是因为有机化合物的反应一般为分子之间的反应，反应速度取决于分子之间的有效碰撞，反应速度慢；无机化合物的反应为离子反应，反应速度快。通常采取加热、加压、振摇、搅拌以及使用催化剂等方法来加快有机化合物的反应速度。

5. 反应产物复杂　有机化合物分子结构比较复杂，当与某一试剂发生反应时，反应并不局限于分子的某一特定部位，所以反应产物比较复杂，除主要反应产物外，还常伴随着一些副反应产物，这在无机反应中是不常见的。

6. 普遍存在同分异构现象　有机化合物分子中的碳原子相互结合力强、结合方式多，使得有些有机化合物的分子式虽然相同，却有着不同的分子结构和不同的性质，如分子式为 C_2H_6O 的物质就有乙醇和甲醚两个结构不同、性质不同的化合物。分子式相同而化学结构不同的化合物称为同分异构体，这种现象称为同分异构现象。有机化合物普遍存在同分异构现象，这是造成有机化合物数目众多的主要原因之一。无机化合物结构简单，一个化学式只代表一种物质。

有机化合物的特性都是相对的，为大多数有机化合物所具有，少数例外。例如四氯化碳不仅不燃烧，反而用于灭火；乙醇、乙酸等与水以任意比例互溶；TNT加热到240℃时发生爆炸等。

二、有机化合物的结构与共价键

（一）有机化合物的结构

有机化合物的结构决定性质，而根据有机化合物的性质又可以推断其结构，研究有机化合物的结构是有机化学的重要内容之一。

1. 有机化合物的经典结构理论　19世纪后期开库勒（A. Kekulé）、古柏尔（A. Couper）及布特列洛夫（Butlerov）等先后提出有关有机化合物的经典结构理论，其要点可以归纳为：①有机化合物中碳总是四价，而且四个价键是等同的，每一个价键可用一条短线表示，其他元素也都有各自的化合价，如氢为一价，氯为一价，氧为二价，氮为三价等；②碳原子除能与其他原子结合外，还可以自身以单键、双键或叁键的形式相互结合，形成碳链或碳环；③分子中组成化合物的若干原子是按一定的顺序和方式连接的，这种连接顺序和方式称为化学结构，简称结构，现在根据IUPAC的建议改称为构造。

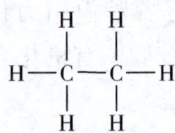　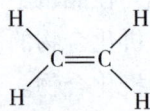　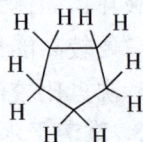

| 乙烷 | 乙烯 | 乙炔 | 环戊烷 |

2. 有机化合物的立体结构　进入20世纪后，人们对有机化合物的立体结构有了初步认识。1874年范霍夫（J. H. Van't Hoff）和勒贝尔（J. A. Le Bel）总结前人研究所得的一些事实，分别提出饱和碳原子的正四面体结构理论，并形象地制作了正四面体的模型。甲烷的正四面体模型如图1-1所示，碳原子处于正四面体的中心，四个氢原子分别处在正四面体的四个顶点，各价键之间的夹角为109°28′。

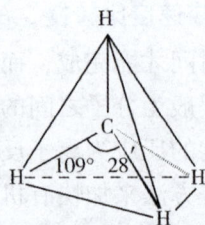

图1-1　甲烷的正四面体模型

甲烷的立体结构也可以用图1-2所示球棒模型（Kekulé模型）表示，不同的圆球表示各种不同原子，短棒表示原子间的价键。球棒模型可以清楚地反映出分子中各原子的连接情况及共价键的方向和键角，但实际上甲烷分子中原子间的距离并不像球棒模型所表示的那么远，根据实际测得的原子大小和原子核间的距离，按比例制成甲烷分子的比例模型

（Stuart 模型）如图 1-3 所示，它能更正确地反映出分子中各原子的连接情况。

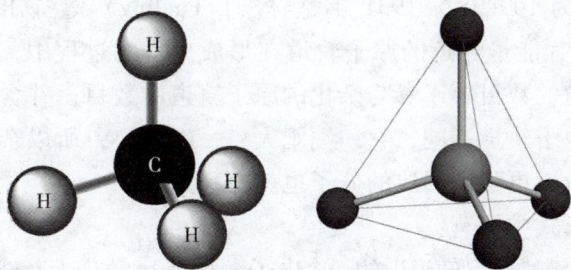

图 1-2 甲烷的球棒模型   图 1-3 甲烷的比例模型

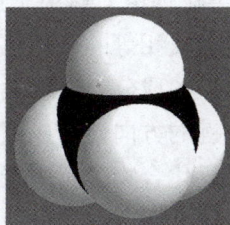

（二）共价键

1. 共价键的形成　运用量子力学处理共价键问题一般有价键法和分子轨道法，在此仅简单介绍价键法。价键法是把价键的形成看作是电子配对或原子轨道重叠的结果，成键电子局限于两个成键原子之间运动。

（1）价键法的基本要点

①自旋方向相反的未成对电子配对形成共价键：如果 A、B 两个原子各有一个自旋方向相反的未成对电子，可以相互配对形成共价单键（A—B）；如果 A、B 两个原子各有两个或三个自旋方向相反的未成对电子，则可以相互配对形成共价双键或叁键（A=B 或 A≡B）；如果 A 原子有两个未成对电子，B 原子有一个未成对电子，则 A 原子就可以和两个 B 原子相结合形成 B_2A 或 AB_2，如 H_2O；如果没有未成对电子则无法形成共价键。所以原子的未成对电子数一般就是原子的共价键数。

一个原子有几个未成对电子，就可以和几个自旋方向相反的未成对电子配对成键，一个未成对电子一旦配对成键后，就不能再与其他未成对电子配对，所以共价键具有饱和性。

②原子轨道最大程度重叠形成共价键：原子轨道重叠程度越大，体系的能量越低，形成的共价键越稳定。不同的原子轨道在空间有不同的取向，成键的两个原子轨道必须按一定方向，才能达到最大程度的重叠，所以共价键具有方向性。如形成 HCl 分子时，只有氢原子的 1s 轨道沿着氯原子的 3p 轨道对称轴方向，才能达到最大程度重叠，如图 1-4 所示。

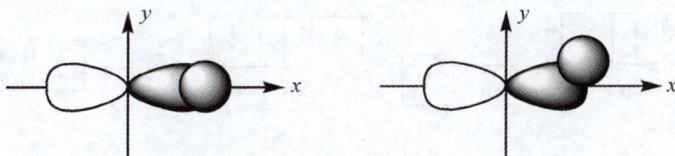

最大程度重叠   非最大程度重叠
图 1-4 1s 轨道与 3p 轨道的重叠

（2）杂化轨道理论　碳原子的核外电子排布是 $1s^2 2s^2 2p_x^1 2p_y^1 2p_z^0$，有 $2p_x^1$ 和 $2p_y^1$ 两

个未成对轨道，按照价键理论碳只能形成两个共价键且键角为 90°，但实际上甲烷分子中有四个完全等同的共价键，键角均为 109°28′。1931 年鲍林（L. Pauling）等提出的"轨道杂化理论"解决了这一矛盾，认为能量相近的原子轨道在形成分子的过程中，可以组成能量相等的杂化轨道；杂化轨道的数目等于参与杂化的原子轨道的数目，并含有原子轨道的成分；杂化轨道的外形与原子轨道不同，它一端肥大、一端细小，所以杂化轨道成键的方向性和成键能力比原子轨道更强，形成的分子也就更稳定。

有机化合物分子中碳原子的杂化形式主要有：

①碳原子的 sp^3 杂化：碳在形成共价键时，2s 轨道上的一个电子激发到 2p 轨道上，然后一个 s 轨道和三个 p 轨道重新组合杂化，形成四个完全等同的 sp^3 杂化轨道，如图 1-5 所示。

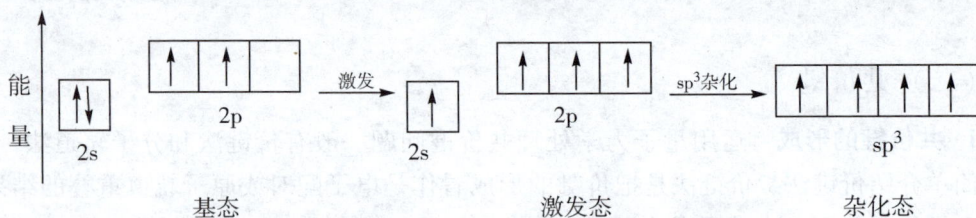

图 1-5　碳原子的 sp^3 杂化

sp^3 杂化轨道呈一头大、一头小的葫芦形，比原来的 s 轨道和 p 轨道有更明显的方向性，有利于原子轨道达到最大程度重叠。每个 sp^3 杂化轨道均由 1/4s 成分和 3/4p 成分组成，四个 sp^3 杂化轨道呈现正四面体的空间排布，夹角 109°28′，如图 1-6 所示。

s轨道　　　p轨道　　　sp^3杂化轨道　　　四个sp^3杂化轨道空间分布

图 1-6　s 轨道、p 轨道、sp^3 杂化轨道

②碳原子的 sp^2 杂化：碳在形成共价键时，碳的激发态的一个 s 轨道和两个 p 轨道重新组合杂化，形成三个完全等同的 sp^2 杂化轨道，还剩余一个 p 轨道未参与杂化，如图 1-7 所示。

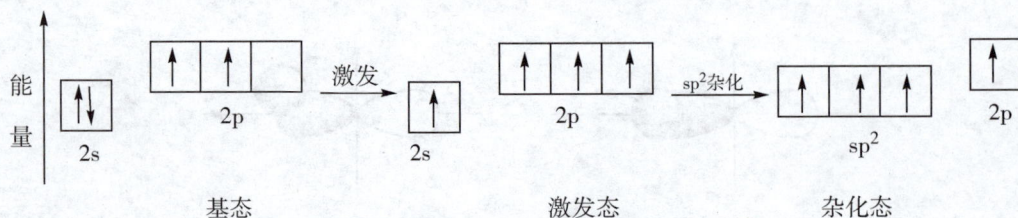

图 1-7　碳原子的 sp^2 杂化

每个 sp^2 杂化轨道均由 1/3s 成分和 2/3p 成分组成，三个 sp^2 杂化轨道呈现平面三角

形的空间排布，夹角120°，如图1-8所示。未参与杂
化的p轨道垂直于sp²杂化轨道所在的平面。

③碳原子的sp杂化：碳在形成共价键时，碳的激
发态的一个s轨道和一个p轨道重新组合杂化，形成两
个完全等同的sp杂化轨道，还剩余两个p轨道未参与
杂化，如图1-9所示。

图1-8 三个sp²杂化轨道空间分布

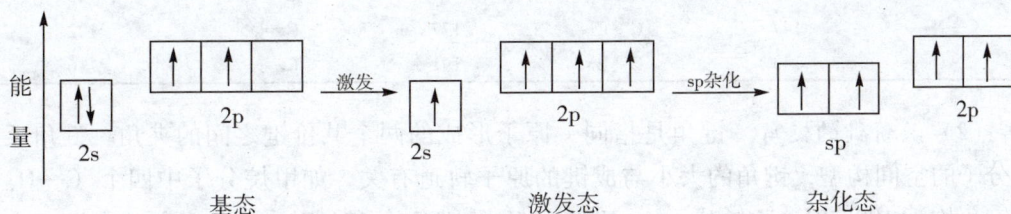

图1-9 碳原子的sp杂化

每个sp杂化轨道均由1/2s成分和1/2p成分组成，两个sp杂化轨道呈现直线形的
空间排布，夹角180°，如图1-10所示。未参与杂化的两个p轨道互相垂直，并垂直于
两个sp杂化轨道所在的直线。

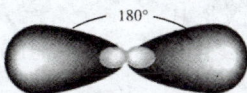

图1-10 两个sp杂化轨道空间分布

2. 共价键的类型 根据原子轨道重叠方式不同，共价键分为σ键和π键两种类型。

（1）σ键 σ键是原子轨道沿键轴方向以头碰头的方式发生轨道重叠形成的共价
键，这种重叠程度较大，所以σ键比较稳定。σ键电子云沿键轴呈圆柱形对称分布，s-
s、s-p_x、p_x-p_x等原子轨道均可形成σ键。如图1-11所示。

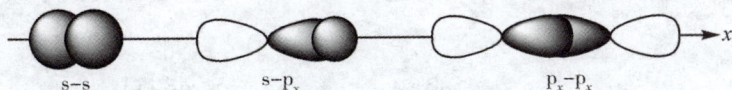

图1-11 σ键的形成

（2）π键 π键是原子轨道沿与键轴垂直的侧面以肩并肩的
方式发生轨道重叠形成的共价键，这种重叠程度较σ键小，所以
π键不太稳定。π键电子云分布在键轴的上方和下方，p_y-p_y、p_z-
p_z等原子轨道均可形成π键，如图1-12所示。

3. 共价键的键参数 表征共价键性质的物理量常用键长、键
角、键能和键的极性等。

（1）共价键的键长 键长是指成键的两个原子核间的距离。
相同共价键的键长一般不变，但在不同的化合物中，由于化学结

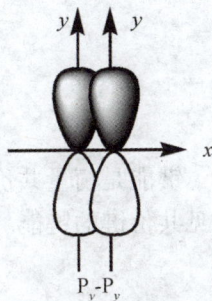

图1-12 π键的形成

构不同，分子中原子间相互影响不同，共价键键长存在一些差异。不同原子形成的共价键键长不同，键长越短，键越牢固；键长越长，越容易受到外界电场的影响。所以共价键的键长可用于估计共价键的稳定性。表1-1列出了一些常见共价键的键长。

表1-1 一些常见共价键的键长

共价键	键长（pm）	共价键	键长（pm）	共价键	键长（pm）
C—H	109	N—H	103	C=C	134
C—C	154	O—H	97	C≡C	120
C—N	147	C—Cl	177	C=O	122
C—O	143	C—Br	191	C≡N	116

（2）共价键的键角 键角是指同一原子形成的两个共价键之间的夹角。键角反映了分子的空间构型，键角的大小与成键的原子轨道有关，如甲烷分子中四个 C—H 键的键角均为109°28′，乙烯分子中 H—C—C 的键角为121.7°，乙炔分子中 H—C—C 的键角为180°。但由于连接的基团不同，键角会有不同程度的变化，如丙烷分子中 C—C—C 的键角为112°，H—C—H 的键角为106°。

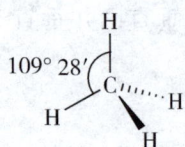
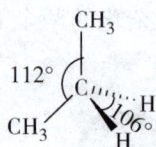
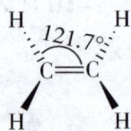

甲烷   丙烷   乙烯   乙炔

（3）共价键的键能 键能是指标准状态下 A 和 B 两种气态原子结合成 1mol A—B 气态分子时所放出的能量，用 E 表示。标准状态下 1mol 气态 A—B 分子解离为 A 和 B 两种气态原子所需的能量则称为解离能，用 D 表示。双原子分子中共价键的键能就是该键的解离能，多原子分子中共价键的键能则是断裂分子中相同类型共价键所需能量的平均值，如甲烷分子中 C—H 键的平均键能（415.5kJ/mol）是断裂四个碳氢键的解离能的平均值。

$CH_3\text{—}H \longrightarrow \cdot CH_3 + H\cdot \qquad D = 435.4 \text{ kJ/mol}$

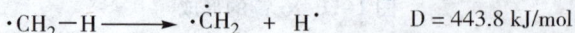

$\cdot CH_2\text{—}H \longrightarrow \cdot \dot{C}H_2 + H\cdot \qquad D = 443.8 \text{ kJ/mol}$

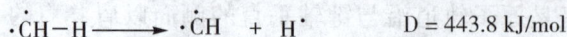

$\dot{\cdot}CH\text{—}H \longrightarrow \dot{\cdot}CH + H\cdot \qquad D = 443.8 \text{ kJ/mol}$

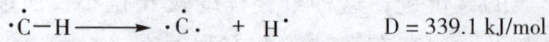

$\dot{\underset{\cdot}{\cdot}}C\text{—}H \longrightarrow \dot{\underset{\cdot}{\cdot}}C\cdot + H\cdot \qquad D = 339.1 \text{ kJ/mol}$

键能是衡量共价键强度的一个重要参数，键能越大，键越牢固，表1-2列出了一些常见共价键的键能。

表1-2　一些常见共价键的键能

共价键	键能（kJ/mol）	共价键	键能（kJ/mol）	共价键	键能（kJ/mol）
H—H	435.3	N—H	389.3	C=C	611.1
C—H	415.5	O—H	464.4	C≡C	837.2
C—C	347.3	C—Cl	338.9	C=O（醛）	736.7
C—N	305.6	C—Br	284.6	C=O（酮）	749.3
C—O	359.8	C—I	217.8	C≡N	891.6

（4）**共价键的极性**　共价键根据成键原子的电负性差异分为非极性共价键和极性共价键。两个相同原子形成共价键时，由于成键原子电负性相同，共用电子对均匀地分布在两个原子核之间，正负电荷中心相重叠，这样的共价键没有极性，为非极性共价键，如 H—H 、 Cl—Cl 键等。两个不同原子形成共价键时，由于成键原子电负性不同，共用电子对偏向于电负性大的原子，使正负电荷中心不相重合，这样的共价键有极性，为极性共价键。电负性大的原子电子云密度较大，带部分负电荷，用 δ^- 表示；另一端电子云密度较小，带部分正电荷，用 δ^+ 表示。如：

$$\overset{\delta^+}{H}-\overset{\delta^-}{Cl} \qquad \overset{\delta^+}{CH_3}-\overset{\delta^-}{Cl}$$

键的极性大小取决于成键原子电负性差异，电负性差越大，键的极性越强。键的极性大小由偶极矩来度量，偶极矩是正电荷中心或负电荷中心上的电荷值 q 与正负电荷中心之间的距离 d 的乘积，用 μ 表示，单位为德拜（D）或库仑·米（C·m），$1D = 3.33 \times 10^{-30} C·m$。

$$\mu = q \cdot d$$

偶极矩是矢量，用↦表示，箭头指向负电荷一端。双原子分子的偶极矩就是键的偶极矩；多原子分子的偶极矩是组成分子的所有共价键的偶极矩矢量之和。例如：

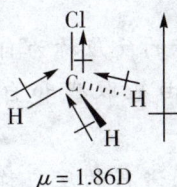

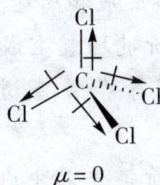

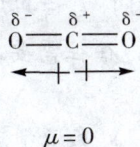

$\mu = 1.86D$　　　　$\mu = 0$　　　　$\mu = 0$

知识拓展

键的极化

由于外界电场的作用而使共价键的极性发生改变的现象称为键的极化，键极化的难易程度称为键的极化度。共价键的极化度除与外界电场强度有关外，还与成键原子的结构和键的种类有关。成键电子的流动性越大，键的极化度就越大。通常成键原子的电负性越大，原子半径越小，则核对外层电子束缚力越大，电子流动性越小，共价键的极化度就越小，反之就越大，如 C—X 键的极化度大小为 C—I ＞ C—Br ＞ C—Cl ＞ C—F。又如 π 键的极化度比 σ 键的大，因为原子核对 π 电子的约束力比对 σ 的要小，π 电子的流动性更大。

键的极化是在外界电场的作用下产生的，是一种暂时现象，消除外界电场，极化就不存在。而共价键的极性是由于成键原子的电负性差异所引起的，是键的内在性质，是永久性的，只要键存在，共价键的极性就存在。

4. 共价键的断裂方式　有机化合物进行化学反应时，共价键有两种不同的断裂方式。

（1）**均裂**　共价键断裂时，形成共价键的两个电子平均分配给两个原子或原子团，这种断裂方式称为均裂。均裂生成的带单电子的原子或原子团称为自由基或游离基，是反应过程中生成的一种活性中间体。

$$A : B \longrightarrow A\cdot + B\cdot$$

（2）**异裂**　共价键断裂时，形成共价键的两个电子完全转移给其中的一个原子或原子团，这种断裂方式称为异裂。异裂生成的正、负离子是反应过程中生成的又一种活性中间体。

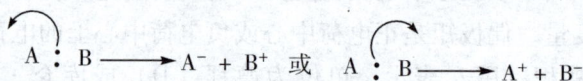

$$A : B \longrightarrow A^- + B^+ \quad \text{或} \quad A : B \longrightarrow A^+ + B^-$$

知识拓展

有机化学反应类型

1. 按共价键断裂方式分类　根据反应过程中共价键的断裂方式，有机化学反应分为自由基反应、离子型反应和周环反应。

（1）**自由基反应**　通过共价键均裂生成自由基而进行的反应称为自由基反应，往往需要在加热或光照等条件下进行，包括自由基取代和自由基加成。

（2）**离子型反应**　通过共价键异裂生成正、负离子而进行的反应称为离子型反应，反应除需要催化剂外，一般由极性试剂进攻或在极性溶剂中进行。根据反应试剂分为亲电反应和亲核反应，亲电反应包括亲电取代反应和亲电加成反应，亲核反应包括亲核取代反应和亲核加成反应。

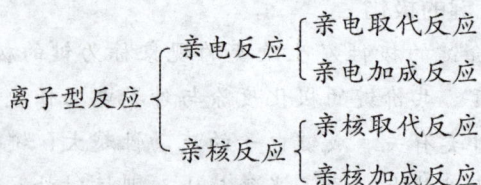

$$
离子型反应
\begin{cases}
亲电反应
\begin{cases}
亲电取代反应 \\
亲电加成反应
\end{cases} \\
亲核反应
\begin{cases}
亲核取代反应 \\
亲核加成反应
\end{cases}
\end{cases}
$$

（3）**周环反应**　反应过程中旧键的断裂和新键的形成同时进行，反应一步完成，无活性中间体生成，这类反应称为周环反应。

2. 按反应形式分类　根据反应物和生成物在反应前后的结构和组成的变化，有机化学反应分为取代反应、加成反应、聚合反应、消除反应和重排反应等。

三、有机化合物结构的表示方法

有机化合物普遍存在同分异构构现象，所以有机化合物一般不用分子式表示，而是用结构式来表示。有机化合物结构除构造外，还包括三维立体结构。

（一）有机化合物构造的表示方法

构造是分子中原子相互连接的顺序和方式，表示分子构造的化学式称为构造式。有机化合物的构造可以用蛛网式（构造式）、缩写式（构造简式）和键线式表示。

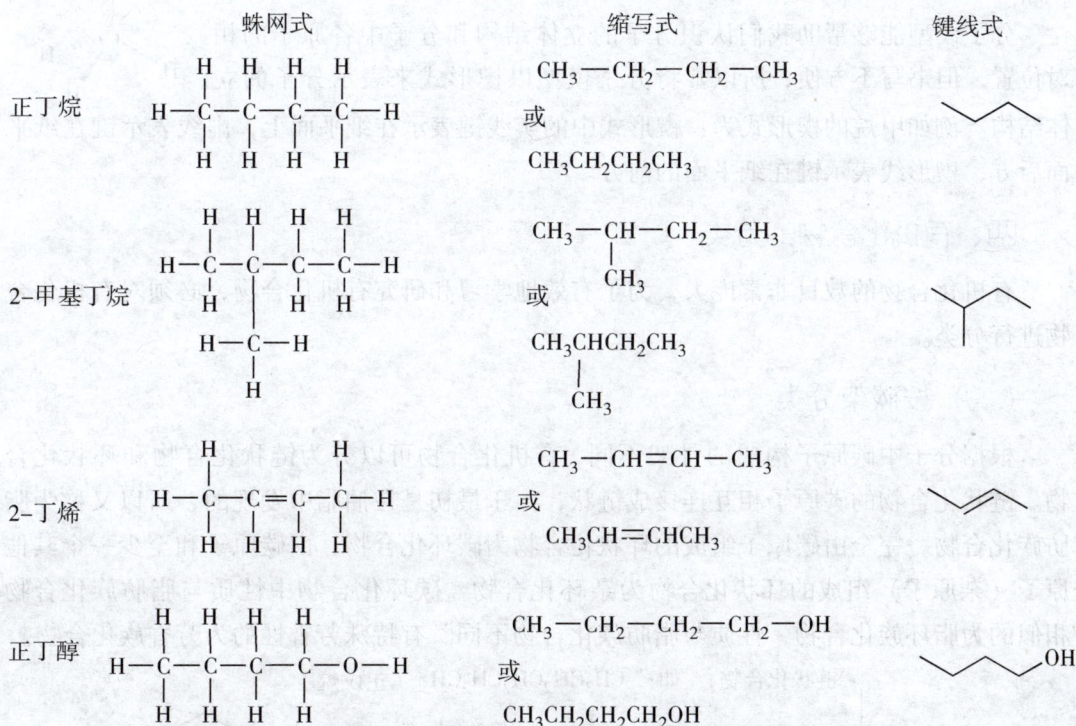

	蛛网式	缩写式	键线式
正丁烷		$CH_3-CH_2-CH_2-CH_3$ 或 $CH_3CH_2CH_2CH_3$	
2-甲基丁烷		$CH_3-CH-CH_2-CH_3$，CH_3 或 $CH_3CHCH_2CH_3$，CH_3	
2-丁烯		$CH_3-CH=CH-CH_3$ 或 $CH_3CH=CHCH_3$	
正丁醇		$CH_3-CH_2-CH_2-CH_2-OH$ 或 $CH_3CH_2CH_2CH_2OH$	

键线式书写有机化合物的构造简单方便，碳、氢元素符号都不写出，只写出与碳相连的其他原子或原子团，键与键之间的夹角与键角接近。例如：

缩写式   键线式

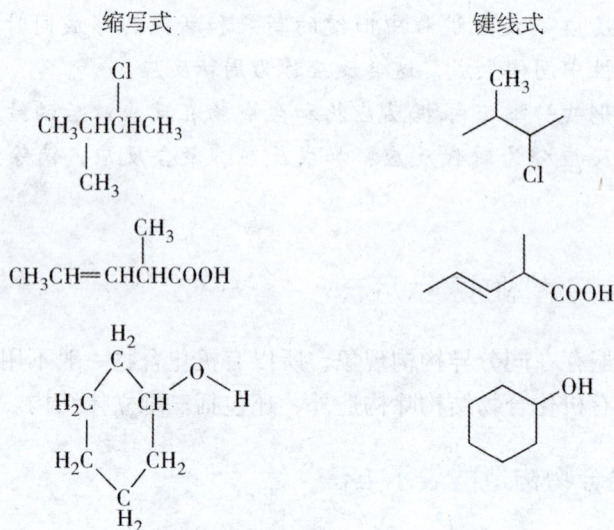

（二）有机化合物立体结构的表示方法

分子模型能够帮助我们认识分子的立体结构和分子中各原子的相
对位置，但书写不方便，所以常将分子模型以楔形式来表示分子的立
体结构。例如甲烷的楔形式为：楔形式中的实线键表示在纸平面上，虚线表示键在纸平
面后方，楔形线表示键在纸平面的前方。

四、有机化合物的分类

有机化合物的数目非常庞大，为了有效地学习和研究有机化合物，必须对有机化合
物进行分类。

（一）按碳架分类

根据分子中碳原子构成的骨架不同，有机化合物可以分为链状化合物和环状化合
物。链状化合物的碳原子相互连接成链状，由于最初是在油脂中发现的，所以又称为脂
肪族化合物。完全由碳原子组成的环状化合物为碳环化合物，由碳原子和至少一个其他
原子（杂原子）组成的环状化合物为杂环化合物。碳环化合物中性质与脂肪族化合物
相似的为脂环族化合物，性质与脂肪族化合物不同、有特殊芳香性的为芳香族化合物。

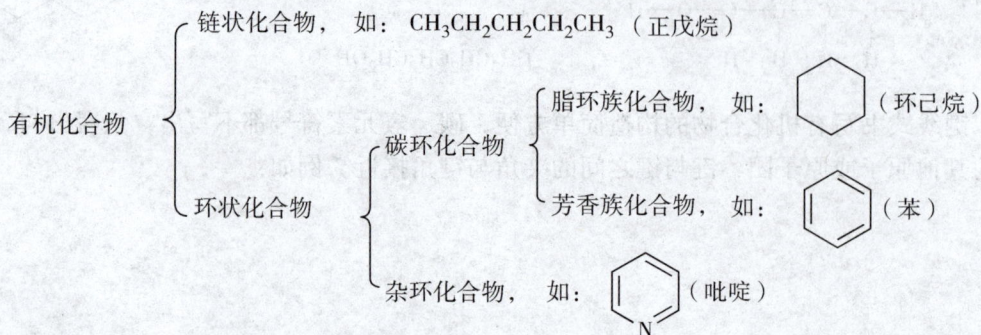

（二）按官能团分类

有机化合物中决定一类化合物主要化学性质的原子或原子团称为官能团。官能团相同的化合物的化学性质基本相同，所以将有机化合物按官能团分类便于认识它们的共性。表1-3列出了一些常见官能团及化合物分类。

表1-3 一些常见官能团及化合物分类

化合物	官能团	化合物	官能团	化合物	官能团
烯烃	C=C（双键）	醛、酮	$-\overset{O}{\overset{\|}{C}}-$（羰基）	酰胺	$-\overset{O}{\overset{\|}{C}}-NH_2$（酰胺基）
炔烃	—C≡C—（叁键）	羧酸	$-\overset{O}{\overset{\|}{C}}-OH$（羧基）	腈	—C≡N（氰基）
卤代烃	—X（卤素）	酰卤	$-\overset{O}{\overset{\|}{C}}-X$（酰卤基）	硝基化合物	$-NO_2$（硝基）
醇和酚	—OH（羟基）	酸酐	$-\overset{O}{\overset{\|}{C}}-O-\overset{O}{\overset{\|}{C}}-$（酸酐基）	胺	NH_2（氨基）
醚	—O—（醚基）	酯	$-\overset{O}{\overset{\|}{C}}-OR$（酯基）	磺酸	$-SO_3H$（磺酸基）

第二节 有机化学与医药

有机化学最初的含义就是研究生命物质的化学，即以生物体中的物质为研究对象，可见"有机"是同生命现象紧密相连而产生的，是历史的产物。有机化学与生命科学密切相关，是研究医药学的一门重要基础学科。

有机化学是开展生命科学研究的基础，20世纪90年代兴起的化学生物学是一门用化学的理论、研究方法和研究手段在分子水平上探索生命科学问题的学科，这是化学进入生命科学领域的标志。生命科学的发展说明，有机化学理论上和实验上的成就为现代分子生物学的诞生和发展打下了坚实的基础，如DNA双螺旋结构分子模型的提出就是基于对DNA分子内各种化学键的本质，特别是对氢键配对有了充分认识的结果。生命科学问题永远赋予有机化学研究者启示，为有机化学的发展充实、丰富了研究内容。医学研究的目的是预防、治疗疾病，为人类健康服务，其研究对象是以生命物质为基础构成的人体，这些生命物质在体内进行着一系列的化学变化，以维持体内正常的新陈代谢，保证人体健康。所以有机化学与生命科学相互融合、相互渗透，两者的学科界限越来越不清晰。

有机化学与药学关系甚为密切，预防、治疗疾病需要的各类药物绝大多数是有机化合物。合理使用各类药物，充分发挥各类药物的临床疗效，离不开对药物的化学结构与性状的认识；临床新药开发研究中，药物构效关系的研究，药物的合成、精制、质量控制与检测，药物剂型的选择与加工，药物生产工艺的改进等都需要扎实的有机化学知识；药物的运输、储存、保管等也需要通晓药物的理化性质。

有机化学是中药研究与创新的手段。中药主要是来自于动植物，组成非常复杂，一种中药往往具有多种功效，这与中药本身含有多种有效成分有关。弄清楚中药有效成分的作用机制，才能开发出临床上安全、有效、使用方便的中药新品种。中药的研究主要包括中药材的鉴定、炮制加工，中药药效研究，中药有效成分的分离、提纯、鉴定，中药质量控制与剂型改进等，这些都离不开有机化学的基本知识和实验技能。

本章小结

一、有机化学的概念

有机化学是研究有机化合物的化学，有机化合物是碳氢化合物及其衍生物。

二、有机化合物的特性

1. 容易燃烧。
2. 熔、沸点比较低。
3. 难溶于水。
4. 反应速度比较慢。
5. 反应产物复杂。
6. 普遍存在同分异构现象。

三、有机化合物的结构及表示方法

1. 分子中组成化合物的若干原子按一定的顺序和方式连接而成的构造可以用蛛网式、缩写式、键线式表示。
2. 饱和碳原子的正四面体立体结构可以用楔形式表示。

四、有机化合物分类

1. 按碳架分类。
2. 按官能团分类。

五、共价键

1. 共价键的形成：价键理论认为自旋方向相反的未成对电子配对或原子轨道最大程度重叠形成共价键，杂化轨道理论是对价键理论的补充说明，有机化合物中碳的杂化形式主要有 sp^3 杂化、sp^2 杂化和 sp 杂化。
2. 共价键有 σ 键和 π 键两种类型。
3. 共价键可以用键长、键角、键能和键的极性等物理量表征其性质。
4. 共价键有均裂和异裂两种断裂方式。

思考与练习

一、选择题

1. 共价键①C—H；②N—H；③H—F；④H—O 极性由大到小的顺序是（ ）

A. ④＞③＞②＞①
B. ④＞②＞③＞①
C. ①＞③＞②＞④
D. ③＞④＞②＞①

2. 甲烷分子中碳原子的杂化形式是（ ）

A. sp 杂化
B. sp^2 杂化
C. sp^3 杂化
D. sp^3 不等性杂化

3. 共价键发生均裂时生成的中间体是（ ）

A. 正离子
B. 负离子
C. 自由基
D. 无中间体

4. 下列化合物属于非极性分子的是（ ）

A. CCl_4
B. H_2O
C. HF
D. CH_3OH

二、名称解释

1. 有机化合物　　2. 构造　　3. σ 键和 π 键　　4. 键能

三、简答题

1. 有机化合物有哪些特性？有机化合物一般是怎么分类的？反映共价键本质和特性的键参数有哪些？

2. 根据有机化合物经典结构理论，用缩写式和键线式写出下列分子式的各种可能构造：（1）C_4H_{10}　（2）C_3H_6　（3）C_3H_4　（4）C_3H_8O　（5）CH_2O_2　（6）C_2H_7N

3. 下列化合物有偶极矩吗？如有，请标明其方向。

（1）CH_2Cl_2　（2）CCl_4　（3）HCHO　（4）CH_3OCH_3　（5）CH_3CH_2Cl

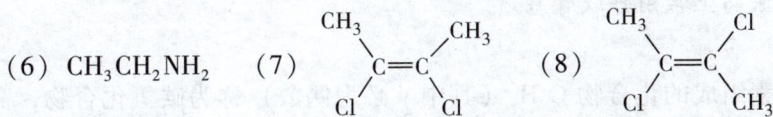

（6）$CH_3CH_2NH_2$　（7）

$$\underset{Cl}{\overset{CH_3}{C}}=\underset{Cl}{\overset{CH_3}{C}}$$

（8）

$$\underset{Cl}{\overset{CH_3}{C}}=\underset{CH_3}{\overset{Cl}{C}}$$

第二章　开　链　烃

学习目标

掌握：烷烃的化学性质及卤代反应历程；烯烃的化学性质及亲电加成反应历程；炔烃的化学性质；共轭二烯烃的结构和特性。

熟悉：烷烃的定义、结构（sp^3杂化、构象）、同分异构和命名；烯烃的定义、结构（sp^2杂化、π键）、同分异构和命名；炔烃的定义、结构（sp杂化）、同分异构和命名。

了解：烷烃的物理性质、制备方法以及重要的烷烃；烯烃的物理性质及重要的烯烃；炔烃和二烯烃的物理性质及重要的炔烃和二烯烃。

【引子】烃是一类非常重要的有机化合物，广泛存在于自然界中，如石油和煤中就存有大量的烃类物质。它们有的可以直接利用，有的则是用于制备其他化工和医药产品的原料，如液体石蜡主要成分是 18～24 个碳原子的液体烷烃的混合物，在医药上常用作肠道润滑的缓泻剂；凡士林是液体石蜡和固体石蜡的混合物，在医药上常用作软膏基质。

仅由碳氢两种元素组成的化合物 C_xH_y（其中 y 必为偶数）称为碳氢化合物，简称为烃。烃是一切有机化合物的母体，其他各类有机化合物均可视为它的衍生物。在烃类化合物中，四价的碳原子可以自身相互结合，形成各种链状或环状骨架。具有链状骨架的烃称为开链烃（链烃），具有环状骨架的称为闭链烃（环烃）。

链烃分子根据碳原子之间化学键的不同分为饱和烃和不饱和烃。

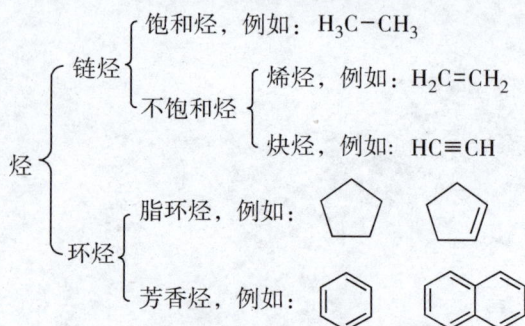

第一节 烷　　烃

烷烃是一类链烃，其主要结构特征是所有的碳原子彼此以单键连接。烷烃分子中氢原子数与碳原子数的比例达到了最高值，故亦称饱和烃。

一、同系列及分子通式

最简单的烷烃是甲烷，其他烷烃随着分子中碳原子数的增加，氢原子数也相应有规律地增加。烷烃的分子组成可用分子通式 C_nH_{2n+2} 来表示。具有同一分子通式，组成上相差 CH_2 及其整倍数并具有相同结构特征的一系列化合物，称为同系列。同系列中各化合物互称为同系物，相邻两同系物的组成差 CH_2 称为同系差。

二、分子结构和异构现象

（一）分子结构

烷烃分子中每个碳原子都是采用 sp^3 杂化轨道与其他碳原子或氢原子相键合，甲烷是一个完整的正四面体。含多个碳原子的烷烃，每个碳原子与相邻的四个原子在局部构成一个四面体，这种排列方式使各成键轨道相距最远，分子中非键合原子间的斥力最小，是最稳定的结构形式。电子衍射法证明，四个碳以上的烷烃碳链的主要立体形状呈锯齿状，这是烷烃分子内斥力最小，内能最低的一种空间排布形式。

烷烃中所有的碳碳键和碳氢键都是通过成键原子轨道轴向重叠而形成的 σ 键，σ键的成键电子主要在连接两个成键原子核的连线间运动，呈圆柱形轴对称。因此烷烃的碳链并非是静止的锯齿状碳链，因其每个碳碳键都在不停地旋转，分子中各个原子的相对空间位置亦在不断地变换，形象地说一个烷烃分子就像一条不断蠕动扭曲的虫子。

（二）同分异构现象

1. 构造异构　甲烷、乙烷和丙烷分子中原子间都只有一种连接顺序，三个碳原子以上的烷烃，碳链中碳原子的连接顺序不仅可以直链的形式连接，也可发生碳链的分支，出现碳链异构。如分子式为 C_4H_{10} 的烷烃就有两种碳链异构体，分子式为 C_5H_{12} 的烷烃则有三种碳链异构体。

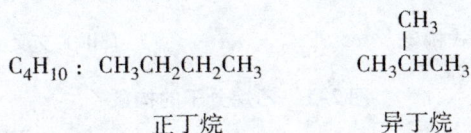

$$C_4H_{10}:\ CH_3CH_2CH_2CH_3 \qquad \overset{\displaystyle CH_3}{CH_3CHCH_3}$$

正丁烷　　　　　　　异丁烷

C_5H_{12}: $CH_3CH_2CH_2CH_2CH_3$ $CH_3CHCH_2CH_3$ CH_3-C-CH_3

正戊烷   异戊烷   新戊烷

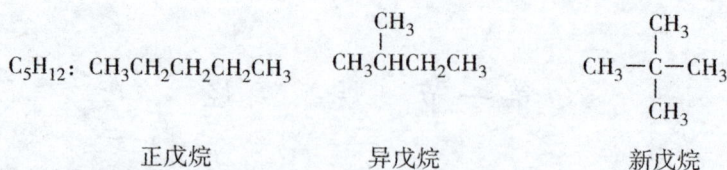

像这种分子式相同，分子的构造不同的同分异构现象称为构造异构。烷烃的碳链异构属于构造异构的一种。

为了表达碳链中不同结构类型的碳原子，常按它所直接连接的其他碳原子的数目为一、二、三或四，分别称为一级（伯或1°）、二级（仲或2°）、三级（叔或3°）或四级（季或4°）碳原子。连接在这些不同类型碳原子上的氢原子，则相应地称为一级（伯或1°）、二级（仲或2°）、三级（叔或3°）氢原子。四级（季或4°）碳原子上已没有多余的价键，不能再连接氢原子。下面结构的烷烃分子中，标明了这四种类型的碳原子。

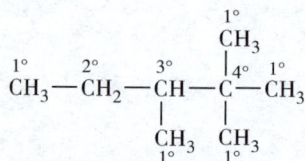

$CH_3-CH_2-CH-C-CH_3$

2. 构象异构 烷烃分子中 σ 单键沿着键轴的相对旋转虽然没有改变组成分子的各原子的连接顺序和方式，但它们的空间立体形象会发生改变。这种因 σ 单键沿键轴旋转而产生的分子中的原子或原子团的不同空间排列称为构象，每一种空间排列形象都是一种构象。σ 键沿键轴旋转产生的异构现象称为构象异构。构象异构的特点是组成分子的原子或原子团相互连接的顺序相同（即分子构造相同），只是由于其空间排列不同引起的，属于立体异构范畴。

乙烷没有构造异构，但是当乙烷分子中的两个碳原子围绕着 C—C 键作相对旋转时，随着旋转角度的不同，两个碳原子上的氢原子之间可以相互处于不同的位置，从理论上来说， C—C 键在旋转360°的过程中可以产生无数种构象，其中有二种典型构象值得我们关注，图 2-1 分别用锯架式和纽曼（Newmann）投影式表示了这两种典型构象。

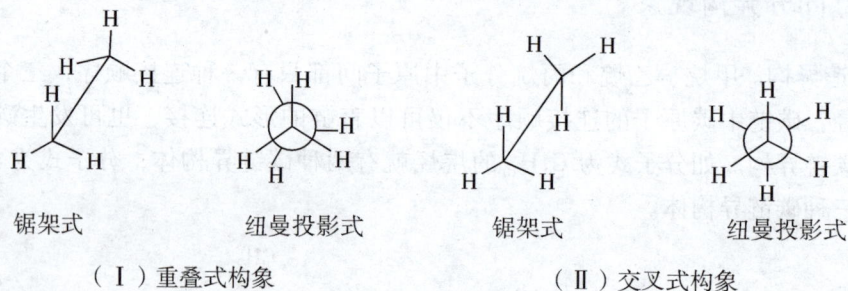

锯架式   纽曼投影式   锯架式   纽曼投影式

（Ⅰ）重叠式构象   （Ⅱ）交叉式构象

图 2-1 乙烷分子的构象

锯架式和纽曼投影式是表达分子立体形象的二种常用的表示方法。锯架式是从侧面观察分子，能直接反映出碳、氢原子在空间的排列。纽曼投影式则是沿着碳碳键观察得出的。在纽曼投影式中，前后两个碳原子重叠着，用"人"表示距离观察点较近的碳原子及其三个键，用"Y"表示距离观察点较远的碳原子及其三个键，每个碳原子所连接的三个键互呈120°角。如沿 C—C 键轴旋转60°，就会由交叉式转为重叠式，或由重叠式转为交叉式。很明显，在交叉式和重叠式中，前后二个碳原子上的氢原子在空间上的排列位置和相对距离是不同的。

从乙烷各种构象的能量关系图（图2-2）可以看到随着乙烷 C—C 键的旋转位能的变化情况。由重叠式转为交叉式要放出 12.6kJ/mol 的能量；反之，由交叉式转为重叠式要吸收 12.6kJ/mol 的能量才能完成，所以重叠式是乙烷的最不稳定状态，而交叉式则是乙烷的最稳定构象状态，称为优势构象。

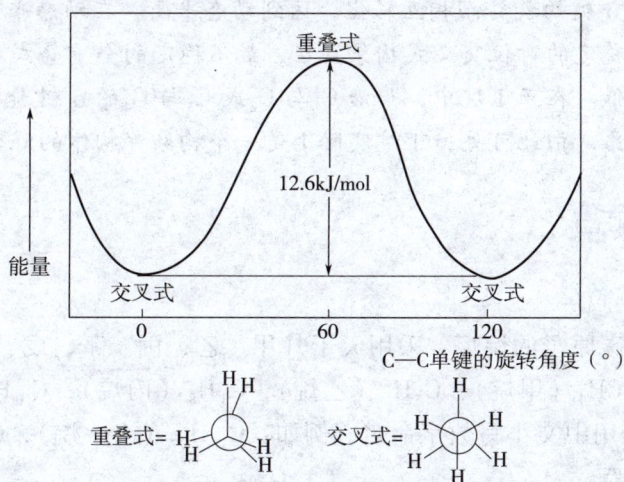

图 2-2　乙烷不同构象的能量曲线图

乙烷分子从低能量构象转为高能量构象所需克服的能垒为 12.6kJ/mol。对乙烷来说，越过这个"障碍"并不困难，因为室温下分子间的碰撞即可产生 83.8kJ/mol 的能量，足以使 C—C 键"自由"旋转，各构象迅速互变。因此在室温下，乙烷是一个包含无数构象异构体的动态平衡混合物，无法将某个单一的构象异构体分离出来。应该指出的是由于非键合原子或原子团之间的相互影响， C—C 键的旋转又不完全是自由的。乙烷分子在大多数时间是处于交叉式优势构象的状态。

通过上述讨论不难看出，介于交叉式和重叠式两个构象之间，乙烷尚存有无数个构象，它们的能量自然也在两者之间。但在构象分析中，通常只考虑处于能量极限状态的几种典型构象（又称为极限构象）。

知识拓展

正丁烷可以看作是乙烷分子中每个碳原子上各有一个氢原子被甲基取代的化合物，其构象更为复杂，我们主要讨论沿 C_2 和 C_3 之间的 σ 键键轴旋转所形成的四种极限构象：

| 对位交叉式 | 部分重叠式 | 邻位交叉式 | 全重叠式 |

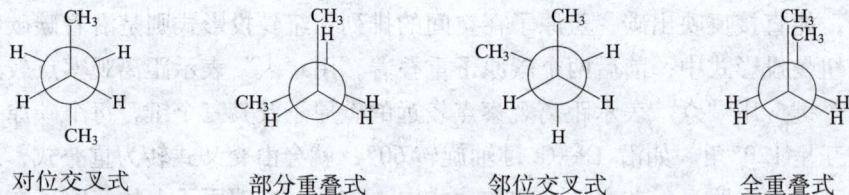

能量最低的构象，也就是最稳定的优势构象是对位交叉式，这种构象中 σ 键电子之间的扭转张力最小，而且两个体积最大的甲基相距最远，非键合张力也最小；其次是邻位交叉式构象，能量较低；再次为部分重叠式构象；而全重叠式构象中两个甲基相距最近，非键合张力最大，能量最高，在平衡混合物中所占的比例最低，是最不稳定的构象。但它们之间的能量差别也不大，在室温下仍可以通过 σ 键的旋转而相互转化，达到动态平衡。在动态平衡体系中，正丁烷大多数以稳定的对位交叉式构象存在，最不稳定的全重叠式构象在平衡混合物中含量极低。在正丁烷中，如沿 C_1 与 C_2 或 C_3 与 C_4 的 σ 键旋转时，也可以产生不同的构象。由此可见，丁烷实际上是一个构象异构体的混合物。

三、烷烃的命名

(一) 普通命名法

含有 1～10 个碳原子的烷烃，采用天干（甲、乙、丙、丁、戊、己、庚、辛、壬、癸）命名。例如：CH_4（甲烷），C_2H_6（乙烷），C_3H_8（丙烷），$C_{10}H_{22}$（癸烷）。超过 10 个碳原子的烷烃用中文小写数字命名。例如：$C_{11}H_{24}$（十一烷），$C_{12}H_{26}$（十二烷），$C_{20}H_{42}$（二十烷）等。

直链烷烃用"正"表示，常用英文 n 代表（n 是英文 normal 的缩写）。例如：

$$CH_3—CH_2—CH_2—CH_3$$

正丁烷或 n-丁烷

若在链的一端含有 $(CH_3)_2CH—$ 原子团，此外无其他支链的烷烃，则用"异"表示，常用 iso-代表。例如：

$$CH_3CHCH_3 \qquad CH_3CHCH_2CH_3$$
$$\qquad | \qquad\qquad\qquad |$$
$$\quad CH_3 \qquad\qquad\quad CH_3$$

异丁烷或iso-丁烷　　　异戊烷或iso-戊烷

若在链的一端含 $(CH_3)_3C—$ 原子团，此外无其他支链的烷烃，则用"新"表示，常用 neo-代表。例如：

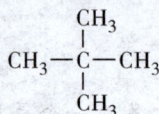

$$CH_3—\overset{\displaystyle CH_3}{\underset{\displaystyle CH_3}{\overset{|}{\underset{|}{C}}}}—CH_3 \qquad CH_3—\overset{\displaystyle CH_3}{\underset{\displaystyle CH_3}{\overset{|}{\underset{|}{C}}}}—CH_2CH_2CH_3$$

新戊烷或neo-戊烷　　　　　　新庚烷或neo-庚烷

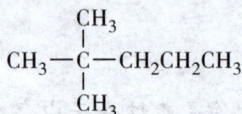

　　这种命名法仅适用于结构简单的烷烃，对于结构比较复杂的烷烃，必须采用系统命名法。

（二）系统命名法

　　1892 年日内瓦国际化学会议首次拟定了有机化合物系统命名原则，后来经过国际纯粹和应用化学协会（International Union of Pure and Applied Chemistry）作了几次修改，现在称为 IUPAC 命名法。根据这个命各法的原则，结合我国文字的特点，由中国化学会讨论拟定了我国的有机化合物系统命名法，即《有机化学命名原则》（1980 年）。

　　1. 直链烷烃的命名　　直链烷烃的系统命名和普通命名法相同，但省去"正"字。

　　2. 支链烷烃的命名　　对于带有支链的烷烃，则把它看作去掉支链后的直链烷烃的衍生物，支链作为取代基。

　　烷烃分子中去掉部分氢原子后余下的基团称为烷基，其中以去掉一个氢原子形成的烷基最为常见，其通式为 C_nH_{2n+1}— ，多以 R— 表示，因此烷烃也可用 RH 表示。烷基的名称常以相应的烷烃来命名。例如：

CH_3—　　　　　　CH_3CH_2—　　　　　$CH_3CH_2CH_2$—　　　　（CH_3）$_2CH$—

甲基（Me）　　　　乙基（Et）　　　　　正丙基（n-Pr）　　　　异丙基（i-Pr）

$CH_3CH_2CH_2CH_2$—　（CH_3）$_2CHCH_2$—　CH_3CH_2（CH_3）CH—　（CH_3）$_3C$—

正丁基（n-Bu）　　　异丁基（i-Bu）　　　仲丁基（s-Bu）　　　　叔丁基（t-Bu）

　　烷烃的系统命名法主要原则如下：

　　（1）选择连续不断的最长碳链为主链，按直链烷烃命名法称为"某烷"。例如：下面的化合物应选择含六个碳原子的碳链为主链，命名为己烷。

$$\overset{1}{C}H_3\overset{2}{C}H_2\overset{3}{C}H\overset{4}{C}H_2\overset{5}{C}H_2\overset{6}{C}H_3$$
$$|$$
$$CH_3$$

　　（2）当主链上连有支链时，应对主链各个碳原子予以编号，以确定各支链的位置。编号的原则是从靠近支链的一端开始，依次用阿拉伯数字标出主链碳原子的位号，支链的位置由它所连接的主链碳原子的位号来表示。例如：

$$CH_3$$
$$|$$
$$\overset{10}{C}H_3\overset{9}{C}H_2\overset{8}{C}H\overset{7}{C}H\overset{6}{C}H_2\overset{5}{C}H_2\overset{4}{C}H_2\overset{3}{C}H_2\overset{2}{C}H\overset{1}{C}H_3$$
$$|\qquad\qquad\qquad\qquad|$$
$$CH_3\qquad\qquad\qquad CH_3$$

　　（3）把支链（或取代基）的名称写在该烷烃名称的前面，再把支链的位号写在最前面，支链的位号与支链名称之间用一短横线"-"连接起来。例如：

$$\overset{1}{C}H_3\overset{2}{C}H_2\overset{3}{C}H\overset{4}{C}H_2\overset{5}{C}H_2\overset{6}{C}H_3$$
$$|$$
$$CH_3$$

3-甲基己烷

（4）若主链上连有几个相同的支链时，应将支链合并，在支链名称前加上汉字小写数字二、三、四……来表示相同支链的数目，各支链的位号仍须一一标出，各位号间用逗号隔开。例如：

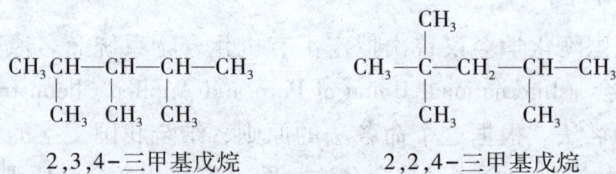

$$CH_3CH-CH-CH-CH_3$$

$$\underset{CH_3\quad CH_3\quad CH_3}{|\qquad|\qquad|}$$

$$CH_3-\overset{\overset{CH_3}{|}}{\underset{\underset{CH_3}{|}}{C}}-CH_2-\overset{\overset{}{}}{\underset{\underset{CH_3}{|}}{CH}}-CH_3$$

2,3,4-三甲基戊烷   2,2,4-三甲基戊烷

（5）若主链上连有几个不同的取代基，则取代基按照"次序规则"依次列出，优先基团后列出。

次序规则的主要内容为：①对于原子序数不同的原子或原子团，原子序数大的顺序在前，小的在后。几种常见原子的优先次序为：I > Br > Cl > S > P > O > N > C > D > H（若原子序数相同时，则比较相对原子质量数大小）。②如比较的基团的第一个原子相同，就向它所连接的其余几个原子延伸。比较这些原子的原子序数，若仍相同，继续向外延伸，直到能比出先后为止。③对于含有双键和叁键的原子团，把双键看成连有两个相同原子，把叁键看成连有三个相同原子再进行比较。

不饱和烃基的优先次序为：—C≡CH > —CH=CH₂ > (CH₃)₂CH— 。

按照次序规则，烷基的优先次序为：叔丁基 > 异丁基 > 异丙基 > 正丁基 > 正丙基 > 乙基 > 甲基。

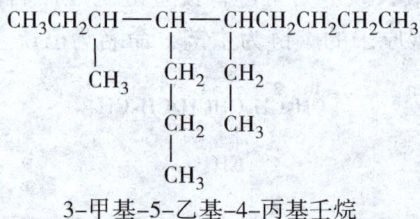

$$CH_3CH_2CH-CH-CHCH_2CH_2CH_2CH_3$$

3-甲基-5-乙基-4-丙基壬烷

（6）若有几条等长的碳链时，选择含取代基最多的碳链为主链。例如：

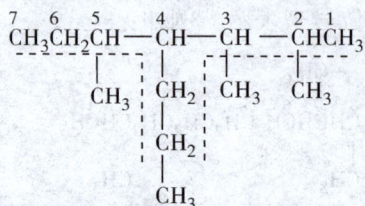

$$\overset{7}{C}H_3\overset{6}{C}H_2\overset{5}{C}H-\overset{4}{C}H-\overset{3}{C}H-\overset{2}{C}HCH_3$$

2,3,5-三甲基-4-丙基庚烷(不应称为2,3-二甲基-4-仲丁基庚烷)

（7）若主链在等距离的两端同时遇到取代基且多于两个时，则按"最低系列"原则编号，即逐个比较两种编号的取代基位号，最先遇到位号较小者为"最低系列"。例如：

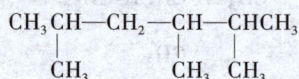

$$CH_3CH-CH_2-CH-CHCH_3$$

2,3,5-三甲基己烷（不应称为2,4,5-三甲基己烷）

若按"最低系列"原则编号相同时，应使"次序规则"中较优先基团有较大位号。例如：

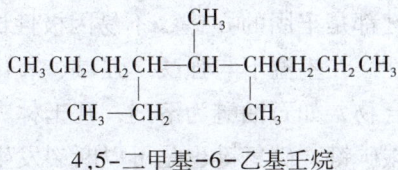

$$CH_3CH_2CH_2CH-CH-CHCH_2CH_3$$

$$\overset{\displaystyle CH_3}{|}$$

$$\underset{\displaystyle CH_3-CH_2 \quad\quad CH_3}{}$$

4,5-二甲基-6-乙基壬烷

（8）若主链上的支链本身又具有支链（取代基）时，可采用支链编号法表示。即从和主链直接连接的支链碳原子开始，用带"′"的阿拉伯数字依次编号；如果将支链上取代基的名称放在括号内，则编号数字可不必带"′"，例如：

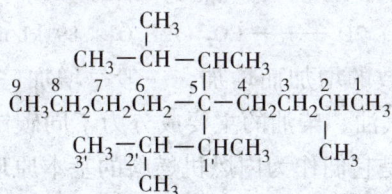

$$\overset{CH_3}{\underset{|}{}}$$
$$CH_3-CH-CHCH_3$$
$$\overset{9}{C}H_3\overset{8}{C}H_2\overset{7}{C}H_2\overset{6}{C}H_2-\overset{5}{C}-\overset{4}{C}H_2\overset{3}{C}H_2\overset{2}{C}H\overset{1}{C}H_3$$
$$\overset{3'}{C}H_3\overset{2'}{C}H-\overset{1'}{C}HCH_3 \quad CH_3$$
$$CH_3$$

2-甲基-5,5-双-1′,2′-二甲基丙基壬烷或2-甲基-5,5-双（1,2-二甲基丙基）壬烷

用括号的方法比较清楚，为书刊文献广为采用。

四、烷烃的物理性质

在室温常压下，含 $C_1 \sim C_4$ 的直链烷烃为无色气体，$C_5 \sim C_{17}$ 的直链烷烃为无色液体，C_{17} 以上的直链烷烃为白色蜡状固体。

直链烷烃的熔点、沸点随分子量的增大而有规律地升高。在烷烃的同分异构体中，支链烷烃的沸点比直链烷烃低，且支链愈多，沸点愈低。这是因为支链的存在阻碍了液态烷烃分子的靠近，使有效接触面积减小，从而减小了分子间范德华引力。

烷烃的熔点既与分子量相关，也与分子对称性有关。高度支化的球形对称烷烃的熔点一般比对称性较差的支链或直链烷烃高。这是因为在固体晶格中，对称性高、愈接近球形的分子容易紧密地排列在固体晶格中，导致有较强的晶格力和较高的熔点。表2-1列出了三种戊烷异构体的物理常数。

表2-1 三种戊烷异构体的物理常数

名称	结构式	沸点（℃）	熔点（℃）	相对密度（d^{20}）
正戊烷	$CH_3（CH_2）_3CH_3$	36.1	-129.7	0.6261
异戊烷	$（CH_3）_2CHCH_2CH_3$	27.9	-159.6	0.6201
新戊烷	$（CH_3）_4C$	9.5	-16.6	0.6135

直链烷烃的相对密度也随分子量的增大而升高，但都小于1。烷烃不溶于水而易溶于乙醚、苯等有机溶剂。

五、烷烃的化学性质

烷烃分子中碳碳和碳氢键都是牢固的 σ 键，不易因极性试剂进攻而断裂，所以对一般化学试剂表现出高度稳定性。在室温下与强酸、强碱、氧化剂及还原剂都不发生化学反应，这是应用各种烷烃混合物，如石油醚为溶剂，凡士林为润滑剂，石蜡为药物基质的依据。但在一定条件下，碳碳键、碳氢键也是可以断裂发生反应的。

（一）燃烧反应

烷烃在空气或氧气中点火易燃烧，发生猛烈的氧化反应，生成二氧化碳和水，并放出大量的热量（即燃烧热），如甲烷的燃烧热为 891kJ/mol。

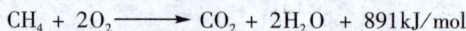

$$CH_4 + 2O_2 \longrightarrow CO_2 + 2H_2O + 891kJ/mol$$

烷烃的燃烧热随碳原子数的增加而增加，一般每增加一个亚甲基（—CH_2—），燃烧热增加约 658.6 kJ/mol。汽油、柴油的主要成分为不同碳链的烷烃混合物，燃烧时产生大量的热量和气体，这就是它们作为内燃机燃料的基本原理。

（二）热裂反应

在无氧条件下，高温加热可使烷烃分子中碳碳键断裂，生成各种小分子的烷烃、烯烃。例如：

$$CH_3CH_2CH_2CH_2CH_3 \xrightarrow{700℃} CH_3CH=CH_2 + CH_2=CH_2 + H_2$$

热裂反应产物是复杂的，有时还伴随有异构化、环化及芳构化等反应。它是石油工业中的重要生产过程，可将重油转变为汽油及煤油，并可获得大量乙烯、丙烯、丁烯及乙炔等重要化工原料。这些基本原料可用以合成各种各样的有机化合物，它们是有机合成工业的重要基础。

（三）卤代反应

烷烃与卤素共热或在一定波长的光照射下，碳原子上的一个或多个氢原子被卤素原子取代生成卤代烷，称为烷烃的卤代反应。

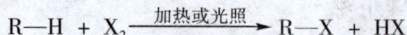

$$R—H + X_2 \xrightarrow{加热或光照} R—X + HX$$

甲烷与氯在加热或光的照射下，可发生剧烈的氯代反应。

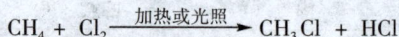

$$CH_4 + Cl_2 \xrightarrow{加热或光照} CH_3Cl + HCl$$

这个反应在实验室中的应用受到限制，因为反应并不停止在一取代阶段。随着氯甲烷浓度的提高，它将与甲烷竞争，并且随着反应时间的延长，反应体系中的各类氯代产物都能竞相与氯反应，最终得到甲烷的各种氯代混合产物。

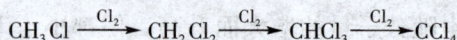

$$CH_3Cl \xrightarrow{Cl_2} CH_2Cl_2 \xrightarrow{Cl_2} CHCl_3 \xrightarrow{Cl_2} CCl_4$$

各种卤素的反应活性不同，它们的活性顺序为：$F_2 > Cl_2 > Br_2 > I_2$。氟代反应十分激烈，难以控制，因为这是一个强烈的放热反应，放出的热量足以破坏大多数化学键，甚至发生爆炸。只有用惰性气体将氟充分稀释并在冷却的条件下，氟代反应才宜进行。碘代反应较难发生，因生成的碘化氢是还原剂，很容易把碘代烷还原成原来的烷烃。要使反应顺利进行，必须加入氧化剂破坏生成的碘化氢。

$$CH_4 + I_2 \rightleftharpoons CH_3I + HI$$

因此，一般认为能正常进行卤代反应的卤素只有氯和溴。

1. 卤代反应历程 反应历程又称反应机理，是指化学反应所经历的途径或过程。有机化学反应比较复杂，由反应物到产物常常不是简单的一步反应，也常常不是只有一种途径。

大量实验研究证明甲烷和其他烷烃在加热或光照条件下的卤代反应属于自由基取代反应，其反应历程可表示如下：

链引发：

$$Cl_2 \xrightarrow{\text{加热或光照}} 2Cl\cdot \qquad ①$$

链增长：

$$Cl\cdot + CH_3-H \longrightarrow CH_3\cdot + H-Cl \qquad ②$$

$$CH_3\cdot + Cl-Cl \longrightarrow CH_3-Cl + Cl\cdot \qquad ③$$

链终止：

$$CH_3\cdot + CH_3\cdot \longrightarrow CH_3-CH_3 \qquad ④$$

$$CH_3\cdot + Cl\cdot \longrightarrow CH_3-Cl \qquad ⑤$$

$$Cl\cdot + Cl\cdot \longrightarrow Cl-Cl \qquad ⑥$$

历程①为自由基初始形成的阶段，又称为链引发阶段，历程②和③称为链增长阶段。链增长阶段不仅仅局限于②和③这种形式，当一氯甲烷达到一定浓度时，氯自由基除了同甲烷作用外，也可以同一氯甲烷（或其他多氯代甲烷）作用生成·CH_2Cl自由基，它再与氯分子作用生成CH_2Cl_2和新的$Cl\cdot$，反应继续下去直至生成氯仿和四氯化碳。因此，烷烃的氯代产物一般是几种氯代物的混合物。

甲烷与氯气的连锁反应过程并非无限地继续下去，因为尽管自由基之间的碰撞结合几率很低，但却是存在的。④、⑤、⑥中二个自由基的结合，将使连锁中断，连锁反应将因此而慢慢停止，为链终止阶段。

2. 不同类型氢的反应活性与自由基的稳定性 甲烷和乙烷与卤素反应时，只能生成一种一卤代产物，但从丙烷开始烷烃分子中出现了不同类型的氢原子，一取代产物就不止一种。烷烃的结构不同，卤代反应的难易不同，分子中不同类型的氢原子被卤素取代的难易也不相同。

烷烃分子中不同氢原子的活性不同，与C—H键的解离能有关。键的解离能越小，键均裂时吸收的能量越小，该C—H键上的氢活性越大，因此也就容易被取代。伯、仲、叔氢的解离能为：

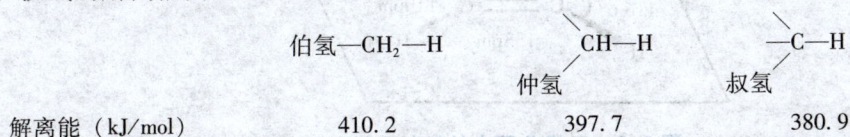

	伯氢—CH_2—H	仲氢 CH—H	叔氢 —C—H
解离能（kJ/mol）	410.2	397.7	380.9

烷烃中不同类型C—H键的解离能越小，形成相应烷基自由基所需能量也就越低，

意味着这个自由基越容易形成，这种自由基所含的能量也越低，即越稳定。

综上所述，烷基自由基的稳定性次序是：$R_3C \cdot > R_2CH \cdot > RCH_2 \cdot > CH_3 \cdot$。

六、与医药有关的烷烃类化合物

（一）石油醚

石油醚是 $C_5 \sim C_8$ 低级烷烃的混合物，是无色透明易挥发的液体，主要用作有机溶剂，可用于提取和纯化某些中药的有效成分。由于极易燃烧，使用及贮存时要特别注意防火。

（二）液体石蜡

液体石蜡是 $C_{18} \sim C_{24}$ 烷烃的混合物，为透明液体，不溶于水和醇，能溶于醚和氯仿中。医药上主要用作滴鼻或喷雾剂的溶剂或基质，也用作肠道润滑的缓泻剂。

（三）凡士林

凡士林是液体和固体石蜡的混合物，呈软膏状半固体，不溶于水，溶于醚和石油醚。由于它不被皮肤吸收，化学性质稳定，不易与软膏中的药物作用，因此医药上用作软膏基质。凡士林一般呈黄色，经漂白或用骨碳脱色，可得白色凡士林。

（四）石蜡

石蜡是 $C_{25} \sim C_{34}$ 固体烃的混合物，医药上用作蜡疗和成药密封材料，也是制造蜡烛的原料。

第二节　烯　烃

含有碳碳双键（ $C=C$ ）的烃类称烯烃，按照所含双键的数目可以分为单烯烃和多烯烃等。单烯烃简称烯烃，分子通式为 C_nH_{2n} （ $n \geqslant 2$ ）。

一、烯烃的结构

烯烃分子中碳碳双键的结构，可用最简单的烯烃——乙烯来说明。乙烯是一个平面分子，它的两个碳原子和四个氢原子均在同一平面上，共价键的键长和键角如图 2-3 所示。

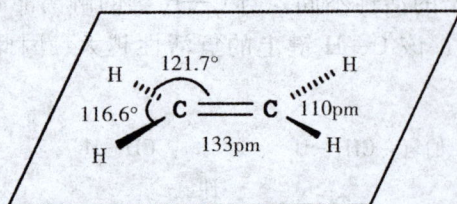

图 2-3　乙烯分子中的键长和键角

乙烯分子中，两个碳原子各以一个 sp^2 杂化轨道重叠形成 C—C σ 键，又分别各以两个 sp^2 杂化轨道与两个氢原子的 1s 轨道形成 C—H σ 键，这五个 σ 键都处在同一平面上。此外，每个碳原子还剩下一个垂直于上述平面的 p 轨道，彼此平行地侧面重叠，形成碳碳间的另一种共价键，即 π 键（图 2-4）。

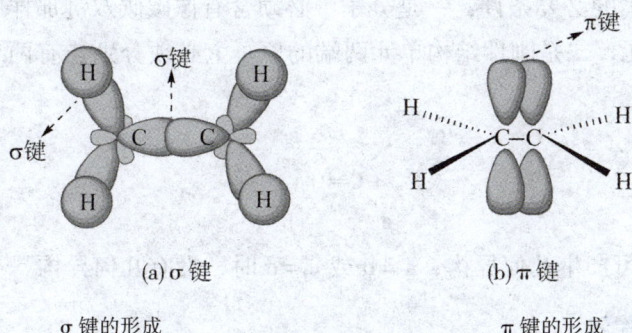

(a) σ 键

(b) π 键

σ 键的形成

π 键的形成

图 2-4　乙烯分子中的 σ 键和 π 键

由一个 σ 键与一个 π 键组成的碳碳双键是烯烃的结构特征，为了书写方便，一般以两条短线 C═C 表示，但必须明确，它并不等于两个单键。

二、烯烃的异构现象

（一）构造异构

碳碳双键引入分子后，使烯烃的异构现象比烷烃更为复杂。除了由于碳链分支的不同可以形成碳链异构外，还因其官能团双键在碳链中的位置不同可形成官能团位置异构。此外，烯烃与饱和环烃之间又可形成官能团异构。例如丁烷只有两种构造异构体，而丁烯有五种：

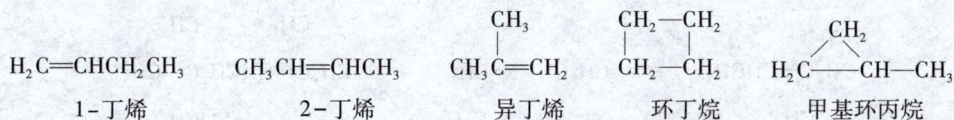

H_2C═$CHCH_2CH_3$　　　CH_3CH═$CHCH_3$　　　$CH_3\underset{\overset{\|}{CH_2}}{C}$═$CH_2$　　　环丁烷　　　甲基环丙烷

1-丁烯　　　　　　2-丁烯　　　　　　异丁烯　　　　　环丁烷　　　　　甲基环丙烷

（二）顺反（几何）异构

烯烃分子由于 π 键的存在，连接在 C═C 键上的原子或基团在室温下不能自由旋转，有机化学中常将这种不能轴向旋转180°的结构因素称为刚性因素。当双键两端分别连有两个不同的原子或基团时，可能产生两种不同的空间排列方式，例如 2-丁烯有如下两种异构体：

（Ⅰ）　　　　　　　　　　　　　　　（Ⅱ）

顺-2-丁烯　　　　　　　　　　　　反-2-丁烯

（Ⅰ）和（Ⅱ）的分子式相同，构造也相同，但分子中的原子或基团在空间排列不同。分子中的原子或基团在空间的固定排列方式称为构型，（Ⅰ）和（Ⅱ）属于构型异构体。这种因分子中的刚性因素而产生的构型异构现象叫做顺反异构，又因为两种异构体的平面几何形状不一样，因此也叫做几何异构。

产生顺反异构体的必要条件，一是分子中必须含有像碳碳双键那样的不能轴向旋转180°的刚性结构单元，二是刚性结构单元两端的原子上必须分别连有两个不同的原子或基团。即：

$$\begin{array}{ccc} c & & a \\ & \diagdown C = C \diagup & \\ d & & b \end{array}$$

$a \neq b$、$c \neq d$ 时可产生几何异构；$a = b$ 或 $c = d$ 时，没有几何异构。

三、烯烃的命名

（一）系统命名法

烯烃的系统命名法与烷烃相似，基本原则如下：

1. 选择包括双键在内的最长的连续碳链作为主链，按照主链碳原子数目称为"某烯"。

2. 从靠近双键的一端开始，将主链碳原子依次编号。

3. 在烯烃名称"某烯"之前标明双键的位置，并以双键两端碳原子中编号较小的数字表示。

4. 将主链上烷基的位置、数目及名称按"次序规则"依次写在"某烯"之前，次序优先的基团后列出，有多个相同烷基时则合并表示。例如：

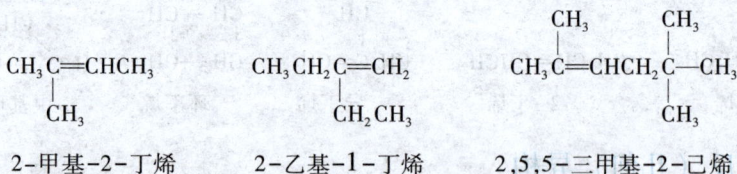

$$\underset{\underset{CH_3}{|}}{CH_3C}=CHCH_3 \qquad \underset{\underset{CH_2CH_3}{|}}{CH_3CH_2C}=CH_2 \qquad \underset{\underset{CH_3}{|}}{CH_3C}=CHCH_2\underset{\underset{CH_3}{|}}{\overset{\overset{CH_3}{|}}{C}}-CH_3$$

2-甲基-2-丁烯　　　　2-乙基-1-丁烯　　　　2,5,5-三甲基-2-己烯

在考虑到使双键位号尽可能最小的前提下，还需要照顾到使支链位号尽可能最小。例如：

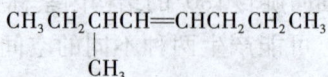

$$\underset{\underset{CH_3}{|}}{CH_3CH_2CHCH}=CHCH_2CH_2CH_3$$

3-甲基-4-辛烯（不是6-甲基-4-辛烯）

烯烃分子中去掉一个氢原子的余下基团，称为烯基。常见的烯基有：

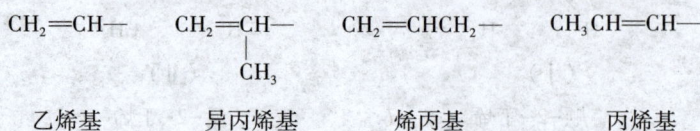

$$CH_2=CH— \qquad \underset{\underset{CH_3}{|}}{CH_2=CH—} \qquad CH_2=CHCH_2— \qquad CH_3CH=CH—$$

乙烯基　　　　　异丙烯基　　　　　烯丙基　　　　　　　　丙烯基

(二) 顺反异构体的命名

对于两个双键碳上连有相同原子或基团的烯烃，可用顺反法标注顺反异构体的构型，相同基团在同侧为顺式，在异侧为反式，相应的分别以词头"顺""反"表示。但对于双键上四个原子或基团各不相同的烯烃，IUPAC 命名法规定了另一种以 (Z)、(E) 符号为词头的表示方法。要确定 Z 构型还是 E 构型，首先要按"次序规则"，分别确定两个双键碳原子上各自的"较优"原子或基团。如果双键两个碳原子所连的两个较优原子或基团在双键平面同侧的为 Z 构型，在异侧的为 E 构型。

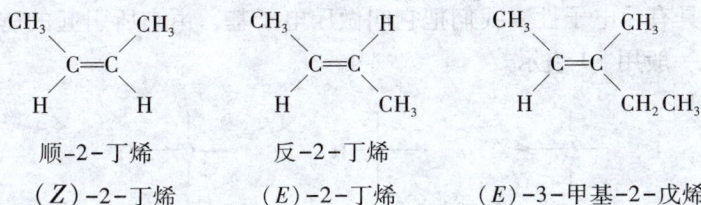

$$
\begin{array}{ccc}
\underset{H}{\overset{CH_3}{\underset{|}{C}}}=\underset{H}{\overset{CH_3}{\underset{|}{C}}} &
\underset{H}{\overset{CH_3}{\underset{|}{C}}}=\underset{CH_3}{\overset{H}{\underset{|}{C}}} &
\underset{H}{\overset{CH_3}{\underset{|}{C}}}=\underset{CH_2CH_3}{\overset{CH_3}{\underset{|}{C}}}
\end{array}
$$

顺-2-丁烯   反-2-丁烯

(Z)-2-丁烯   (E)-2-丁烯   (E)-3-甲基-2-戊烯

Z、E 构型命名法适用于所有顺反异构体，它与顺反构型命名法相比，更具广泛性。这两种命名法之间没有必然的联系，顺式构型不一定是 Z 构型，反式构型不一定是 E 构型。

四、诱导效应

分子中原子间的相互影响是有机化学中极为重要和普遍存在的现象，关于分子中原子间相互影响问题的实质，一般可用电子效应和立体效应来描述。电子效应说明分子中的电子分布对性质所产生的影响，立体效应说明分子的空间结构对性质所产生的影响。电子效应分为诱导效应和共轭效应两种类型。

在多原子分子中，由于成键原子的电负性不同，产生了具有局部电场的极性共价键，这种局部电场的静电诱导作用将沿着分子价键链定向传递到分子中的其他部位，使分子的电子分布发生一定程度的改变。这种因原子或基团电负性产生的极性键诱导作用沿分子价键链传递的电子偏移现象叫做诱导效应。如图 2-5 中，氯代烃中 C—Cl 键产生的局部电场不仅使 α 碳带有部分正电荷，也使 β 和 γ 碳带有部分正电荷。诱导效应使 C—C 非极性键变成了极性键。

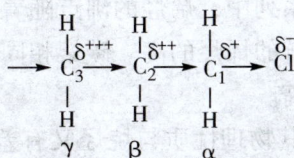

$$
\longrightarrow \underset{\underset{H}{|}}{\overset{\overset{H}{|}}{C_3}} \overset{\delta^{+++}}{\longrightarrow} \underset{\underset{H}{|}}{\overset{\overset{H}{|}}{C_2}} \overset{\delta^{++}}{\longrightarrow} \underset{\underset{H}{|}}{\overset{\overset{H}{|}}{C_1}} \overset{\delta^+}{\longrightarrow} \overset{\delta^-}{Cl}
$$

γ   β   α

静电荷分布状况： +0.002 +0.028 +0.681 -0.713

图 2-5　诱导效应在碳链中的传递

诱导效应是分子内共价键的一种相互极化现象，这种相互极化可由近及远地沿着分子链传递。但由于分子价键链中 σ 单键的极化性较小，这种诱导效应将随着传递距离的增加而迅速减弱，一般传递三个化学键以上，诱导效应的影响就可以忽略不计。图 2-5 列出的氯代烃碳链上原子静电荷分布状况说明了诱导效应是一种短程趋减的电子效应。

诱导效应中电子移动的方向是以 C—H 键中的氢作为比较标准比较得出的，其他原子或原子团取代 C—H 键中的氢原子后，键的电子分布将发生一定程度的改变。如果取代基 X 的电负性大于氢原子，C—X 键的电子移向 X。与氢原子相比，X 具有吸电子性，我们把它叫做吸电子基，由它所引起的诱导效应叫做吸电子诱导效应，一般用 -I 表示。相反，如果取代基 Y 的电负性小于氢原子，C—Y 键的电子移向碳原子。与氢原子相比，Y 具有斥电子性，我们把它叫做斥电子基，由它所引起的诱导效应叫做斥电子诱导效应，一般用 +I 表示。

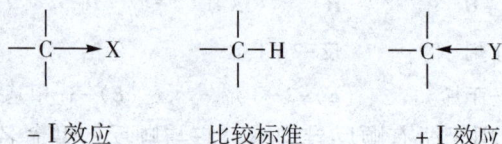

$$\overset{|}{\underset{|}{-C}} \longrightarrow X \qquad \overset{|}{\underset{|}{-C}} - H \qquad \overset{|}{\underset{|}{-C}} \longleftarrow Y$$

$$-I\ 效应 \qquad 比较标准 \qquad +I\ 效应$$

根据实验结果，得出一些取代基的电负性次序如下：

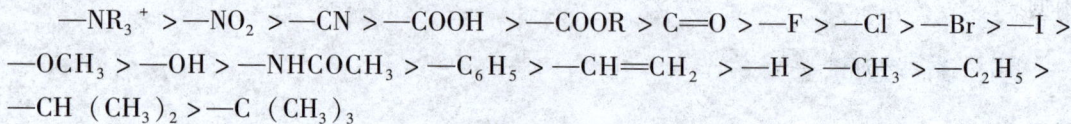

$-NR_3^+ > -NO_2 > -CN > -COOH > -COOR > C=O > -F > -Cl > -Br > -I >$
$-OCH_3 > -OH > -NHCOCH_3 > -C_6H_5 > -CH=CH_2 > -H > -CH_3 > -C_2H_5 >$
$-CH(CH_3)_2 > -C(CH_3)_3$

在 H 前面的是吸电子（-I）基，在 H 后面的是斥电子（+I）基。

在烯烃分子中，连接于烯键上的烷基电负性小于 H，更小于 sp^2 杂化的双键碳原子，烷基将对双键产生斥电子诱导效应。由于 π 键容易极化，在烷基 +I 效应的影响下，双键上电子云分布的对称性被破坏，导致双键上的电荷分布不平衡。

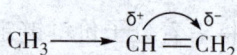

$$CH_3 \longrightarrow \overset{\delta^+}{CH} = \overset{\delta^-}{CH_2}$$

五、烯烃的物理性质

在常温下，乙烯、丙烯和丁烯是气体，从戊烯开始是液体，19 个碳以上的烯烃是固体。与烷烃相似，在同系列中，烯烃的沸点随着相对分子质量的增加而升高。同碳数的直链烯烃的沸点比带支链的烯烃的高。碳架相同的烯烃，双键由链的端部移向链的中间时，沸点、熔点都将升高。

由于烯烃中有 π 键，其物理性质与烷烃又有差异。例如，末端双键烯烃（又称 α-烯烃）的沸点比相应的烷烃略高；烯烃的折射率也比相应的烷烃大；烯烃虽然难溶于水易溶于有机溶剂，但它们在水中的溶解度比相应的烷烃略大；相对密度也比相应的烷烃大，但仍小于 1。这主要是因为烯烃的极性大于烷烃。

六、烯烃的化学性质

碳碳双键是由一个较强的 σ 键和一个较弱的 π 键所组成，由于 π 键的键能较小，电子流动性较大，所以在外界影响下，它是烯烃分子中较易发生反应的活泼部位。

（一）加成反应

烯烃的加成反应是指烯烃分子中 π 键断裂，试剂中的两个原子或基团分别加到两个双键碳原子上的反应。

1. 催化加氢 烯烃在催化剂作用下与氢发生加成反应生成烷烃，该反应称为催化加氢，反应是放热的。由于 H—H 键的键能很大（436kJ/mol），烯烃与氢混合并不起反应，即使加热，反应也很难进行，但适当的催化剂可降低活化能，使加氢反应能顺利进行。常用的催化剂是过渡金属，如钌 Ru、铑 Rh、铂 Pt、钯 Pd 和镍 Ni，催化加氢反应的收率接近 100%，产品易分离，可得到很纯的烷烃。因此可用这个反应中氢气的消耗体积，推算分子中双键数目。

$$R-CH=CH_2 + H_2 \xrightarrow{Ni} R-CH_2-CH_3$$

2. 与卤素的加成 烯烃容易与卤素发生加成反应，生成邻二卤代烷，是制备邻二卤代烷的重要方法。例如将丙烯通入含有少量水分的 Br_2/CCl_4 中，迅速发生加成反应，生成 1,2-二溴丙烷。

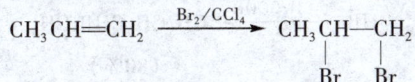

$$CH_3CH=CH_2 \xrightarrow{Br_2/CCl_4} CH_3\underset{Br}{\overset{|}{CH}}-\underset{Br}{\overset{|}{CH_2}}$$

常用此反应鉴定化合物是否含有双键。

不同的卤素与同一烯烃进行加成的活性是不同的，活性顺序为：$F_2 > Cl_2 > Br_2 > I_2$。氟与烯烃的反应很猛烈，不易控制；碘与烯烃的反应是可逆平衡反应，偏向烯烃一边。因此，烯烃与卤素的加成反应有实际应用的主要是与溴或氯的加成反应。

3. 与质子酸的加成 烯烃和常见的无机强酸如 HI、H_2SO_4 等很容易发生加成反应。

$$CH_2=CH_2 + HI \longrightarrow CH_3-CH_2I$$

$$CH_2=CH_2 + (98\%)H_2SO_4 \longrightarrow CH_3-CH_2-OSO_3H$$

对卤化氢来说，酸性越强，与烯烃加成反应越容易，其活性顺序为：HI > HBr > HCl。加氯化氢时通常可以直接通入 HCl 气体，如用浓盐酸，常常要用 $AlCl_3$ 等催化剂。

硫酸是二元酸，加成产物是硫酸氢酯。硫酸氢酯可溶于浓硫酸，实验室常利用这一性质，如用浓硫酸洗涤液体烷烃等某些不活泼有机化合物的方法除去其中的少量烯烃杂质。

硫酸氢酯很容易水解成相应的醇，例如：

$$CH_3-CH_2-OSO_3H + H_2O \longrightarrow CH_3-CH_2-OH + H_2SO_4$$

把烯烃与硫酸的加成反应和硫酸氢酯的水解反应组合起来，相当于烯烃与水的加成反应（又称烯烃间接水合法），这是工业上和实验室中以烯为原料制备醇的一种方法。

例如：

$$CH_3CH=CHCH_3 + H_2SO_4 \longrightarrow CH_3CH_2CHCH_3$$
$$\underset{|}{\quad} OSO_3H$$

$$CH_3CH_2CHCH_3 + H_2O \longrightarrow CH_3CH_2CHCH_3 + H_2SO_4$$
$$\underset{OSO_3H}{|} \qquad\qquad \underset{OH}{|}$$

4. 与次卤酸的加成 烯烃与卤素的水溶液（主要是氯或溴的水溶液）反应生成 β-卤代醇。例如：

$$CH_2=CH_2 + HOBr \longrightarrow HOCH_2CH_2Br$$

$$CH_3CH=CH_2 + HOCl \longrightarrow CH_3CHOHCH_2Cl$$

上述 HX、H_2SO_4、HOX 等是不对称试剂，不对称试剂和对称烯烃（如乙烯、2-丁烯、环己烯等）加成只得到同一构造的产物。但它们与不对称的烯烃加成时，则有可能生成两种互为位置异构的产物，例如丙烯与 HX 加成时产物就会有两种可能，即1-卤丙烷和2-卤丙烷。

根据大量实验事实，1869 年俄国化学家马尔科夫尼科夫（Markovnikov）得出一条经验规律：当不对称烯烃和不对称试剂发生加成反应时，不对称试剂带正电荷的部分主要加到含氢较多的双键碳原子上，带负电荷的部分加到含氢较少的双键碳原子上。这一经验规律常称为马尔科夫尼科夫规则，简称马氏规则。例如：

$$CH_3CH_2CH=CH_2 + HBr \xrightarrow{CH_3COOH} CH_3CH_2CHBrCH_3 + CH_3H_2CH_2CH_2Br$$
$$\qquad\qquad\qquad (80\%) \qquad\qquad (20\%)$$

$$(CH_3)_2C=CH_2 + HBr \xrightarrow{CH_3COOH} (CH_3)_3CBr + (CH_3)_2CHCH_2Br$$
$$\qquad\qquad\qquad (90\%) \qquad\qquad (10\%)$$

在应用马氏规则时要特别注意当反应条件改变时，就可能出现异常现象，例如在光照或过氧化物作用下，溴化氢与不对称烯烃加成方向不再遵循马氏规则，生成物是一个反马氏规则的加成物。

$$H_2C=CHCH_3 + HBr \xrightarrow{过氧化物} BrH_2C-CH_2CH_3$$

（二）氧化反应

氧化反应在有机化学中通常只是指有机化合物分子获得氧或失去氢的反应。双键通常易被氧化剂氧化。

烯烃对于铬酸、硝酸或高锰酸盐非常敏感，易被氧化，例如在室温下将乙烯通入中性（或碱性）稀高锰酸钾水溶液，则高锰酸钾的紫色立即退去，生成褐色的二氧化锰沉淀，该反应称为拜尔（Beyer）试验，常用来鉴别双键的存在。

$$\underset{}{\overset{}{C}}=\underset{}{\overset{}{C}} \xrightarrow{\text{冷稀KMnO}_4} \left[\begin{array}{c} \ce{C-C} \\ \ce{O \quad O} \\ \ce{Mn} \\ \ce{O \quad O^-} \end{array} \right] \xrightarrow{\text{H}_2\text{O}} \underset{\text{HO}}{\overset{}{C}}-\underset{\text{OH}}{\overset{}{C}}$$

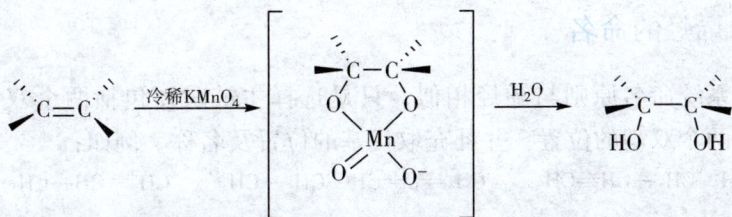

反应中生成了环状的高锰酸酯中间体，而后水解成邻二醇，故产物为顺式邻二醇。此反应有时可用于由烯烃制备顺式邻二醇。

在较强烈的条件下（如加热或用酸性高锰酸钾或重铬酸钾溶液），烯烃双键完全断裂，生成碳链较短的含氧化合物及无色的二价锰离子或绿色的三价铬离子。

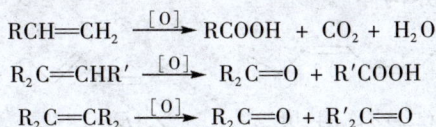

$$RCH=CH_2 \xrightarrow{[O]} RCOOH + CO_2 + H_2O$$

$$R_2C=CHR' \xrightarrow{[O]} R_2C=O + R'COOH$$

$$R_2C=CR_2 \xrightarrow{[O]} R_2C=O + R'_2C=O$$

不同结构的烯烃经氧化所得的产物不同，若双键碳上无氢（ $RR'C=$ ）则生成酮；有一个氢（ $RCH=$ ）则生成羧酸；有二个氢（ $CH_2=$ ）生成二氧化碳。分析产物的结构，即可得知原烯烃的结构。

第三节　二　烯　烃

二烯烃是含有两个碳碳双键的不饱和烃，亦称双烯烃。它与碳原子数相同的炔烃属于官能团异构体，通式也是 C_nH_{2n-2} ，但二烯烃至少需含有三个碳原子，即 $n \geqslant 3$ 。

一、分类和命名

（一）二烯烃的分类

根据两个双键的相对位置不同，二烯烃可以分为聚集二烯烃、隔离二烯烃和共轭二烯烃三类。

1. 聚集二烯烃　两双键共用一个碳原子，即双键聚集在一起的，叫做聚集二烯烃，又称为1,2-二烯。其骨架为：　$C=C=C$ 。

2. 隔离二烯烃　两双键间隔两个或多个单键的，叫做隔离二烯烃。其骨架为：　$C=C—(C)_n—C=C$ （ $n \geqslant 1$ ）。

3. 共轭二烯烃　两双键中间隔一单键，即单、双键交替排列的，叫做共轭二烯烃，又称为1,3-二烯。其骨架为：　$C=C—C=C$ 。

具有聚集二烯骨架的化合物不多，一般也较难制备。隔离二烯烃中的两个双键彼此相隔较远，相互间基本上没有影响，各自表现简单烯烃的通性。共轭二烯烃中的两个双键存在着相互影响，导致某些独特的性质，是二烯烃中最重要的一类，本节主要讨论这一类。

(二) 二烯烃的命名

二烯烃的系统命名原则与烯烃相似,只是选择主链时要包括两个双键,称为某二烯。前面标出两个双键的位置,并补充取代基的位置及名称。例如:

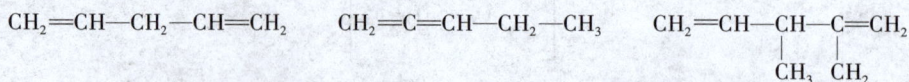

$$CH_2{=}CH{-}CH_2{-}CH{=}CH_2 \qquad CH_2{=}C{=}CH{-}CH_2{-}CH_3 \qquad CH_2{=}CH{-}CH{-}C{=}CH_2$$
$$\qquad\qquad\qquad\qquad\qquad\qquad\qquad\qquad\qquad\qquad\qquad\qquad\qquad CH_3 \quad CH_2$$

$$\text{1,4-戊二烯} \qquad\qquad \text{1,2-戊二烯} \qquad\qquad \text{2,3-二甲基-1,4-戊二烯}$$

当二烯烃的双键两端连接的原子或基团各不相同时,也存在顺反异构现象。而且由于两个双键的存在,异构现象比单烯烃更复杂,命名时要逐个标明其构型。例如 2,4-庚二烯有四种不同的顺反异构体。

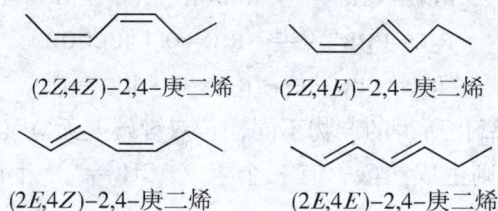

$$\text{(2Z,4Z)-2,4-庚二烯} \qquad\qquad \text{(2Z,4E)-2,4-庚二烯}$$

$$\text{(2E,4Z)-2,4-庚二烯} \qquad\qquad \text{(2E,4E)-2,4-庚二烯}$$

二、1,3-二烯的结构

1,3-二烯是共轭二烯烃。以 1,3-丁二烯(如图 2-6 所示)为例,近代实验方法测定结果表明,它是一个平面分子,分子中三个碳碳 σ 键和六个碳氢键均在同一平面内,所有键角都接近 120°。四个碳原子均是 sp^2 杂化,各有一个 p 轨道垂直于 σ 键骨架所在平面,通过侧面重叠分别在 C_1 和 C_2 及 C_3 和 C_4 之间形成两个 π 键。由于四个 p 轨道平行交盖,使得 C_2 与 C_3 之间不再是一个纯粹的 σ 单键,而是呈现部分双键的性质,这可从键长的数值看出。已测得 1,3-丁二烯的 C_2—C_3 之间的键长为 147pm,比一般烷烃中碳碳单键键长 154pm 短。中间两个碳原子(C_2 和 C_3)的 p 轨道重叠的结果,把整个键体系连成了一片,常被说成是形成了一个大 π 键或称离域大 π 键。这样原来分别定域于 C_1 和 C_2 之间以及 C_3 和 C_4 之间的二对 π 电子,不再局限于两个相邻原子之间,而是发生了离域,在整个共轭的大 π 键体系中运动。每一对 π 电子不只被两个碳原子核所吸引而是被四个碳原子核所吸引,电子有了更大的活动范围。这种电子的离域,使分子能量降低。

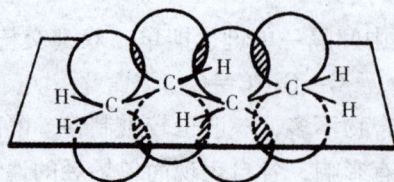

图 2-6 1,3-丁二烯的结构

三、共轭体系和共轭效应

在不饱和化合物中，如果有三个或三个以上具有互相平行的 p 轨道形成离域大 π 键，这种体系称为共轭体系。

在共轭体系中，π 电子的运动区域扩展到整个体系的现象称为电子离域。由于电子离域，出现体系能量降低、分子趋于稳定、键长趋于平均化等现象称为共轭效应，简称 C 效应。共轭体系的结构特征是共轭体系内各个 σ 键都在同一平面内，参加共轭的 p 轨道互相平行且垂直于这个平面，相邻 p 轨道侧面重叠，发生电子离域。若 p 轨道平行不好，不能有效地侧面重叠，共轭效应随之减弱或完全消失。

共轭体系大致上可以分为 π-π 共轭体系、p-π 共轭体系、σ-π 共轭体系三类。

四、共轭二烯烃的化学性质

共轭二烯烃除具有单烯烃碳碳双键的性质外，由于两个双键处于共轭状态，还表现出一些特殊的化学性质。

（一）1,2-加成和 1,4-加成

与烯烃一样，共轭二烯烃能与卤素、卤化氢等发生亲电加成反应，也能进行催化加氢反应。但 1,3-丁二烯与一分子试剂加成时，可生成两种产物。例如：

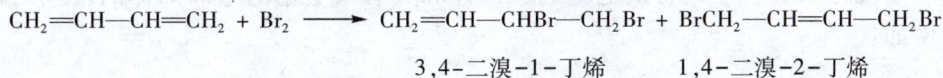

$$CH_2{=}CH{-}CH{=}CH_2 + Br_2 \longrightarrow CH_2{=}CH{-}CHBr{-}CH_2Br + BrCH_2{-}CH{=}CH{-}CH_2Br$$

3,4-二溴-1-丁烯   1,4-二溴-2-丁烯

两种产物来源于两种不同的加成方式。3,4-二溴-1-丁烯的生成像普通单烯烃加成反应一样，打开一个 π 键，溴加到双键的两个碳上，称为 1,2-加成。1,4-二溴-2-丁烯的生成则是打开两个 π 键，溴加到两端的 C_1 和 C_4 上，在中间两个碳原子间形成一个双键，称为 1,4-加成，又称共轭加成。共轭二烯烃可以进行 1,2-加成，也可以进行 1,4-加成，这是由于其反应中间体的特殊性所致。从 1,3-丁二烯与 HBr 的加成反应历程可知，H^+ 首先进攻双键碳原子生成碳正离子，这步反应虽然存在两种可能：

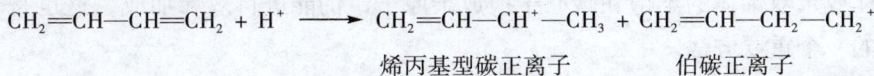

$$CH_2{=}CH{-}CH{=}CH_2 + H^+ \longrightarrow CH_2{=}CH{-}\overset{+}{C}H{-}CH_3 + CH_2{=}CH{-}CH_2{-}\overset{+}{C}H_2$$

烯丙基型碳正离子   伯碳正离子

但由于烯丙基型碳正离子比伯碳正离子稳定，亲电试剂总是加在共轭双键的链端碳上。正电荷较为分散的烯丙基型碳正离子，由于 p-π 共轭的交替极化之故，正电荷主要分布在共轭体系两端的两个碳原子（即 C_2 和 C_4）上：$CH_3\overset{\delta+}{C}H{-\!-\!-}CH{-\!-\!-}\overset{\delta+}{C}H_2$，所以反应中间体为第二步负离子的亲核进攻提供了两个反应点，即 Br^- 既可与 C_2 结合，也可与 C_4 结合，因此形成了 1,2-加成和 1,4-加成的混合产物：

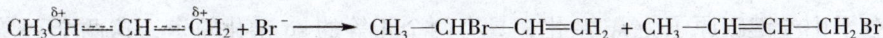

$$CH_3\overset{\delta+}{C}H{-\!-\!-}CH{-\!-\!-}\overset{\delta+}{C}H_2 + Br^- \longrightarrow CH_3{-}CHBr{-}CH{=}CH_2 + CH_3{-}CH{=}CH{-}CH_2Br$$

两者何种占优势，取决于反应物的结构、产物的稳定性以及反应条件。在低温下，以 1,2-加成产物为主。在较高温度下，1,4-加成产物将成为主要产物。

例如：

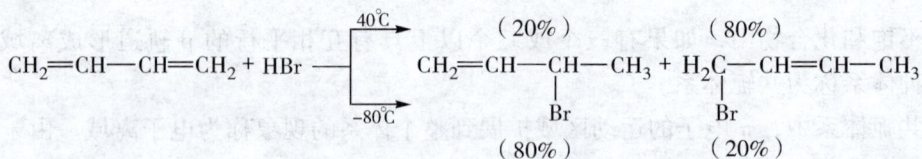

（二）双烯合成

共轭二烯烃及其衍生物与含有碳碳双键、叁键等不饱和化合物进行 1,4-加成生成环状化合物的反应，称为双烯合成，亦称狄尔斯-阿尔德反应。这是共轭二烯烃的特有反应。是合成六元环状化合物的重要方法。通常把双烯合成反应中的共轭二烯烃称做双烯体，与其进行反应的不饱和化合物称做亲双烯体。

双烯合成反应经过一个环状过渡态形成产物，反应是一步完成的，没有活性中间体生成，旧键的断裂和新键的形成同时进行。

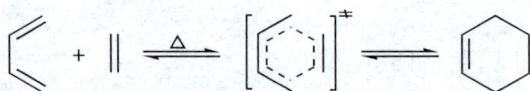

简单的 1,3-丁二烯与乙烯进行的双烯合成不是很容易的，在 200℃、9kPa 反应 17 小时，产率仅为 18%。但具有供电基的双烯体和具有吸电基的亲双烯体的反应则较易进行。例如：

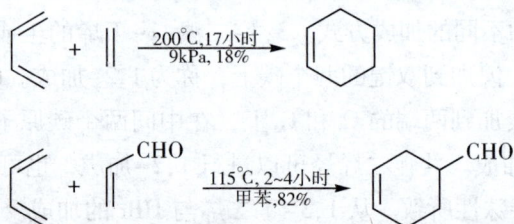

双烯体或亲双烯体的不饱和碳原子换成杂原子，仍能进行双烯加成，这也是合成杂环化合物的一个重要方法。

第四节　炔　　烃

含有碳碳叁键（—C≡C—）的烃称为炔烃，炔烃的分子通式为 C_nH_{2n-2}（$n \geqslant 2$）。

一、炔烃的分子结构

乙炔分子中叁键碳原子为 sp 杂化，具有两个相等的 sp 杂化轨道，这两个 sp 杂化轨道呈 180°轴对称同处一条直线上。当形成乙炔分子时，两个碳原子各以 sp 杂化轨道重叠形成（sp-sp）σ 键，同时两个碳原子的另一个 sp 杂化轨道又各与一个氢原子的 1s 轨道形成（sp-s）σ键。所以分子中的三个σ键的对称轴同在一条直线上，如图2-7所示。

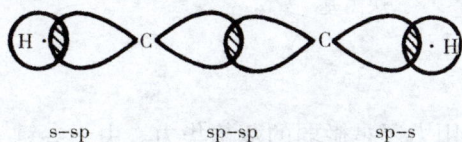

s-sp　　　　sp-sp　　　　sp-s

图2-7　乙炔分子的σ键　　　　　　图2-8　乙炔分子的p电子云分布模型图

另外，两个成键碳原子各余下两个相互垂直的p轨道（$2p_y$、$2p_z$），其对称轴两两平行，从侧面相互交盖形成两个互相垂直的π键。两个π键的电子云围绕在两个碳原子的上、下、前、后，对称地分布在碳碳σ键的周围，形成一个以σ键为对称轴的圆筒状结构，如图2-8所示。

炔烃分子中的碳碳叁键（ —C≡C— ）一般以三条短横线表示，但实际上不是简单的三个σ单键之和，而是由一个σ键和两个π键所组成。

二、同分异构现象和命名

（一）炔烃的异构现象

由于叁键呈直线型结构，因而不存在几何异构现象，其异构体主要是由叁键的位置异构和碳链异构而产生的。例如：

丁炔有两种位置异构体：

$$HC≡C—CH_2—CH_3 \qquad\qquad CH_3—C≡C—CH_3$$

戊炔有三种异构体：

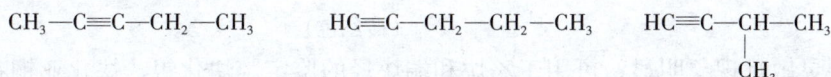

$$CH_3—C≡C—CH_2—CH_3 \qquad HC≡C—CH_2—CH_2—CH_3 \qquad HC≡C—CH—CH_3$$
$$\underset{\qquad\qquad\qquad\qquad\qquad\qquad\qquad\qquad\qquad\qquad\qquad\quad CH_3}{}$$

（二）炔烃的命名

炔烃的系统命名法原则与烯烃相似，只需将"烯"改为"炔"。例如：

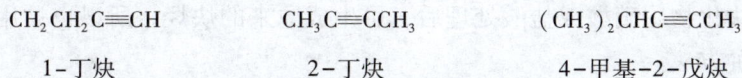

$$CH_2CH_2C≡CH \qquad\qquad CH_3C≡CCH_3 \qquad\qquad (CH_3)_2CHC≡CCH_3$$

1-丁炔　　　　　　　　2-丁炔　　　　　　　　4-甲基-2-戊炔

当分子中同时存在双键和叁键时，则首先选出含双键和叁键的最长碳链为主链，称做"烯炔"，然后对主链上碳原子进行编号。编号原则是使双键、叁键的位号代数和最小。如有选择余地，则给双键以较低的位号（这是一个例外，一般IUPAC命名原则总是以母体官能团为准，并给予最小的位号）。例如：

$$CH_3CH_2=CH—C≡CH \qquad\qquad CH_2=CH—CH_2—C≡CH$$

3-戊烯-1-炔（不是2-戊烯-4-炔）　　　　1-戊烯-4-炔（不是4-戊烯-1-炔）

对于某些复杂的炔烃，有时也将分子中叁键结构部分作为取代基来命名。炔烃分子中失掉一个氢原子余下的基团称为炔基。例如：

$$HC\equiv C— \qquad CH_3C\equiv C— \qquad HC\equiv CCH_2—$$

乙炔基 　　　　丙炔基 　　　　炔丙基

三、炔烃的物理性质

炔烃的物理性质与烯烃相似，分子间的主要作用力还是微弱的范德华力。由于叁键中 π 电子的增多，加以叁键成直线型结构，分子间较易靠近，以致分子间作用力略增大，它们的沸点、熔点、比重均比相应的烷、烯高一些。

四、炔烃的化学性质

炔烃分子中由于有 π 键的存在，所以可以发生与烯烃相似的亲电加成、氧化等反应。不同的是炔烃还可以发生亲核加成反应，炔氢（直接连接在叁键上的氢）具有微弱的酸性。

（一）炔氢的反应

由于叁键碳原子的 sp 杂化，s 成分明显提高，轨道电负性较大，使碳氢键的成键电子更靠近碳原子，成为弱极性共价键，炔氢原子带有部分正电荷，当遇到某些强碱性试剂时，炔氢能表现一定酸性而发生反应。

将乙炔和端炔加入至硝酸银或氯化亚铜的氨溶液中，立即有炔化银的白色沉淀或炔化亚铜的砖红色沉淀生成。

$$HC\equiv CH + 2[Ag(NH_3)_2]^+ \longrightarrow AgC\equiv CAg\downarrow + 2NH_4^+ + 2NH_3$$
（白色）

$$HC\equiv CH + 2[Cu(NH_3)_2]^+ \longrightarrow CuC\equiv CCu\downarrow + 2NH_4^+ + 2NH_3$$
（砖红色）

反应很灵敏且现象明显，可用于乙炔和端炔烃的鉴定。炔化银、炔化亚铜在干燥状态或受震动容易爆炸，实验后应立即用盐酸或硝酸分解处理。

$$AgC\equiv CAg + 2HCl \longrightarrow HC\equiv CH + 2AgCl\uparrow$$

$$CuC\equiv CCu + 2HCl \longrightarrow HC\equiv CH + 2Cu_2Cl_2\downarrow$$

过渡金属炔化物用硝酸或盐酸处理后，可生成原来的炔烃，所以也被用作分离和纯化端炔烃的一种方法。

（二）加成反应

炔烃与烯烃一样能与氢气、卤素、卤化氢等试剂发生加成反应，反应分步进行并遵循马氏规则，所不同的是炔烃加成较烯烃困难，要有催化剂存在才能顺利进行；叁键可以加两分子试剂，控制得当可以停留在加一分子试剂的阶段，且产物一般为反式构型。例如：

$$R—C\equiv C—R' + 2H_2 \xrightarrow{\text{Pt或Ni}} R—CH_2CH_2—R$$

$$HC\equiv CH + HCl \xrightarrow{HgCl_2/C} H_2C=CHCl$$

$$C_2H_5-C\equiv C-C_2H_5 + HCl \xrightarrow[\text{乙酸}25℃,97\%]{(CH_3)_4N^+I^-} \begin{matrix} C_2H_5 \\ \diagdown \\ H \diagup \end{matrix} C=C \begin{matrix} H \\ \diagup \\ \diagdown C_2H_5 \end{matrix}$$

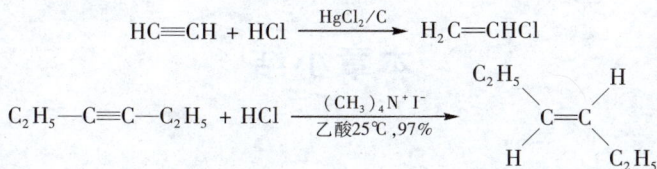

在室温时乙烯和溴水立即加成使溴的红棕色迅速退去，而乙炔则反应较慢，如果分子中既有叁键又有双键，在较低的温度下卤素首先加在双键上，而叁键仍可保留，这说明叁键的加成反应活性比双键小。例如：

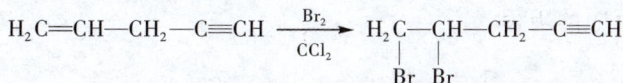

$$H_2C=CH-CH_2-C\equiv CH \xrightarrow[CCl_2]{Br_2} H_2C-CH-CH_2-C\equiv CH$$
$$\begin{matrix} | & | \\ Br & Br \end{matrix}$$

炔在酸溶液中直接水合较困难，一般在汞盐做催化剂的酸溶液中，乙炔可以比较顺利地与水进行加成。例如乙炔在 10% 硫酸和 5% 硫酸汞的水溶液中发生加成反应，生成乙醛，在工业上具有重要意义。

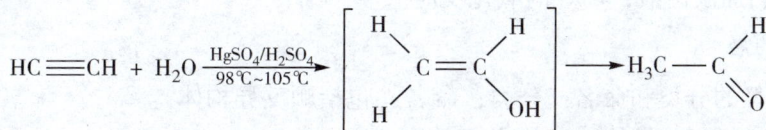

$$HC\equiv CH + H_2O \xrightarrow[98℃\sim105℃]{HgSO_4/H_2SO_4} \left[\begin{matrix} H \\ \diagdown \\ H \diagup \end{matrix} C=C \begin{matrix} H \\ \diagup \\ \diagdown OH \end{matrix} \right] \longrightarrow H_3C-C \begin{matrix} H \\ \diagdown \\ O \end{matrix}$$

该反应相当于叁键先与水加成，生成一个不稳定的加成物——烯醇，由于烯醇中羟基直接和双键碳原子相连不稳定，会很快发生异构化，形成稳定的羰基化合物。在化合物中一种官能团能改变其结构成为另一种官能团异构体，并且迅速互相转换，成为两种异构体处在动态平衡体系中的混合物，这种现象称为互变异构现象，这两种异构体，称互变异构体。互变异构是构造异构中的一种特殊形式。上述烯醇式和酮式互变异构，可简单表示为：

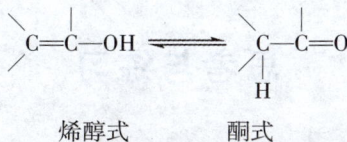

$$\begin{matrix} \diagup \\ \diagdown \end{matrix} C=C-OH \rightleftharpoons \begin{matrix} \diagup \\ \diagdown \end{matrix} C-C=O$$
$$\qquad\qquad\qquad | $$
$$\qquad\qquad\qquad H$$

$$\text{烯醇式} \qquad\qquad \text{酮式}$$

不对称炔烃的催化加水反应，也遵循马氏规则，所以除乙炔加水得乙醛外，所有的取代乙炔和水的加成产物都是酮，端炔烃催化加水得到甲基酮。

（三）氧化反应

炔能顺利地被高锰酸钾、重铬酸钾、臭氧等氧化剂氧化，在碳链的叁键处断裂，生成相应的羧酸。例如：

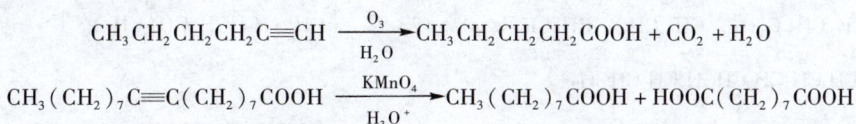

$$CH_3CH_2CH_2CH_2C\equiv CH \xrightarrow[H_2O]{O_3} CH_3CH_2CH_2CH_2COOH + CO_2 + H_2O$$

$$CH_3(CH_2)_7C\equiv C(CH_2)_7COOH \xrightarrow[H_3O^+]{KMnO_4} CH_3(CH_2)_7COOH + HOOC(CH_2)_7COOH$$

分析产物羧酸的结构，可以推断炔烃的结构。利用高锰酸钾溶液颜色变化，可以定性检查叁键的存在，但要与烯烃的存在区别开。

本章小结

一、烷烃

1. 烷烃的定义、结构、通式、同系列、同分异构现象。
2. 烷烃系统命名法（烷基、命名一般步骤）。
3. 烷烃的化学性质：氧化反应、卤代反应。
4. 烷烃卤代反应的历程。

二、烯烃

1. 烯烃的定义、结构、通式、官能团及同分异构现象。
2. 烯烃的命名：系统命名法、顺反异构体的命名（顺/反命名法、Z/E 命名法）。
3. 烯烃的化学性质：催化氢化、加卤素、加卤化氢（马氏规则、过氧化物效应）、加硫酸和水、加次卤酸；烯烃的氧化反应。

三、二烯烃

1. 二烯烃的分类和命名：分类；命名（包括顺反异构体）。
2. 共轭二烯烃的结构：π-π 共轭效应。
3. 共轭二烯烃的特性：键长平均化；较低的氢化热（稳定性增大）。
4. 共轭二烯的化学性质：1,4-加成与 1,2-加成；双烯合成。

四、炔烃

1. 炔烃的结构、异构现象和系统命名法。
2. 炔烃的化学性质：加成反应（加氢、加卤素、加卤化氢、水合）；氧化反应；末端炔烃的反应（炔化物的生成）。

思考与练习

一、写出下列化合物的结构简式

1. 2-甲基戊烷
2. 2,3,4-三甲基癸烷
3. 顺-4-甲基-2-戊烯
4. 2,3-二甲基-1-戊烯
5. (Z)-3-甲基-4-异丙基-3-庚烯
6. 1,4-己二炔
7. 3,3-二甲基-1-己炔
8. 3-乙基-1-戊烯-4-炔

二、用系统命名法命名下列化合物

1. $CH_3CH(C_2H_5)CH(CH_3)CH_2CH_3$
2. $(CH_3)_2CHCH_2CH(CH_3)_2$

3.
$$\underset{\underset{CH_3}{|}}{CH_3CH_2\underset{\underset{CH_3}{|}}{\overset{\overset{CH_3CH_2CH_2CHCH_2CH_2CHCH_3}{|}}{C}}CH_3}$$

4.
$$CH_3CH_2\underset{\underset{CH(CH_3)_2}{|}}{CH}CH(CH_3)_2$$

5. $HC{\equiv}CCH_2C{=}CHCH_3$
　　　　　　　　　$|$
　　　　　　　　CH_3

6.
$$\begin{array}{c} H \\ \backslash \\ C{=}C \\ / \quad \backslash \\ H_3C \quad CH(CH_3)_2 \end{array} \quad CH_2CH_2CH_3$$

7. $CH_3C{\equiv}CCH_2C(CH_3)_3$

8. $H_2C{=}CH{-}CH_2{-}C{\equiv}CH$

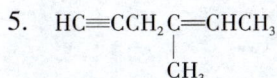

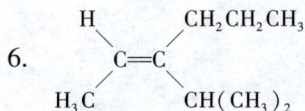

三、完成下列反应式

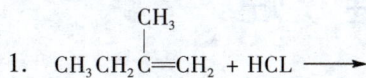

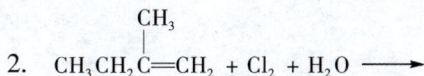

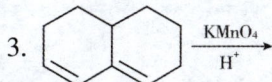

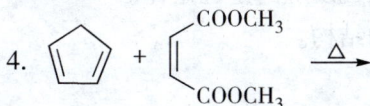

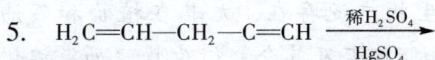

1.
$$\overset{\displaystyle CH_3}{\underset{}{CH_3CH_2C}}{=}CH_2 + HCL \longrightarrow$$

2.
$$\overset{\displaystyle CH_3}{\underset{}{CH_3CH_2C}}{=}CH_2 + Cl_2 + H_2O \longrightarrow$$

3. $\xrightarrow[\;H^+\;]{KMnO_4}$

4. $+ \begin{array}{c} COOCH_3 \\ \\ COOCH_3 \end{array} \xrightarrow{\triangle}$

5. $H_2C{=}CH{-}CH_2{-}C{\equiv}CH \xrightarrow[HgSO_4]{稀H_2SO_4}$

四、推导题

1. 某化合物的分子式为 C_6H_{12}，能使溴水退色，能溶于浓硫酸，催化加氢生成己烷，如用过量的酸性高锰酸钾溶液氧化可得到两种不同的羧酸。试写出该化合物的结构简式和各步反应式。

2. A、B 两个化合物互为构造异构体，都能使溴的四氯化碳溶液退色。A 与 Ag $(NH_3)_2NO_3$ 反应生成白色沉淀，用 $KMnO_4$ 溶液氧化生成丙酸和 CO_2；B 不与 Ag $(NH_3)_2$ NO_3 反应，而用 $KMnO_4$ 溶液氧化只生成一种羧酸。试写出 A 和 B 的结构简式及各步反应式。

第三章 闭 链 烃

■ 学习目标

掌握：脂环烃和芳香烃的化学性质。

熟悉：闭链烃的命名；苯及其衍生物亲电取代反应的定位定律。

了解：重要的脂环烃和芳香烃及稠环芳烃的结构。

【引子】在自然界中，脂环烃及其衍生物广泛存在，尤其在植物和石油中，从植物中提取的精油含有大量的不饱和脂环烃及其含氧衍生物，如甾族化合物等都是脂环烃的衍生物。

苯及同系物是油漆中的主要污染成分，来自涂料的各种有机溶剂。因为苯是一种无色具有特殊芳香气味的液体，所以专家们把它称为芳香杀手。人在短时间内吸入高浓度的甲苯、二甲苯会出现中枢神经系统麻醉的症状，轻者头晕、头痛、恶心、胸闷、乏力、意识模糊，严重的会出现昏迷。苯已经被世界卫生组织确定为强烈致癌物质。同时，苯及其同系物又是重要的化工原料，工业生产中不可缺少的原料之一。通常环己烷是由苯通过加氢得到的。通过本章学习，让我们进一步认识环状烃。

第一节 脂 环 烃

一、脂环烃的分类

脂环烃根据所含碳环的多少可分为单环脂环烃和多环脂环烃。

单环脂环烃根据其饱和性可分为饱和脂环烃（环烷烃）和不饱和脂环烃（环烯烃、环炔烃）。根据环的大小，将含有三到四个碳原子的环称为小环；含五到七个碳原子的环称为普通环；含八到十二个碳原子的环称为中环；含十二个以上碳原子的环称为大环。

多环脂环烃根据相邻两个碳环共用碳原子的个数分为螺环烃和桥环烃。两个碳环共用一个碳原子称为螺环烃，两个碳环共用两个或两个以上碳原子称为桥环烃，有时也将两个碳环共用两个碳原子的多环脂环烃称为稠环烃。

二、脂环烃的命名

(一) 单环脂环烃

单环脂环烃的命名与烷烃相似，只需在相同数碳原子的直链烃的名称前加"环"字。例如：

环丙烷	环丁烷	环戊烷	环己烷

当支链不复杂时，以环烷烃为母体，用阿拉伯数字为碳环上的碳原子进行编号，使取代基编号最小。当支链复杂时，将碳环作为取代基进行命名。

甲基环戊烷   3-环己基己烷

环上有双键或三键时，从不饱和键开始编号，并使取代基编号最小。

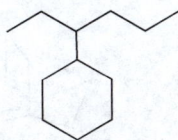

3-甲基环戊烯   2,5-二甲基-1,3-环己二烯   环庚炔

两个碳环相连时，碳数多的环作为母体，碳数少的环作为取代基进行命名。

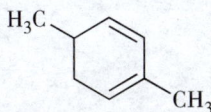

环丙基环戊烷

(二) 多环脂环烃

1. 螺环烃 螺环烃中两个碳环共用一个碳原子，该碳原子称为螺原子。两个碳环的链接方式称为螺接。含有一个螺原子称为单螺化合物，含有两个螺原子称为二螺化合物，依此类推。

单螺环烃按环所含碳原子的总数称为"螺［ ］某烃"，即母体。螺环的编号是从螺原子的邻位碳开始，由小环经螺原子至大环，并使环上取代基的位次最小。将连接在螺原子上的两个环的碳原子数，按由少到多的次序写在方括号中，数字之间用圆点隔开，标在"螺"字与烷烃名之间。如有不饱和键，应使不饱和键的编号尽量小。例如：

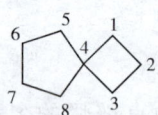 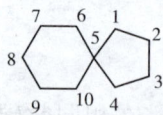 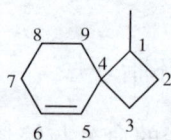

螺[3.4]辛烷　　　　　螺[4.5]癸烷　　　　　1-甲基螺[3.5]-5-壬烯

2. 桥环烃　两个碳环共用两个或两个以上碳原子称为桥环烃。共用的碳原子为桥头碳原子。根据成环的总的碳原子数目及环的数目命名为 n 环〔　〕某烃。编号从桥头碳原子开始，先走最长桥到另一个桥头碳原子，再走次长桥到起初的桥头碳原子，最后再走最短桥。编号时注意有取代基时尽量将取代基位次最小。方括号中注明除桥头碳原子外的碳原子数，由大到小依次列出。中间用圆点隔开。环中有不饱和键的使不饱和键的编号最小。

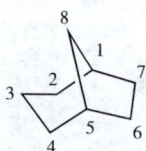 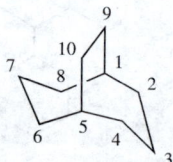 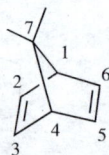

二环[3.2.1]辛烷　　　二环[3.3.2]癸烷　　　7,7-二甲基二环[2.2.1]-2,5-庚二烯

三、环烷烃的异构现象

（一）构造异构

环烷烃的通式为 C_nH_{2n}，与相同碳数的烯烃互为官能团异构体。如环丙烷与丙烯、环戊烷与戊烯。

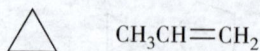

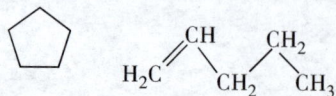

同碳数的环存在环的大小异构，如环戊烷与甲基环丁烷、乙基环丙烷、1,2-二甲基环丙烷等互为异构体。

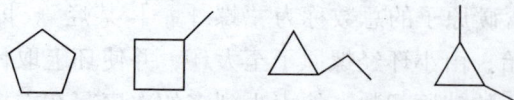

相同环上的取代基存在位置异构，如1,2-二甲基环丙烷与1,1-二甲基环丙烷。1,3-二甲基环戊烷与1,2-二甲基环戊烷。

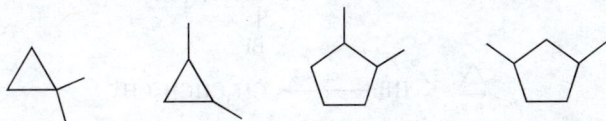

（二）顺反异构

环烷烃中由于环的存在，使 C—C 键不能像链烃一样自由旋转，所以当环上不同碳原子有取代基时，就会产生不同的空间排列方式，产生顺反异构，取代基在环平面的同侧称为顺式，取代基在环平面的两侧称为反式。

顺-1,4-二甲基环己烷　　　　　　反-1,4-二甲基环己烷

四、脂环烃的化学性质

脂环烃属于脂肪烃，具有一般烃的性质，但是由于其具有环状结构，其化学性质与直链烃有所不同，一般小环化合物与烯烃相似，易开环发生加成反应生成饱和的链烃。含有五个以上碳原子的脂环烃与开链烷烃相似，易发生取代反应。

（一）加成反应

1. 催化加氢　小环脂环烃（环丙烷、环丁烷）在镍催化剂下，加热能发生开环，与氢加成生成开链烷烃。

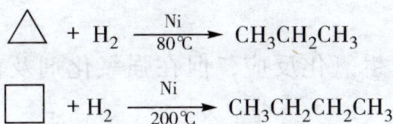

$$\triangle + H_2 \xrightarrow[80℃]{Ni} CH_3CH_2CH_3$$

$$\square + H_2 \xrightarrow[200℃]{Ni} CH_3CH_2CH_2CH_3$$

2. 与卤素加成　环丙烷、环丁烷能与卤素反应，发生开环生成卤代烷烃。

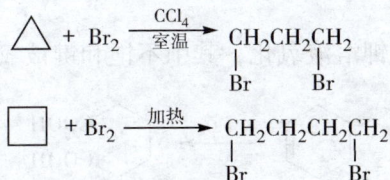

$$\triangle + Br_2 \xrightarrow[室温]{CCl_4} \underset{Br\quad\quad Br}{CH_2CH_2CH_2}$$

$$\square + Br_2 \xrightarrow{加热} \underset{Br\quad\quad\quad Br}{CH_2CH_2CH_2CH_2}$$

3. 与氢卤酸加成　环丙烷、环丁烷与氢卤酸加成，生成开链的卤代烃。若环上含

有取代基，则加成反应遵循马氏规则。

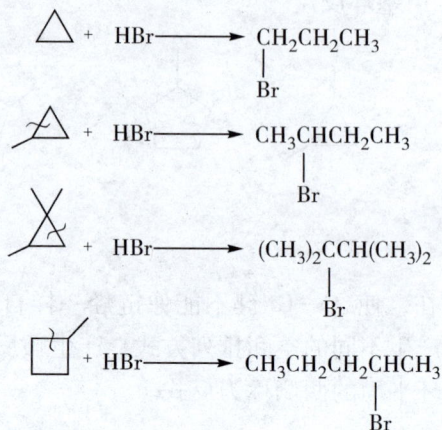

（二）取代反应

与烷烃相似，在光或热的作用下，环烷烃与卤素发生自由基取代反应，生成卤代环烷烃。

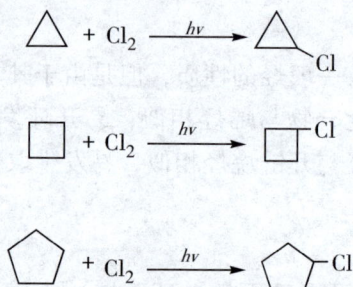

（三）氧化反应

环烷烃在常温下不易发生氧化反应，但在强氧化剂及催化剂存在下环烷烃可被氧化，如：

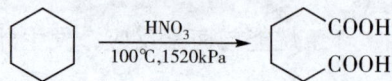

环烯烃可被酸性高锰酸钾溶液氧化，其中不饱和键被氧化开环：

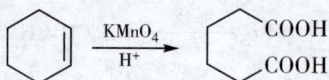

第二节 单 环 芳 烃

芳香烃和脂环烃都属于闭链烃，即有碳氢元素构成的具有环状结构的烃，但其化学性质与脂环烃有着明显的差异。起初化学家从植物中提取分离出一些具有芳香气味的物质，经检验发现它们大多具有苯环结构，因此就将含有苯环结构的化合物命名为芳香族化合物。但后来研究发现，并非所有含有苯环结构的化合物都具有芳香气味。但"芳香烃""芳香性"等概念被沿用下来。现在有机化学上的芳香烃除了指含有苯环结构的化合物以外，还包括一些不含苯环但电子构型与苯环相似的不饱和环状烃，具有独特的化学性质。

单环芳烃指分子中只含有一个苯环，包括苯、苯的同系物等。

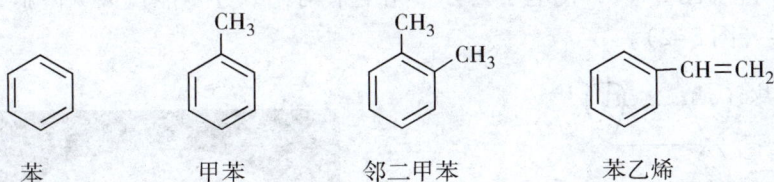

苯　　　　　　甲苯　　　　　邻二甲苯　　　　　　苯乙烯

一、苯的分子结构

苯是最简单的芳烃，也是芳香族化合物中最具代表性的化合物，分子式 C_6H_6，碳氢比 1:1，具有高度不饱和性。但实验证明，苯的化学性质十分稳定，不易进行加成和氧化反应。

在一些实验的基础上，1865 年德国化学家凯库勒（Kekulé）提出苯的结构是由六个碳原子构成，具有交替单双键的环状平面结构，每个碳原子上连接着一个氢原子。这种结构式称为凯库勒式。

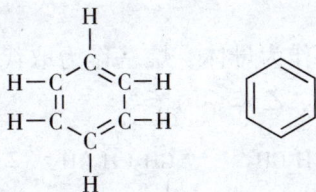

凯库勒式能解释苯的一些性质，但有些性质仍不能用此结构式来解释，比如邻位的二取代产物只有一种（按照结构式判断应该有两种）；苯环中碳碳双键不易发生加成反应和氧化反应。

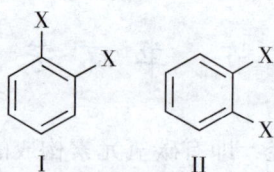

经物理方法测定，证明苯环是一个平面分子，所有原子均在一个平面上，六个碳碳键长均为 140 pm。碳氢键键长均为 108 pm。键角均为 120°。

杂化轨道理论认为苯分子中的碳原子均为 sp^2 杂化，每个碳原子的三个 sp^2 杂化轨道分别与相邻的两个碳原子的 sp^2 杂化轨道和氢原子的 s 轨道重叠形成三个 σ 键。六个碳原子形成一个正六边形，所有键角均为 120°。每个碳原子上还有一个未参加杂化的 p 轨道，这 6 个 p 轨道互相平行，且垂直于苯环所在的平面。p 轨道之间彼此重叠形成一个闭合共轭大 π 键（图 3-1），使电子云分布完全平均化，分子能量大大降低，苯环具有高度的稳定性（图 3-2）。

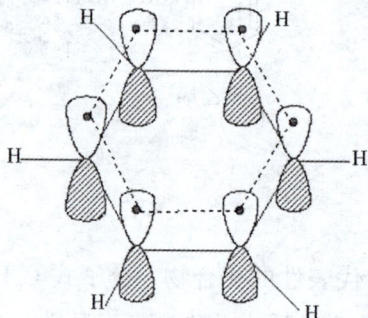

图 3-1　p 轨道大 π 键的形成

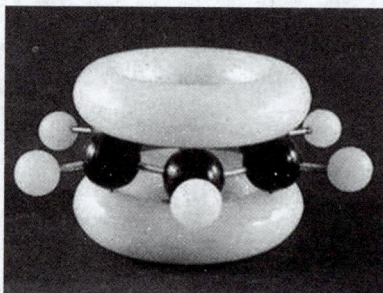

图 3-2　苯的大 π 键电子云模型

二、苯同系物的异构和命名

苯的同系物指苯环上的氢原子被烃基取代而形成的化合物。通常有一元取代、二元取代和三元取代物。

苯同系物的命名一般以苯环作为母体，烷基作为取代基，称为"某烃基苯"。一元取代物没有异构体，其命名甲苯、乙苯、丙苯等。

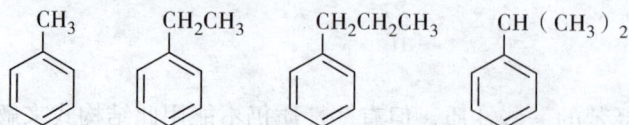

甲苯　　乙（基）苯　　丙（基）苯　　异丙（基）苯

二元取代物和三元取代物由于两个取代基的位置不同可产生三种异构体，可以用阿拉伯数字进行编号。如取代基相同，二元取代物可以用"邻"或 o-、"间"或 m-、"对"或 p- 来表示。三元取代物可以用"连""偏""均"等词头表示。

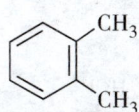
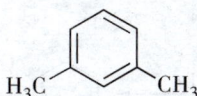

邻二甲苯　　　　　　间二甲苯　　　　　　对二甲苯
1,2-二甲苯　　　　　1,3-二甲苯　　　　　1,4-二甲苯
o-二甲苯　　　　　　m-二甲苯　　　　　　p-二甲苯

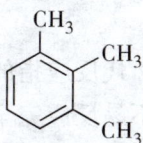
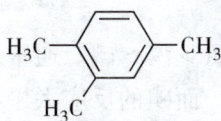
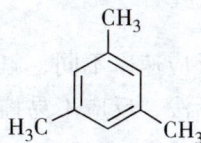

连三甲苯　　　　　　偏三甲苯　　　　　　均三甲苯
1,2,3-三甲苯　　　　1,2,4-三甲苯　　　　1,3,5-三甲苯

如苯环上有不同烷基取代时，选取最简单烷基苯为母体，其他较复杂的烷基作为取代基进行命名。环上编号从简单取代基开始。如：

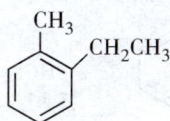
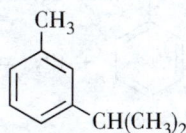

2-乙基甲苯　　　　　　　　　　　3-异丙基甲苯

如苯环上取代基为烯烃或炔烃等不饱和基团，或者是较为复杂的链状烃时，则将苯环作为取代基进行命名。

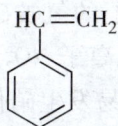
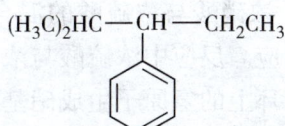

苯乙烯　　　　　苯乙炔　　　　　2-甲基-3-苯基戊烷

三、苯及单环芳烃的化学性质

化合物的结构和组成决定其性质，苯及其同系物都含有苯环，由于苯环结构的特殊性，使得苯及其同系物表现出独特的化学性质。苯环化学性质较为稳定，不易发生加成反应和氧化反应，易发生取代反应。这些性质被称为芳香族化合物的"芳香性"。

（一）亲电取代反应

亲电取代反应是苯环的特征反应，由于苯环的平面上下方堆积着 π 电子云，电子云密度较高，易接受亲核试剂的进攻，使得苯环上的氢原子被取代，发生亲电取代反应。

1. 卤代反应　苯与氯、溴在铁或三卤化铁等催化剂存在下，苯环上的氢原子被氯、溴取代，生成氯苯和溴苯。

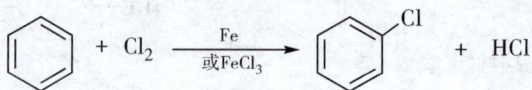

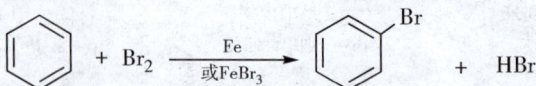

不同的卤素反应速率不同，氟 > 氯 > 溴 > 碘。通常苯的卤代反应指的是氯代和溴代反应，因为氟太活泼，反应不易控制，而碘的反应太慢，且不易反应完全。在催化剂存在下，溴单质形成 Br^+，Br^+ 进攻苯环使苯环失去一个质子生成溴苯。

烷基苯在相同条件下比苯环容易发生取代反应，生成邻位和对位的取代产物。但在光照条件下，烷基苯与氯气或溴单质反应时，取代发生在侧链上而不是苯环上。由于受到苯环电子云结构的影响，其 α-碳原子上的氢（α-氢）比较活泼，易被卤素取代。

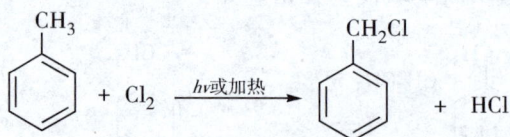

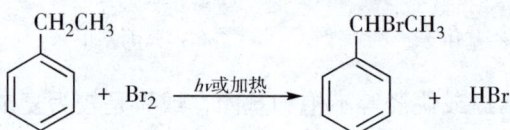

2. 硝化反应 浓硝酸与浓硫酸的混合物与苯反应，苯环上的氢被硝基取代生成硝基苯，称为硝化反应。反应中浓硫酸与浓硝酸作用生成硝基正离子 NO_2^+ 作为亲电试剂进攻苯环，取代苯环上的氢原子生成硝基苯。烷基苯比苯更容易发生硝化反应，生成邻位和对位取代产物。

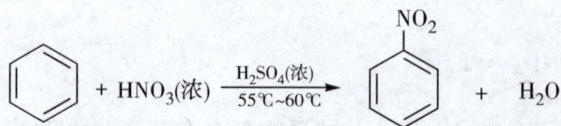

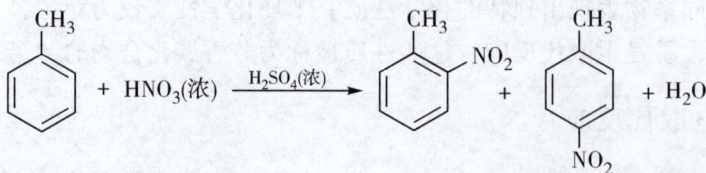

3. 磺化反应 苯与浓硫酸或发烟硫酸反应生成苯磺酸，该反应为磺化反应，浓硫酸或发烟硫酸称为磺化试剂。磺化反应可逆。甲苯的磺化反应主要生成对位产物。

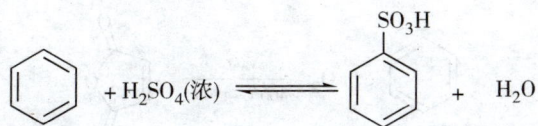

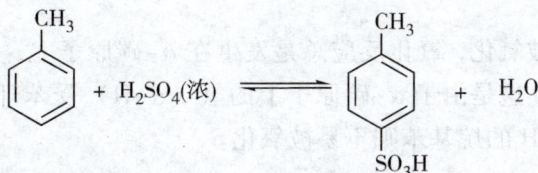

4. 傅-克反应 在无水 AlCl₃等催化剂作用下，芳香烃环上的氢原子被烷基和酰基所取代生成烷基苯和芳香酮的反应，称为傅-克（Friedel -Crafts）反应。烷基化试剂通常为卤代烃、烯烃和醇，酰基化试剂通常用酰卤和酸酐。

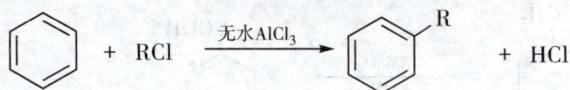

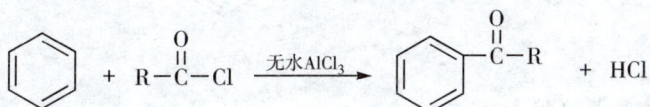

（二）加成反应

苯环不易发生加成反应，但在一定条件下能发生反应。比如在 Ni、Pt、Pd 等催化剂存在下，在较高的温度和压力下能与 H₂反应生成环己烷。在紫外光照下能与氯和溴发生加成生成六氯或六溴环己烷。

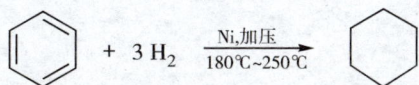

（三）氧化反应

苯环很难被氧化，只有在高温、催化剂存在的条件下才被氧化，生成顺丁烯二酸酐。

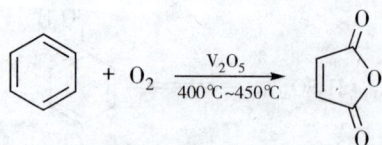

苯环上的侧链易被氧化，氧化反应总是发生在 α-碳原子上，不论侧链长短，α-碳原子都被氧化成羧基。这是由于 α-碳原子上的氢（α-H）受苯环的影响比较活泼，因此易被氧化。没有 α-H 的烷基苯则不易被氧化。

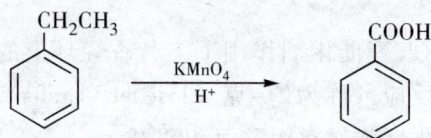

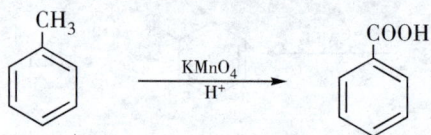

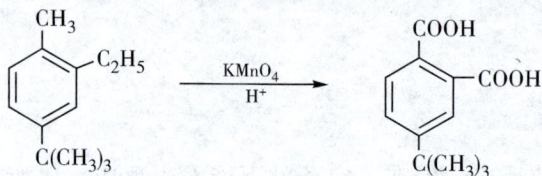

四、苯环亲电取代的定位效应及其应用

（一）定位规则

苯环上已有的取代基不仅影响另一个取代基进入苯环的难易，而且还影响其进入苯环的位置，这种效应称为苯环上亲电取代反应的定位效应，苯环上原有的取代基称为定位基。苯被一元取代后，苯环上还有两个邻位，两个间位，一个对位可以引进新的基团。根据定位效应，定位基可分为邻对位定位基和间位定位基两类。

1. 邻对位定位基　除卤素外，这类定位基能使苯环活化，即第二个取代基的进入比苯容易，第二个取代基主要进入它的邻位和对位。常见的邻、对位定位基有：

（1）—NR$_2$，—NHR，—NH$_2$，—OH 等具有强烈致活作用的基团。

（2）—OR，—NHCOR 等具有中等致活作用的基团。

（3）—CH$_3$（—R），—Ar 等具有较弱致活作用的基团。

（4）—X（Cl，Br，I）等致钝基团。

这类基团的共同的结构特征是：与苯环相连的原子均以单键与其他原子相连，与苯环直接相连的原子大多带有未共用电子对。

2. 间位定位基 这类定位基能使苯环钝化，即第二个取代基的进入比苯困难，同时使第二个取代基主要进入它的间位。常见的间位定位基有：$-NR_3^+$，$-NO_2$，$-CN$，$-SO_3H$，$-COOH$（R），$-CHO$ 等。

这类基团结构特点为：与苯环直接相连的原子带正电荷，或以重键与电负性较强的原子相连接。

（二）定位规则的理论解释

苯环上的取代反应是亲电取代反应。能使苯环上电子云密度增加的基团，能导致苯环活化，提高反应活性；反之，使环上电子云密度降低的基团，能导致苯环钝化，减低反应活性。苯环上没有取代基时，环上六个碳原子的电子云密度是均等的；但当苯环上有别的基团时，由于取代基的电子效应沿着苯环共轭体系传递。在环上出现了电子云密度的疏密交替分布现象。第二个取代基易于进入苯环上电子云密度相对较大的部位，从而使这些碳原子上的取代物占据多数。

1. 邻对位定位基 甲基或其他烷基具有供电子的诱导效应（+I），是给电子基；此外，甲基的 C—H 键的 σ 电子可与苯环的 π 电子发生 $\sigma-\pi$ 超共轭效应。其结果均可使苯环上的电子云密度增大，特别是甲基的邻、对位增加的更多。因此，甲苯比苯易发生亲电取代反应，而且主要发生在邻、对位上。

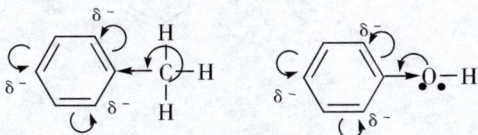

酚羟基（—OH）中氧的电负性大于碳，存在吸电子的诱导效应（-I），但氧上的未共用电子对可与苯环上的 π 电子产生给电子的 $p-\pi$ 共轭效应（+C）。在反应时，动态的共轭效应占主导地位，总的结果是使苯环上电子云密度提高，且邻、对位增加的较多。所以，苯酚的亲电取代反应比苯容易进行，且第二个取代基主要进入酚羟基的邻、对位。

氯原子的电负性较大，是吸电子基，存在吸电子的诱导效应（-I）。但同时，氯原子的未共用电子对，同样可以与苯环上的 π 电子产生给电子的 $p-\pi$ 共轭效应（+C）。但是氯原子的共轭效应不足以抵消吸电子诱导效应，结果导致使苯环上电子云密度降低，使苯环钝化，且间位降低较多，邻、对位降低的较少。所以，卤素也是邻对位定位基。

2. 间位定位基 $-NO_2$，$-CN$，$-SO_3H$，$-COOH$（R）等基团为吸电子基团，而且能与苯环发生 $\pi-\pi$ 共轭，使电子向取代基上电负性较高的原子转移，结果使苯环的电子云密度降低，苯环钝化。其中邻、对位降低较多，间位降低较少，所以表现为间位定位作用。

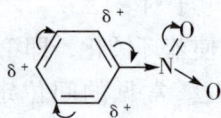

（三）定位规则的应用

定位规则在有机合成中起到非常重要的作用，既可以预测取代苯亲电取代反应的主要产物，还可帮助选择合适的合成路线。

当苯环上已有两个基团时，引入第三个基团的位置由前两个基团的定位性质共同决定。如果原有的两个基团是同一类定位基，则第三个基团引入的位置主要由较强的定位基团控制。如果原有的两个基团不是同一类定位基团，则第三个基团引入的位置主要受邻对位定位基控制。

在多取代苯衍生物的合成设计中，可以根利用定位规则，制定合理的合成路线。例如：

由苯合成间硝基氯苯，由于氯原子是邻对位定位基，硝基是间位定位基，所以可选择先引入硝基，再引入氯原子。

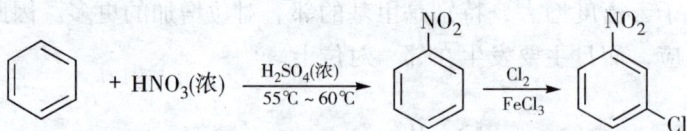

知识拓展

休克尔（Hückel）规则

苯、萘、蒽和菲等都是由苯环组成的，在结构上形成了环状的闭合共轭体系。它们都具有芳香烃的特性，即芳香性。表现为环稳定，不易开环，易发生取代反应，难发生加成反应等等。但是有些不具有苯环结构的烃类化合物，也具有一定的芳香性，这类化合物称为非苯芳香烃。例如环丙烯正离子、环戊二烯负离子等。

1930 年德国化学家休克尔用简化的分子轨道法（HMO 法），计算了许多单环多烯的 π 电子能级，提出了判断芳香性的规律：在一单环多烯化合物中，具有共平面的环状离域体系，其 π 电子数等于 $4n+2$（$n=0,1,2,3\ldots$），此化合物就具有芳香性。此规律称为休克尔规律，又叫做 $4n+2$ 规则。

第三节　稠环芳烃

稠环芳烃指的是两个或多个苯环共用两个邻位碳原子的化合物。其中具有代表性的化合物主要有萘、蒽、菲等，它们是合成染料、药物的重要原料，主要从煤焦油中提取。

一、萘、蒽和菲

（一）萘

萘的分子式 $C_{10}H_8$，由两个苯环并在一起共用一对相邻的碳原子稠合而成。其结构与苯环相似，碳原子以 sp^2 轨道杂化，与相邻的碳原子以及氢原子之间以 σ 键相连。碳原子与氢原子均在同一个平面内，碳原子剩余的 p 轨道互相平行且垂直于环平面，它们互相重叠形成大 π 键。但是，与苯环不同的是，萘分子中各个碳原子周围的电子云分布不均等，碳碳键长不尽相同。因此其稳定性不如苯。

萘分子中碳原子编号如下图所示，其 1、4、5、8 位是等同的，又称为 α 位，2、3、6、7 位是等同的，又称为 β 位。其中 α 位碳原子的电子云密度比 β 位碳原子电子云密度高，因此取代反应通常发生在 α 位。

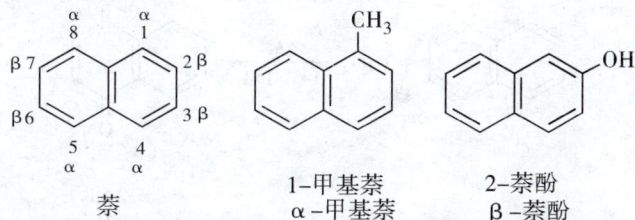

萘　　　　1-甲基萘　　　2-萘酚
　　　　　α-甲基萘　　　β-萘酚

萘是有光亮的白色片状晶体，熔点 80.5℃，沸点 218℃，不溶于水，易溶于乙醇、乙醚和苯等有机溶剂。萘挥发性大，易升华，有特殊气味，具有驱虫防蛀作用。萘可能有致癌作用，萘在工业上主要用于合成染料、农药等。萘的来源主要是煤焦油和石油。

萘具有一般芳香烃的特性，化学性质比苯活泼。

1. 亲电取代反应

（1）卤代反应　萘与溴在四氯化碳溶剂中回流即可得到 α-溴萘。

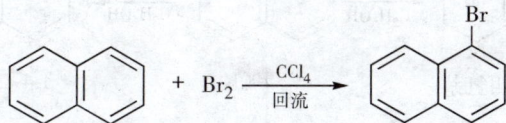

（2）硝化反应　萘与浓硝酸、浓硫酸的混合酸在常温下即可发生消化反应，生成 α-硝基萘。

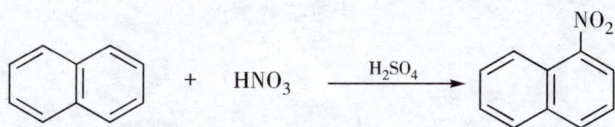

（3）磺化反应　萘与浓硫酸反应，在较低温度下，由于 α 位比较活泼，反应较快生成 α-萘磺酸。但由于磺酸基基团体积较大，空间位阻大，所以在高温下可以转化为更为稳定的 β-萘磺酸。

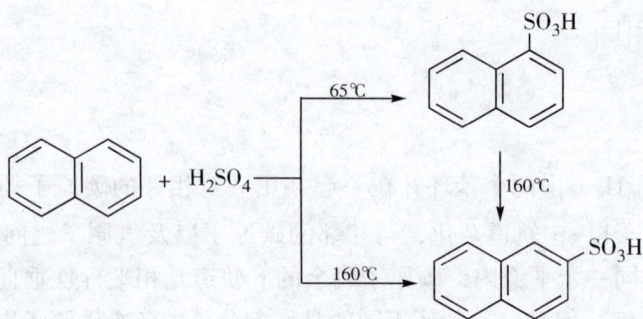

2. 氧化反应　萘比苯易被氧化，常温下用氧化铬在醋酸溶液中被氧化生成萘醌。在高温下用五氧化二钒做催化剂，可以被空气氧化得到邻苯二甲酸酐。邻苯二甲酸酐是合成树脂、增塑剂、染料等重要的原料。

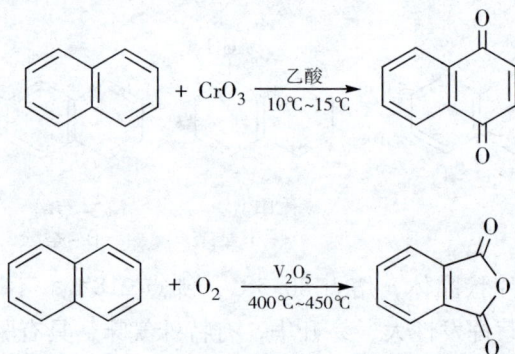

3. 还原反应　萘在乙醇和金属钠作用下可被还原成 1,4-二氢萘或 1,2,3,4-四氢萘。在高压及 Ni 催化下，加氢可被还原成十氢萘。

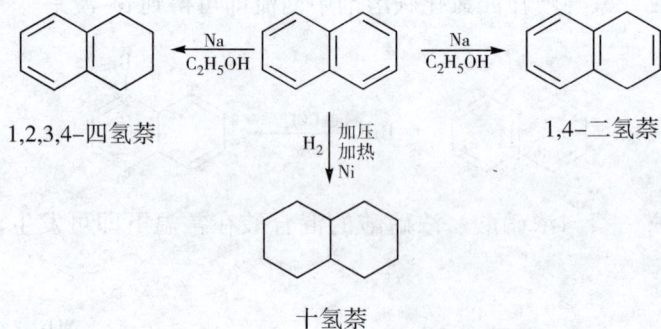

1,2,3,4-四氢萘　　　　　　　　　　　　　　1,4-二氢萘

十氢萘

（二）蒽和菲

蒽和菲的分子式都是 $C_{14}H_{10}$，互为同分异构体。它们都是由三个苯环稠合而成的，并且三个苯环都处在同一平面上。不同的是，蒽的三个苯环的中心在一条直线上，而菲的三个苯环的中心不在一条直线上。

蒽和菲均存在于煤焦油中，蒽为无色片状晶体；有蓝紫色荧光；熔点 216℃，沸点 340℃，不溶于水，微溶于乙醇和乙醚，易溶于热的苯中。菲也是无色片状晶体，略带荧光，熔点 100℃，沸点 340℃。不溶于水，易溶于苯及其同系物中。

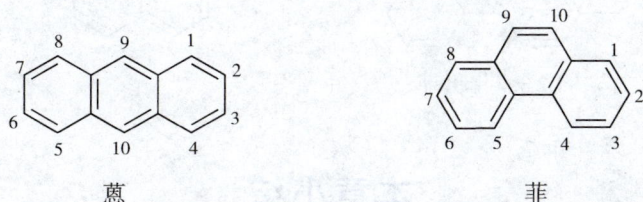

蒽　　　　　　　　　　　　　菲

蒽分子中，1、4、5、8 位是等同的，称为 α 位；2、3、6、7 位是等同的，称为 β 位；9、10 位是等同的，称为 γ 位。菲分子中 1、8 位等同；2、7 位等同；3、6 位等同；4、5 位等同；9、10 位等同。蒽、菲的化学反应主要发生在 9、10 位上。

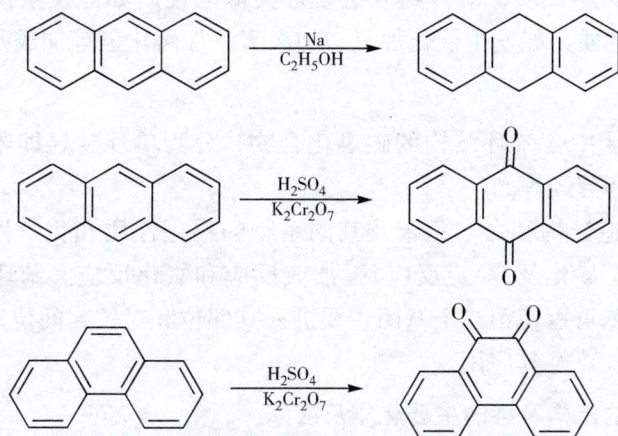

二、致癌芳烃

稠环芳烃中有一些具有明显的致癌作用。苯并芘类稠环芳烃，特别是 3,4-苯并芘有强烈的致癌作用。多环芳烃类的致癌物质来源于各种烟尘，包括煤烟、油烟、柴草烟等。目前已知，致癌芳烃的致癌作用是由于它们的代谢产物能与 DNA 结合，导致 DNA 突变，增加致癌的可能性。

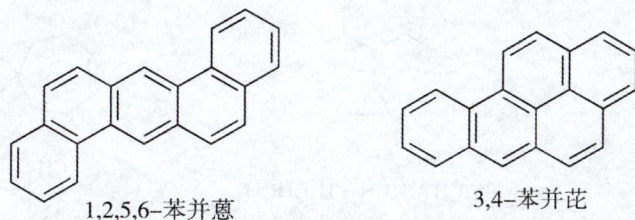

1,2,5,6-苯并蒽　　　　　　　3,4-苯并芘

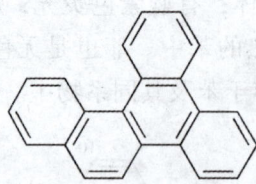

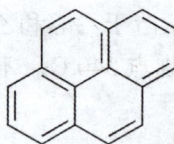

1,2,3,4-苯并菲　　　　　　　　　　芘

本章小结

一、脂环烃的分类、命名及其异构现象

1. 脂环烃可分为单环、螺环、稠环烃等。

2. 单环烷烃的化学性质，既有与开链烷烃类似的性质如能发生卤代反应和氧化反应，也有其特殊的性质，如发生催化加氢、加卤素、加卤化氢等加成及开环反应。

二、芳香烃

1. 一般是指分子中含苯环结构的碳氢化合物，分为单环芳烃即苯及其同系物，多环芳烃如联苯、稠环芳烃等。

2. 芳香烃的构造异构和命名；苯及其同系物的物理性质和化学性质，能发生取代反应（卤代、硝化、磺化及傅-克反应）、加成反应和氧化反应。苯环上取代反应定位规则（邻对位定位基可以使第二个基团主要进入其邻位和对位，间位定位基则使第二个基团主要进入其间位）及其应用。

三、稠环芳烃的结构及萘的主要化学反应

稠环芳烃指的是两个或多个苯环共用两个邻位碳原子的化合物，其中具有代表性的化合物主要有萘、蒽、菲等。萘的化学反应与苯相似，比苯活泼。

思考与练习

一、用系统命名法命名下列化合物

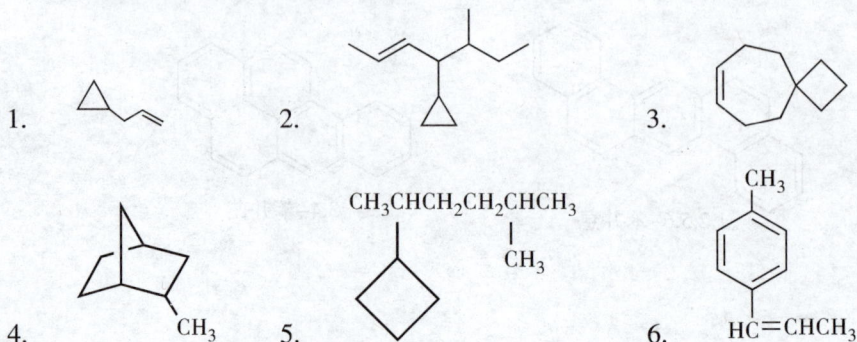

7.

8.

9.

10.

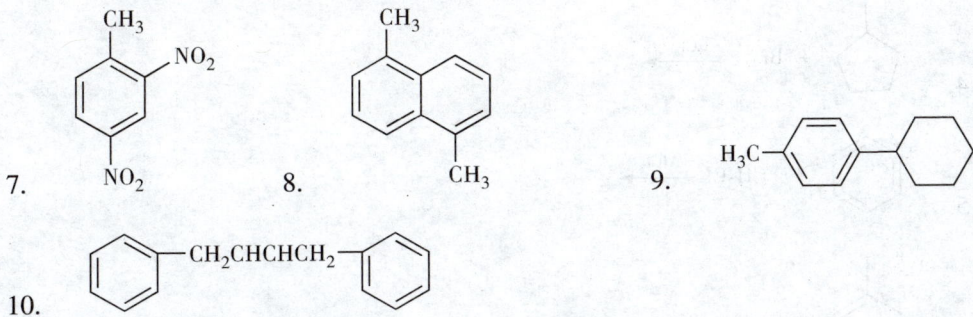

二、写出下列化合物的结构式

1. 甲基环己烷

2. 反-1-甲基-4-叔丁基环己烷

3. 反-1,4-二乙基环丁烷

4. 2,4,6-三硝基苯酚

5. 对异丙基甲苯

6. 3,5-二硝基苯甲酸

三、用化学方法区别下列物质

1. 环丙烷和丙烯

2. 环戊烷和环戊烯

3. 苯和甲苯

4. 苯、环己烷和环己烯

四、指出下列化合物硝化时导入硝基的位置

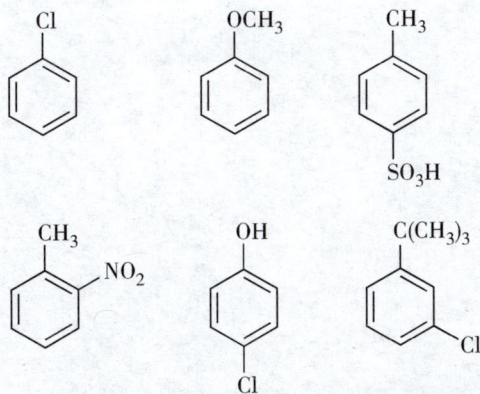

五、完成下列反应式

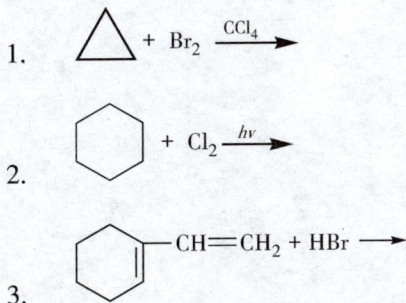

1.

2.

3.

4. 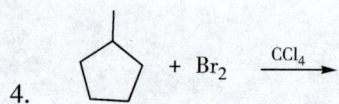 + Br$_2$ $\xrightarrow{\text{CCl}_4}$

5. 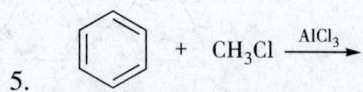 + CH$_3$Cl $\xrightarrow{\text{AlCl}_3}$

6. 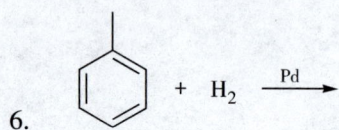 + H$_2$ $\xrightarrow{\text{Pd}}$

7. 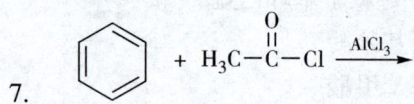 + H$_3$C—C—Cl $\xrightarrow{\text{AlCl}_3}$

8. 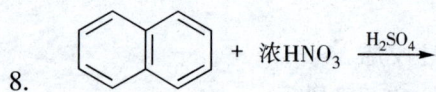 + 浓HNO$_3$ $\xrightarrow{\text{H}_2\text{SO}_4}$

第四章 卤 代 烃

学习目标

掌握：卤代烃的分类和命名；卤代烃的性质。
熟悉：卤代烃的鉴别。
了解：与医药相关的卤代烃。

【引子】烃分子中的氢原子被卤素原子取代后的化合物称为卤代烃（haloalkane），简称卤烃。许多卤代烃可用作灭火剂（如四氯化碳）、冷冻剂（如氟利昂）、清洗剂（常见干洗剂、机件洗涤剂）、麻醉剂（如氯仿，现已不使用）、杀虫剂（如六六六，现已禁用），以及高分子工业的原料（如氯乙烯、四氟乙烯）。在有机合成上，由于卤代烃的化学性质比较活泼，能发生许多反应，例如取代反应、消去反应等，从而转化成其他类型的化合物。因此，引入卤原子常常是改变分子性能的第一步反应，在有机合成中起着重要的桥梁作用。

第一节 卤代烃的分类和命名

一、卤代烃的分类

卤代烃的分类方法很多，主要有以下五种：

1. 根据分子中卤原子个数不同，可将卤代烃分为一卤代烃和多卤代烃。例如：

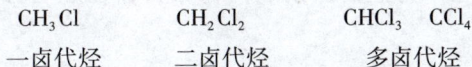

$$CH_3Cl \qquad CH_2Cl_2 \qquad CHCl_3 \quad CCl_4$$

一卤代烃　　　二卤代烃　　　多卤代烃

2. 根据所含卤原子种类不同，可分为氟代烃、氯代烃、溴代烃、碘代烃。

3. 根据烃基种类不同，可分为饱和卤代烃和不饱和卤代烃。例如：

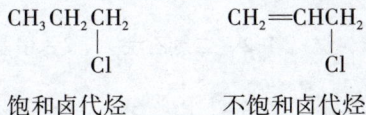

$$\underset{\underset{\displaystyle Cl}{|}}{CH_3CH_2CH_2} \qquad\qquad \underset{\underset{\displaystyle Cl}{|}}{CH_2{=}CHCH_2}$$

饱和卤代烃　　　　不饱和卤代烃

4. 根据卤原子所连接烃基的种类不同，可分为脂肪族卤代烃和芳香族卤代烃。

$$CH_3CHCH_2CH_3$$
$$|$$
$$Br$$

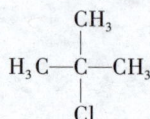

脂肪族卤代烃   芳香族卤代烃

5. 根据卤原子所连接的饱和碳原子的种类不同，将卤代烃分为伯卤代烃、仲卤代烃和叔卤代烃。例如：

$$CH_3CH_2CH_2$$ $$CH_3CHCH_2CH_3$$
$$|$$ $$|$$
$$Cl$$ $$Cl$$

$$
\begin{array}{c}
CH_3 \\
| \\
H_3C-C-CH_3 \\
| \\
Cl
\end{array}
$$

伯卤代烃   仲卤代烃   叔卤代烃

二、卤代烃的命名

（一）普通命名法

简单的一元卤代烃可以用普通命名法命名，称为"某烃基卤"。例如：

$$CH_3CH_2CHCH_3$$ $$CH_2=CHCH_2$$
$$|$$ $$|$$
$$Cl$$ $$Cl$$

仲丁基氯   烯丙基氯   环己基氯

也可以在母体烃前面加上"卤代"，直接称为"卤代某烃"，"代"字常省略。例如：

$$CH_3CH_2Cl$$ $$CH_2=CH$$
                        $$|$$
                        $$Cl$$

氯乙烷   氯乙烯   氯苯

（二）系统命名法

在系统命名法中卤代烃作为烃的卤素取代物命名，在烃名称的前面加上卤原子的名称和位置。例如：

$$CH_3CH_2CH_2CH_2Cl$$ $$ClCH_2CH_2Cl$$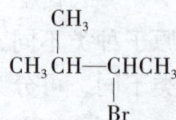

1 - 氯丁烷   1,2 - 二氯乙烷   2 - 甲基 - 3 - 溴丁烷

第二节 卤代烃的性质

一、物理性质

室温下，除氯甲烷、溴甲烷和氯乙烷为气体外，其他低级的卤代烷为液体，含 15 个碳原子以上的高级卤代烷为固体。卤代烃的沸点随分子中碳原子和卤素原子数目的增加（氟代烃除外）和卤素原子序数的增大而升高。密度随碳原子数增加而降低。一氟代烃和一氯代烃的密度一般比水小，溴代烃、碘代烃及多卤代烃密度比水大。绝大多数卤代烃不溶于水或在水中溶解度很小，但能溶于很多有机溶剂，有些可以直接作为溶剂使用。卤代烃大都具有一种特殊气味，多卤代烃一般都难燃或不燃。

卤代烃的同分异构体的沸点随烃基中支链的增加而降低。同一烃基的不同卤代烃的沸点随卤素原子的相对原子质量的增大而增大。

二、化学性质

卤代烃是一类重要的有机合成中间体，是许多有机合成的原料，它能发生许多化学反应，如取代反应、消去反应等。卤代烷中的卤素容易被—OH、—OR、—CN、NH_3 或 H_2NR 取代，生成相应的醇、醚、腈、胺等化合物。

（一）取代反应

由于卤素原子吸引电子的能力大，致使卤代烃分子中的 C—X 键具有一定的极性。当 C—X 键遇到其他的极性试剂时，卤素原子被其他原子或原子团取代。

1. 被羟基取代　卤代烃与水作用可生成醇。在反应中，卤代烃分子中的卤原子被水分子中的羟基所取代：

$$R—X + HOH \longrightarrow ROH + HX$$

该反应进行比较缓慢，而且是可逆的。如果用强碱的水溶液来进行水解，这个反应可向右进行，原因是在反应中产生的卤化氢被碱中和，有利于反应向水解方向进行。

$$R—X + NaOH \longrightarrow ROH + NaX$$

卤素与苯环相连的卤代芳烃，一般比较难水解。如氯苯一般需要高温高压条件下才能水解。

2. 被烷氧基取代　卤代烃与醇钠作用，卤原子被烷氧基（RO—）取代生成醚，这是制取混合醚的方法。

$$R—X + R'ONa \longrightarrow ROR' + NaX$$

例如：

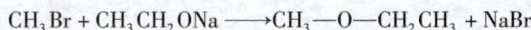

$$CH_3Br + CH_3CH_2ONa \longrightarrow CH_3—O—CH_2CH_3 + NaBr$$

甲乙醚

3. 被氰基取代 卤代烃与氰化钠（或氰化钾）的醇溶液共热，卤原子被氰基取代生成腈。

$$R—X + NaCN \longrightarrow RCN + NaX$$

生成的腈分子比原来的卤代烃分子增加了一个碳原子，这在有机合成中作为增长碳链的一种方法。

（二）消除反应

卤代烷在碱的醇溶液中加热，可脱去一个卤化氢分子，形成烯烃。

$$RCH_2CH_2X \xrightarrow[\text{加热}]{\text{KOH/醇}} RCH=CH_2 + KX + H_2O$$

仲卤代烷和叔卤代烷消除卤化氢时，分子结构中存在着不同的 β-H，反应可以有不同的取向，得到不同的烯烃。例如，2-溴丁烷消除溴化氢时，生成 1-丁烯和 2-丁烯，而 2-丁烯是主要产物。

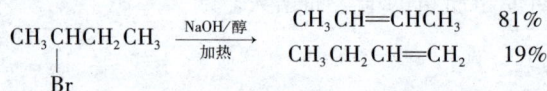

$$CH_3CHCH_2CH_3 \xrightarrow[\text{加热}]{\text{NaOH/醇}} \begin{array}{l} CH_3CH=CHCH_3 \quad 81\% \\ CH_3CH_2CH=CH_2 \quad 19\% \end{array}$$
$$\overset{|}{Br}$$

大量实验表明，仲、叔卤代烃消除卤化氢时，主要脱去含氢较少的 β-碳上的氢原子，生成双键上含有较多烃基的烯烃。这一经验规律称为扎依采夫（Saytzeff）规则。

（三）与金属作用

卤代烃能与多种金属作用，生成金属有机化合物，其中格氏试剂是金属有机化合物中最重要的一类化合物，是有机合成中非常重要的试剂之一。它是卤代烷在无水乙醚中与金属镁作用，生成的有机镁化合物。格氏试剂再与活泼的卤代烃如烯丙型、苯甲型卤代烃偶合，可形成烃。

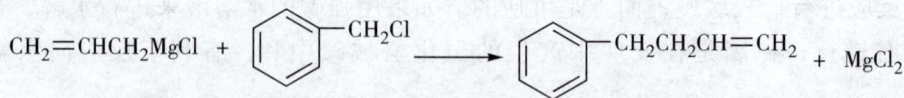

$$RX + Mg \longrightarrow RMgX \text{（格式试剂）}$$
$$CH_2=CHCH_2Cl + RMgCl \longrightarrow CH_2=CHCH_2R + MgCl_2$$

$$CH_2=CHCH_2MgCl + \underset{}{\bigcirc}-CH_2Cl \longrightarrow \underset{}{\bigcirc}-CH_2CH_2CH=CH_2 + MgCl_2$$

卤代烷与金属钠作用可生成烷烃，利用这个反应可以制备高级烷烃。

$$2RBr + 2Na \longrightarrow R—R + 2NaBr$$

三、不同类型卤代烃的鉴别

由于卤代烃与 $AgNO_3$ 醇溶液反应生成卤化银沉淀，卤代烷的结构对反应速率影响很大，所以常利用这个特点对不同类型的卤代烷进行区分。

表 4-1　三种类型卤代烃与 $AgNO_3$ 醇溶液的反应现象

卤代烃类型	反应现象
卤代烯丙型	室温下立即产生 AgX 沉淀
伯卤代烷型	加热后缓慢产生 AgX 沉淀
卤代乙烯型	加热后也不产生 AgX 沉淀

四、医药中重要的卤代烃

（一）三氯甲烷

三氯甲烷俗称氯仿，是一种无色、有甜味的液体，早在 1847 年就用于外科手术的麻醉，因其对心脏、肝脏的毒性较大，目前临床已很少使用。

氯仿在光照条件下，能逐渐被氧化成剧毒的光气。所以，氯仿需用棕色瓶盛装，并加入 1% 的乙醇破坏光气。

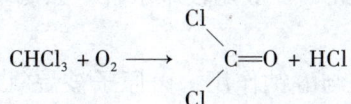

$$CHCl_3 + O_2 \longrightarrow \begin{matrix} Cl \\ | \\ Cl \end{matrix}C{=}O + HCl$$

（二）氟烷

氟烷（$CF_3CHClBr$）的化学名称是 1,1,1-三氟-2-氯-2-溴乙烷，为无色液体，无刺激性，性质稳定，可以与氧气以任意比例混合，不燃不爆。其麻醉强度比乙醚大 2～4 倍，比氯仿强 1.5～2 倍，对黏膜无刺激性，对肝、肾功能不会造成持久性的损害，目前是常用的吸入性全身麻醉药之一。

（三）血防 846

血防 846 是一种广谱抗寄生虫病药，常用于治疗血吸虫病和肝吸虫病。其化学名称是对-二（三氯甲基）苯，其分子式为 $C_8H_4Cl_6$。它是白色有光泽的结晶粉末，无味，易溶于氯仿，可溶于乙醇和植物油，不溶于水。

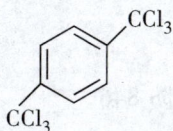

本章小结

一、卤代烃的分类和命名

1. 分类

（1）根据分子中卤原子个数不同，可将卤代烃分为一卤代烃和多卤代烃。

（2）根据所含卤原子种类不同，可分为氟代烃、氯代烃、溴代烃、碘代烃。

（3）根据烃基种类不同，可分为饱和卤代烃和不饱和卤代烃。

（4）根据卤原子所连接烃基的种类不同，可分为脂肪族卤代烃和芳香族卤代烃。

（5）根据卤原子所连接的饱和碳原子的种类不同，将卤代烃分为伯卤代烃、仲卤代烃和叔卤代烃。

2. 命名：简单的一元卤代烃可以用普通命名法命名，称为"某烃基卤"。在系统命名法中卤代烃作为烃的卤素取代物命名，在烃名称的前面加上卤原子的名称和位置。

二、卤代烃的化学性质

1. 被羟基取代：卤代烃与水作用可生成醇。在反应中，卤代烃分子中的卤原子被水分子中的羟基所取代。该反应进行比较缓慢，而且是可逆的。如果用强碱的水溶液来进行水解，这个反应可向右进行，原因是在反应中产生的卤化氢被碱中和，而有利于反应向水解方向进行。

卤素与苯环相连的卤代芳烃，一般比较难水解。如氯苯一般需要高温高压条件下才能水解。

2. 被烷氧基取代：卤代烃与醇钠作用，卤原子被烷氧基（RO—）取代生成醚，这是制取混合醚的方法。

3. 被氰基取代：卤代烃与氰化钠（或氰化钾）的醇溶液共热，卤原子被氰基取代生成腈。生成的腈分子比原来的卤代烃分子增加了一个碳原子，这在有机合成中作为增长碳链的一种方法。

三、消除反应

卤代烷在碱的醇溶液中加热，可脱去一个卤化氢分子，形成烯烃。

四、不同结构类型卤代烃的鉴别

卤代烃类型	反应现象
卤代烯丙型	室温下立即产生 AgX 沉淀
伯卤代烷型	加热后缓慢产生 AgX 沉淀
卤代乙烯型	加热后也不产生 AgX 沉淀

五、医药中重要的卤代烃

重要的卤代烃有氯仿、氟烷、血防 846。

思考与练习

一、选择题

1. 下列物质中，属于叔卤代烷的是（　　　）

    A. 3-甲基-1-氯丁烷   B. 2-甲基-3-氯丁烷

    C. 2-甲基-2-氯丁烷   D. 2-甲基-1-氯丁烷

2. 卤代烃与氨反应的产物是（　　　）

　A. 腈　　　　　B. 胺　　　　　　C. 醇　　　　　　D. 醚

3. 仲卤烷和叔卤烷在消除 HX 生成烯烃时，遵循（　　　）

　A. 马氏规则　　B. 反马氏规则　　C. 次序规则　　　D. 扎伊采夫规则

4. 烃基相同时，RX 与 NaOH/H_2O 反应速率最快的是（　　　）

　A. RF　　　　　B. RCl　　　　　C. RBr　　　　　D. RI

5. 区分 $CH_3CH=CHCH_2Br$ 和（CH_3）$_3CBr$ 应选用的试剂是（　　　）

　A. Br_2/CCl_4　　　　　　　　B. Br_2/H_2O

　C. $AgNO_3$/H_2O　　　　　　　D. $AgNO_3$/醇

二、命名下列化合物或写出结构式

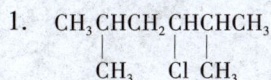

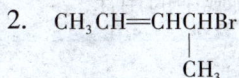

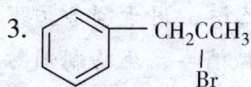

1. $\underset{\underset{CH_3}{|}}{CH_3}CHCH_2\underset{\underset{Cl}{|}}{CH}CH\underset{\underset{CH_3}{|}}{CH}CH_3$

2. $CH_3CH=CH\underset{\underset{CH_3}{|}}{CH}Br$

3. $\bigcirc\!\!\!\!\!\!\!\!\!\!\!- CH_2\underset{\underset{Br}{|}}{C}CH_3$

4. 环己基氯

5. 3–甲基–2–氯–2–戊烯

三、用化学方法区分下列各组化合物

1. 氯苯和氯苄

2. 溴苯和1–苯基–2–溴乙烯

3. 2–氯丙烷和2–碘丙烷

第五章 醇、酚、醚

■ 学习目标

掌握：醇、酚、醚的命名和主要化学性质。

熟悉：醇、酚、醚的物理性质及结构和性质的关系。

了解：醇、酚、醚的分类和重要的醇、酚、醚在医药领域中的用途。

【引子】用作医疗外用消毒、提取中药中有效成分的乙醇，用于制备扩张心血管、缓解心绞痛药三硝酸甘油酯的甘油；用作外科器械消毒、生物制剂防腐的苯酚，用于医疗器械和环境消毒的"来苏儿"（甲酚的肥皂溶液）；早在1842 年在临床上就用作全身性吸入麻醉剂的乙醚等，均是本章要学习的物质，学习其相关知识可以帮助我们认知醇、酚、醚在医药领域中的用途。

醇、酚、醚都是烃的含氧衍生物，醇是烃分子中饱和碳原子上的氢原子被羟基（—OH）取代的化合物，酚是芳环上的氢原子被羟基取代的化合物。醇和酚的分子中都含有羟基，醇分子中的羟基称为醇羟基，是醇的官能团，酚分子中的羟基称为酚羟基，是酚的官能团。醚可以看作是醇或酚分子中羟基上的氢原子被烃基取代的化合物，由于醇、酚、醚的结构不同，性质有比较显著的差异。

第一节 醇

一、醇的结构、分类和命名

（一）醇的结构

醇是由烃基和羟基两部分组成的，可以用通式 R—OH 表示。醇的结构特点是羟基直接与 sp^3 杂化的饱和碳原子相连，官能团醇羟基中的氧和水分子中的氧一样都是 sp^3 杂化，两对未共用电子对分别位于两个 sp^3 杂化轨道中，另外两个 sp^3 杂化轨道分别与碳的 sp^3 杂化轨道及氢的 s 轨道形成 C—Oσ 键和 O—Hσ 键。最简单的甲醇分子结构如图 5-1 所示。

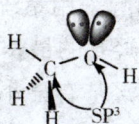

图 5-1 甲醇分子结构示意图

（二）醇的分类

醇的分类方法主要有三种：根据烃基种类分类，根据羟基数目分类和根据羟基所连碳原子的类型分类。

1. 根据烃基种类分类 醇根据烃基种类可以分为脂肪醇、脂环醇和芳香醇。脂肪醇是指分子中羟基所连的烃基是脂肪烃基（开链烃基），包括饱和醇和不饱和醇；脂环醇是指分子中羟基所连的烃基是脂环烃基；芳香醇是指分子中羟基连接在芳香烃侧链的醇。例如：

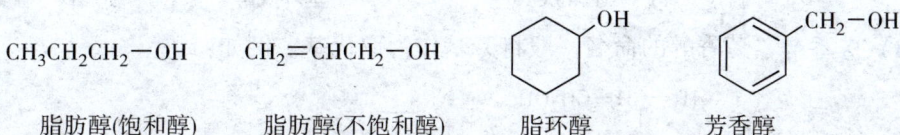

$CH_3CH_2CH_2$—OH CH_2=$CHCH_2$—OH

脂肪醇(饱和醇)　　　脂肪醇(不饱和醇)　　　脂环醇　　　　芳香醇

2. 根据羟基数目分类 醇根据分子中羟基的数目分为一元醇、二元醇和多元醇。例如：

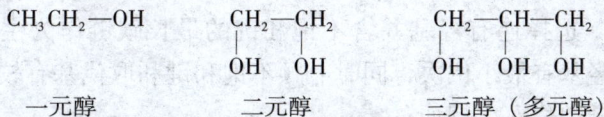

CH_3CH_2—OH

一元醇　　　　　二元醇　　　　三元醇（多元醇）

3. 根据羟基所连碳原子的类型分类 醇根据分子中羟基所连碳原子（α-碳原子）的类型分为伯醇、仲醇和叔醇。例如：

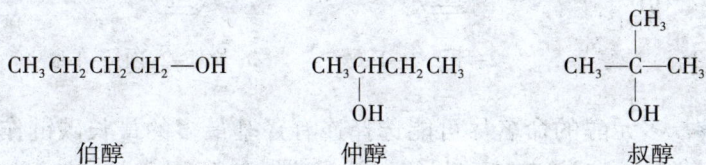

$CH_3CH_2CH_2CH_2$—OH

伯醇　　　　　　仲醇　　　　　　叔醇

（三）醇的命名

1. 普通命名法 结构比较简单的醇可以采用普通命名法命名，一般在烃基名称后加上"醇"字，而且"基"字可以省略。例如：

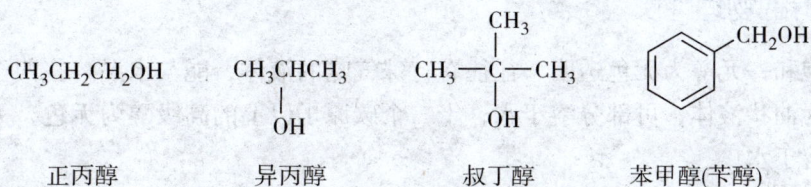

$CH_3CH_2CH_2OH$

正丙醇　　　　　异丙醇　　　　叔丁醇　　　苯甲醇(苄醇)

2. 系统命名法　结构比较复杂的醇采用系统命名法命名。

（1）**饱和一元脂肪醇**　选择连有羟基的最长碳链作为主链，根据碳原子数称为"某醇"；从靠近羟基的一端开始编号，使羟基有最小位次，同时兼顾取代基有较小位次；将取代基的位次、数目、名称以及表示羟基位次的编号依次写在"某醇"的前面。例如：

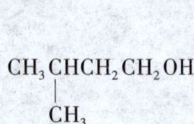　　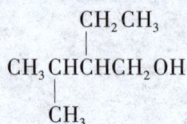　　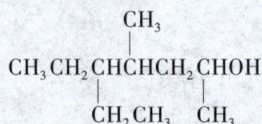

3-甲基-1-丁醇　　　　　　3-甲基-2-乙基-1-丁醇　　　　　4-甲基-5-乙基-2-庚醇

（2）**脂环醇**　根据成环碳原子数命名为"环某醇"，编号从羟基所连的环碳原子开始，并尽可能使环上取代基有较小位次。例如：

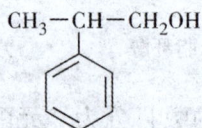　　　　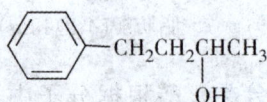

1-甲基环戊醇　　　　　　　3-甲基环戊醇

（3）**芳香醇**　芳香醇的命名一般将芳基作为取代基。例如：

$CH_3-CH-CH_2OH$

2-苯基-1-丙醇　　　　　　　4-苯基-2-丁醇

（4）**不饱和醇**　选择连有羟基并含不饱和键的最长碳链作为主链，从靠近羟基的一端开始编号，使羟基有最小位次，同时兼顾不饱和键和取代基有较小位次，书写时需注明羟基和不饱和键的位次。例如：

$CH_2=CHCHCH_3$

3-丁烯-2-醇　　　　　2-环己烯-1-醇　　　　　3-苯基-2-丙烯-1-醇

（5）**多元醇**　多元醇的命名尽可能选择连有羟基最多的最长碳链作为主链，根据羟基数目命名为"某二醇""某三醇"等，并在醇的名称前标明羟基的位次。例如：

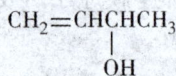　　　　　　　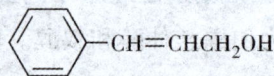

乙二醇　　　　　　　　　1,2-丙二醇

二、醇的物理性质

低级饱和一元醇为无色透明、往往有特殊气味的液体，能与水混溶；四至十一个碳原子的醇为油状液体，可部分溶于水；十二个碳原子以上的高级醇为无色、无味的蜡状固体，不溶于水。

　　醇分子间可以形成氢键，所以醇的沸点比分子量相近的烷烃高，如甲醇（相对分子质量32）的沸点为64.7℃，而乙烷（相对分子质量30）的沸点为-88.6℃。直链饱和一元醇的沸点随着碳原子数的递增逐渐升高，同分异构体的醇含支链越多沸点越低。

　　醇分子与水分子之间可以形成氢键，所以醇的水溶性较好，但随着碳链的增长而降低甚至完全不溶。多元醇的沸点更高，水溶性也更好。一些常见醇物理常数见表5-1。

表5-1　一些常见醇的物理常数

化合物	熔点（℃）	沸点（℃）	相对密度（d^{20}）	溶解度（g/100mLH$_2$O）
甲醇	-97.8	64.7	0.792	∞
乙醇	-114.7	78.5	0.789	∞
正丙醇	-126.5	97.4	0.804	∞
异丙醇	-88.5	82.4	0.785	∞
正丁醇	-89.6	117.3	0.810	7.9
异丁醇	-108	107.9	0.802	10.0
仲丁醇	-114.7	99.5	0.807	12.5
叔丁醇	25.5	82.2	0.788	∞
正己醇	-52	156.5	0.819	0.6
苯甲醇	-15	205	1.046	4
乙二醇	-17.4	197.5	1.115	∞
丙三醇	-17.9	290	1.260	∞

　　除此之外，低级醇还能与氯化钙、氯化镁等无机盐形成结晶醇而溶于水，因此低级醇不能使用氯化钙、氯化镁等作为干燥剂。

三、醇的化学性质

　　醇的化学性质主要由官能团羟基所决定，羟基氧的电负性较大，使得 O—H 键和 C—O 键都有比较大的极性，容易断裂而发生反应。而受 C—O 键极性的影响，醇的 α-H 和 β-H 均具有一定的活性。醇发生化学反应的主要部位如图5-2所示。

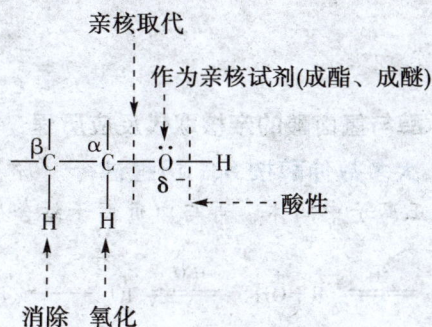

图5-2　醇发生化学反应的主要部位

（一）与活泼金属的反应

醇与活泼金属钠反应生成醇钠并放出氢气。

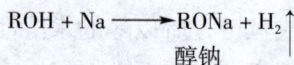

$$ROH + Na \longrightarrow RONa + H_2\uparrow$$
$$\text{醇钠}$$

醇与金属钠的反应没有水与金属钠的反应剧烈，放出的热量不足以使氢气燃烧，说明醇的酸性比水弱，这是因为烷基的斥电子效应使羟基中氧原子的电子云密度增加，O—H 键的极性减小，导致羟基中的氢不易成为离子而使酸性减弱。

不同结构的醇与金属钠反应活性次序为甲醇 > 伯醇 > 仲醇 > 叔醇，表明醇的酸性强弱顺序为甲醇 > 伯醇 > 仲醇 > 叔醇。

生成的醇钠是一种白色固体，碱性比氢氧化钠强，不同结构的醇钠碱性强弱顺序是 $R_3CONa > R_2CHONa > RCH_2ONa$。醇钠能溶于醇，遇水分解成醇和氢氧化钠。

$$RONa + H_2O \rightleftharpoons ROH + NaOH$$

（二）与氢卤酸的反应

醇与氢卤酸反应生成卤代烷和水，即醇分子中的羟基被卤原子取代。

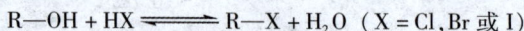

$$R—OH + HX \rightleftharpoons R—X + H_2O \quad (X = Cl, Br \text{ 或 } I)$$

醇与氢卤酸的反应活性与氢卤酸的种类及醇的结构有关，氢卤酸的活性顺序是 $HI > HBr > HCl$，醇的活性顺序是烯丙醇、苄醇 > 叔醇 > 仲醇 > 伯醇 > 甲醇。醇与盐酸的反应较困难，需加脱水剂无水氯化锌促进反应进行。

浓盐酸与无水氯化锌配成的溶液称为卢卡斯试剂（Lucas 试剂），醇与卢卡斯试剂反应生成的卤代烷不溶于卢卡斯试剂而出现混浊。不同结构的醇与卢卡斯试剂反应的速率不同，可以作为六个碳原子以下伯、仲、叔醇的鉴别反应。例如：

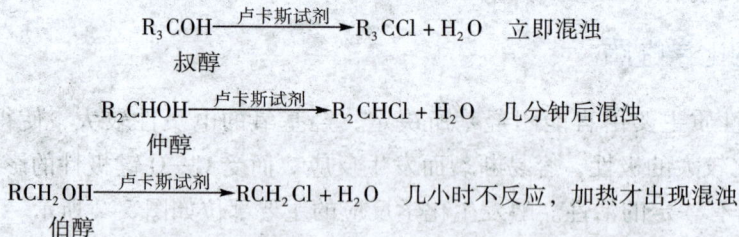

$$R_3COH \xrightarrow{\text{卢卡斯试剂}} R_3CCl + H_2O \quad \text{立即混浊}$$
$$\text{叔醇}$$

$$R_2CHOH \xrightarrow{\text{卢卡斯试剂}} R_2CHCl + H_2O \quad \text{几分钟后混浊}$$
$$\text{仲醇}$$

$$RCH_2OH \xrightarrow{\text{卢卡斯试剂}} RCH_2Cl + H_2O \quad \text{几小时不反应，加热才出现混浊}$$
$$\text{伯醇}$$

知识拓展

醇与氢卤酸的亲核取代反应历程

1. 烯丙醇、叔醇、大多数仲醇按 S_N1 历程进行 羟基氧先被质子化，然后断裂 C—O 键形成碳正离子中间体，再与卤负离子结合生成卤代烷。

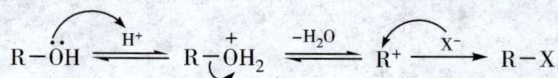

$$R—\overset{..}{O}H \rightleftharpoons R—\overset{+}{O}H_2 \xrightarrow{-H_2O} R^+ \xrightarrow{X^-} R—X$$

2. 大多数伯醇按 S_N2 历程进行 羟基氧质子化后由亲核试剂卤负离子进

攻质子化的醇。

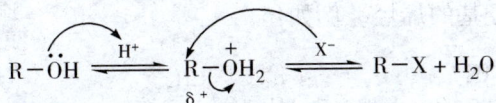

$$R-\overset{..}{O}H \rightleftharpoons \underset{\delta^+}{R-\overset{+}{O}H_2} \xrightarrow{X^-} R-X + H_2O$$

（三）与含氧无机酸的反应

醇与硫酸、硝酸、磷酸等含氧无机酸反应生成无机酸酯，这些无机酸酯的结构特征是硫、氮、磷等都是通过氧原子与烷基相连。例如：

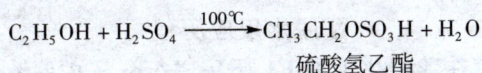

$$C_2H_5OH + H_2SO_4 \xrightarrow{100℃} CH_3CH_2OSO_3H + H_2O$$
硫酸氢乙酯

$$2CH_3CH_2OSO_3H \xrightarrow{蒸馏} CH_3CH_2OSO_2OCH_2CH_3$$
硫酸二乙酯

硫酸二甲酯和硫酸二乙酯是有机合成中常用的甲基化试剂和乙基化试剂，但硫酸二甲酯有毒，使用时应小心。

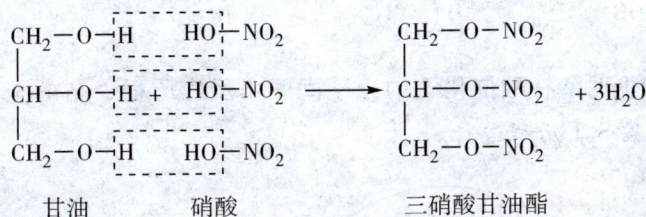

$$\begin{array}{l} CH_2-O-H \quad HO-NO_2 \\ | \\ CH-O-H + HO-NO_2 \longrightarrow \\ | \\ CH_2-O-H \quad HO-NO_2 \end{array} \begin{array}{l} CH_2-O-NO_2 \\ | \\ CH-O-NO_2 \quad + 3H_2O \\ | \\ CH_2-O-NO_2 \end{array}$$

　　甘油　　　硝酸　　　　　　三硝酸甘油酯

三硝酸甘油酯俗称硝酸甘油，是一种黄色油状透明液体，受热、震动时易爆炸，可以作为炸药。硝酸甘油在医药上用作血管扩张药，制成 0.3% 的硝酸甘油片剂舌下给药，可以治疗冠状动脉狭窄引起的心绞痛。

（四）脱水反应

醇在浓硫酸存在下加热可按两种方式发生脱水反应，即分子内脱水和分子间脱水。例如：

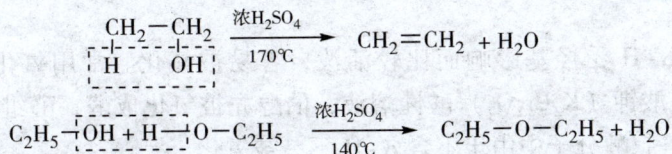

$$\begin{array}{c} CH_2-CH_2 \\ | \quad\quad | \\ H \quad\; OH \end{array} \xrightarrow[170℃]{浓H_2SO_4} CH_2=CH_2 + H_2O$$

$$C_2H_5-OH + H-O-C_2H_5 \xrightarrow[140℃]{浓H_2SO_4} C_2H_5-O-C_2H_5 + H_2O$$

分子内脱水是从醇分子中脱去一小分子水生成生成烯烃的反应，属于消除反应，分子间脱水生成醚的反应属于亲核取代反应。醇在浓硫酸存在下加热是发生分子内脱水还是分子间脱水，与醇的结构及反应条件有关。一般较高温度有利于分子内脱水生成烯烃，较低温度有利于分子间脱水生成醚，但对于叔醇来说，因为消除反应倾向大，其主要产物总是烯烃。

不同结构的醇分子内脱水消除难易程度不同，其中叔醇最容易，仲醇次之，伯醇最难。而且醇分子内脱水消除反应与卤代烷脱卤化氢一样遵循扎依采夫规则，即主要生成双键碳原子上连有较多烃基的烯烃。例如：

$$CH_3CH_2-\underset{\underset{OH}{|}}{\overset{\overset{CH_3}{|}}{C}}-CH_3 \xrightarrow[\Delta]{H_2SO_4} CH_3CH=\underset{\overset{|}{CH_3}}{C}-CH_3 + CH_3CH_2\underset{\overset{|}{CH_3}}{C}=CH_2$$

$$\qquad\qquad\qquad\qquad\qquad\qquad 90\% \qquad\qquad\qquad 10\%$$

知识拓展

醇脱水反应历程

1. 温度较高时醇在酸催化下按 E1 历程进行分子内脱水消除反应　醇在酸的催化下羟基氧先被质子化，然后脱水形成碳正离子中间体，再消除 β-H 生成烯烃。

$$\underset{\overset{|}{H}}{\overset{|}{\underset{\beta}{C}}}-\underset{\overset{|}{OH}}{\overset{|}{\underset{\alpha}{C}}} \xrightleftharpoons{H^+} \underset{\overset{|}{H}}{\overset{|}{\underset{\beta}{C}}}-\underset{\overset{|}{\overset{+}{OH_2}}}{\overset{|}{\underset{\alpha}{C}}} \rightleftharpoons \underset{\overset{|}{H}}{\overset{|}{\underset{\beta}{C}}}-\overset{|}{\underset{+}{\underset{\alpha}{C}}} \rightleftharpoons \overset{}{\underset{}{C}}=\overset{}{\underset{}{C}}$$

2. 温度较低时醇在酸催化下的分子间脱水反应历程　伯醇主要按 S_N2 历程，仲醇主要按 S_N1 历程进行。

$$RCH_2-\ddot{O}H \xrightleftharpoons{H^+} \underset{\delta^+}{RCH_2}\overset{+}{-OH_2} \xrightarrow{RCH_2-\ddot{O}H} RCH_2\overset{+}{-O}-CH_2R \xrightarrow{-H^+} RCH_2-O-CH_2R$$

$$R_2CH-\ddot{O}H \xrightleftharpoons{H^+} R_2CH\overset{+}{-OH_2} \xrightarrow{-H_2O} \overset{+}{R_2CH} \xrightarrow{R_2CH-\ddot{O}H} R_2CH-\underset{+}{\overset{H}{O}}-CHR_2 \xrightarrow{-H^+} R_2CH-O-CHR_2$$

（五）氧化反应

醇分子中的 α-H 受羟基影响而比较活泼，容易被氧化。常用氧化剂有高锰酸钾（$KMnO_4$）或重铬酸钾（$K_2Cr_2O_7$）酸性溶液，伯醇先被氧化成醛，醛继续氧化成羧酸。仲醇被氧化成酮，叔醇分子中由于不含 α-H 不易被氧化。

$$R-CH_2OH \xrightarrow[\text{或}KMnO_4-H_2SO_4]{K_2Cr_2O_7-H_2SO_4} R-CHO \xrightarrow[\text{或}KMnO_4-H_2SO_4]{K_2Cr_2O_7-H_2SO_4} R-COOH$$

$$\underset{R}{\overset{R}{\diagdown}}CH-OH \xrightarrow[\text{或}KMnO_4-H_2SO_4]{K_2Cr_2O_7-H_2SO_4} \underset{R}{\overset{R}{\diagdown}}C=O$$

伯醇、仲醇能被高锰酸钾或重铬酸钾酸性溶液氧化，使高锰酸钾的紫色退去或重铬酸钾溶液的橙红色变成墨绿色，从而可以将叔醇与伯醇、仲醇区别开。

知识链接

乙醇的应用

乙醇是饮用酒的主要成分，故俗称酒精。饮酒者对准呼气式酒精分析仪呼气，呼出的气体中含有一定比例的乙醇蒸气，呼气式酒精分析仪内特殊设计的玻璃瓶中装有的硫酸、重铬酸钾、水、硝酸银（催化剂）混合物会迅速与之反应，溶液将由橙黄色变为墨绿色。颜色的变化通过电子传感元件换成电信号，颜色变化的程度与呼出气体中酒精的含量直接相关，从而精确地测出呼出气体中酒精的含量，交警使用该方法可以检出酒后驾车的司机。

四、与医药有关的醇类化合物

（一）甲醇

甲醇最初是由木材干馏制得，故俗称木醇。甲醇为无色透明液体，能与水及多种有机溶剂混溶。甲醇有毒，误服 10mL 能使双目失明，30mL 能中毒致死。甲醇是优良的溶剂，也是一种重要的化工原料。

（二）乙醇

乙醇可以通过淀粉或糖类物质的发酵而得。纯净的乙醇沸点为 78.5℃，是无色透明、易挥发、易燃液体，能与水及多种有机溶剂混溶。临床上使用 75% 的乙醇水溶液作外用消毒剂，长期卧床的病人用 50% 乙醇水溶液涂擦皮肤，有收敛作用，并能促进血液循环，可预防褥疮。高热病人用 20%～30% 乙醇水溶液擦浴以降低体温。乙醇也可以用于制取中药浸膏以及提取中药中的有效成分。

（三）丙三醇

丙三醇俗称甘油，为无色、具有甜味的黏稠液体，能与水或乙醇混溶。甘油有润肤作用，但它的吸湿性很强，对皮肤有刺激，所以在使用时须先用适量水稀释。甘油在医药上可用作溶剂，制成酚甘油、碘甘油等。临床上对便秘患者，常用甘油栓剂或 50% 的甘油溶液灌肠，它既有润滑作用，又能产生高渗压，可引起排便反射。

（四）苯甲醇（苄醇）

苯甲醇为具有芳香气味的无色液体，微溶于水，易溶于乙醇等有机溶剂。苯甲醇具有微弱的麻醉作用和防腐功能，可用于局部止痛以及制剂的防腐。医疗上使用的青霉素稀释液就是 2% 苯甲醇的灭菌液，又称无痛水，但肌肉反复注射本品可引起臀肌挛缩，因此禁止学龄前儿童肌肉注射。

第二节　酚

一、酚的结构、分类和命名

（一）酚的结构

酚是由芳基和羟基两部分组成的，可以用通式 Ar—OH 表示。酚的结构特点是羟基直接与芳环相连，最简单的酚为苯酚。苯酚的分子结构如图 5-3 所示，酚羟基中的氧原子和苯环上的碳原子均为 sp^2 杂化，氧原子的两对孤对电子有一对占据一个 sp^2 杂化轨道，另一对占据未参与杂化的 p 轨道，此 p 轨道与苯环芳香大 π 键形成 p-π 共轭体系。

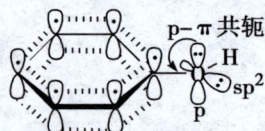

图 5-3　苯酚的分子结构示意图

（二）酚的分类

酚根据羟基所连芳基不同分为苯酚、萘酚等，萘酚又因羟基位置不同分为 α-萘酚和 β-萘酚。例如：

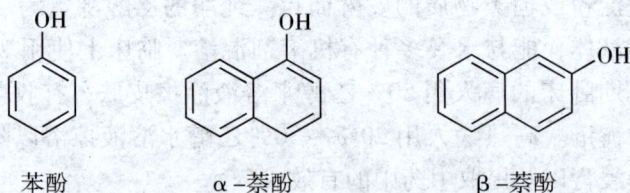

苯酚　　　　　　α-萘酚　　　　　　β-萘酚

酚根据芳环上的羟基数目分为一元酚、二元酚、三元酚等。例如：

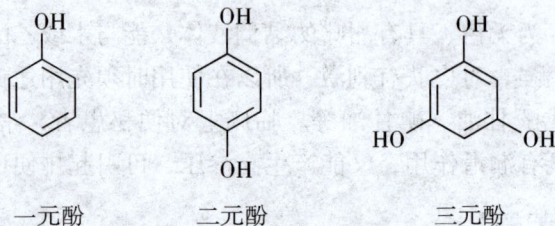

一元酚　　　　二元酚　　　　三元酚

（三）酚的命名

酚的命名常以苯酚或萘酚为母体，芳环上的其他原子或原子团作为取代基。例如：

2-氯苯酚 　　3-甲基苯酚 　　4-硝基苯酚 　　5-甲基-2-萘酚
邻氯苯酚 　　间甲基苯酚 　　对硝基苯酚

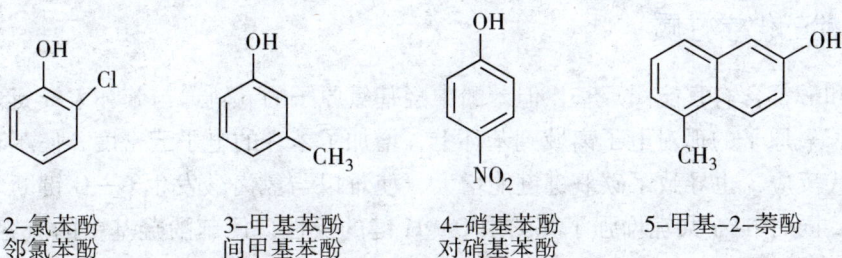

有些酚的命名将酚羟基作为取代基，多元酚的命名需对环上的羟基位置进行编号。例如：

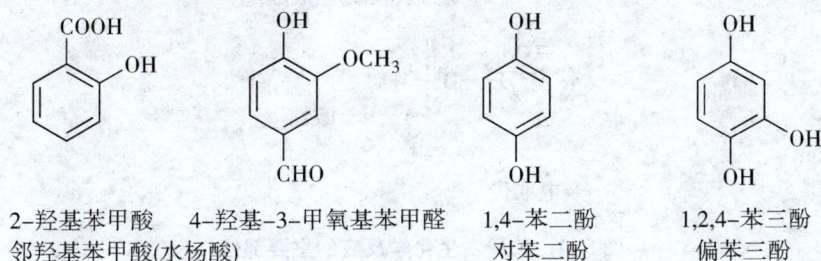

2-羟基苯甲酸 　　4-羟基-3-甲氧基苯甲醛 　　1,4-苯二酚 　　1,2,4-苯三酚
邻羟基苯甲酸(水杨酸) 　　　　　　　　　　　对苯二酚 　　偏苯三酚

二、酚的物理性质

酚一般具有特殊的气味，有一定毒性。酚分子间可以形成氢键，所以酚的沸点较高。大多数酚为无色结晶性固体，少数烷基酚为无色高沸点液体。

酚与水分子间可以形成氢键，所以在水中有一定的溶解度。由于酚的烃基部分较大，酚的溶解度并不大。一些常见酚的物理常数见表5-2。

表5-2　一些常见酚的物理常数

名称	熔点（℃）	沸点（℃）	溶解（g/100mLH$_2$O）	pK_a（25℃）
苯酚	43	182	9.3	9.89
邻甲苯酚	30	191	2.5	10.20
对甲苯酚	35	201	2.3	10.17
间甲苯酚	11	201	2.6	10.01
邻氯苯酚	8	176	2.8	8.11
对氯苯酚	43	220	2.7	9.20
间氯苯酚	33	214	2.6	8.80
邻硝基苯酚	45	217	0.2	7.17
对硝基苯酚	114	279（分解）	1.7	7.15
间硝基苯酚	96	197.7（分解）	1.4	8.28
2,4,6-三硝基苯酚（苦味酸）	122	分解（300℃爆炸）	1.4	0.38
α-萘酚	94	279	难溶	9.31
β-萘酚	123	286	0.1	9.55

三、酚的化学性质

苯酚和醇都含有官能团羟基，但苯酚中羟基氧原子的 p 轨道与苯环大 π 键之间形成 p-π 共轭，氧原子的孤对电子离域到苯环上，增加了苯环的电子云密度，使苯环容易发生亲电取代反应，也导致了碳氧键键能增大，使难以与氢卤酸发生 C—O 键断裂的亲核取代反应。同时 p-π 共轭增强了苯酚中 O—H 键的极性，使苯酚羟基中的氢容易电离，而且电离后的氧负离子的负电荷向苯环分散而稳定，所以苯酚的酸性比醇强。苯酚发生化学反应的主要部位如图 5-4 所示。

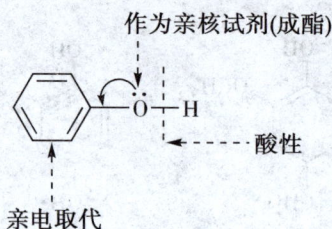

图 5-4　苯酚发生化学反应的主要部位

（一）酚羟基的反应

1. 酸性　苯酚的酸性比醇强，能与氢氧化钠（钾）等强碱作用生成盐，而醇与氢氧化钠的水溶液几乎不反应。

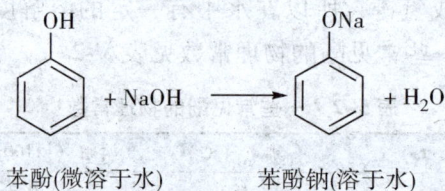

苯酚(微溶于水)　　苯酚钠(溶于水)

但苯酚的酸性（$pK_a = 9.89$）比碳酸（$pK_a = 6.37$）弱，往苯酚钠的水溶液中通入二氧化碳可使苯酚游离析出。

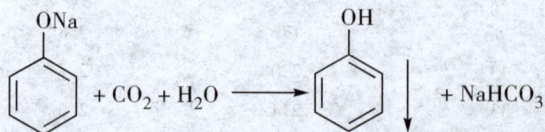

利用苯酚呈酸性可以将苯酚从不溶于水的非酸性有机物中分离出来，利用苯酚不溶于碳酸氢钠水溶液可以分离苯酚和羧酸，因为羧酸能溶于碳酸氢钠水溶液。

取代苯酚的酸性强弱与苯环上取代基种类、数目、位置等有关，当苯环上连有吸电子基时酸性增强，连有斥电子基时酸性减弱。例如硝基苯酚的酸性比苯酚的酸性强，2,4,6-三硝基苯酚（$pK_a = 0.38$）的酸性与无机强酸的酸性相当，而甲基苯酚的酸性则比苯酚弱。

2. 酚酯的生成　酚与醇相似，也可以生成酯，但直接与酸作用生成酯比较困难，因为 p-π 共轭使羟基氧的电子云密度下降，亲核能力降低，需用酰卤或酸酐使其成酯。例如：

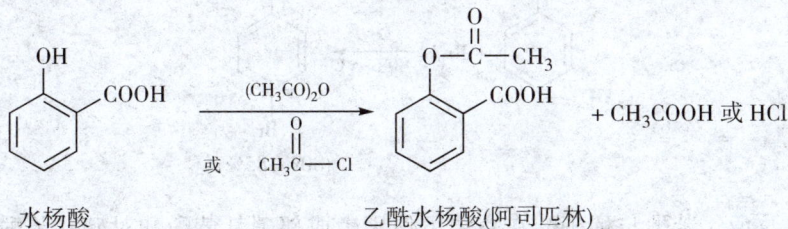

$$水杨酸 \xrightarrow[\substack{或\ CH_3C-Cl}]{(CH_3CO)_2O} 乙酰水杨酸(阿司匹林) + CH_3COOH\ 或\ HCl$$

3. 酚醚的生成　酚分子间脱水生成醚较困难，一般是在碱性条件下使苯酚转变为苯氧负离子，再与卤代烃发生亲核取代反应生成醚。

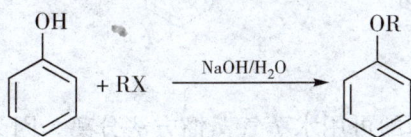

$$C_6H_5OH + RX \xrightarrow{NaOH/H_2O} C_6H_5OR$$

4. 与三氯化铁显色反应　酚与三氯化铁溶液能发生显色反应，不同的酚生成不同颜色的化合物（见表5-3），此反应可以作为酚类的定性鉴定。

$$6C_6H_5OH + FeCl_3 \rightleftharpoons H_3[Fe(OC_6H_5)_6] + 3HCl$$

表 5-3 酚与三氯化铁溶液作用的显色情况

化合物	生成物颜色	化合物	生成物颜色
苯酚	蓝紫色	邻苯二酚	绿色
邻甲苯酚	蓝色	对苯二酚	绿色
对甲苯酚	蓝色	间苯二酚	紫色
邻甲苯酚	蓝色	1,3,5-苯三酚	紫色

具有烯醇式（ $\overset{\overset{\displaystyle OH}{|}}{-C}=C-$ ）结构的化合物都可以与三氯化铁溶液发生显色反应，酚类化合物就是一种特殊的烯醇式结构。

（二）苯环上的亲电取代反应

1. 卤代反应　苯酚与溴水作用立即生成2,4,6-三溴苯酚白色沉淀，反应很灵敏且定量完成，因此可用于苯酚的定性检验和定量测定。

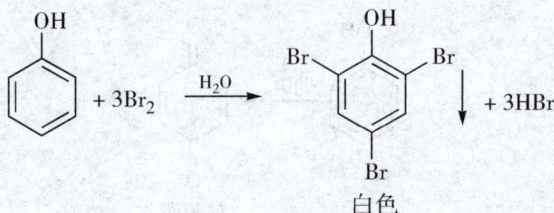

$$C_6H_5OH + 3Br_2 \xrightarrow{H_2O} 2,4,6\text{-三溴苯酚(白色)} + 3HBr$$

在低温于非极性溶剂（CS$_2$、CCl$_4$）中控制溴不过量，则主要生成对溴苯酚。

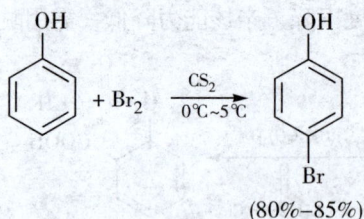

(80%–85%)

2. 硝化反应　苯酚与稀硝酸在室温下作用生成邻硝基苯酚和对硝基苯酚。

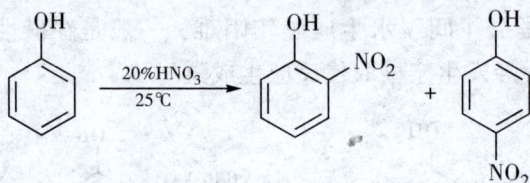

邻硝基苯酚和对硝基苯酚可用水蒸气蒸馏方法分离，因为邻硝基苯酚可以形成分子内氢键，故水溶性小、挥发性大，可随水蒸气蒸出；而对硝基苯酚以分子间氢键缔合，挥发性小，不能随水蒸气蒸出。

3. 磺化反应　苯酚与浓硫酸发生磺化反应，25℃时主要生产邻羟基苯磺酸，100℃时主要生成对羟基苯磺酸。

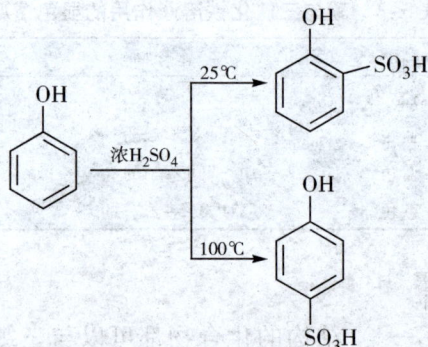

（三）氧化反应

酚很容易被氧化，如纯净的苯酚是无色晶体，露置于空气中由于逐渐被氧化而呈粉红色、红色或暗红色，产物很复杂，若被重铬酸钾酸性溶液氧化则生产黄色对苯醌。多元酚更容易被氧化。

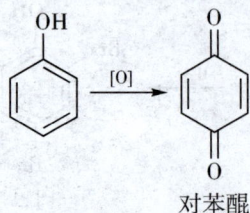

对苯醌

知识链接

酚的应用

酚易被氧化的特性可用作抗氧化剂应用于材料、食品等工业中。如食品的变色和腐烂实际上是发生了缓慢自由基的氧化反应，抗氧化剂如 2,6-二叔丁基-4-甲基苯酚可以抑制这一氧化过程，从而可以延缓食品变质。酚之所以可以抑制自由基氧化过程，是因为酚作为抗氧化剂可以与自由基反应生成新的自由基，而生成的新自由基非常稳定，从而抑制了自由基的链传递，使自由基连锁反应终止，达到延缓氧化的目的。

四、与医药有关的酚类化合物

（一）苯酚

苯酚过去是从煤焦油中提取的，具有弱酸性，故俗称石炭酸。苯酚有特殊气味，熔点较低，常温下在水中的溶解度不大，当温度高于 65℃ 时能与水以任意比互溶，苯酚易溶于乙醇、乙醚等有机溶剂。苯酚具有杀菌作用，医药上可用作消毒剂，3% ~5% 的苯酚水溶液可用于外科器械的消毒，5% 的苯酚水溶液可用作生物制剂的防腐剂，1% 的苯酚水溶液可用于皮肤止痒。苯酚有毒及对皮肤有腐蚀性，使用时应小心。

（二）甲酚

甲酚来源于煤焦油，所以称为煤酚，有邻、对、间三种异构体。甲酚的三种异构体沸点相近，不易分离，实际中常使用的是三种异构体的混合物。煤酚的杀菌能力比苯酚强，医药上配制成 47% ~53% 的肥皂溶液俗称来苏儿（Lysol），也称煤酚皂液，临用时加水稀释至 3% ~5%，常用于器械和环境的消毒。

（三）苯二酚

苯二酚有三种异构体，均为无色结晶。邻苯二酚又称儿茶酚，常以其衍生物的形式存在于生物体内，易溶于水、乙醇和乙醚。间苯二酚又称雷锁辛，易溶于水、乙醇和乙醚，具有杀菌作用，且刺激性小，其 2% ~10% 的油膏和洗剂可用于治疗皮肤病。对苯二酚在水中溶解度小，还原能力较强，可用作抗氧化剂，保护其他物质不被氧化。

（四）麝香草酚

麝香草酚 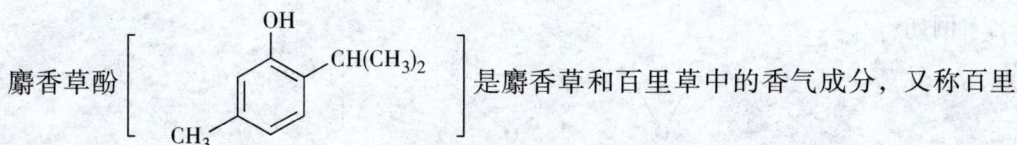 是麝香草和百里草中的香气成分，又称百里酚，为白色结晶或结晶性粉末，微溶于水。麝香草酚的杀菌作用比苯酚强，且毒性低，

而且能促进气管纤毛运动，有利于气管黏液的分泌，起祛痰作用，故可用于治疗气管炎、百日咳等。

第三节 醚

一、醚的结构、分类和命名

（一）醚的结构

醚可以看作是醇或酚分子中羟基上的氢原子被烃基取代的化合物，也可以看作是水分子中的两个氢原子分别被烃基取代的化合物，是两个烃基通过氧原子连接而成的，可以用通式 R（Ar）—O—R′（Ar′）表示。醚分子中的氧原子为 sp^3 杂化，两对未共用电子对分别位于两个 sp^3 杂化轨道中。最简单的醚是甲醚，甲醚分子的结构如图 5-5 所示。

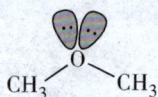

图 5-5 甲醚分子的结构示意图

（二）醚的分类

醚根据分子中两个烃基结构分为简单醚、混合醚和环醚。

简单醚是两个烃基相同的醚，例如：C_2H_5—O—C_2H_5。

混合醚是两个烃基不同的醚，例如：CH_3—O—C_2H_5，[苯甲醚结构 OCH₃]。

环醚是烃基的两端连接成环状结构的醚，例如：[环氧乙烷结构]，[四氢呋喃结构]。

（三）醚的命名

醚的命名通常是烃基名加"醚"字即可，"基"字可以省去，简单醚中"二"字也省去。脂肪混合醚将较小烃基放在较大烃基名称前面，芳脂混合醚将芳烃基放在链烃基名称前。例如：

$C_2H_5OC_2H_5$　　　　$CH_3OC_2H_5$　　　　[苯甲醚结构 OCH₃]

乙醚　　　　　　　甲乙醚　　　　　　　苯甲醚

三元环醚称为环氧化物，命名为"环氧某烷"，其他环醚按杂环化合物的名称命名。例如：

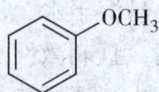

环氧乙烷　　　　四氢呋喃　　　　1,4-二氧六环

结构复杂的醚一般以较大的烃基为母体，把含氧的较小烃基作为取代基命名。例如：

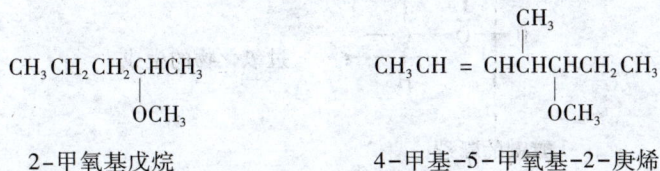

$$CH_3CH_2CH_2\underset{OCH_3}{\overset{|}{C}HCH_3}$$

2-甲氧基戊烷

$$CH_3CH=CHCH\underset{OCH_3}{\overset{|}{C}H}CH_2CH_3 \quad \overset{CH_3}{|}$$

4-甲基-5-甲氧基-2-庚烯

二、醚的物理性质

常温下甲醚、甲乙醚为气体，其他醚多为无色、易燃、易挥发液体，有特殊气味。醚分子间不能形成氢键，所以沸点比分子量相近的醇低得多，如乙醚沸点为34.6℃，而正丁醇沸点为117.3℃。醚与水分子之间可以形成氢键，所以在水中有一定溶解度，如甲醚可与水混溶，乙醚在水中的溶解度为8g/100mL左右，环醚在水中溶解度要大些，如四氢呋喃、1,4-二氧六环可与水互溶。醚能溶解许多有机物，常用作有机溶剂。一些常见醚的物理常数见表5-4。

表5-4　一些常见醚的物理常数

化合物	熔点（℃）	沸点（℃）	相对密度（d^{20}）
甲醚	-138.5	-24.9	0.661
甲乙醚	-139.2	7.9	0.697
乙醚	-116.6	34.6	0.714
正丙醚	-122	90.1	0.736
异丙醚	-85.9	68	0.724
正丁醚	-95.3	142	0.769
苯甲醚	-37.5	155	0.996
四氢呋喃	-108.5	67	0.889
1,4-二氧六环	11.8	101	1.034

三、醚的化学性质

醚分子中虽然含有极性较大的C—O键，但氧原子的两端均与碳相连，整个分子的极性并不大，所以醚的化学性质比较稳定，通常情况下不与金属钠、稀酸、碱、氧化剂、还原剂等反应。不过当醚遇到强酸性物质时也可发生化学反应，这与分子中C—O键是极性共价键及氧原子的sp^3杂化轨道上具有未共用电子对有关。醚发生化学反应的主要部位如图5-6所示。

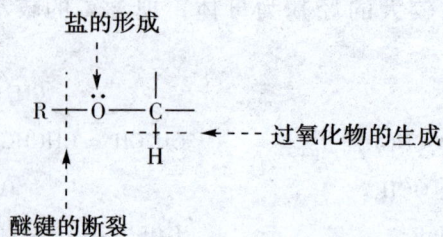

图 5-6　醚发生化学反应的主要部位

（一）锌盐的形成

醚分子中的氧原子具有未共用电子对，可与强酸（H_2SO_4、HCl 等）作用形成锌盐。例如：

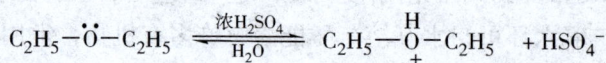

$$C_2H_5-\ddot{O}-C_2H_5 \xrightleftharpoons[H_2O]{\text{浓}H_2SO_4} C_2H_5-\overset{H}{\underset{+}{O}}-C_2H_5 + HSO_4^-$$

形成的锌盐能溶于强酸中，而烃和卤代烃不能，利用此性质可以将醚与烃、卤代烃区分开来。

锌盐很不稳定，遇水立即分解成醚和酸，利用此性质可以将醚从烃、卤代烃中分离出来。

（二）醚键的断裂

醚与浓强酸（如氢碘酸）共热，醚键发生断裂生成卤代烃和醇，如有过量酸存在，生成的醇将继续被转变为卤代烃。

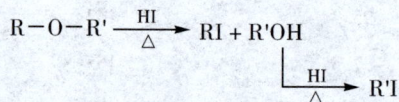

$$R-O-R' \xrightarrow[\triangle]{HI} RI + R'OH$$
$$\xrightarrow[\triangle]{HI} R'I$$

酸不过量时，脂肪混合醚一般是较小烃基形成卤代烃，较大烃基生成醇。芳基烷基醚总是断裂烷氧键，生成卤代烃和酚。例如：

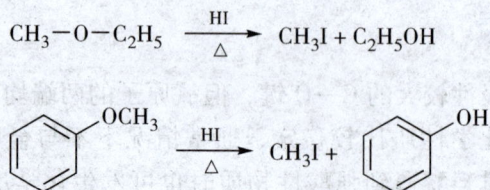

$$CH_3-O-C_2H_5 \xrightarrow[\triangle]{HI} CH_3I + C_2H_5OH$$

知识拓展

醚键断裂的反应历程

醚键断裂一般按 S_N2 历程进行，亲核试剂 X^- 优先进攻位阻小的烃基，所以一般是较小烃基形成卤代烃。芳基烷基醚中由于氧和苯环的 p-π，使苯氧键难以断裂，所以总是断裂烷氧键，生成卤代烃和酚。

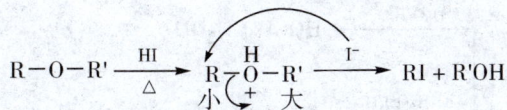

$$R-O-R' \xrightarrow[\triangle]{HI} \underset{小\quad 大}{\overset{H}{R-\overset{+}{O}-R'}} \xrightarrow{I^-} RI + R'OH$$

X^- 的亲核能力是 $I^- > Br^- > Cl^-$，即断裂醚键的氢卤酸活性顺序为 $HI > HBr > HCl$，因此醚键断裂的最有效试剂是氢碘酸。

（三）过氧化物的生成

醚对氧化剂是比较稳定的，但长时间与空气接触会发生自动氧化反应生成不易挥发的过氧化物，因此醚类化合物应尽量避免暴露在空气中。一般认为氧化发生在醚的 $\alpha-$ 碳氢键上。例如：

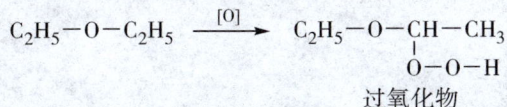

$$C_2H_5-O-C_2H_5 \xrightarrow{[O]} C_2H_5-O-\underset{\underset{O-O-H}{|}}{CH}-CH_3$$
过氧化物

过氧化物遇热有爆炸的危险，因此醚类化合物应存放在深色玻璃瓶中，或加入抗氧化剂对苯二酚防止过氧化物的生成。

久置的醚在使用前应检验是否有过氧化物的存在。检验的方法是取少量醚与硫酸亚铁和硫氰化钾的混合液一起振摇，如有过氧化物存在，Fe^{2+} 被氧化成 Fe^{3+}，而 Fe^{3+} 与硫氰化钾可生成配离子 $[Fe(SCN)_6]^{3-}$ 而显红色。除去醚中的过氧化物，可用硫酸亚铁水溶液充分洗涤醚。

四、与医药有关的醚类化合物

（一）乙醚

乙醚是无色透明具有特殊刺激气味的液体，沸点 34.6℃，挥发性极强，易燃烧，乙醚的蒸气与空气混合达到一定比例时，遇火可引起爆炸，因此在制备和使用乙醚时必须远离明火。乙醚微溶于水，能溶解许多有机化合物，是常用的有机溶剂。乙醚具有麻醉作用，是临床上最早用于外科手术的全身性吸入麻醉剂，但后来发现有毒副作用，对呼吸和循环有拟制作用，现已被新型吸入麻醉剂卤代醚类代替。

（二）环氧乙烷

环氧乙烷是最简单的环醚，有一定毒性，还具有致癌性，室温下为无色气体，沸点为 10.8℃，能溶于水，也能溶于乙醇、乙醚等有机溶剂。环氧乙烷是一种广谱、高效的气体杀菌消毒剂，对消毒物品的穿透力强，可以杀灭大多数病原微生物，主要用于外科器材和对热不稳定的药品等进行气体熏蒸消毒。

环氧乙烷具有三元环结构，不稳定，故化学性质活泼，在酸或碱催化下能与多种试剂反应而开环，生成许多重要的有机化合物。

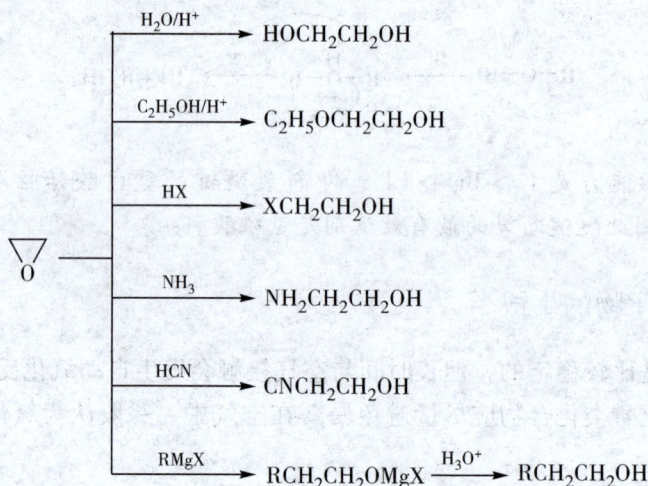

知识拓展

结构不对称的环氧化物开环反应的取向

环氧乙烷的开环反应是按 S_N2 历程进行的，反应既可以是酸催化的，也可以是碱催化的。

1. 酸催化的开环反应　亲核试剂进攻取代基较多的碳原子，此时主要受电性因素控制。

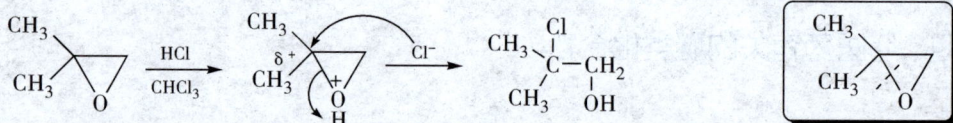

2. 碱催化的开环反应　亲核试剂进攻位阻小即取代基少的碳原子，此时主要受立体因素控制。

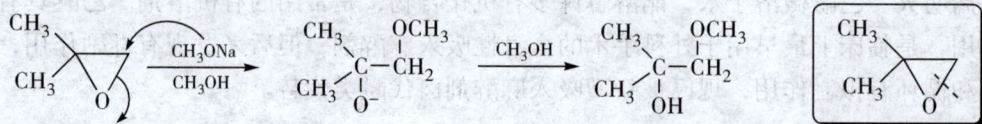

本章小结

一、醇、酚、醚的结构、分类和命名

1. 醇是由烃基和羟基两部分组成的，可以用通式 R—OH 表示。醇的分类方法主要有三种：根据烃基种类分类，根据羟基数目分类和根据羟基所连碳原子的类型分类。结构比较简单的醇可以采用普通命名法命名，结构比较复杂的醇采用系统命名法命名。

2. 酚是由芳基和羟基两部分组成的，可以用通式 Ar—OH 表示。酚根据羟基所连芳基不同分为苯酚、萘酚等。酚的命名常以苯酚或萘酚为母体，芳环上的其他原子或原子团作为取代基，有些酚的命名将酚羟基作为取代基，多元酚的命名需对环上的羟基位置进行编号。

3. 醚是两个烃基通过氧原子连接而成的，可以用通式 R(Ar)—O—R′(Ar′) 表示。醚根据分子中两个烃基结构分为简单醚、混合醚和环醚。醚的命名通常是烃基名加"醚"字即可，"基"字可以省去，简单醚中"二"字也省去。脂肪混合醚将较小烃基放在较大烃基名称前面，芳香混合醚将芳烃基放在链烃基名称前。

二、醇的化学性质

1. O—H 键极性较大，容易断裂表现醇的酸性，但比水弱，能与活泼金属反应。

2. C—O 键极性较大，与氢卤酸发生亲核取代反应，反应速率与氢卤酸的种类及醇的结构有关，不同类型的醇与卢卡斯试剂反应的活性差异可以用于鉴别伯、仲、叔醇。

3. 羟基氧原子具有未共用电子对，醇可以作为亲核试剂，与含氧无机酸成酯、分子间脱水成醚。

4. 受 C—O 键极性的影响，β-H 具有一定的活性，遵循扎伊采夫规则发生分子内脱水消除反应。

5. 受 C—O 键极性的影响，α-H 具有一定的活性，伯醇、仲醇可与高锰酸钾、重铬酸钾酸性溶液发生氧化反应。

三、酚的化学性质

1. p-π 共轭使 O—H 键极性增强，酚的酸性比醇强，能与强碱作用成盐。

2. p-π 共轭使羟基氧的电子云密度下降，亲核能力降低，需与酰氯或酸酐作用才能形成酚酯。

3. 酚与强碱作用转变为氧负离子再与卤代烃发生亲核取代反应生成酚醚。

4. 酚与三氯化铁的显色反应用于酚的鉴别。

5. p-π 共轭增加了苯环的电子云密度，使苯环容易发生亲电取代反应。

6. 酚容易发生氧化反应。

四、醚的化学性质

1. 醚分子中的氧原子具有未共用电子对，可与强酸作用形成𨦷盐。

2. 醚与浓氢碘酸共热，醚键发生断裂生成卤代烃和醇，脂肪混合醚一般是较小烃基形成卤代烃，较大烃基生成醇。芳基烷基醚总是断裂烷氧键，生成卤代烃和酚。

3. 过氧化物的生成。

思考与练习

一、单项选择题

1. 下列物质中沸点最高的是（　　　）

  A. 甘油   B. 乙烷   C. 乙醇   D. 乙醚

2. 下列化合物与卢卡斯试剂（$ZnCl_2$ + 浓 HCl）反应最快出现混浊的是（　　　）

  A. 乙醇   B. 异丙醇   C. 仲丁醇   D. 叔丁醇

3. 下列化合物最易发生分子内脱水的是（　　　）

  A. 正丁醇   B. 异丁醇   C. 仲丁醇   D. 叔丁醇

4. 下列化合物能与 $FeCl_3$ 发生显色反应的是（　　　）

  A. 苯甲醇   B. 苯酚   C. 苯甲醚   D. 环己醇

5. 下列化合物与溴水反应立即生成沉淀的是（　　　）

  A. ⬡ B. ⬡—CH_3 C. ⬡—OH D. ⬡—OCH_3

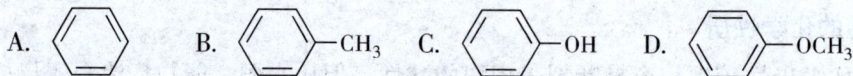

6. 下列酚类化合物酸性最强的是（　　　）

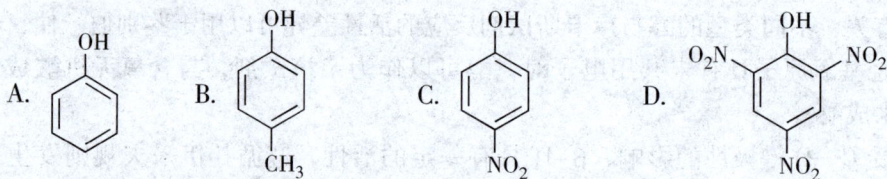

二、命名下列化合物

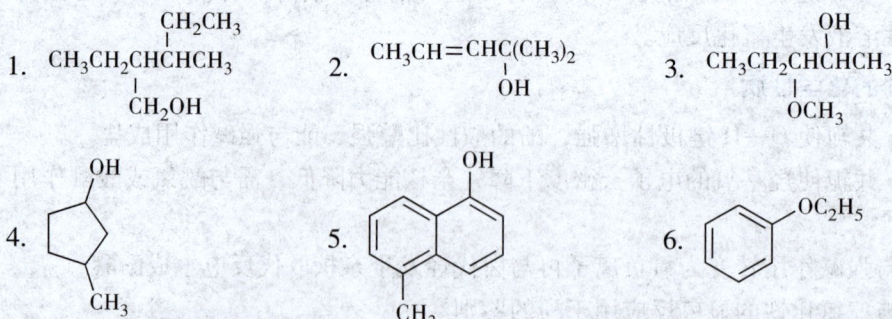

三、写出下列化合物的结构式

1. 2-苯基乙醇   2. 4-甲基-1,4-戊二醇   3. 间乙基苯酚

4. 6-羟基-1-萘磺酸   5. 乙基异丙基醚   6. 1,2-环氧丙烷

四、完成下列反应方程式

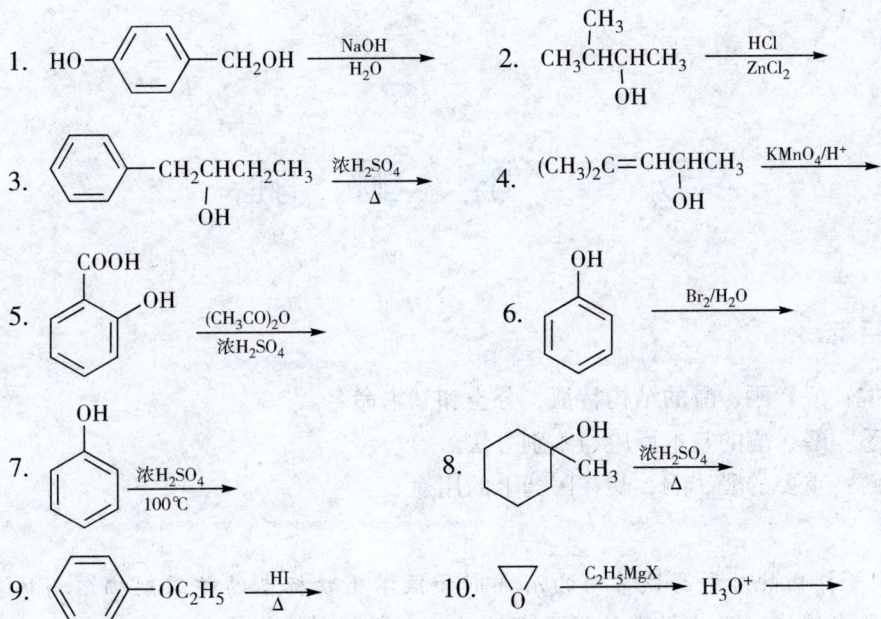

1. $HO-\underset{}{\bigcirc}-CH_2OH \xrightarrow[H_2O]{NaOH}$

2. $CH_3\underset{\underset{OH}{|}}{\overset{\overset{CH_3}{|}}{C}}HCHCH_3 \xrightarrow[ZnCl_2]{HCl}$

3. $\bigcirc-CH_2\underset{\underset{OH}{|}}{C}HCH_2CH_3 \xrightarrow[\Delta]{浓H_2SO_4}$

4. $(CH_3)_2C=CH\underset{\underset{OH}{|}}{C}HCH_3 \xrightarrow{KMnO_4/H^+}$

5. $\underset{}{\bigcirc}\overset{COOH}{\underset{OH}{}} \xrightarrow[浓H_2SO_4]{(CH_3CO)_2O}$

6. $\bigcirc-OH \xrightarrow{Br_2/H_2O}$

7. $\bigcirc-OH \xrightarrow[100℃]{浓H_2SO_4}$

8. $\underset{}{\bigcirc}\overset{OH}{\underset{CH_3}{}} \xrightarrow[\Delta]{浓H_2SO_4}$

9. $\bigcirc-OC_2H_5 \xrightarrow[\Delta]{HI}$

10. $\underset{O}{\triangle} \xrightarrow{C_2H_5MgX} H_3O^+ \longrightarrow$

五、用简便方法鉴别下列各组化合物

1. 正丁醇、仲丁醇和叔丁醇。
2. 苯甲醇、苯酚和苯甲醚。

六、用简便化学方法提纯下列化合物

1. 苯甲醚中含有少量苯酚。
2. 正庚烷中含有少量乙醚。

七、推导结构

1. A、B、C 三种化合物的分子式均为 C_3H_8O，A 不与金属钠反应，B 和 C 与金属钠反应放出氢气。B 用高锰酸钾酸性溶液氧化生成酸，C 生成酮。试写出 A、B、C 的结构式。

2. 化合物 A 的分子式为 C_7H_8O，不溶于水、稀酸及 $NaHCO_3$ 溶液，但能溶于 NaOH 溶液，当用溴水处理 A 时，立即生成分子式为 $C_7H_5OBr_3$ 的化合物 B，试写出化合物 A、B 的结构式。

第六章 醛、酮、醌

学习目标

掌握：醛、酮、醌的结构特征、分类和基本命名。
熟悉：醛、酮的基本反应与鉴别方法。
了解：重要的醛、酮、醌在医药上的用途。

【引子】医院外科器械常用的消毒剂和医学生物标本的防腐剂福尔马林是甲醛的水溶液；现市场上的很多家具属于木质材料，富含黏胶剂，黏胶剂在一定的情况下会挥发出各种难闻的气体，比如甲醛等刺激性气味的气体，这些有害气体会刺激我们的呼吸系统，让人产生恶心、咽痛、头晕、四肢无力的情况，更为严重的是会引发鼻癌等一系列恶性病症；糖尿病患者由于代谢紊乱，从尿中排出和呼吸道呼出的丙酮等，甲醛、丙酮均是本章要介绍的有机化合物，了解其相关知识可帮助我们认知医学、了解环境污染、诊断疾病。

醛、酮和醌都是含有羰基 $\diagdown$C$=$O 的化合物，故统称为羰基化合物。它们在性质上有很多相似的地方。醛和酮是重要的医药和工业原料，有些在临床医学中具有很重要的用途，是人体新陈代谢的中间产物。

第一节 醛和酮的结构、命名

一、醛和酮的结构与分类

（一）醛和酮的结构

羰基与一个烃基和一个氢原子相连的化合物叫做醛（甲醛除外，它的羰基与两个氢原子相连），醛的通式为：R—$\overset{\text{O}}{\overset{\|}{\text{C}}}$—H ，—$\overset{\text{O}}{\overset{\|}{\text{C}}}$—H 称为醛基，是醛的官能团，可简写为

—CHO，它位于碳链的一端。

羰基与两个烃基相连的化合物叫做酮，可用通式 $R-\overset{\overset{O}{\parallel}}{C}-R'$ 表示。酮的官能团 $\diagdown C=O$ 称为酮基，位于碳链中间。

羰基中的碳原子为 sp^2 杂化，其中一个 sp^2 杂化轨道与氧原子的一个 p 轨道在键轴方向重叠构成碳氧 σ 键；碳原子未参与杂化的 p 轨道与氧原子的另一个 p 轨道平行重叠形成 π 键。因此，羰基碳氧双键是由一个 σ 键和一个 π 键组成的，如图 6-1 所示。

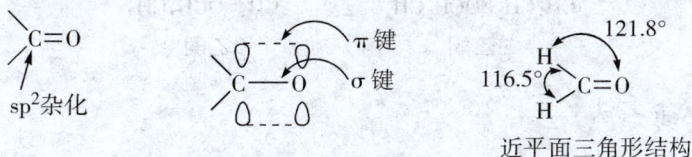

图 6-1　羰基的结构

由于氧原子的电负性比碳原子大，因此羰基中 π 电子云偏向于氧原子一边，使氧原子上带部分负电荷，羰基碳原子带有部分正电荷，可发生亲核加成反应。

（二）醛和酮的分类

根据烃基的不同可分为脂肪醛酮、芳香醛酮及脂环醛酮。

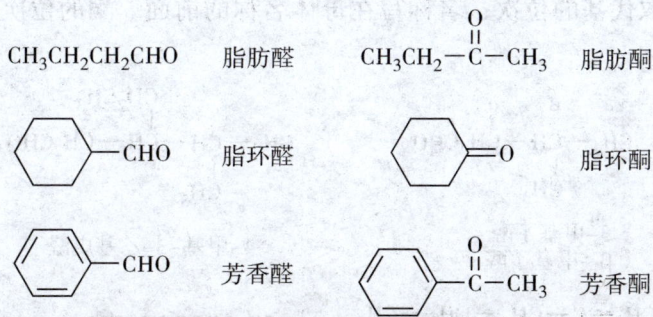

$CH_3CH_2CH_2CHO$　脂肪醛　　$CH_3CH_2-\overset{\overset{O}{\parallel}}{C}-CH_3$　脂肪酮

　脂环醛　　　脂环酮

　芳香醛　　　芳香酮

根据烃基的饱和程度可分为饱和醛酮及不饱和醛酮。

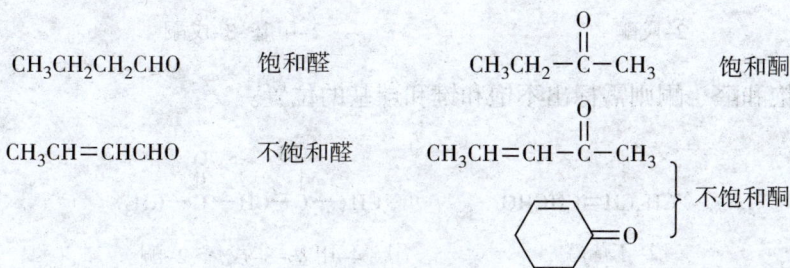

$CH_3CH_2CH_2CHO$　饱和醛　　$CH_3CH_2-\overset{\overset{O}{\parallel}}{C}-CH_3$　饱和酮

$CH_3CH=CHCHO$　不饱和醛　　$CH_3CH=CH-\overset{\overset{O}{\parallel}}{C}-CH_3$　　不饱和酮

二、醛和酮的命名

（一）普通命名法

简单的脂肪醛按分子中的碳原子的数目，称为某醛。例如：

$$CH_3CHO \qquad\qquad CH_3CH(CH_3)CHO$$

乙醛 异丁醛

简单的酮按羰基所连接的两个烃基的名称命名，简单烃基在前，复杂烃基在后；芳香烃基在前，脂肪烃基在后。例如：

$$CH_3CH_2COCH_2CH_3 \qquad\qquad CH_3COCH_2CH_3$$

二乙酮 甲乙酮

（二）系统命名法

构造比较复杂的醛、酮用系统命名法命名。

1. 选择包括羰基碳原子在内的最长碳链作主链，按主链的碳原子数称为某醛或某酮。

2. 从醛基一端或从靠近酮基一端开始给主链的碳原子编号，由于醛基一定在碳链的链端，故不必标明其位置，但酮基的位置必须标明，写在酮名的前面。主链中碳原子的编号可以用阿拉伯数字，也可以用希腊字母表示，即把与羰基碳直接相连的碳原子用 α 表示，其他碳原子依次为 β，γ……

3. 命名时把取代基的位次、名称写在母体名称的前面。酮的位次也写母体名称的前面。例如：

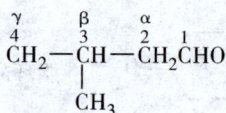

3-甲基丁醛
（β-甲基丁醛）

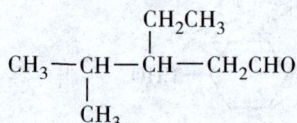

4-甲基-3-乙基戊醛

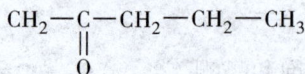

2-戊酮

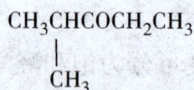

2-甲基-3-戊酮

命名不饱和醛、酮则需标出不饱和键和羰基的位置。

$$CH_3CH=CHCHO$$

2-丁烯醛

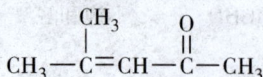

4-甲基-3-戊烯-2-酮

芳香醛、酮的命名，是以脂肪醛、酮为母体，芳香烃基作为取代基。

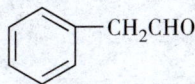
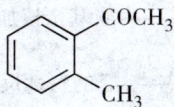
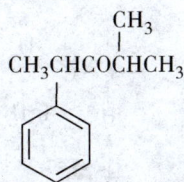

苯乙醛　　　　　　　　2-甲基苯乙酮　　　　2-甲基-4-苯基-3-戊酮

三、醛和酮的物理性质

常温下，除甲醛是气体外，12 个碳原子以下的脂肪醛、酮都是液体，高级脂肪醛、酮和芳香酮多为固体。醛或酮的沸点比相应分子量相近的醇低，较相应的烷烃和醚高。

醛、酮羰基上的氧可以与水分子中的氢形成氢键，因而低级醛、酮（如甲醛、乙醛、丙酮等）易溶于水，但随着分子中碳原子数目的增加，它们的溶解度则迅速减小。醛和酮易溶于有机溶剂。常见醛和酮的物理常数见表 6－1。

表 6－1　常见醛和酮的物理常数

化合物	结构式	熔点（℃）	沸点（℃）	密度（g/cm³）	水溶解度（g/100mL H₂O）
甲醛	$HCHO$	-92.0	-19.5	0.185	55.0
乙醛	CH_3CHO	-123.0	20.8	0.781	易溶
丙醛	CH_3CH_2CHO	-81.0	48.8	0.807	20.0
丁醛	$CH_3CH_2CH_2CHO$	-97.0	74.7	0.817	4.0
苯甲醛	⬡—CHO	-26.0	179.0	1.046	0.33
丙酮	CH_3COCH_3	-95.0	56.0	0.792	易溶
丁酮	$CH_3COCH_2CH_3$	-86.0	79.6	0.805	35.3

第二节　醛和酮的化学性质

醛、酮的化学性质主要决定于羰基。由于醛、酮分子中的羰基具有极性，故能发生亲核加成反应。由于羰基吸电子诱导效应的影响，使α-氢活泼。由于醛羰基的极性比酮羰基的极性大，空间阻碍也较小，因而在相同条件下，醛比酮活泼，有些反应醛可以发生，而酮则不能如图 6-2 所示。

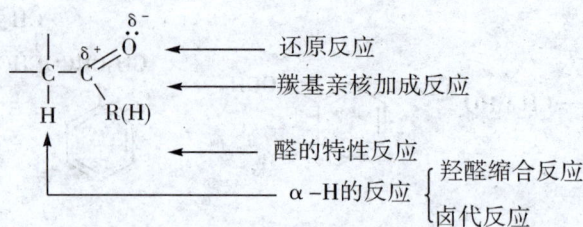

图6-2 醛、酮发生化学反应的主要部位

一、醛、酮的化学性质

（一）加成反应

1. 与氢氰酸加成 醛、脂肪族甲基酮和含 8 个碳以下的环酮都能与氢氰酸发生加成反应，生成的产物称为 α-羟（基）腈，又称 α-氰醇。

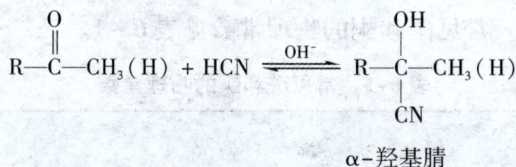

$$R-\overset{\overset{O}{\|}}{C}-CH_3(H) + HCN \underset{OH^-}{\rightleftharpoons} R-\overset{\overset{OH}{|}}{\underset{\underset{CN}{|}}{C}}-CH_3(H)$$

α-羟基腈

氢氰酸极易挥发并有剧毒，一般不直接用氢氰酸进行反应。在实验室中，为了操作安全，通常将醛、酮与氰化钾（钠）的水溶液混合，再滴入无机强酸以生成氢氰酸，操作要求在通风橱中进行。

α-羟基腈是很有用的中间体，可进一步水解成 α-羟基酸。由于产物比反应物增加了一个碳原子，所以该反应也是有机合成中增加碳链的方法之一。

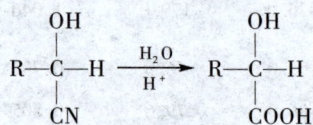

$$R-\overset{\overset{OH}{|}}{\underset{\underset{CN}{|}}{C}}-H \xrightarrow[H^+]{H_2O} R-\overset{\overset{OH}{|}}{\underset{\underset{COOH}{|}}{C}}-H$$

📚 **知识拓展**

醛、酮的亲核加成反应及反应历程

醛、酮中都含有极性不饱和的羰基官能团，羰基双键中碳原子带部分正电荷，易受到带负电荷的亲核试剂的进攻，生成氧负离子中间体，然后再与试剂中带正电荷的部分结合，最终生成加成产物，这种由亲核试剂进攻所引起的加成反应称为亲核加成反应。

实验表明，反应体系的酸碱性对醛、酮与氰化钾（钠）的反应有很大的影响。在碱性条件下，反应速率较高；而在酸性条件下，反应速率较低；这是因为氢氰酸是弱酸，在溶液中存在下列平衡：

$$HCN \rightleftharpoons H^+ + CN^-$$

在上述平衡体系中，加酸使 CN⁻ 离子浓度降低，而加碱可增加 CN⁻ 离子浓度。由此说明，CN⁻ 是进攻试剂，反应的速率取决于 CN⁻ 离子浓度的大小，其反应历程如下：

第一步：CN⁻ 进攻带部分正电荷的羰基碳原子，生成氧负离子中间体，这一步反应较慢。

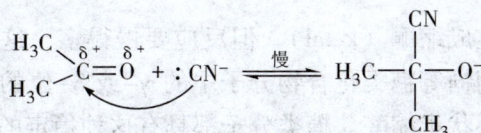

$$\underset{H_3C}{\overset{H_3C}{\diagdown}}C\overset{\delta^+}{=}\overset{\delta^+}{O} \ +\ :CN^- \ \underset{慢}{\rightleftharpoons}\ H_3C-\underset{CH_3}{\overset{CN}{\underset{|}{\overset{|}{C}}}}-O^-$$

第二步：氧负离子中间体迅速与氢离子结合，生成 α-羟（基）腈。

$$H_3C-\underset{CH_3}{\overset{CN}{\underset{|}{\overset{|}{C}}}}-O^- \ +\ HCN\ \underset{快}{\rightleftharpoons}\ H_3C-\underset{CH_3}{\overset{CN}{\underset{|}{\overset{|}{C}}}}-OH\ +\ CN^-$$

不同结构的醛、酮对氢氰酸反应的活性有明显差异，这种活性受电子效应和空间效应两种因素的影响。

从电子效应考虑，羰基碳原子所带正电荷越多，反应越容易进行。羰基碳原子上连接的给电子基团（如烃基）愈多，羰基碳原子的正电荷越弱，反应就越难进行，所以甲醛比其他脂肪醛易于反应；芳香醛因为连有苯环，使羰基碳原子的正电性减弱，不利于亲核加成反应，反应速率比脂肪醛慢；酮的羰基上连有两个烃基，反应速率更慢。

从空间效应考虑，羰基上连接的烃基越大，则空间位阻越大，亲核试剂就越不容易靠近，反应也就越不容易进行。所以甲醛的反应活性最强，脂肪醛比芳香醛、酮易于反应。

综合上述因素，不同结构的醛、酮对氢氰酸的加成反应活性次序为：

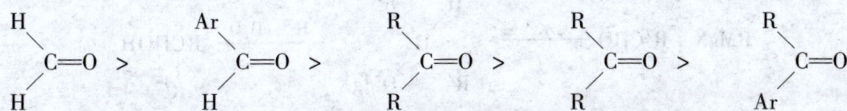

$$\underset{H}{\overset{H}{\diagdown}}C{=}O \ >\ \underset{H}{\overset{Ar}{\diagdown}}C{=}O \ >\ \underset{R}{\overset{R}{\diagdown}}C{=}O \ >\ \underset{R}{\overset{R}{\diagdown}}C{=}O \ >\ \underset{Ar}{\overset{R}{\diagdown}}C{=}O$$

2. 加亚硫酸氢钠　醛、脂肪族甲基酮和含 8 个碳以下的环酮都能与过量的饱和亚硫酸氢钠溶液发生加成反应，生成 α-羟基磺酸钠，它不溶于饱和的亚硫酸氢钠溶液中而析出结晶。

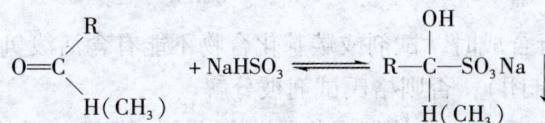

$$O{=}\underset{H(CH_3)}{\overset{R}{\underset{|}{\overset{|}{C}}}} \ +\ NaHSO_3\ \rightleftharpoons\ R-\underset{H(CH_3)}{\overset{OH}{\underset{|}{\overset{|}{C}}}}-SO_3Na\ \downarrow$$

此反应可逆。α-羟基磺酸钠能被稀酸或稀碱分解成原来的醛或甲基酮，故常用这个反应来分离、精制醛或甲基酮。

3. 加醇　醛与醇在干燥氯化氢的催化下，发生加成反应，生成半缩醛。半缩醛和另一分子醇进一步缩合，生成缩醛（acetal）。缩醛对碱、氧化剂和还原剂都很稳定，但在酸性溶液中则可以水解生成原来的醛和醇。在有机合成中，常利用缩醛的生成来保护活泼的醛基。

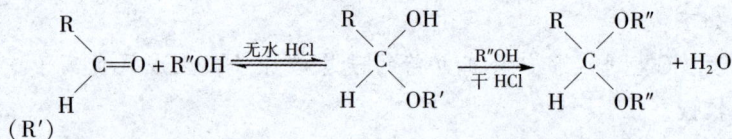

$$\underset{\text{(R')}}{\overset{R}{\underset{H}{>}}}C=O + R''OH \underset{\text{无水 HCl}}{\rightleftharpoons} \overset{R}{\underset{H}{>}}C\overset{OH}{\underset{OR'}{<}} \xrightarrow[\text{干 HCl}]{R''OH} \overset{R}{\underset{H}{>}}C\overset{OR''}{\underset{OR''}{<}} + H_2O$$

酮也可以与醇作用生成缩酮（ketal），但反应要慢得多，这是由于反应平衡倾向于反应物一边的缘故。葡萄糖等糖类化合物分子中的γ-或δ-位的羟基容易和羰基发生缩合，形成五、六元环的环状半缩醛。糖类分子都具有这种稳定的环状半缩醛结构。半缩醛、缩醛的结构和性质是学习糖类的基础。

4. 与格氏试剂加成 格氏试剂 RMgX 等有机金属化合物中的碳–金属键是极性很强的键，碳带部分负电荷，金属带部分正电荷。因此与镁直接相连的碳原子具有很强的亲核性。极易与羰基化合物发生亲核加成反应，加成产物再经水解，可生成醇。有机合成中常利用该反应制备相应的醇。

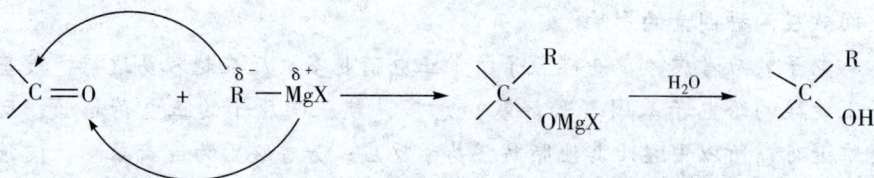

$$>C=O \quad + \quad \overset{\delta^-}{R}-\overset{\delta^+}{MgX} \longrightarrow \underset{OMgX}{\overset{R}{>}C<} \xrightarrow{H_2O} \underset{OH}{\overset{R}{>}C<}$$

甲醛与格氏试剂的反应产物，水解后得到比格氏试剂多 1 个碳原子的伯醇。例如：

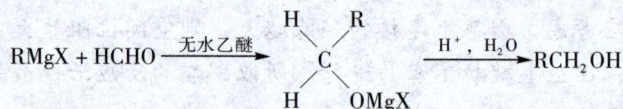

$$RMgX + HCHO \xrightarrow{\text{无水乙醚}} \underset{H\;\;OMgX}{\overset{H\;\;R}{>}C<} \xrightarrow{H^+,\ H_2O} RCH_2OH$$

其他醛与格氏试剂的反应产物，水解后得到仲醇。例如：

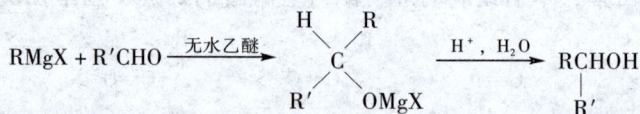

$$RMgX + R'CHO \xrightarrow{\text{无水乙醚}} \underset{R'\;\;OMgX}{\overset{H\;\;R}{>}C<} \xrightarrow{H^+,\ H_2O} \underset{R'}{\overset{R}{\underset{|}{C}HOH}}$$

酮与格氏试剂的反应产物，水解后得到叔醇。例如：

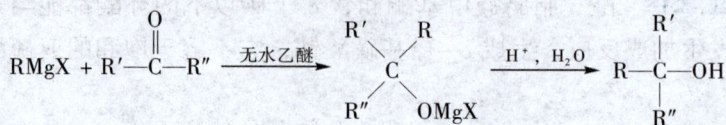

$$RMgX + R'\overset{O}{\overset{\|}{-C}}-R'' \xrightarrow{\text{无水乙醚}} \underset{R''\;\;OMgX}{\overset{R'\;\;R}{>}C<} \xrightarrow{H^+,\ H_2O} R-\underset{R''}{\overset{R'}{\underset{|}{\overset{|}{C}}}}-OH$$

利用格氏试剂进行合成时，试剂或羰基化合物不能有含活泼氢的基团（如 H_2O、—OH、—SH、—NH 等基团），否则格氏试剂被分解。

5. 与氨的衍生物的反应 氨的衍生物是指氨分子（NH_3）中的氢原子被其他基团取代后的产物（如羟胺、肼、苯肼、2,4-二硝基苯肼等），一般用 $H_2N—G$ 表示。醛、酮与氨的衍生物发生缩合反应，得到含有碳氮双键（C=N）的化合物。其反应通式为：

$$\underset{(R')H}{\overset{R}{C}}=O \ + \ H_2N-G \ \xrightarrow{H^+} \ \left[\underset{(R')H}{\overset{R}{C}}\underset{NH-G}{\overset{OH}{\rule{0pt}{0pt}}} \right] \ \xrightarrow{-H_2O} \ \underset{(R')H}{\overset{R}{C}}=N-G$$

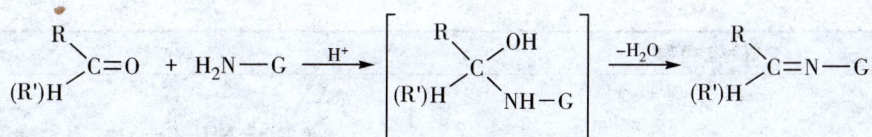

醛、酮与一些氨的衍生物的反应：

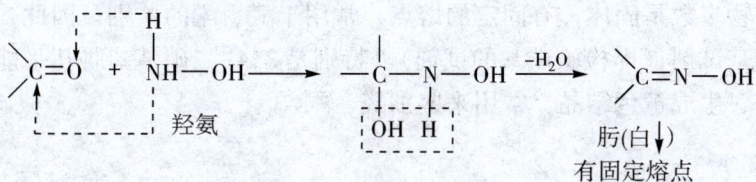

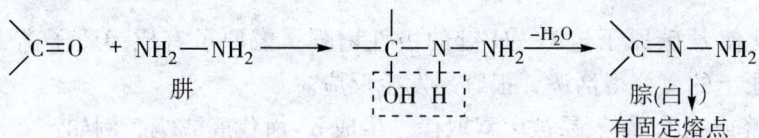

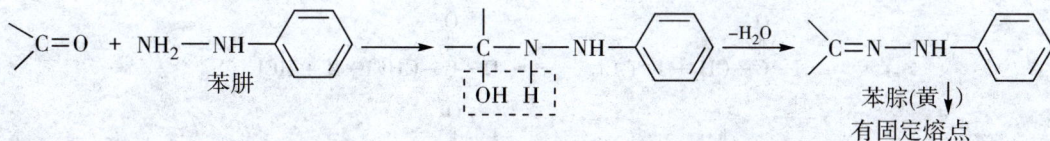

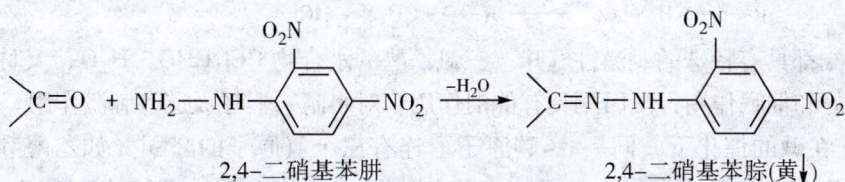

羟氨

肟(白↓) 有固定熔点

肼

腙(白↓) 有固定熔点

苯肼

苯腙(黄↓) 有固定熔点

2,4-二硝基苯肼

2,4-二硝基苯腙(黄↓)

表 6-2　氨的衍生物及其与醛、酮反应的产物

氨的衍生物		反应产物	
$H_2N-NH-\overset{\overset{\displaystyle O}{\|\|}}{C}-NH_2$	氨基脲	$\overset{\displaystyle R}{\underset{(R)H}{>}}C=N-NH-\overset{\overset{\displaystyle O}{\|\|}}{C}-NH_2$	缩氨脲

上述反应的产物多数是固体，有固定的熔点，常用于醛、酮的鉴别。因此，把这些氨的衍生物称为羰基试剂（即检验羰基的试剂）。特别是 2,4-二硝基苯肼几乎能与所有的醛、酮迅速反应，生成黄色结晶，常用来鉴别醛、酮。

（二）α-氢的反应

由于羰基的极化使 α 碳原子上 C—H 键的极性增强，氢原子有成为质子离去的倾向，醛、酮 α 碳原子上的氢变得活泼，很容易发生反应。

1. 卤代反应 醛或酮的 α-氢易被卤素取代，生成 α-卤代醛或酮。例如：

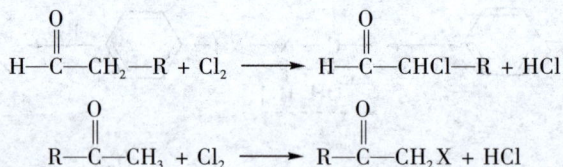

卤代醛或卤代酮都具有特殊的刺激性气味。三氯乙醛的水合物 $CCl_3CHO \cdot H_2O$，又称水合氯醛，具有镇静和催眠作用；溴丙酮具有催泪作用，对眼睛、上呼吸道有刺激作用。

2. 卤仿反应 在碱的催化下，同一 α-碳原子上连有三个氢原子的醛酮（如乙醛和甲基酮），能与卤素的碱性溶液作用，生成三卤代物。三卤代物在碱性溶液中不稳定，立即分解成三卤代甲烷（卤仿）和羧酸盐，称为卤仿反应。如用碘的碱溶液，则生成碘仿（称为碘仿反应）。碘仿为淡黄色晶体，难溶于水，并具有特殊的气味，容易识别，可

用来鉴别是否含有 $CH_3-\overset{\overset{\displaystyle O}{\|\|}}{C}-R(H)$ 构造的羰基化合物。

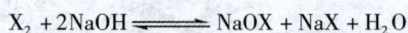

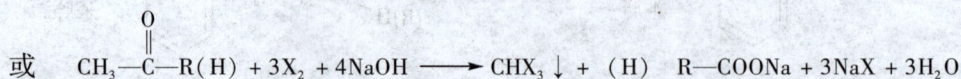

次卤酸盐是一种氧化剂，可以使具有 $CH_3-\overset{\overset{\displaystyle OH}{\|}}{CH}-$ 构造的醇先被氧化成乙醛或甲基酮，故也可发生卤仿反应。所以碘仿反应也能鉴别具有上述构造的醇类。如乙醇、异丙醇等。

3. 羟醛缩合反应 在稀碱催化下，一分子醛的 α-碳原子加到另一分子醛的羰基碳

上，而 α-H 加到羰基氧原子上，生成 β-羟基醛，这类反应称为羟醛缩合反应又叫醇醛缩合。β-羟基醛在加热下很容易脱水生成 α,β-不饱和醛。例如：

$$H_3C-\overset{O}{\overset{\|}{C}}-H \;+\; \overset{H}{\underset{H}{C}}H_2-\overset{O}{\overset{\|}{C}}-H \xrightarrow{稀碱} H_3C-\overset{OH}{\underset{H}{\overset{|}{\underset{|}{C}}}}-CH_2-\overset{O}{\overset{\|}{C}}-H \xrightarrow[\text{加热}]{-H_2O} CH_3CH{=}CHCHO$$

β - 羟基丁醛   2- 丁烯醛

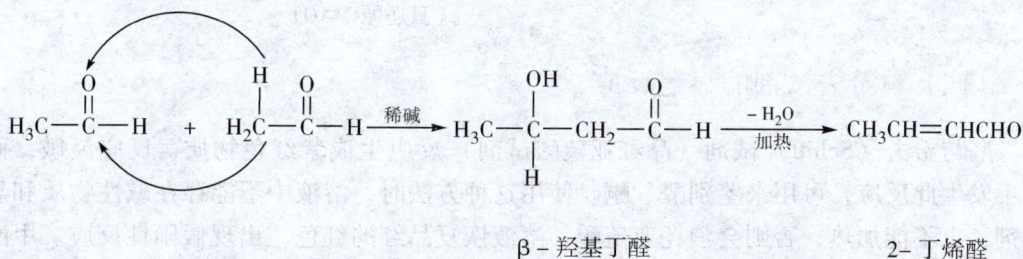

反应的总结果能使主碳链增长两个碳原子，羟醛缩合反应是有机合成中增长碳链的一种重要方法。

（三）氧化还原反应

1. 氧化反应 醛的羰基碳原子上连有氢原子，很容易被氧化，不仅能被强氧化剂高锰酸钾等氧化，即使弱氧化剂托伦试剂、费林试剂也可以使它氧化。醛氧化时生成同碳数的羧酸。酮则不易被氧化。

（1）**银镜反应** 托伦（Tollens）试剂是由硝酸银碱溶液与氨水制得的银氨配合物的无色溶液。托伦试剂与醛共热，醛被氧化成羧酸，而弱氧化剂中的银被还原成金属银析出。由于析出的银附着在容器壁上形成银镜，因此这个反应叫做银镜反应。酮则不易被氧化。

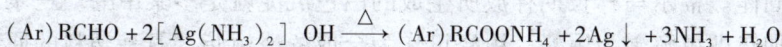

$$(Ar)RCHO + 2[Ag(NH_3)_2]OH \xrightarrow{\triangle} (Ar)RCOONH_4 + 2Ag\downarrow + 3NH_3 + H_2O$$

利用托伦试剂可把醛与酮区别开来。

（2）**斐林反应** 斐林（Fehling）试剂包括甲、乙两种溶液，甲是硫酸铜溶液，乙是酒石钾钠和氢氧化钠溶液。使用时，将两者等体积混合，摇匀后即得氢氧化铜与酒石酸钾钠形成深蓝色的可溶性配合物。

斐林试剂能氧化脂肪醛，但不能氧化芳香醛，可用来区别脂肪醛和芳香醛。斐林试剂与脂肪醛共热时，醛被氧化成羧酸，而二价铜离子则被还原为砖红色的氧化亚铜沉淀。

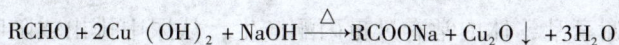

$$RCHO + 2Cu(OH)_2 + NaOH \xrightarrow{\triangle} RCOONa + Cu_2O\downarrow + 3H_2O$$

甲醛还原能力较强，氧化亚铜可继续被甲醛还原为铜，生成"铜镜"。

2. 还原反应

（1）**催化氢化还原** 醛或酮经催化氢化可分别被还原为伯醇或仲醇。

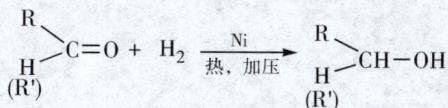

$$\overset{R}{\underset{H(R')}{>}}C{=}O \;+\; H_2 \xrightarrow[\text{热，加压}]{Ni} \overset{R}{\underset{H(R')}{>}}CH{-}OH$$

（2）**金属氢化物还原** 氢化铝锂（$LiAlH_4$）、异丙醇铝（$Al[OCH(CH_3)_2]_3$）、硼氢化钠（$NaBH_4$）等还原剂具有较高的选择性，只能还原羰基，不还原双键 $\diagdown C{=}C \diagdown$

或叁键 —C≡C— 。与醛、酮作用，生成相应的醇。

$$CH_3CH=CHCH_2CHO \xrightarrow[\text{② H}_2O^+]{\text{① NaBH}_4} CH_3CH=CHCH_2CH_2OH$$
（只还原C=O）

（四）与希夫试剂的显色反应

醛与希夫（Schiff）试剂（品红亚硫酸试剂）反应生成紫红色物质，反应灵敏，而酮不发生此反应，可用来鉴别醛、酮。使用这种方法时，溶液中不能存在碱性物质和氧化剂，也不能加热，否则会消耗亚硫酸，溶液恢复品红的红色，出现假阳性反应。甲醛与希夫试剂反应生成紫红色物质，加入硫酸后紫红色不消失，而其他醛生成的紫红色物质加入硫酸后退色，可用此方法区别甲醛和其他醛。

二、与医药有关的醛、酮

（一）甲醛

甲醛又名蚁醛，是具有强烈刺激性的无色气体，易溶于水。甲醛能使蛋白质凝固，有杀菌和防腐能力。40%的甲醛水溶液叫"福尔马林"，可使蛋白质变性，可用作消毒剂和生物标本的防腐剂。甲醛与氨作用，生成环六亚甲基四胺，商品名为乌洛托品。乌洛托品为白色结晶粉末，易溶于水，在医药上用作利尿剂及尿道消毒剂。

甲醛极易发生聚合反应，如将甲醛的水溶液慢慢蒸发，就可以得到三聚甲醛或多聚甲醛的白色固体。福尔马林长期存放所生成的白色沉淀就是多聚甲醛。三聚甲醛加强酸或多聚甲醛加热即可解聚为甲醛。甲醛可作为合成酚醛树脂、氨基塑料的原料。

目前已确定甲醛是室内环境和食品的污染源之一，对人体健康有很大负面影响，世界卫生组织认定为致癌和致畸形物质。

（二）丙酮

丙酮是无色易挥发易燃的液体，具有特殊的气味，丙酮极易溶于水，几乎能与一切有机溶剂混溶，故为广泛使用的溶剂。

糖尿病人因代谢紊乱，体内常有过量丙酮产生，从尿中排出或随呼吸呼出。尿中是否含有丙酮可用碘仿反应检验。临床上用亚硝酰铁氰化钠[$Na_2Fe(CN)_5NO$]溶液的显色反应来检查：在尿液中滴加亚硝酰铁氰化钠的碱性溶液，如果有丙酮存在，溶液呈现鲜红色。

（三）樟脑

樟脑学名2-莰酮，构造式为：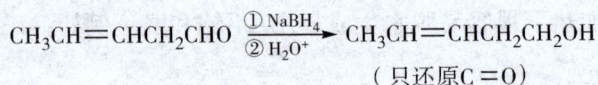。

樟脑是具有特异芳香气味的无色半透明晶体，味略苦而辛，有清凉感，易升华。不溶于水，能溶于醇等。樟脑是我国的特产，台湾地区的产量约占世界总产量的 70%，居世界第一位。樟脑在医学上用途很广，如用作呼吸循环兴奋药的樟脑油注射剂（10% 樟脑的植物油溶液）和樟脑磺酸钠注射剂（10% 樟脑磺酸钠的水溶液）；用作治疗冻疮、局部炎症的樟脑醑（10% 樟脑酒精溶液）；成药清凉油、十滴水和消炎镇痛膏等均含有樟脑。樟脑也可用于驱虫防蛀。

（四）麝香酮

麝香酮（3-甲基环十五酮）其构造式为：

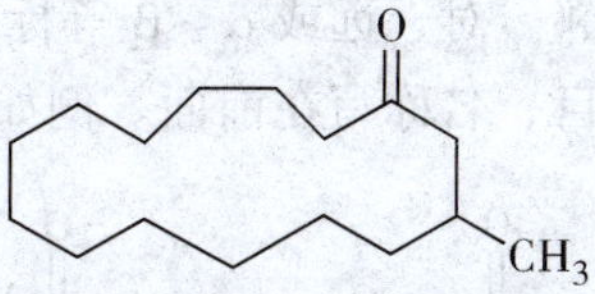

麝香酮具有麝香香味，为油状液体，是麝香的主要香气成分。微溶于水，能与乙醇互溶。香料中加入极少量的麝香酮可增强香味，因此许多贵重香料常用它作为定香剂。

麝香是非常名贵的中药，麝香酮具有扩张冠状动脉及增加其血流量的作用，对心绞痛有一定疗效。人工合成的麝香广泛应用于制药工业。

知识链接

新房装修后，如何除甲醛

随着目前生活质量的提高，很多家具和装饰材料都变得更加复杂，也存在更多污染问题，其中最严重的就是甲醛污染。要更好地除去装修后的甲醛可采用以下方法：①通风法：这种方法虽然有些缓慢，但是对室内降低甲醛的浓度还是很有好处的。②绿色植物法：有很多绿色植物可以吸附有害气体，进而转化为无污染的气体，在使用绿色植物的时候最好也保持通风状态，这样甲醛挥发的也更快些。③化学法：就是用一些除甲醛的试剂，这种试剂能够在家具等板材的表面形成一种强有力的保护膜，这个保护膜可以与甲醛反应，也可以阻止甲醛的释放。④活性炭吸附法：活性炭有很多的气孔，能够很好地吸附甲醛，活性炭的气孔越多，吸附性就越好。⑤光触媒对甲醛的分解：光触媒是一种很活跃的化学试剂，很容易与空气中的氧气结合，与空气中的氧气与水分生成负离子和氢氧自由基，能氧化并分解各种有机污染物和无机污染物，并最终降解为二氧化碳、水和相应的酸等无害物质，从而达到分解污染物、净化空气的作用。⑥空气净化器：使用好的净化器也可以很好地改善室内的空气状况，一般现在的空气净化器有多重滤网，如活性炭滤网、除甲醛滤网、加湿滤网等；可以很好地过滤空气中的有害物质，如甲醛、苯、氨等。

第三节　醌

一、醌的结构和命名

醌是含有共轭环己二烯二酮基本结构的一类化合物，有对位和邻位两种结构。

醌类化合物是以苯醌、萘醌、蒽醌等为母体来命名的。两个羰基的位置可用阿拉伯数字标明，或用邻、对、远或 α、β 等标明写在醌名称前。母体上如有取代基，可将取代基的位置、数目、名称写在前面。例如：

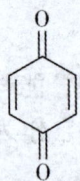
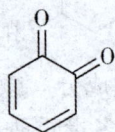
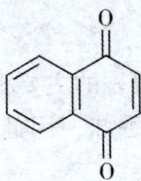
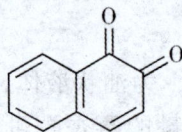
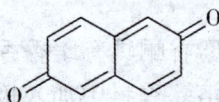

1,4-苯醌　　　1,2-苯醌　　　1,4-萘醌　　　1,2-萘醌　　　2,6-萘醌
（对苯醌）　　（邻苯醌）　　（α-萘醌）　　（β-萘醌）　　（远萘醌）

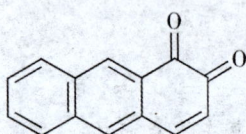
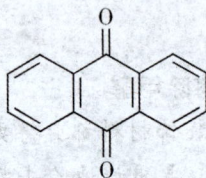
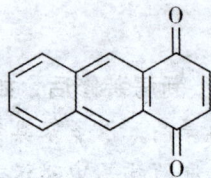
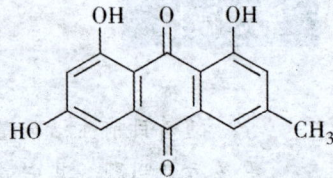

1,2-蒽醌　　　　　9,10-蒽醌　　　　　1,4-蒽醌　　　　　大黄素

二、醌的性质

（一）物理性质

具有醌型构造的化合物通常具有颜色，对位的醌多呈现黄色，邻位的醌多呈现红色或橙色，所以它是许多染料和指示剂的母体。

对位醌具有刺激性气味，可随水蒸气汽化，邻位醌没有气味，不随水蒸气汽化。

（二）化学性质

从醌的构造来看。其分子中既有羰基，又有碳碳双键和共轭双键，因此可以发生羰基加成、碳碳双键加成以及共轭双键的 1,4- 或 1,6- 加成反应。

1. 羰基的加成反应　苯醌可与羰基试剂发生加成反应。如对苯醌与羟胺反应，先生成对苯醌单肟，再生成对苯醌二肟。

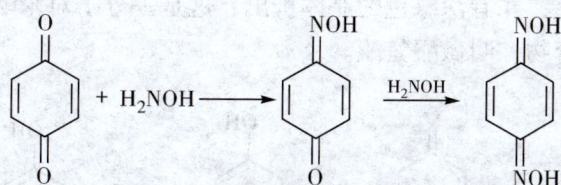

对苯醌单肟　　对苯醌二肟

2. 烯键的加成反应 醌中的碳碳双键可以与卤素、卤化氢等亲电试剂加成。例如：

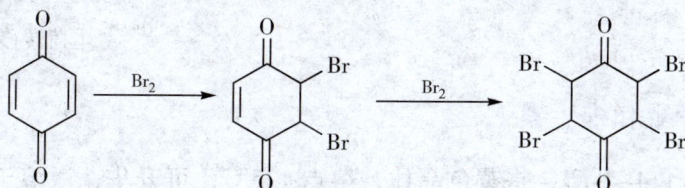

二溴化物　　　　　　　四溴化物

3. 共轭双键的 1,4- 和 1,6- 加成反应

（1）1,4-加成　醌分子中含有共轭双键，可与亲核试剂发生 1,4-加成。如维生素 K$_3$（2-甲基-1,4-萘醌）与亚硫酸氢钠的加成，先产生烯醇结构，然后互变成酮式结构。加成的总结果相当于 2-甲基-1,4-萘醌的 2,3-位双键进行加成，生成亚硫酸氢钠甲醌萘。

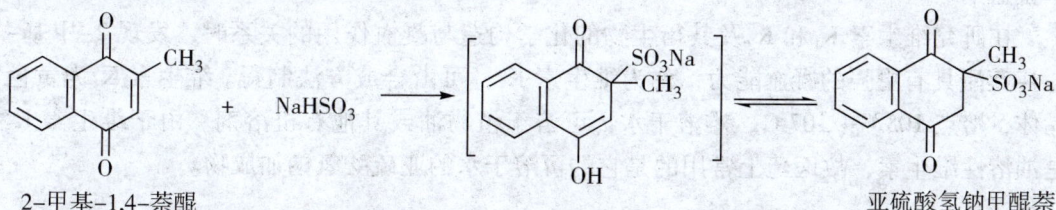

2-甲基-1,4-萘醌　　　　　　　　　　　　　　　　　　亚硫酸氢钠甲醌萘

（2）1,6-加成　在亚硫酸水溶液中，对苯醌经 1,6-加氢被还原为对-苯二酚（又称氢醌），这是氢醌氧化为对苯醌的逆反应。对苯醌与氢醌可以通过还原与氧化反应互相转变。

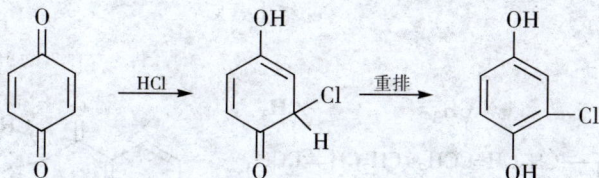

三、与医药有关的醌类化合物

（一）对苯醌

对苯醌是黄色晶体，熔点 115.7℃，能随水蒸气蒸出，具有刺激性臭味，有毒，能腐蚀皮肤，能溶于醇和醚中。如将对苯醌的乙醇溶液和无色的对苯二酚的乙醇溶液混

合，溶液颜色变为棕色，并有深绿色的晶体析出，这是一分子对苯醌和另一分子对苯二酚结合而成的分子配合物，叫做醌氢醌。

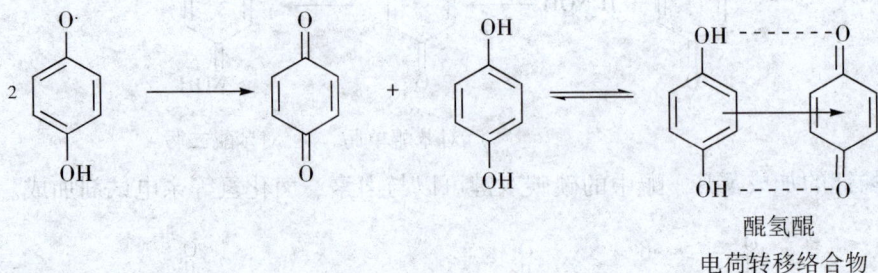

醌氢醌
电荷转移络合物

（二）α-萘醌和维生素 K

α-萘醌又叫 1,4-萘醌，是黄色晶体，熔点 125℃，可升华，微溶于水，溶于酒精和醚中，具有刺鼻气味。

许多天然产物的色素含 α-萘醌构造，如维生素 K_1 和维生素 K_2 都是萘醌的衍生物。维生素 K_1 和 K_2 的差别只在于侧链有所不同，维生素 K_1 为黄色油状液体，维生素 K_2 为黄色晶体。维生素 K_1 和 K_2 广泛存在于自然界中，绿色植物（如苜蓿、菠菜等）、蛋黄、肝脏等含量丰富。维生素 K_1 和 K_2 的主要作用是能促进血液的凝固，所以可用作止血剂。

在研究维生素 K_1 和 K_2 及其衍生物的化学构造与凝血作用的关系时，发现 2-甲基-1,4-萘醌具有更强的凝血能力，称为维生素 K_3，可由合成方法制得。维生素 K_3 为黄色晶体，熔点 105℃ ~ 107℃，难溶于水，可溶于植物油或其他有机溶剂。由于维生素 K_3 是油溶性维生素，故医药上常用的是它的可溶于水的亚硫酸氢钠加成物。

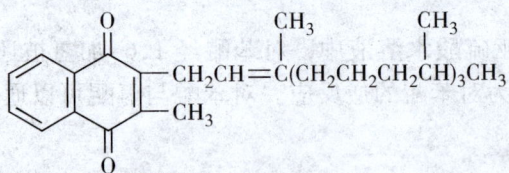

维生素K_1

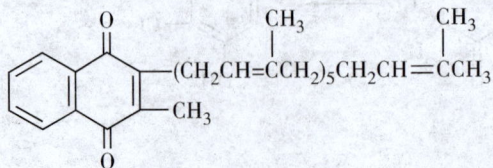

维生素K_2

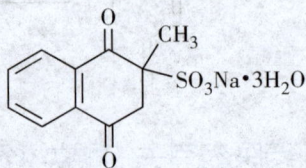

维生素K_3

知识链接

辅酶 Q_{10}

辅酶 Q_{10} 又名泛醌10，是一类脂溶性的苯醌类化合物，广泛存在于自然界，是生物体内氧化还原过程中极为重要的物质。它通过分子中的苯醌和对苯二酚间的可逆的氧化还原过程在生物体内完成转移电子的作用。

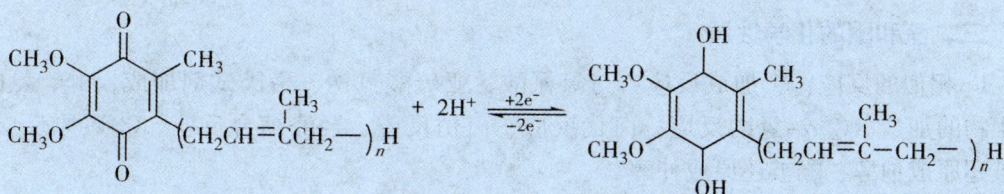

辅酶 Q_{10} 具有抗氧化性，抗肿瘤作用及免疫调节作用，抗皮肤皱纹和延缓皮肤衰老。辅酶 Q_{10} 渗透进入皮肤生长层可以减弱光子的氧化反应，防止 DNA 的氧化损伤，抑制紫外光照射下人皮肤成纤维母细胞胶原蛋白酶的表达，保护皮肤免于损伤。提高体内 SOD 等酶活性，抑制氧化应激反应诱导的细胞凋亡，具有显著的抗氧化、延缓衰老的作用。

本章小结

一、醛的定义、结构、分类和命名

1. 定义：羰基与一个烃基和一个氢原子相连的化合物叫做醛。

2. 官能团：

$$\overset{O}{\underset{\|}{-C}}-H（醛基）。$$

3. 结构通式：

$$R-\overset{O}{\underset{\|}{C}}-H。$$

4. 分类：按烃基的不同分为脂肪醛、芳香醛及脂环醛；按羟基饱和程度分为饱和醛及不饱和醛。

5. 命名：系统命名法：选择含醛基的最长碳链为主链，从醛基一端开始编号，命名为某醛。

二、酮的定义、结构、分类和命名

1. 定义：羰基与两个烃基相连的化合物叫做酮。

2. 官能团：

$$\diagdown C=O（酮基）。$$

3. 结构通式： $R—\overset{\displaystyle O}{\overset{\displaystyle \|}{C}}—R'$ 。

4. 分类：按烃基的不同分：脂肪酮、芳香酮及脂环醛酮；按羟基饱和程度分：饱和酮及不饱和酮。

5. 命名：酮的系统命名法是选择含酮基的最长碳链为主链，从靠近酮基一端开始编号，在酮名的前面标明酮基的位置。

三、醛和酮的化学性质

1. 相似的反应：①加成反应：与氢氰酸、亚硫酸氢钠、格氏试剂加成，醇、氨的衍生物的加成。②α-氢的反应：卤代反应、卤仿反应、羟醛缩合反应。③还原反应：醛被还原成伯醇、酮被还原成仲醇。

2. 不同反应：①氧化反应：银镜反应（所有醛）、斐林反应（仅脂肪醛）。②与希夫试剂反应：所有的醛与希夫试剂反应生成紫红色物质，而甲醛与希夫试剂反应生成的紫红色物质遇酸不退色；可用于醛与酮及甲醛与其他醛的鉴别。

四、醌

1. 结构：醌是含有共轭环己二烯二酮基本结构的一类化合物，有对位和邻位两种结构。

2. 化学性质：羰基的加成、烯键的加成、1,4-和1,6-加成。

思考与练习

一、选择题

1. 可用于表示脂肪族甲基酮的通式是（　　　）

   A. RCOR′   B. RCOCH$_3$ C. ROCH$_2$R′   D. ArCOCH$_3$

2. 下列试剂中能与醛反应显紫红色的是（　　　）

   A. 希夫试剂   B. 斐林试剂   C. FeCl$_3$ D. AgNO$_3$

3. 在药物分析中，用来鉴别醛和酮的羟胺、苯肼等氨的衍生物被称为（　　　）

   A. 卢卡斯试剂   B. 希夫试剂   C. 托伦试剂   D. 羰基试剂

4. 醛与羟胺作用生成（　　　）

   A. 肼   B. 腙   C. 苯腙   D. 肟

5. 在稀碱的作用下，含 α-H 的醛分子之间发生加成，生成 β-羟基醛的反应称为（　　　）

   A. 银镜反应   B. 缩醛反应   C. 碘仿反应   D. 羟醛缩合反应

6. 在强碱存在下，能与碘发生碘仿反应的是（　　　）

   A. C$_6$H$_5$CHO   B. CH$_3$COCH$_3$

   C. CH$_3$CH$_2$CHO   D. CH$_3$CH$_2$CH$_2$OH

7. 能将丙酮与乙醛区分开的试剂是（　　　）

A. I₂／NaOH　　B. 卢卡斯试剂　　C. 托伦试剂　　　D. 羰基试剂

8. 下列说法正确的是（　　　）

　　A. 醛和酮能与氢氰酸发生加成反应

　　B. 所有的醛都可以发生碘仿反应

　　C. 在盐酸催化下，醛与醇发生缩醛反应

　　D. 甲基酮可以发生碘仿反应

二、命名下列化合物或写出结构式

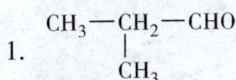

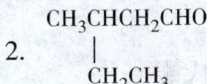

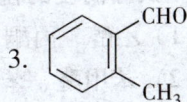

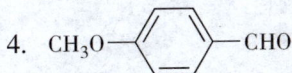

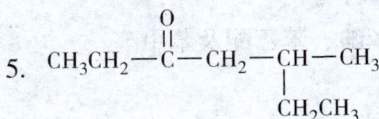

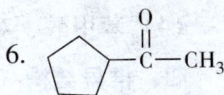

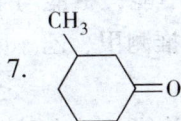

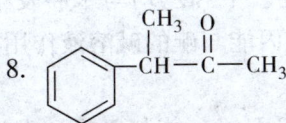

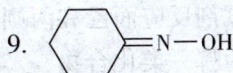

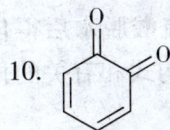

1. CH_3-CH_2-CHO，支链CH_3

2. CH_3CHCH_2CHO，支链CH_2CH_3

3. 苯环带CHO和CH_3（邻位）

4. CH_3O-苯环$-CHO$

5. $CH_3CH_2-CO-CH_2-CH-CH_3$，支链CH_2CH_3

6. 环戊烷$-CO-CH_3$

7. 甲基环己酮

8. 苯$-CH(CH_3)-CO-CH_3$

9. 环己烷$=N-OH$

10. 邻苯醌结构

11. 丙烯醛

12. 4-甲基-2-戊酮

13. 二苯甲酮

14. 邻羟基苯甲醛

15. 间羟基苯乙酮

三、简答题

1. 下列化合物，哪些可以和亚硫酸氢钠发生反应？

（1）1-苯基-1-丁酮　　　　　（2）环戊酮

（3）丙醛　　　　　　　　　　（4）二苯酮

2. 下列化合物中哪些可以发生碘仿反应？

（1）CH_3CH_2CHO　　（2）$HCHO$　　（3）CH_3CH_2OH

（4）$CH_3COCH_2CH_3$　　（5）$C_6H_5CH(OH)CH_3$　　（6）CH_3CHO

3. 完成下列反应式

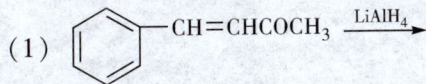

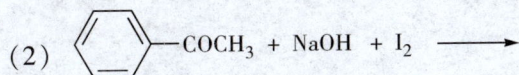

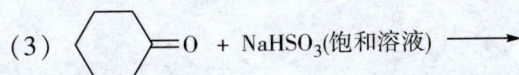

（1）苯$-CH=CHCOCH_3 \xrightarrow{LiAlH_4}$

（2）苯$-COCH_3 + NaOH + I_2 \longrightarrow$

（3）环己酮$=O + NaHSO_3(饱和溶液) \longrightarrow$

(4)
$$\underset{\text{CHO}}{\overset{\text{CH}_2\text{CH}_2\text{CHO}}{\bigcirc}} \xrightarrow[\triangle]{\text{Fehling试剂}}$$

(5) $C_6H_5COCH_2CH_3$ + $H_2NNH\text{—}\underset{NO_2}{\overset{NO_2}{\bigcirc}} \longrightarrow$

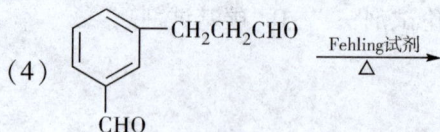

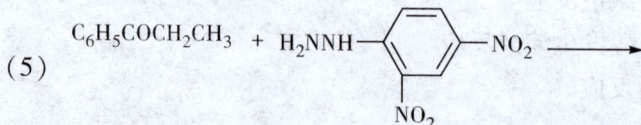

4. 试用简便的化学方法鉴别下列各组化合物

（1）乙醇、丙酮、正丙醇

（2）苯甲醛、苯乙醛、丙酮、3-戊酮

（3）甲醛、丙醛、苯乙酮

（4）苯甲醇、对甲苯酚、苯乙酮及苯甲醛

四、推导结构

1. 有甲、乙、丙三种化合物。甲和乙均与苯肼发生反应而丙则不能；甲能与斐林试剂反应而乙和丙则不能；只有丙能与碘的碱溶液作用产生碘仿。试推测甲、乙、丙各为哪一类化合物？

2. 某化合物 A 的分子式为 C_4H_8O，能与氢氰酸发生加成反应，并能与希夫试剂反应显紫红色。A 经还原后得到分子式为 $C_4H_{10}O$ 的化合物 B。B 经浓硫酸脱水后得化合物 C（C_4H_8），C 与氢溴酸作用生成叔丁基溴，试写出 A、B、C 的结构式和有关的化学反应式。

3. 分子式为 $C_5H_{10}O$ 的四种非芳香族无侧链的有机化合物 A、B、C 和 D。它们都不能使溴的四氯化碳溶液退色；D 与金属钠能放出氢气；加入 2,4-二硝基苯肼后，A、B、C 都能产生黄色沉淀；B 与碘的氢氧化钠试剂反应产生黄色沉淀；A 与品红亚硫酸试剂反应呈紫红色。试推断并写出这四种化合物的结构和名称。

第七章 羧酸及取代羧酸

■ **学习目标**

掌握：羧酸及各类取代羧酸的化学性质。

熟悉：羧酸及取代羧酸的制备方法；二元羧酸的特性。

了解：羧酸及各类取代羧酸的定义、结构、分类及命名；羧酸的物理性质；重要的羧酸及取代羧酸。

【引子】羧酸及取代羧酸广泛分布于中药或其他动植物体中，在有机合成和工业生产中，羧酸常用作合成药物和其他有机化合物的原料或中间体，有些药物就是羧酸。例如：

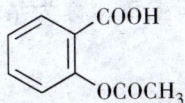

阿司匹林（解热镇痛药）　　　　布洛芬（消炎镇痛药）　　　　青霉素G钠（抗生素）

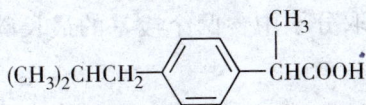

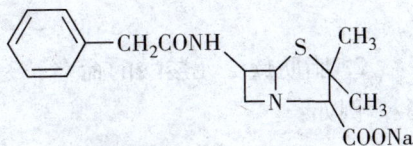

烃分子中氢原子被羧基（—COOH）取代而生成的化合物叫做羧酸。羧酸的通式可表示为 R—COOH（甲酸中的 R 为 H）。

羧酸分子中烃基上的氢原子被其他原子或基团取代而成的化合物称为取代羧酸。根据取代基的种类，可分为卤代酸、羟基酸、羰基酸和氨基酸等。本章主要介绍羟基酸和羰基酸。

第一节 羧 酸

一、羧酸的分类和命名

除甲酸外，羧酸系由烃基和羧基两个部分组成。按烃基的种类不同，可将羧酸分为脂肪族、脂环族和芳香族羧酸，根据烃基的饱和与否又可分为饱和羧酸和不饱和羧酸；按羧酸分子中羧基的数目不同，还可分为一元、二元和多元羧酸。

（一）俗名

羧酸的俗名大多是表示它们第一次获得时的来源。例如，一个碳原子的甲酸HCOOH，最初是由蒸馏红蚂蚁而来，因而得名蚁酸，而两个碳原子的乙酸 CH_3COOH，最初是由食醋中获得，所以乙酸又名醋酸。

（二）系统命名法

1. 选择分子中含羧基的最长碳链为主链，看作母体（与醛相似），按主链上碳原子的数目称为某酸。主链碳原子从羧基开始编号，用阿拉伯数字表示取代基的位次。简单的羧酸习惯上也常用希腊字母标位，即以与羧基直接相连的碳原子位置为 α，依次为 β、γ、δ、…，ω 则用来表示碳链末端的位置。

$$\overset{4}{CH_3}\cdots\cdots\overset{3}{CH_2}-\overset{}{CH_2}-\overset{2}{CH_2}-\overset{1}{COOH}$$
$$\quad\ \omega\qquad\ \gamma\qquad\ \beta\qquad\ \alpha$$

例如：

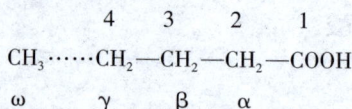

5-甲基-2-乙基庚酸或 δ-甲基-α-乙基庚酸

2. 脂肪族二元羧酸的命名，是取分子中含两个羧基的最长碳链作主链，称为某二酸。例如：

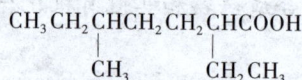

乙二酸（草酸）   2-甲基-3-乙基丁二酸

3. 脂环族和芳香族的羧酸均以脂肪酸为母体加以命名。当环上有几个羧基时，应标明羧基的相对位置。例如：

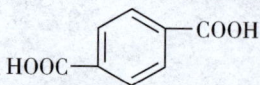
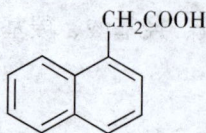
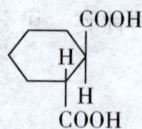

对苯二甲酸 α-萘乙酸或1-萘乙酸   反-1,2-环己烷二羧酸

4. 不饱和羧酸的命名，是选取包含羧基碳原子和不饱和键在内的最长碳链为主链，称为某烯酸，不饱和键和取代基的位次均要标明。应特别注意的是，当主链碳原子数大于 10 时，在中文小写数字后要加一个"碳"字。例如：

$$CH_2=CHCH_2COOH \qquad CH_2=CHCHCH_2COOH \qquad CH_3(CH_2)_7CH=CH(CH_2)_7COOH$$
$$| \atop CH_2CH_2CH_3$$

　　　3-丁烯酸　　　　　　　　3-丙基-4-戊烯酸　　　　　　　9-十八碳烯酸

羧酸分子中除去羧基中的羟基后所余下的部分称为酰基，并根据相应的羧酸来命名：

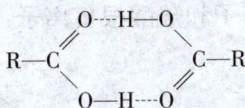

　　　　酰基　　　　　　丙酰基　　　　　　苯甲酰基

二、羧酸的物理性质

　　低级一元脂肪酸在常温下是液体，甲酸、乙酸和丙酸具有刺激性气味，而直链的正丁酸至正壬酸是具有腐败气味的油状液体。含十个碳以上的脂肪酸是无气味的蜡状固体。多元酸和芳香酸在常温下都是结晶固体。

　　饱和一元羧酸的沸点随分子量的增加而增高。它的沸点比分子量相近的醇的沸点高。例如，甲酸和乙醇的分子量相同，都是 46，甲酸的沸点为 101℃，而乙醇的沸点则为 78℃。又如，乙酸和丙醇的分子量都是 60，乙酸的沸点为 118℃，而丙醇的沸点则是 97℃。这种沸点相差很大的原因，是由于羧酸分子间形成的氢键较稳定，并能通过氢键互相缔合起来，形成双分子缔合的二聚体。

$$
\begin{array}{c}
\quad\quad O\cdots H-O \\
R-C \quad\quad\quad\quad C-R \\
\quad\quad O-H\cdots O
\end{array}
$$

　　低级羧酸（甲酸、乙酸等）在蒸气状态时还保持双分子缔合。

　　羧酸分子中由于羧基是一个亲水基团可和水形成氢键。因此，甲酸至丁酸都能与水混溶。从戊酸开始，随分子量增加，憎水性的烃基越来越大，在水中的溶解度就迅速减小。癸酸以上的羧酸不溶于水。但脂肪族一元羧酸一般都能溶于乙醇、乙醚、氯仿等有机溶剂中。低级饱和二元羧酸也可溶于水，并随碳链的增长而溶解度降低。芳香酸在水中溶解度极微。

三、羧酸的化学性质

　　羧酸的官能团羧基由羰基和羟基相连而成。羧基的碳原子为 sp² 杂化，三个 sp² 杂化轨道分别与羰基的氧原子，羟基的氧原子和一个烃基的碳原子（或一个氢原子）形成三个 σ 键，这三个 σ 键在同一平面上，所以羧基是平面结构，键角约为 120°，羧基碳原子剩下的一个 p 轨道与羰基氧原子的 p 轨道形成一个 π 键。另外，羧基中的羟基氧原子有一对未共用电子，它和羰基的 π 键形成 p-π 共轭体系如图 7-1 所示。

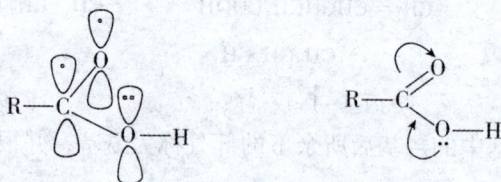

图 7-1 羧酸的结构

羧酸分子中 C—O 和 C=O 的键长是不相同的。用 X 光和电子衍射测定已证明，在甲酸中，C=O 键长是 0.123nm，C—O 键长是 0.136nm，因此羧酸分子中两个碳氧键是不相同的。

羧酸的化学反应主要发生在羧基上，但羧基的性质并不是羟基和羰基这两个基团性质的简单加和，由于两者在分子中的相互影响，而具有自己特有的性质。因羟基氧原子的未共用电子对与羰基形成 p-π 共轭，对羰基产生的 +C 效应降低了羰基的亲电性能，所以羧酸不像醛、酮那样的易与亲核试剂发生反应；也是由于 p-π 共轭，羟基中氧原子上的电子云向具有-C 效应的羰基转移，使氧原子上电子云密度降低，O—H 间的电子云更靠近氧原子，增强了 O—H 键的极性，有利于羟基中氢原子的离解，使羧酸比醇的酸性强，因而羧基中的羟基性质和醇羟基的性质也不完全相同。

（一）酸性

羧酸在水溶液中能解离出氢离子和羧酸根负离子：

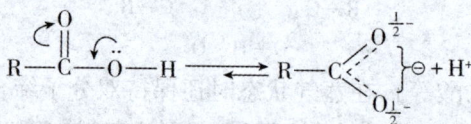

羧酸具有明显的酸性，故能与氢氧化钠、碳酸钠、碳酸氢钠或金属氧化物等作用生成羧酸盐。

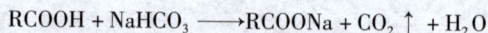

$$RCOOH + NaOH \longrightarrow RCOONa + H_2O$$
$$RCOOH + NaHCO_3 \longrightarrow RCOONa + CO_2 \uparrow + H_2O$$
$$2RCOOH + CaO \longrightarrow (RCOO)_2Ca + H_2O$$

羧酸的酸性强度可用解离常数 K_a 或它的负对数 pK_a 表示。一般芳香酸的酸性较同碳原子的脂肪酸要强。

一些化合物的酸性强弱次序如下所示：

	RCOOH	H_2CO_3	ArOH	HOH	ROH	HC≡CH	RH
pK_a	4~5	6.38	9~10	~15.74	16~19	~25	~50

大多数无取代基的羧酸的 pK_a 在 4~5 之间，属于弱酸，但比碳酸的酸性（pK_a = 6.38）强。所以，羧酸可以分解碳酸盐，而苯酚（pK_a = 10）则不能分解碳酸盐。因此可利用这个性质来区别羧酸和酚。

二元羧酸分子中有两个羧基，因此就有两个可电离的氢，并可以生成两种盐即中性盐和酸性盐。二元羧酸的氢原子可以分两步离解：

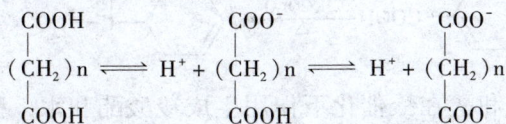

$$\underset{\text{COOH}}{\overset{\text{COOH}}{(CH_2)_n}} \rightleftharpoons H^+ + \underset{\text{COOH}}{\overset{\text{COO}^-}{(CH_2)_n}} \rightleftharpoons H^+ + \underset{\text{COO}^-}{\overset{\text{COO}^-}{(CH_2)_n}}$$

　　羧基本身是吸电子基，因此，在二元羧酸分子中，由于另一个羧基的–I 效应，使其酸性增强，所以二元羧酸的酸性强度比同碳数的一元羧酸大。二元羧酸的第一个羧基的酸性比第二个羧基强，两个羧基相距越近，增强的程度越大，这是因为羧基是吸电子基，因此增强了第一个羧基的酸性，但当第一个羧基离解后，生成羧酸根离子带负电荷，它转变为斥电子的 +I 基团，所以第二个羧基难于离解，两个羧基相距越近，影响越大。

　　羧酸盐是离子化合物，难溶于非极性有机溶剂。羧酸盐遇强无机酸则游离出羧酸，利用此性质可分离、精制羧酸，或从中药中提取含羧基的有效成分。

（二）羟基的取代反应

　　羧酸分子中的羟基可以被卤素、酰氧基、烷氧基和氨基取代分别生成酰卤、酸酐、酯和酰胺等化合物，它们统称为羧酸衍生物。

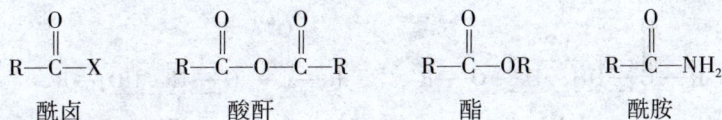

$$\underset{\text{酰卤}}{R-\overset{\overset{\displaystyle O}{\|}}{C}-X} \qquad \underset{\text{酸酐}}{R-\overset{\overset{\displaystyle O}{\|}}{C}-O-\overset{\overset{\displaystyle O}{\|}}{C}-R} \qquad \underset{\text{酯}}{R-\overset{\overset{\displaystyle O}{\|}}{C}-OR} \qquad \underset{\text{酰胺}}{R-\overset{\overset{\displaystyle O}{\|}}{C}-NH_2}$$

1. 酰卤的生成　羧酸与三卤化磷（PX_3），五卤化磷（PX_5）或氯化亚砜（$SOCl_2$）作用时，羧基中的羟基被卤原子取代，而生成酰卤。

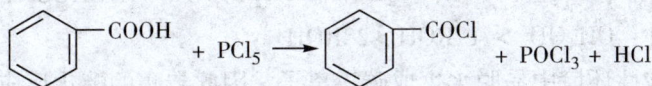

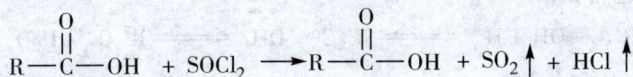

$$3CH_3-\overset{\overset{\displaystyle O}{\|}}{C}-OH + PCl_3 \longrightarrow 3CH_3-\overset{\overset{\displaystyle O}{\|}}{C}-Cl + H_3PO_3$$

$$\text{C}_6\text{H}_5-COOH + PCl_5 \longrightarrow \text{C}_6\text{H}_5-COCl + POCl_3 + HCl$$

$$R-\overset{\overset{\displaystyle O}{\|}}{C}-OH + SOCl_2 \longrightarrow R-\overset{\overset{\displaystyle O}{\|}}{C}-OH + SO_2\uparrow + HCl\uparrow$$

2. 酸酐的生成　羧酸与脱水剂（如五氧化二磷）共热时，两分子羧酸间能失去一分子水而形成酸酐。

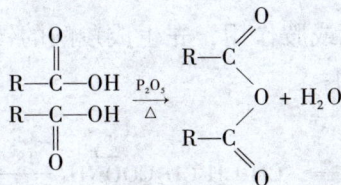

$$\left.\begin{array}{l} R-\overset{\overset{\displaystyle O}{\|}}{C}-OH \\ R-\overset{\overset{\displaystyle O}{\|}}{C}-OH \end{array}\right\} \xrightarrow[\triangle]{P_2O_5} \begin{array}{c} R-\overset{\overset{\displaystyle O}{\|}}{C} \\ \diagdown \\ O \\ \diagup \\ R-\overset{\underset{\displaystyle O}{\|}}{C} \end{array} + H_2O$$

由于醋酐很容易吸水，故有时亦用醋酐作为去水剂来制取其他的酸酐。

$$2 \; \text{C}_6\text{H}_5-\text{COOH} \xrightarrow[\triangle]{(\text{CH}_3\text{CO})_2\text{O}} (\text{C}_6\text{H}_5-\overset{\text{O}}{\overset{\|}{\text{C}}}-)_2\text{O} + \text{H}_2\text{O}$$

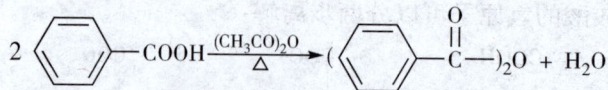

3. 酯的生成　羧酸和醇在酸催化下作用生成羧酸酯和水，称为酯化反应。在同样条件下，酯和水也可作用生成羧酸和醇，称酯的水解反应。所以酯化反应是一个典型的可逆反应。

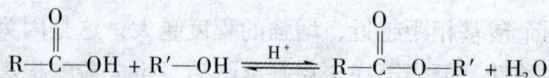

$$\text{R}-\overset{\text{O}}{\overset{\|}{\text{C}}}-\text{OH} + \text{R}'-\text{OH} \underset{}{\overset{\text{H}^+}{\rightleftharpoons}} \text{R}-\overset{\text{O}}{\overset{\|}{\text{C}}}-\text{O}-\text{R}' + \text{H}_2\text{O}$$

无催化剂的酯化反应速度很慢，加热回流很长时间（几天）才能达到平衡。但加入少量催化剂（如硫酸、盐酸或苯磺酸等）并回流加热，则可明显加速达到平衡。但催化剂和温度只能改变反应速度，对反应限度没有多大影响。要提高酯的产率，可增加其中一种便宜的原料用量，以便使平衡向生成物方向移动，另外还可采取不断从反应体系中除去一种生成物（如除去水）的方法使平衡也向生成物方向移动，从而提高酯的产率。实际上常常是两种方法一并使用。

羧酸和醇的酯化反应中，羧酸和醇之间的脱水可以有两种不同的方式：

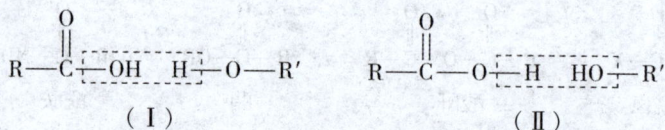

$$\underset{（Ⅰ）}{\text{R}-\overset{\text{O}}{\overset{\|}{\text{C}}}-\boxed{\text{OH}}\;\boxed{\text{H}}-\text{O}-\text{R}'} \qquad \underset{（Ⅱ）}{\text{R}-\overset{\text{O}}{\overset{\|}{\text{C}}}-\text{O}-\boxed{\text{H}}\;\boxed{\text{HO}}-\text{R}'}$$

方式（Ⅰ）称为酰氧键断裂，（Ⅱ）称为烷氧键断裂。在大多数情况下，酯化反应是按称为酰氧键断裂方式（Ⅰ）进行的，即是羧酸中的羟基与醇中羟基的氢结合成水。

不同的羧酸和醇进行酯化反应的活性一般有如下的顺序：

酸的反应活性：$\text{HCO}_2\text{H} > \text{CH}_3\text{CO}_2\text{H} > \text{RCH}_2\text{CO}_2\text{H} > \text{R}_2\text{CHCO}_2\text{H} > \text{R}_3\text{CCO}_2\text{H}$

醇的反应活性：$\text{CH}_3\text{OH} > 1°\text{ROH} > 2°\text{ROH}$

叔醇由于在酸性环境中易脱水生成碳正离子，因此叔醇的酯化反应一般是按烷氧键断裂的方式（Ⅱ）进行的：

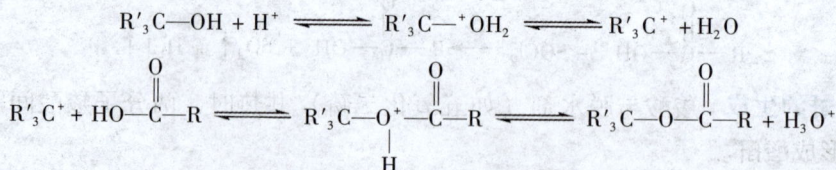

$$\text{R}'_3\text{C}-\text{OH} + \text{H}^+ \rightleftharpoons \text{R}'_3\text{C}-{}^+\text{OH}_2 \rightleftharpoons \text{R}'_3\text{C}^+ + \text{H}_2\text{O}$$

$$\text{R}'_3\text{C}^+ + \text{HO}-\overset{\text{O}}{\overset{\|}{\text{C}}}-\text{R} \rightleftharpoons \text{R}'_3\text{C}-\overset{\text{O}}{\overset{\|}{\underset{\underset{\text{H}}{|}}{\text{O}^+}}}-\text{C}-\text{R} \rightleftharpoons \text{R}'_3\text{C}-\text{O}-\overset{\text{O}}{\overset{\|}{\text{C}}}-\text{R} + \text{H}_3\text{O}^+$$

4. 酰胺的生成　羧酸与氨或胺作用，先生成羧酸的铵盐，铵盐受热失去一分子水便得酰胺或 N-取代酰胺。例如：

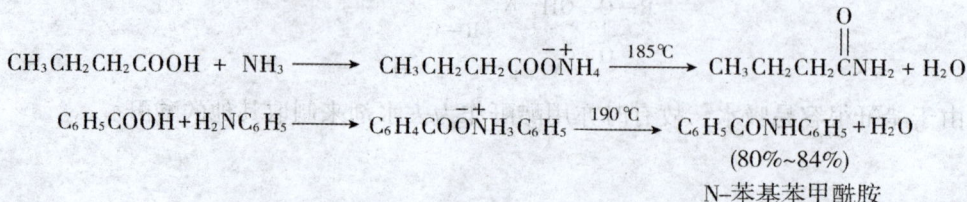

$$\text{CH}_3\text{CH}_2\text{CH}_2\text{COOH} + \text{NH}_3 \longrightarrow \text{CH}_3\text{CH}_2\text{CH}_2\text{COO}^-\overset{+}{\text{N}}\text{H}_4 \xrightarrow{185℃} \text{CH}_3\text{CH}_2\text{CH}_2\overset{\text{O}}{\overset{\|}{\text{C}}}\text{NH}_2 + \text{H}_2\text{O}$$

$$\text{C}_6\text{H}_5\text{COOH} + \text{H}_2\text{NC}_6\text{H}_5 \longrightarrow \text{C}_6\text{H}_4\text{COO}^-\overset{+}{\text{N}}\text{H}_3\text{C}_6\text{H}_5 \xrightarrow{190℃} \text{C}_6\text{H}_5\text{CONHC}_6\text{H}_5 + \text{H}_2\text{O}$$
$$(80\%\sim84\%)$$
$$\text{N-苯基苯甲酰胺}$$

这是可逆反应，但在铵盐分解的温度下，因水被蒸馏除去，反应可趋于完全。

（三）还原反应

羧酸是不容易被还原的，用一般的还原剂和催化氢化均难以还原羧基，但在强还原剂 $LiAlH_4$ 的作用下，羧基可被顺利还原成羟甲基，在实验室中可用此反应制备结构特殊的伯醇。例如：

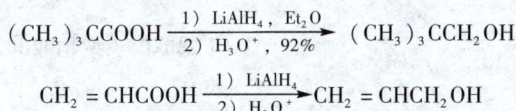

$$(CH_3)_3CCOOH \xrightarrow[2)\ H_3O^+,\ 92\%]{1)\ LiAlH_4,\ Et_2O} (CH_3)_3CCH_2OH$$

$$CH_2=CHCOOH \xrightarrow[2)\ H_3O^+]{1)\ LiAlH_4} CH_2=CHCH_2OH$$

（四）脱羧反应

羧酸分子中脱去羧基并放出二氧化碳的反应称为脱羧反应。最常用的脱羧方法是将羧酸的钠盐与碱石灰或固体氢氧化钠强热，则分解出二氧化碳而生成烃。

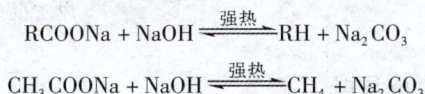

$$RCOONa + NaOH \underset{强热}{\rightleftharpoons} RH + Na_2CO_3$$

$$CH_3COONa + NaOH \underset{强热}{\rightleftharpoons} CH_4 + Na_2CO_3$$

脂肪酸（特别是长链的脂肪酸）的脱羧反应往往需要高温，而且产率很低。

当 α 碳原子上含有吸电子基团（如硝基、卤素、酰基和腈基等）时，容易发生脱羧反应。例如：

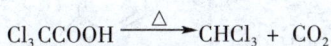

$$Cl_3CCOOH \xrightarrow{\triangle} CHCl_3 + CO_2$$

芳香酸的脱羧反应较脂肪酸容易，尤其是 2,4,6-三硝基苯甲酸由于三个硝基的强吸电子作用，使羧基与苯环间的键更易断裂。

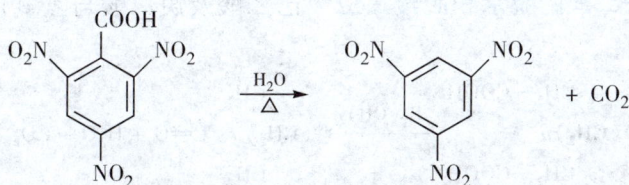

脱羧作用还能在酶的作用下进行，在生物化学中将会遇到这类现象。

（五）二元羧酸的热解反应

二元酸对热较敏感，当单独加热或与脱水剂（如乙酸酐、乙酰氯、三氯氧磷等）共热时，随着两个羧基间距离的不同而发生特征型的脱水或脱羧反应。

1. 乙二酸及丙二酸的脱羧反应 乙二酸小心加热到150℃时可以升华，温度再高，则脱羧成甲酸和二氧化碳。

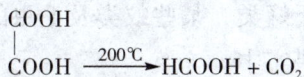

$$\begin{matrix} COOH \\ | \\ COOH \end{matrix} \xrightarrow{200℃} HCOOH + CO_2$$

丙二酸加热到熔点以上即脱羧成乙酸。

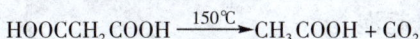

$$HOOCCH_2COOH \xrightarrow{150℃} CH_3COOH + CO_2$$

2. 丁二酸及戊二酸的脱水反应 丁二酸及戊二酸与脱水剂（如乙酸酐）共热时，则脱水生成环状酸酐（内酐）。

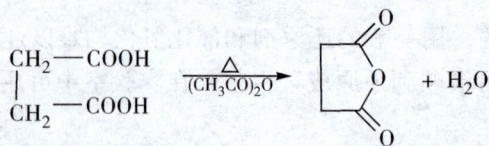

$$CH_2\!-\!COOH \quad CH_2\!-\!COOH \xrightarrow[\text{(CH}_3\text{CO)}_2\text{O}]{\triangle} \quad + H_2O$$

丁二酸酐（琥珀酸酐）

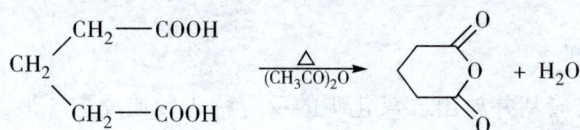

$$CH_2\!-\!COOH \quad CH_2 \quad CH_2\!-\!COOH \xrightarrow[\text{(CH}_3\text{CO)}_2\text{O}]{\triangle} \quad + H_2O$$

戊二酸酐

芳香邻二酸加热时也生成环酐。

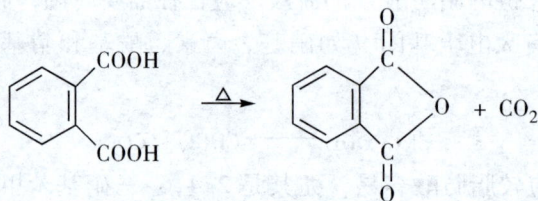

$$\text{COOH} \quad \text{COOH} \xrightarrow{\triangle} \quad + CO_2$$

3. 己二酸和庚二酸的脱水和脱羧反应 己二酸及庚二酸与氢氧化钡共热，既失水又脱羧而生成环酮。

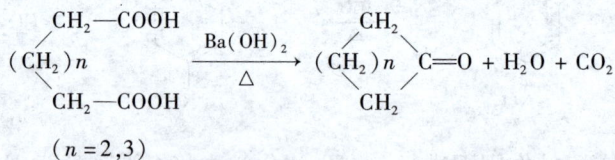

$$(CH_2)n \begin{array}{c} CH_2\!-\!COOH \\ CH_2\!-\!COOH \end{array} \xrightarrow[\triangle]{Ba(OH)_2} (CH_2)n \begin{array}{c} CH_2 \\ CH_2 \end{array} C\!=\!O + H_2O + CO_2$$

$$(n = 2,3)$$

庚二酸以上的二元羧酸，在高温时发生分子间的失水作用，形成高分子的酸酐，不形成大于六元的环酮。

四、与医药有关的羧酸类化合物

（一）甲酸

甲酸的俗名叫蚁酸，存在于蜂类、某些蚁类及毛虫的分泌物中，同时也广泛存在于植物界，如荨麻、松叶及某些果实中。

甲酸是具有刺激气味的无色液体，沸点为 $100.5\,^\circ\!\text{C}$，能与水、乙醇和乙醚混溶，它的腐蚀性很强，能刺激皮肤起泡。

甲酸的结构比较特殊，分子中的羧基和氢原子相连。从结构上看，它既具有羧基的结构，同时又有醛基的结构：

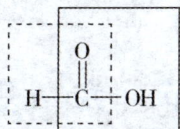

$$H-\overset{\overset{\textstyle O}{\|}}{C}-OH$$

因此，甲酸具有与它的同系物不同的特性，即既有羧酸的一般性质，也有醛的某些性质。例如，甲酸具有显著的酸性（$pK_a = 3.77$），其酸性比它的同系物强；甲酸又具有还原性，能与托伦试剂发生作用生成银镜，与斐林试剂作用生成铜镜；还能使高锰酸钾溶液退色，这些反应常用作甲酸的定性鉴定。

甲酸与浓硫酸共热，则分解为水和一氧化碳：

$$HCOOH \xrightarrow[60℃～80℃]{浓 H_2SO_4} CO + H_2O$$

工业上，甲酸可用来制备某些染料和用作酸性还原剂，也可作橡胶的凝聚剂，在医药上还可用作消毒剂。

（二）乙酸

乙酸俗名醋酸，乙酸是食醋的主要成分。纯醋酸（无水乙酸）在常温下为具有强烈刺激酸味的无色液体，沸点为118℃，熔点为16.6℃。当温度低于熔点时，无水乙酸就成冰状结晶析出，所以常把无水乙酸叫做冰醋酸。乙酸易溶于水及其他许多有机物中，并具有羧酸的典型化学性质。

醋酸是一个重要的工业原料，大量用于合成醋酸酐、醋酸酯类，它们又可进一步生产醋酸纤维、电影胶片、喷漆溶剂、食品工业和化妆工业的香精。由醋酸制得的醋酸乙烯酯是合成维尼纶纤维的主要原料。此外，它还可合成许多染料、药物、农药等。

（三）10-十一碳烯酸

10-十一碳烯酸 $[CH_2\!=\!CH(CH_2)_8COOH]$ 为黄色液体，沸点275℃，具有特殊的臭味，不溶于水，可溶于有机溶剂中。其锌盐有抗霉菌的作用，可外用治疗各种皮肤霉菌病。

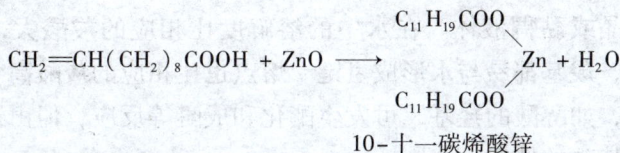

$$CH_2\!=\!CH(CH_2)_8COOH + ZnO \longrightarrow \begin{matrix} C_{11}H_{19}COO \\ \\ C_{11}H_{19}COO \end{matrix}\!\!\bigg\rangle Zn + H_2O$$

10-十一碳烯酸锌

10-十一碳烯酸锌为抗霉菌药物的主要成分。10-十一碳烯酸可由干馏蓖麻油而得。

（四）苯甲酸

苯甲酸是最简单的芳香酸。苯甲酸和苄醇以酯的形式存在于安息香胶及其他一些树脂中，所以又叫安息香酸。它是白色有光泽的鳞片状或针状结晶，熔点121.7℃，微溶于水，能升华，也能随水蒸气挥发。苯甲酸是有机合成的原料，可以制染料、香料、药物等。苯甲酸具有抑菌防腐的能力，它的钠盐被用作食品防腐剂（有些国家，认为它有毒性，禁止使用）。

第二节 羟 基 酸

一、羟基酸的分类和命名

根据羟基所连烃基的类型，羟基酸可分为醇酸和酚酸。例如：

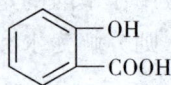

$$CH_3CHCOOH$$
$$|$$
$$OH$$

（苯环结构）OH COOH

羟基酸的命名是以羧酸为母体，羟基为取代基：

$$CH_3CHCOOH$$
$$|$$
$$OH$$
2-羟基丙酸
α-羟基丙酸
（乳酸）

$$CH_2COOH$$
$$|$$
$$CH(OH)COOH$$
2-羟基丁二酸
α-羟基丁二酸
（苹果酸）

$$CH(OH)COOH$$
$$|$$
$$CH(OH)COOH$$
2,3-二羟基丁二酸
（酒石酸）

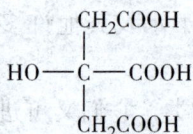

$$CH_2COOH$$
$$|$$
$$HO—C—COOH$$
$$|$$
$$CH_2COOH$$
3-羧基-3-羟基戊二酸
（枸橼酸或柠檬酸）

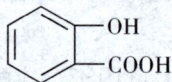

（苯环结构）OH COOH
2-羟基苯甲酸
邻羟基苯甲酸
（水杨酸）

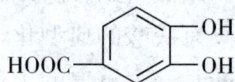

HOOC—（苯环结构）OH OH
3,4-二羟基苯甲酸
（原儿茶酸）

二、羟基酸的性质

（一）醇酸

醇酸一般为结晶或黏稠液体。在水中的溶解度比相应的羧酸大，低级的可与水混溶，这是由于羟基、羧基都易与水形成氢键。熔点也比相应的羧酸高。醇酸具有醇和羧酸的典型化学性质，如醇酸的羟基，可发生酯化和成醚等反应，但由于两个官能团的相互影响而具有一些特殊的性质。

1. 氧化反应 醇酸中羟基可以被氧化生成醛酸，乙二酸或酮酸。α-羟基酸中的羟基比醇中的羟基易被氧化。

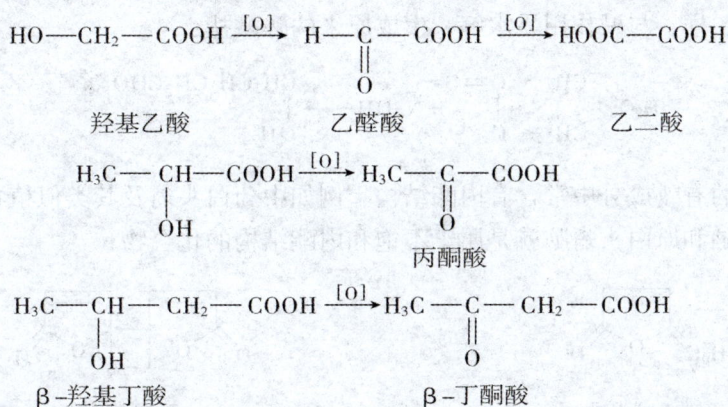

羟基乙酸　　　　　乙醛酸　　　　　乙二酸

丙酮酸

β-羟基丁酸　　　　　β-丁酮酸

2. 脱水反应　醇酸受热后能发生脱水反应，按照羧基和羟基的相对位置不同而得到不同的产物。

α-醇酸受热发生两分子间脱水而生成交酯。交酯的生成是由一分子醇酸中羟基的氢原子和另一分子醇酸中羧基上的羟基失水而成的环状酯。

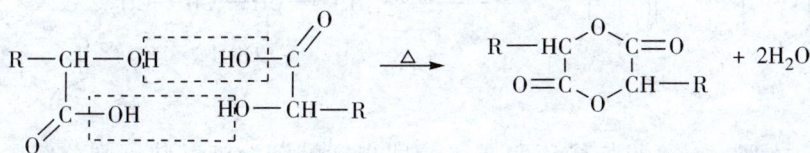

交酯多为结晶物质，它和其他酯类一样，与酸或碱共热时，容易发生水解而生成原来的醇酸。

β-醇酸受热时，容易发生分子内脱去一分子水，生成 α,β-不饱和酸。

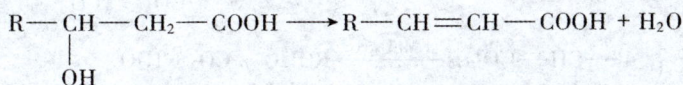

γ-醇酸极易失去水，在室温时就能自动在分子内脱水生成五元环的内酯。

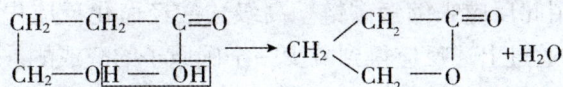

γ-醇酸只有生成盐后才稳定。游离的 γ-醇酸不易得到，因为它们游离出来时立即失水而成内酯。

δ-醇酸脱水生成六元环的 δ-内酯，但不如 γ-醇酸那样容易，需要在加热下进行。

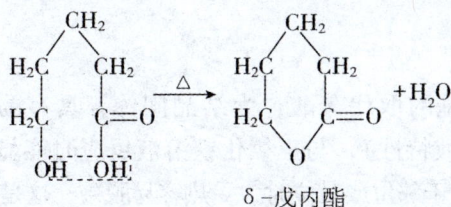

δ-戊内酯

内酯和酯一样，与碱作用易水解，生成原来的醇酸盐：

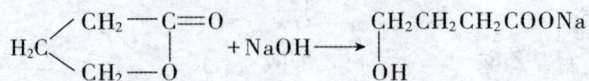

一些中药的有效成分中常含有内酯结构。例如中药白头翁及其类似植物中含有的有效成分白头翁脑和原白头翁脑就是属于不饱和内酯结构的化合物：

原白头翁脑　　　　　　　　　　　　白头翁脑

具有内酯结构的药物，常因水解开环而失效或减弱。例如治疗青光眼的硝酸毛果云香碱滴眼剂，在 pH4～5 时最稳定。偏碱时内酯环易水解而失效。

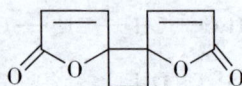

3. 脱羧反应　α-醇酸与稀硫酸或与酸性高锰酸钾溶液共热，则分解脱羧生成醛或酮。

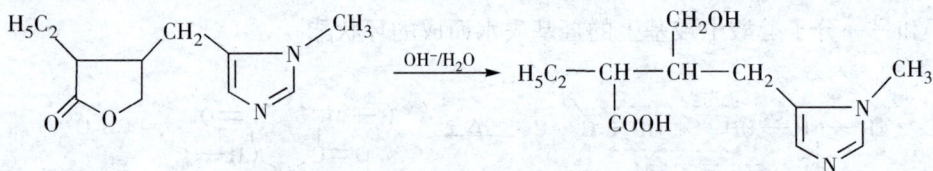

有机合成中可利用此反应来缩短碳链。高级羧酸经卤化反应先制得 α-卤代酸，再转变为 α-醇酸，然后通过上述反应得到减少一个碳原子的醛或酮。

β-醇酸用碱性高锰酸钾溶液处理，则氧化生成 β-酮酸后再分解成甲基酮。

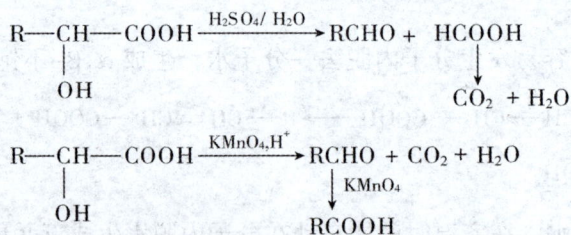

（二）酚酸

酚酸是一类含有酚羟基的取代芳酸，为结晶固体，具有酚和羧酸的一般性质，例如，能与醇作用成酯（羧酸特性），与三氯化铁溶液反应时能显色（酚的特性）等。

酚酸中的羟基与羧基处于邻位或对位时，受热容易脱羧，这是它们的一个特性，例如：

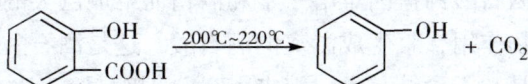

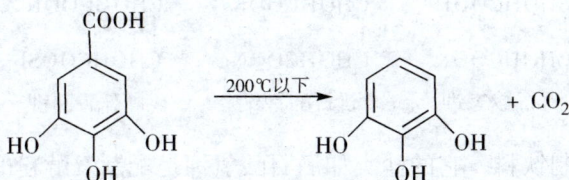

三、与医药有关的羟基酸类化合物

（一）乳酸

乳酸化学名为 α-羟基丙酸，最初是从变酸的牛奶中发现的，所以俗名叫乳酸。乳酸也存在于动物的肌肉中，特别是经过剧烈活动后肌肉中乳酸更多，因此肌肉感觉酸胀。乳酸在工业上是由糖经乳酸菌作用发酵而制得。

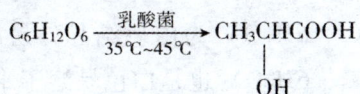

$$C_6H_{12}O_6 \xrightarrow[35℃\sim45℃]{乳酸菌} CH_3\underset{\underset{OH}{|}}{C}HCOOH$$

乳酸是无色黏稠液体，溶于水、乙醇和乙醚中，不溶于氯仿和油脂，吸湿性强。乳酸具有旋光性，具有 α-羟基酸的一般化学性质。

乳酸有消毒防腐作用。乳酸的钙盐在临床上用于治疗佝偻病等一般缺钙症。此外，还大量用于食品、饮料工业。

（二）苹果酸

苹果酸化学名为 α-羟基丁二酸，广泛存在于植物中，因在未熟的苹果中含量最多，所以称为苹果酸。其他果实如山楂、杨梅、葡萄、番茄等都含有苹果酸。

苹果酸受热后，易脱水生成丁烯二酸：

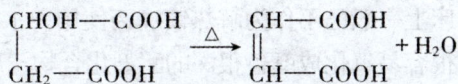

$$\underset{CH_2-COOH}{\overset{CHOH-COOH}{|}} \xrightarrow{\triangle} \underset{CH-COOH}{\overset{CH-COOH}{||}} + H_2O$$

天然苹果酸为左旋体，熔点 100℃；合成的苹果酸熔点为 133℃，无旋光性。苹果酸的钠盐为白色粉末，易溶于水，可作为食盐的代用品。

（三）酒石酸

酒石酸化学名为 2,3-二羟基丁二酸，广泛分布在植物中，尤以葡萄中的含量最多，常以游离或成盐的状态存在，在制造葡萄酒的发酵过程中，溶液中的酒精浓度增高时，存在于葡萄中的酸式酒石酸钾盐因难溶于水和酒精而结成巨大的结晶，这种酸式钾盐叫酒石，酒石再与无机物作用，就生成游离的酒石酸，这是酒石酸的由来。自然界中的酒石酸是巨大的透明结晶，不含结晶水，熔点170℃，极易溶于水，不溶于有机溶剂。

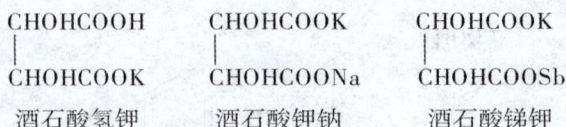

$$\begin{array}{ccc}
\text{CHOHCOOH} & \text{CHOHCOOK} & \text{CHOHCOOK} \\
| & | & | \\
\text{CHOHCOOK} & \text{CHOHCOONa} & \text{CHOHCOOSb}
\end{array}$$

酒石酸氢钾   酒石酸钾钠   酒石酸锑钾

酒石酸常用以配制饮料，它的盐类如酒石酸氢钾是配制发酵粉的原料。用氢氧化钠使酒石酸氢钾中和，即得酒石酸钾钠，可作泻药和配制斐林试剂。酒石酸锑钾又称吐酒石，为白色结晶粉末，能溶于水，医药上用作催吐剂，也曾用于治疗血吸虫病。

（四）枸橼酸

枸橼酸化学名为3-羟基-3-羧基戊二酸，存在于柑橘、山楂、乌梅等的果实中，尤以柠檬中含量最多，占6%～10%，因此俗名又叫做柠檬酸。枸橼酸为无色结晶或结晶性粉末，无嗅，味酸，易溶于水和醇，内服有清凉解渴作用，常用作调味剂，清凉剂。可用来配制饮料。

枸橼酸的钾盐（$C_6H_5O_7K_3 \cdot 6H_2O$）为白色结晶，易溶于水，用作祛痰剂和利尿剂。枸橼酸的钠盐（$C_6H_5O_7Na_3 \cdot 6H_2O$）也是白色易溶于水的结晶，有防止血液凝固的作用。枸橼酸的铁铵盐为棕红色而易溶于水的固体，用作贫血患者的补血药。

（五）水杨酸及其衍生物

水杨酸又称柳酸，柳树或水杨树皮等植物都含有水杨酸。水杨酸为白色晶体，熔点159℃，微溶于水，能溶于乙醇和乙醚，加热可升华，并能随水蒸气一同挥发，但加热到它的熔点以上时，就失去羧基而变成苯酚。

水杨酸分子中含有羟基和羧基，因此它具有酚和羧酸的一般性质，例如容易氧化，遇三氯化铁溶液产生紫色，酚羟基可成盐、酰化，羧基也可以形成各种羧酸衍生物。

水杨酸是合成药物、染料、香料的原料。它本身就有杀菌作用，在医药上外用为防腐剂和杀菌剂，多用于治疗某些皮肤病。同时水杨酸还有解热镇痛和抗风湿作用，由于它对胃肠有刺激作用，不能内服，临床上一般已不作为解热镇痛药使用。水杨酸和它的钠盐遇光或催化剂，特别是在碱性溶液中很容易氧化成颜色很深的醌型化合物，所以要避光贮存。

乙酰水杨酸俗称阿斯匹林（aspirin），可由水杨酸与乙酐在醋酸中加热到80℃进行酰化而制得。乙酰水杨酸是白色结晶，熔点为135℃，微酸味，无臭，难溶于水，溶于乙醇、乙醚、氯仿。在干燥空气中稳定，但在湿空气中易水解为水杨酸和醋酸，所以应密闭在干燥处贮存。

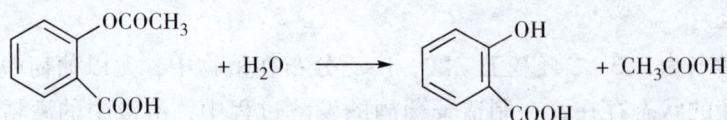

纯乙酰水杨酸分子中无游离的酚羟基，所以不与三氯化铁溶液起颜色反应，但乙酰水杨酸水解后产生了水杨酸，就可以与三氯化铁呈紫色，故常用于检查阿司匹林中游离水杨酸的存在。

（六）没食子酸

没食子酸又叫五倍子酸，化学名为 3,4,5-三羟苯甲酸，它是自然界分布很广的一种有机酸。它以游离状态存在于茶叶等植物中，或组成鞣质存在于五倍子等植物中。

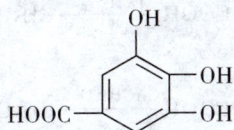

没食子酸为白色的结晶，在空气中氧化成棕色，熔点 252℃，能溶于水。

没食子酸很容易被氧化，有强还原性，能从银盐溶液中把银沉淀出来，因此在照相中用作显影剂。没食子酸水溶液遇三氯化铁显蓝黑色，所以它是制作蓝墨水的原料。没食子酸在碱性条件下，与三氯化锑反应生成的配合物没食子酸锑钠，又称锑-273，曾是治疗血吸虫病的药物。

第三节 羰 基 酸

一、羰基酸的分类和命名

根据羰基的类型，羰基酸可分为酮酸和醛酸。

羰基酸可命名为酮酸或醛酸，也可以羧酸为母体，将羰基以氧代基为名作为取代基进行。例如：

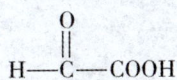

乙醛酸　　　　　　丙醛酸　　　　　　　丙酮酸　　　　　　　3-丁酮酸

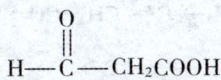

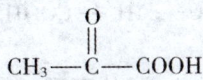

氧代乙酸　　　　　3-氧代丙酸　　　　　2-氧代丙酸　　　　　3-氧代丁酸

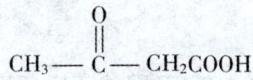

二、羰基酸的性质

（一）丙酮酸

丙酮酸是最简单的酮酸。它是动植物体内碳水化合物和蛋白质代谢的中间产物，因此是生化过程重要的中间产物。可由乳酸氧化而得：

$$CH_3CHOHCOOH \xrightarrow{[O]} CH_3-\overset{\overset{\displaystyle O}{\|}}{C}-COOH+H_2$$

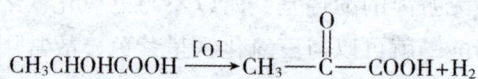

丙酮酸为无色有刺激性臭味的液体，沸点 105℃（分解），易溶于水、乙醇和醚，除有羧酸和酮的典型性质外，还具有 α-酮酸的特殊性质。

在一定条件下，丙酮酸可以脱羧或脱去一氧化碳（脱羰）分别生成乙醛或乙酸：

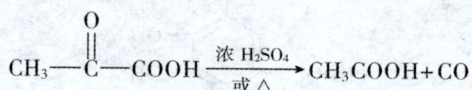

$$CH_3-\overset{\overset{\displaystyle O}{\|}}{C}-COOH \xrightarrow{稀 H_2SO_4} CH_3CHO + CO_2$$

$$CH_3-\overset{\overset{\displaystyle O}{\|}}{C}-COOH \xrightarrow[或\triangle]{浓 H_2SO_4} CH_3COOH + CO$$

这是因为 α-酮酸中羰基与羧基直接相连，由于氧原子较强的电负性，使得羰基和羧基碳原子间的电子云密度较低，这个碳碳键容易断裂，所以丙酮酸可脱羧或脱羰。

另外丙酮酸极易被氧化，弱氧化剂如两价铁与过氧化氢就能把丙酮酸氧化成乙酸，并放出 CO_2。

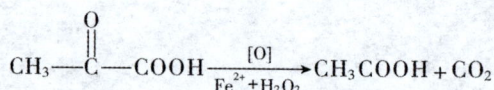

$$CH_3-\overset{\overset{\displaystyle O}{\|}}{C}-COOH \xrightarrow[Fe^{2+}+H_2O_2]{[O]} CH_3COOH + CO_2$$

在同样条件下，酮和羧酸难以发生上述反应，这是 α-酮酸的特有反应。

（二）乙酰乙酸

乙酰乙酸又称 3-丁酮酸（或 β-丁酮酸），是机体内脂肪代谢的中间产物，为黏稠的液体。β-丁酮酸很不稳定，受热时容易分解生成丙酮和二氧化碳。

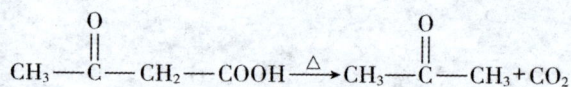

$$CH_3-\overset{\overset{\displaystyle O}{\|}}{C}-CH_2-COOH \xrightarrow{\triangle} CH_3-\overset{\overset{\displaystyle O}{\|}}{C}-CH_3 + CO_2$$

β-丁酮酸还原后即生成 β-羟基丁酸：

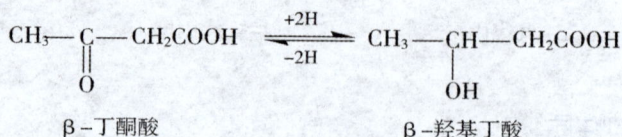

$$CH_3-\overset{\overset{\displaystyle }{C}}{\underset{\underset{\displaystyle O}{\|}}{}}-CH_2COOH \underset{-2H}{\overset{+2H}{\rightleftharpoons}} CH_3-\underset{\underset{\displaystyle OH}{|}}{CH}-CH_2COOH$$

β-丁酮酸　　　　　　　　　　　β-羟基丁酸

知识链接

酮　体

　　β-丁酮酸、β-羟基丁酸和丙酮在医学上合称为酮体。酮体是脂肪酸在人体内不能完全被氧化成二氧化碳和水的中间产物，正常情况下能进一步分解，因此正常人的血液中只含微量的酮体，一般低于 10mg/L。但是，糖尿病患者因糖代谢发生障碍，使血液中酮体含量增加，并从尿液中排出。所以，临床上通过检查患者尿液中的葡萄糖含量及是否存在酮体来诊断病人是否患有糖尿病。具体的检测方法为：

　　在一支洁净的试管中，加入 5mL 尿液，然后加入 10% HAc 溶液 5 滴，再加入新制的 0.05mol/L 亚硝酰铁氰化钠溶液 5 滴，充分混合后，用移液管沿试管壁慢慢加入 0.5mL 氨水，静置 5 分钟。若试管中尿液上面出现紫色环，则尿中有酮体，若试管中没有颜色变化，则尿中没有酮体。

　　血液中酮体的增加，会使血液酸性增强，可发生酸中毒。

本章小结

一、羧酸

1. 羧酸的定义、结构、分类和命名。
2. 羧酸的物理性质：状态；沸点、熔点、水溶性的规律性变化。
3. 羧酸的化学性质：酸性（强度、取代羧酸的酸性、取代基诱导效应顺序）；羧基上羟基的取代反应（生成酰卤、酸酐、酯化、酰胺）；脱羧反应；$\alpha-H$ 的卤代反应；还原反应。
4. 二元羧酸的热解反应——脱羧、脱水。

二、羟基酸

1. 羟基酸的类型及命名。
2. 羟基酸的性质：醇酸的氧化反应、脱水反应、分解反应，酚酸的脱羧反应。

三、羰基酸

1. 羰基酸的类型及命名。
2. 羰基酸的性质：丙酮酸脱羧或脱羰、氧化；乙酰乙酸受热脱羧、还原成羟基丁酸。

思考与练习

一、命名下列化合物

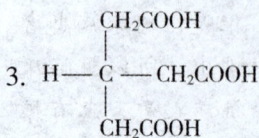

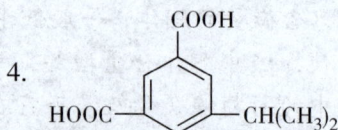

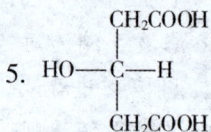

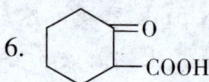

1. COOH

2. $CH_3CH(COOH)_2$

3.
$$H-\overset{\displaystyle CH_2COOH}{\underset{\displaystyle CH_2COOH}{C}}-CH_2COOH$$

4.

5.
$$HO-\overset{\displaystyle CH_2COOH}{\underset{\displaystyle CH_2COOH}{C}}-CH_2COOH$$

6.

二、写出下列化合物的结构式

1. 5-异丙基-1,3-苯二甲酸
2. (Z,E,E)-9,11,13 十八碳三烯酸（桐油酸）
3. 1,1-环庚烷二羧酸　　4. 柠檬酸　　　　5. 2,4-二氯苯氧基乙酸
6. 乳酸　　　　　　　　7. 水杨酸　　　　8. 酒石酸

三、完成下列反应式

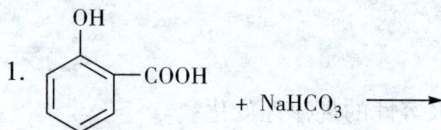

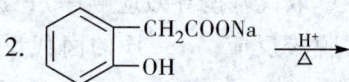

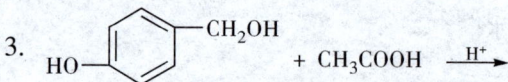

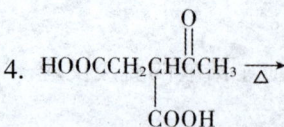

1. ＋ NaHCO₃ ⟶

2. $\xrightarrow[\triangle]{H^+}$

3. ＋ CH₃COOH $\xrightarrow{H^+}$

4. $HOOCCH_2\overset{\displaystyle CHCH_3}{\underset{\displaystyle COOH}{}}$ ...
HOOCCH₂CHCCH₃ with O and COOH $\xrightarrow{\triangle}$

四、将下列各化合物按酸性大小排序

乙酸，丙二酸，丁二酸，苯甲酸。

五、推导题

从白花蛇草提取出来的一种化合物 $C_9H_8O_3$，能溶于氢氧化钠溶液和碳酸氢钠溶液，与三氯化铁溶液作用呈红色，能使溴的四氯化碳溶液退色，用高锰酸钾氧化得对羟基苯甲酸和草酸，试推测其结构式。

第八章　对映异构

学习目标

掌握：手性、手性分子以及手性碳原子的概念；对映体、非对映体、外消旋体、内消旋体的概念和主要性质；对映异构体的 D/L、*R/S* 构型标记方法。

熟悉：费歇投影式和透视式表示立体异构体的方法；分子的手性和旋光性之间的关系。

了解：旋光性、旋光度、比旋光度、左旋体和右旋体等概念及旋光仪的原理；对映体的性质差异及对药物活性的影响。

【引子】自然界存在的许多物质都具有对映异构现象，尤其是生物体中，如组成人体蛋白质的氨基酸，人体所需的糖类物质等都具有对映异构现象。此外，结构复杂的药物也常有对映异构现象出现，这类药物由于分子结构不同，往往只有部分有疗效，另一部分则没有药效，甚至有毒副作用。例如作为血浆代用品的葡萄糖酐一定要用右旋糖酐，因为其左旋体会给病人带来较大的危害；右旋的维生素 C 具有抗坏血病作用，而其左旋体无效；右旋四咪唑为抗抑郁药，其左旋体则是治疗癌症的辅助药物等。所以如何利用对映异构现象获得药效高、副作用小的药物，是目前世界医药领域研发的热点之一。通过本章的学习，可以帮助我们认知对映异构在医药上的应用。

具有相同分子式而结构不同的化合物互称为同分异构体，这种现象称为同分异构现象。同分异构现象在有机化合物中比较普遍，有机化合物中的同分异构现象可总结如下：

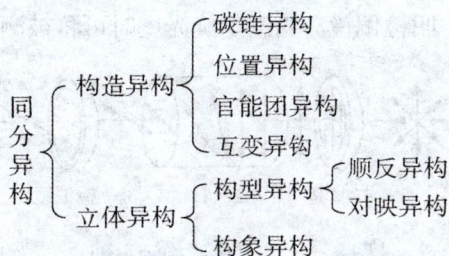

$$
同分异构
\begin{cases}
构造异构
\begin{cases}
碳链异构 \\
位置异构 \\
官能团异构 \\
互变异钩
\end{cases} \\
立体异构
\begin{cases}
构型异构
\begin{cases}
顺反异构 \\
对映异构
\end{cases} \\
构象异构
\end{cases}
\end{cases}
$$

构造异构是指分子中原子排列顺序和连接方式不同所引起的一类异构。立体异构是指分子中原子相互连接的顺序和方式相同，只是立体结构（即分子中原子在三维空间的排列顺序和方式）不同所引起的一类异构。本章主要讨论立体异构中的对映异构。

第一节　偏振光和旋光性

一、偏振光和物质的旋光性

自然光（又称普通光）是由各种波长的、在垂直于其前进方向的各个平面内振动的光波所组成，如图 8-1 所示。

尼可尔（Nicol）棱镜是利用光的全反射原理与晶体的双折射现象制成的一种偏振仪器，它只允许和棱镜的晶轴平行振动的射线通过。当自然光通过尼可尔棱镜时，一部分射线被阻挡，而透过棱镜的光只在某一个平面上振动，这种光叫做平面偏振光，简称偏振光，偏振光前进的方向和其质点振动的方向所构成的平面称为振动面，如图 8-2 所示。

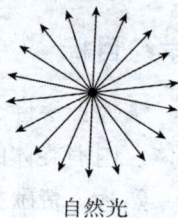

图 8-1　自然光振动平面示意图

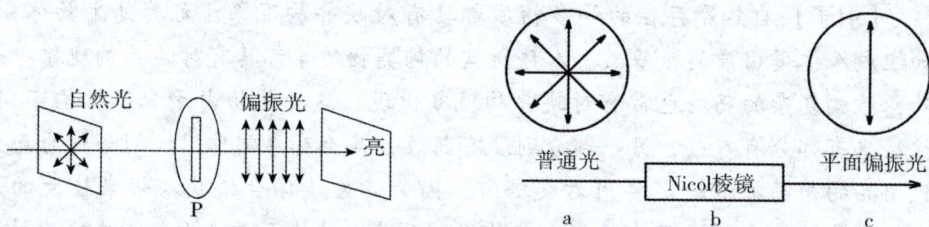

图 8-2　普通光与平面偏振光

自然界中有许多物质如葡萄糖、酒石酸等可使偏振光的振动面发生旋转，物质的这种性质称为旋光性或光学活性。物质的旋光性性质在其生理作用上有着十分重要的意义。

二、旋光仪

测定物质旋光性的仪器称为旋光仪，它是由一个光源、两个尼可尔棱镜、一个盛放样品的盛液管和一个能旋转的刻度盘组成，如图 8-3 所示。第一个棱镜是固定的，叫起偏镜。第二个棱镜可以旋转，叫检偏镜。当测定旋光度时可将被测物质装在盛液管中测定。

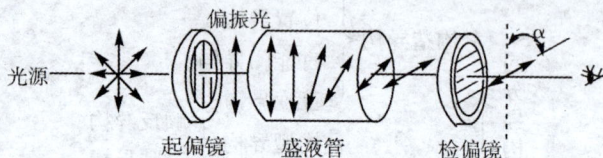

图 8-3　旋光仪结构示意图

从钠光源发出的光，通过起偏镜变成平面偏振光。平面偏振光通过装有旋光物质的盛液管时，偏振光的振动平面会向左或向右旋转一定的角度。只有将检偏镜向左或向右旋转同样的角度才能使偏振光通过到达目镜。向左或向右旋转的角度可以从旋光仪刻度盘上读出，即为该物质的旋光度。

实际测定时，先将旋光仪中的起偏镜和检偏镜的偏振方向调到相互垂直，这时在目镜中看到最暗的视场。然后装上盛液管，转动检偏镜，使因振动面旋转而变亮的视场重新达到最暗，此时检偏镜的旋转角度就表示待测溶液的旋光度。

三、旋光度和比旋光度

平面偏振光通过无旋光性物质（如乙醇）时，振动面不会旋转，如图 8-4 所示。而平面偏振光通过旋光性物质（如乳酸）后，振动面发生旋转，其振动面旋转的角度称为旋光度，用 α 表示，如图 8-5 所示。

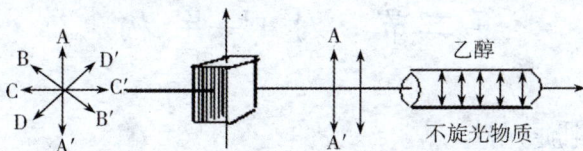

图 8-4　平面偏振光通过无旋光性物质

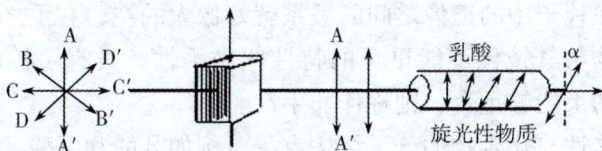

图 8-5　平面偏振光通过旋光性物质

从面对光线的入射方向观察，振动面按顺时针方向旋转的，称为右旋，用符号"d"或"＋"表示；振动面按逆时针方向旋转的，称为左旋，用符号"l"或"－"表示。

旋光度的大小除了取决于被测分子的立体结构外，还与测定时溶液的浓度、盛液管的长度、光的波长、温度以及所用溶剂有关。所以，一般不用旋光度表示某一物质的旋光性，而用比旋光度 $[\alpha]_\lambda^t$ 表示。比旋光度是指被测物质浓度为 1g/mL，盛液管长度为 1dm 时的旋光度。比旋光度与旋光度的关系可用下式表达：

$$[\alpha]_\lambda = \frac{\alpha}{C \times l}$$

式中：α 为实测旋光度值（度数）；λ 为光源波长，常用钠光（D），波长 589 nm；t 是测定时的温度（℃）；c 是溶液浓度（g/mL），纯液体可用密度；l 是盛液管长度（dm）。

在一定条件下，某一具有旋光性物质的比旋光度是一个常数。通过旋光度的测定，可用来鉴定旋光性物质，也可以测定旋光性物质的纯度和含量。

偏振光的发现

　　偏振光是于 1808 年由马露（E. Malus）首次发现的，随后拜奥特（I. B. Biot）发现有些石英的结晶可将偏振光右旋，有些将偏振光左旋。进一步研究发现某些有机化合物（液体或溶液）也具有旋转偏光的作用，当时就推想这和物质组成的不对称性有关。由于有机物质在溶液中也有偏光作用，巴斯德在 1848 年提出光活性是由于分子的不对称结构所引起的，他进一步研究酒石酸，并首次将消旋酒石酸拆分为左旋体和右旋体。

第二节　对映异构

一、手性分子和旋光性

（一）手性分子和手性碳原子

　　某些物体与其在镜子中的镜像之间的关系就好像人的左、右手之间的关系一样，相似而又不重合。实物与其镜像不能重合的特性叫做手性，具有手性的分子称为手性分子。实物与其镜像如果能够重合，则称作非手性。

　　化合物具有旋光性与化合物的分子结构有关。例如乳酸和丙酸，由实验得知乳酸有旋光性，而丙酸无旋光性。

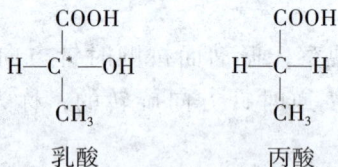

$$
\begin{array}{cc}
\text{COOH} & \text{COOH} \\
| & | \\
\text{H—C}^*\text{—OH} & \text{H—C—H} \\
| & | \\
\text{CH}_3 & \text{CH}_3 \\
\text{乳酸} & \text{丙酸}
\end{array}
$$

　　比较这两个化合物的分子结构，可以看出前者分子中含有一个与四个不同原子或基团相连接的碳原子，而后者则不含这种碳原子。这种连接四个不同原子或基团的碳原子称为手性碳原子（不对称碳原子），用 C* 表示。

（二）对映体与旋光性

　　手性分子是物质具有旋光性和存在对映异构体的原因。例如含有一个手性碳原子的乳酸分子结构，其立体模型如图 8-6 所示。

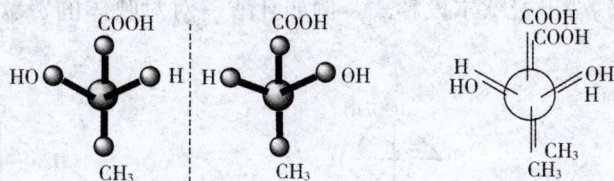

（1）两种乳酸分子的立体模型　　　　（2）两者不能完全重合

图 8-6　两种乳酸分子的立体模型及相互关系

从乳酸分子的立体模型可以看出，乳酸分子有两种不同的空间排列方式，而且这两种不同的空间排列方式类似人的左、右手关系，互为实物和镜像，但不能重合，这种在空间具有两种不同的排列顺序即两种构型，彼此成镜像关系而不能重合的一对立体异构体，称为对映异构体，简称对映体。由于每个对映异构体都有旋光性，所以又称旋光异构体。

又例如乙醇，其空间构型如图 8-7 所示。

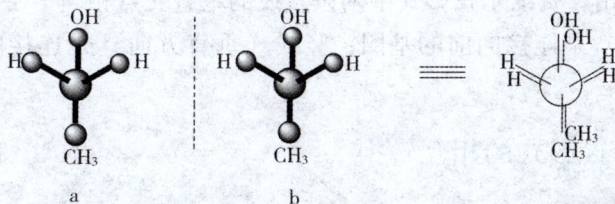

　　　　　乙醇分子 a 和它的镜像 b　　　　　　（2）a 和 b 能够完全重合

图 8-7　乙醇分子的立体模型及相互关系

乙醇分子的构型 a 和 b 互为实物和镜像，但 a 和它的镜像 b 能够完全重合，所以乙醇为非手性分子，没有对映异构体，也没有旋光性。

（三）外消旋体

将等量的一对对映异构体混合后，得到的没有旋光性的混合物称为外消旋体，用（±）或 *dl* 表示，例如外消旋乳酸可表示为（±）-乳酸或 *dl*-乳酸。两种组分旋光度相同，旋光方向相反，旋光性恰好互相抵消，所以外消旋体不显旋光性。

外消旋体的化学性质一般与旋光对映体相同，但物理性质则有差异。例如：（+）-乳酸熔点为 53℃，（±）-乳酸的熔点为 18℃。

二、对映异构体的构型表示法和构型标记法

（一）对映异构体的构型表示法

在描述分子的立体结构时，立体模型很不方便。因此，在多数情况下采用"费歇尔（Fischer）投影式"表示对映异构体的立体构型。该法是将立体模型所代表的主链竖起来，把命名时编号小的链端在上，指向后方，其余两个与手性碳原子链接的横键指向前

方，然后进行投影，写出费歇尔投影式。例如乳酸—对对映体的费歇尔投影式如图8-8所示。

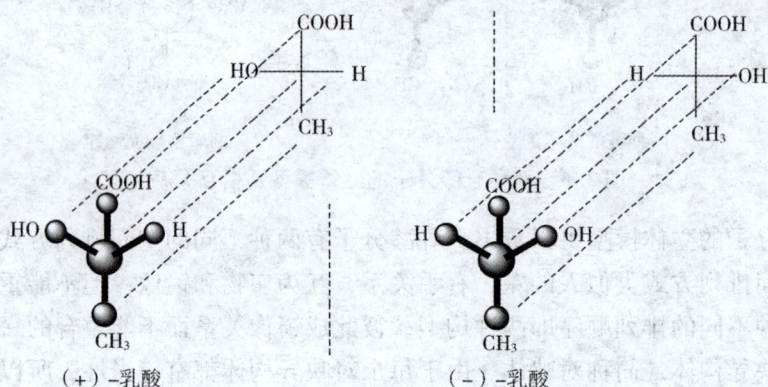

（+）-乳酸　　　　　（-）-乳酸

图8-8　乳酸—对对映体的费歇尔投影式

由图8-8可看出，费歇尔投影式中两条直线的垂直交点相当于手性碳原子，纸面上的横线（水平方向）是连接向前的基团，竖线（垂直方向）是连接向后的基团，即横前竖后。

（二）费歇尔投影式的相互转换

通过费歇尔投影式，可将旋光性分子模型，转变为一个十字交叉的平面式。十字交叉处是手性碳原子，在纸面上，上下两个原子或原子团位于纸平面的后方，左右两个原子或原子团位于纸平面的前方。

由于同一个分子模型摆放位置可以多种多样，所以投影后得到的费歇尔投影式也有多个。例如：

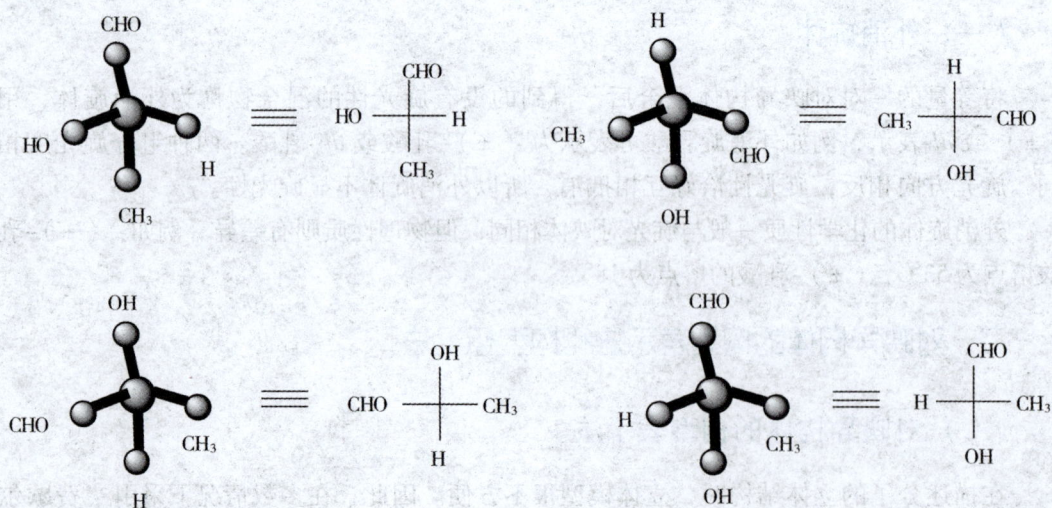

在判断不同的费歇尔投影式是否代表同一化合物时，为保持构型不变，投影式只能

在纸面上旋转 180°或其整数倍，不能旋转 90°或其奇数倍；也不能离开纸面翻转。例如：

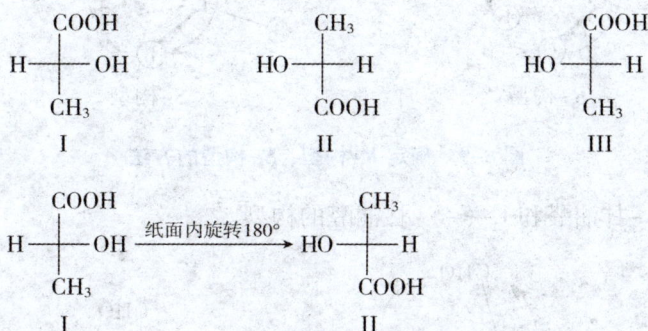

$$
\begin{array}{ccc}
\text{COOH} & \text{CH}_3 & \text{COOH} \\
\text{H}\!\!-\!\!\!-\!\!\text{OH} & \text{HO}\!\!-\!\!\!-\!\!\text{H} & \text{HO}\!\!-\!\!\!-\!\!\text{H} \\
\text{CH}_3 & \text{COOH} & \text{CH}_3 \\
\text{I} & \text{II} & \text{III}
\end{array}
$$

$$
\begin{array}{ccc}
\text{COOH} & & \text{CH}_3 \\
\text{H}\!\!-\!\!\!-\!\!\text{OH} & \xrightarrow{\text{纸面内旋转}180°} & \text{HO}\!\!-\!\!\!-\!\!\text{H} \\
\text{CH}_3 & & \text{COOH} \\
\text{I} & & \text{II}
\end{array}
$$

投影式 I 在纸面内旋转 180°可得投影式 II，两个投影式为同一构型的不同表示方式。而投影式 III 是投影式 I 离开纸面翻转所得，两个投影式不能重合，所以投影式 I 和投影式 III 不是同一构型。

（三）D/L-构型标记法

1950 年以前，人们只知道旋光性不同的一对对映体分别属于不同的构型，但无法确定哪个是左旋体，哪个是右旋体，于是人为规定：以甘油醛为标准（甘油醛有一个手性碳原子，有两种不同的构型），规定甘油醛费歇尔投影式的羟基在右侧的为 D-构型，在左侧的为 L-构型。

$$
\begin{array}{cc}
\text{CHO} & \text{CHO} \\
\text{H}\!\!-\!\!\!-\!\!\text{OH} & \text{HO}\!\!-\!\!\!-\!\!\text{H} \\
\text{CH}_2\text{OH} & \text{CH}_2\text{OH} \\
\text{D-}(+)\text{-甘油醛} & \text{L-}(-)\text{-甘油醛}
\end{array}
$$

D/L-构型标记法有一定的局限性，有些化合物很难与标准化合物进行相互联系，此外，分子中若含有多个手性碳原子，进行构型标记时会得到相互矛盾的结果。但由于习惯问题，D/L-构型标记法一直沿用至今，如糖和氨基酸的构型标记仍采用此法。需要注意的是，D/L-构型与旋光方向无关，两者没有必然的联系。

（四）R/S-构型标记法

1970 年国际上根据 IUPAC 的建议开始采用 R/S-构型标记法。R/S-构型标记法是先按次序规则将手性碳原子连接的四个原子或基团的大小（优先）排序 a > b > c > d，将最小基团 d 远离观察者的视线，然后观察另外三个基团由大到小的排列顺序，如果 a→b→c 的排列为顺时针方向称为 R-构型，如为逆时针方向称为 S-构型，如图 8-9 所示。

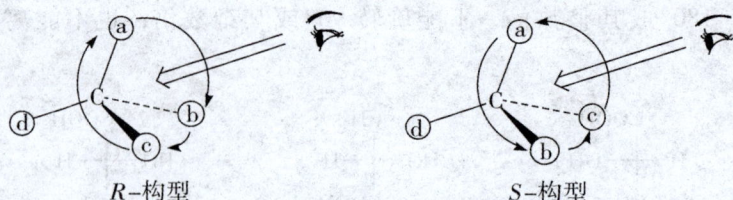

图 8-9 确定 R-构型、S-构型的方法

例如 D-(+)-甘油醛和 L-(-)-甘油醛的构型。

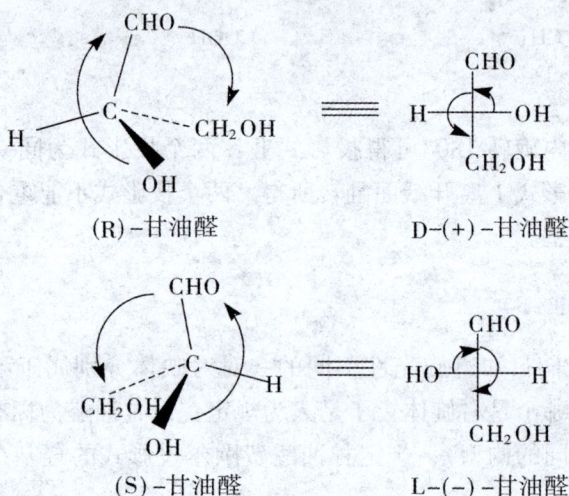

(R)-甘油醛　　　　　　　D-(+)-甘油醛

(S)-甘油醛　　　　　　　L-(-)-甘油醛

在 D-(+)-甘油醛分子中，与手性碳原子相连的四个基团的优先顺序为：—OH >
—CHO > —CH_2OH > —H ，透视式中从—OH 到—CHO 再到—CH_2OH，为顺时针，这种
甘油醛是 R-构型的，同理可看出 L-(-)-甘油醛为 S-构型。

使用费歇尔投影式确定构型时，应注意投影式中以垂直线相连的基团伸向纸后，而
以水平线相连的基团伸向纸前。乳酸分子中手性碳原子上相连的四个基团的优先顺序为
—OH→ —COOH→ —CH_3→ —H，顶端是—H，伸向纸前，由纸后观察，判定乳酸的构
型：

(R)-乳酸　　　　　　　　　(S)-乳酸

三、含两个手性碳原子的化合物的对映异构

我们已经知道含有一个手性碳原子的化合物有一对对映体。含有 n 个不同手性碳原
子的化合物，旋光异构体的数目为 2^n，有 2^{n-1} 对对映体。

含有两个不同的手性碳原子的化合物如 2,3,4-三羟基丁醛，有四种旋光异构体，

即两对对映体。

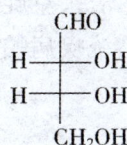 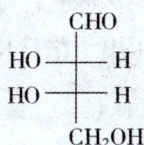 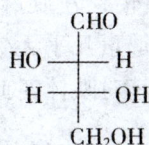 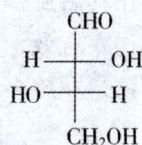

   I   II   III   IV

(2R, 3R)-三羟基丁醛   (2S, 3S)-三羟基丁醛   (2S, 3R)-三羟基丁醛   (2R, 3S)-三羟基丁醛

  其中 I 和 II 是互为不能重合的镜像，为一对对映体；同样 III 和 IV 为另一对对映体。但是 I 和 III、I 和 IV、II 和 III、II 和 IV 是彼此不成镜像关系的光学异构体，称为非对映体。非对映体具有不同的物理性质，如熔点、沸点、溶解度等都不相同。

  含有相同手性碳原子的化合物，其旋光异构体数目少于 2^n。例如酒石酸含有两个相同的手性碳原子，只有三个旋光异构体：

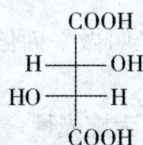 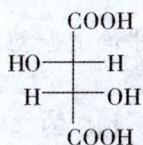 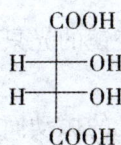 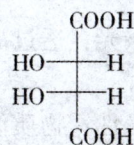

   I   II   III   IV

(2R, 3R)-(+)-酒石酸   (2S, 3S)-(−)-酒石酸   (2R, 3S)-m-酒石酸   (2S, 3R)-m-酒石酸

  其中 I 和 II 是一对对映异构体，III 和 IV 看来似乎也是一对对映异构体，但如果将 III 在纸面上旋转 180°，则 III 与 IV 重合，因此 III 和 IV 是同一分子，III 或 IV 不是手性分子，所以没有旋光性。

  在 III 或 IV 中，两个手性碳原子所连接的基团相同，但构型不同，一个是 R-构型，另一个是 S-构型，它们的旋光度相等，但方向相反，旋光性在分子内部相抵消，因而无旋光性，称为内消旋化合物，用 meso-表示。内消旋体是化合物，外消旋体是混合物。

四、对映异构体在医药上的性质差异

  对映体的化学性质除了与手性试剂反应不同外都相同，物理性质除了旋光方向相反外，其他的均相同。非对映体的物理性质则不相同。外消旋体不同于其他的混合物，具有固定的熔点。例如酒石酸对映体、内消旋体和外消旋体的物理常数见表 8-1。

表 8-1 酒石酸的物理常数

酒石酸	熔点（℃）	$[\alpha]_D^{25}$（水）	溶解度（g/100mLH_2O）	pK_{a1}	pK_{a2}
左旋体	170	+12°	139	2.96	4.16
左旋体	170	−12°	139	2.96	4.16
内消旋体	140	−	125	3.11	4.80
外消旋体	204	−	20.6	2.96	4.16

对映体之间在生物活性、毒性等方面有很大的差别。例如：左旋肾上腺素的血管收缩作用比其右旋体强 12～20 倍；左旋麻黄碱升压作用大于右旋麻黄碱四倍；左旋氯霉素治疗伤寒有效，而右旋氯霉素几乎无效。现在临床用于治疗中枢神经系统疾病帕金森病的药物是左旋多巴胺，而其对映体对此病无效。

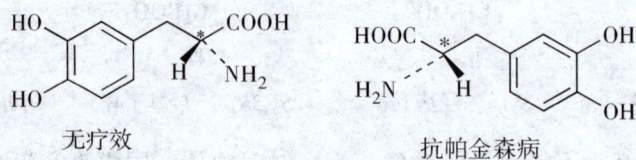

无疗效   抗帕金森病

本章小结

一、偏振光和物质的旋光性

1. 偏振光：透过尼可尔棱镜的光只在某一个平面上振动，这种光叫做平面偏振光，简称偏振光。

2. 旋光性：物质使偏振光的振动面发生旋转，物质的这种性质称为旋光性。

3. 旋光度：平面偏振光通过旋光性物质后，振动面发生旋转，其振动面旋转的角度称为旋光度，用 α 表示。

4. 比旋光度 $[\alpha]_\lambda^t$：指被测物质浓度为 1g/mL，盛液管长度为 1dm 时的旋光度。比旋光度与旋光度的关系可用下式表达：

$$[\alpha]_\lambda^t = \frac{\alpha}{c \times l}$$

二、对映异构

1. 手性分子：将实物与其镜像不能重合的特性叫做手性，具有手性的分子称为手性分子。

2. 手性碳原子：连接四个不同原子或基团的碳原子称为手性碳原子（不对称碳原子），用 C^* 表示。

3. 外消旋体：将等量的一对对映异构体混合后，得到的没有旋光性的混合物称为外消旋体，用（±）或 dl 表示。

4. 内消旋体：两个手性碳原子所连接的基团相同，但构型不同，它们的旋光度相等，但方向相反，旋光性在分子内部相抵消，因而无旋光性，称为内消旋体。

5. 对映异构体的构型表示法：D/L-构型标记法和 R/S-构型标记法。

思考与练习

一、选择题

1. 在有机物分子中与四个不相同的原子或基团相连的碳原子叫做（　　　）

A. 手性碳原子　　B. 伯碳原子　　C. 仲碳原子　　　D. 叔碳原子

2. （±）-乳酸称为（　　　）

A. 内消旋体　　B. 外消旋体　　　C. 顺反异构体　　D. 对映异构体

3. 某一旋光性物质分子中含有两个不同的手性碳原子，其旋光异构体的数目为（　　　）

A. 2 个　　　　　B. 3 个　　　　　C. 4 个　　　　　D. 5 个

4. 下列哪种化合物具有对映异构体（　　　）

A. $CH_3CH_2CH_2CH_2OH$　　　　　　B. $CH_3CHOHCH_2CH_3$

C. $HOCH_2CH_2CH_2CH_2OH$　　　　　C. $CH_3CH_2CH_2CH_3$

5. 下列哪个分子的构型为 L-型（　　　）

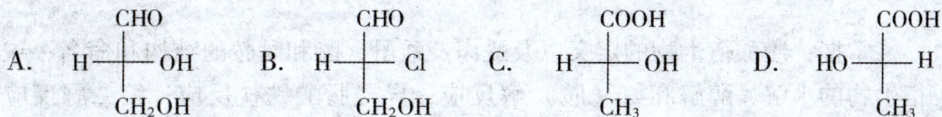

二、简答题

1. 用具体实例解释下列名词

（1）手性分子　　　　　　（2）手性碳原子　　　　　　（3）对映异构体

（4）外消旋体　　　　　　（5）内消旋体

2. 你看过立体电影吗？知道为什么看立体电影一定要戴眼镜吗？镜片的材料是什么吗？

三、用费歇尔投影式表示下列化合物的构型并用 *R*-构型、*S*-构型标记法命名

1. $CH_3CHOHCH_2OH$

2. $CH_3CH_2CH（CH_3）CH_2Cl$

3. $HOCH_2CHClCH_2CH_3$

4.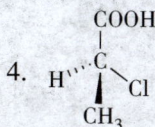

第九章　羧酸衍生物及油脂

学习目标

掌握：羧酸衍生物的定义以及酰卤、酸酐、酯和酰胺的结构和命名；羧酸衍生物的水解、醇解和氨（胺）解反应；异羟肟酸铁盐反应；缩二脲反应等主要性质。

熟悉：乙酰乙酸乙酯的互变异构和 α-H 的活性特点及反应活性；酯、酰胺、脲和胍的结构及其在医药中的应用。

了解：油脂的基本结构和理化性质。

【引子】酰卤和酸酐性质比较活泼，自然界中几乎不存在。酯和酰胺普遍存在于动植物中，具有酯和酰胺结构的药物在化学合成及半合成药物中占有很大的比例。例如，局部麻醉药盐酸普鲁卡因具有酯的结构。扑热息痛是优良解热镇痛药，毒性和副作用比非那西丁和阿司匹林小，很适合儿童使用，它含有酰胺的结构。油脂是天然的酯类化合物，在人类的生命过程中有着重要的作用；脲和胍与酰胺的结构相似，许多药物中含有胍的结构，为了增大药物的溶解度通常制成盐的形式。如降低血糖药物盐酸苯乙双胍（降糖灵）即含有胍的结构。

第一节　羧酸衍生物

羧酸分子所含羧基中的羟基（—OH）被—X、—OR、—OCOR、—NH$_2$（或—NHR、—NR$_2$）取代后所形成的化合物，称为羧酸衍生物，分别称为酰卤、酸酐、酯

和酰胺。它们都含有酰基（ R—$\overset{O}{\underset{\|}{C}}$— 或 RCO— ），故又称为酰基化合物，可用通式

（ R—$\overset{O}{\underset{\|}{C}}$—Y ）表示。具体为：

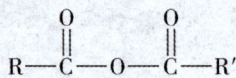

| 酰卤 | 酸酐 | 酯 | 酰胺 |

一、羧酸衍生物的分类和命名

（一）酰卤

酰基与卤素相连所形成的羧酸衍生物为酰卤。酰卤根据酰基的名称和卤素的不同来命名，称为某酰卤。例如：

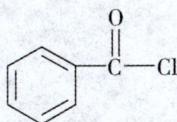

乙酰氯 　　　　　　　苯甲酰氯 　　　　　　　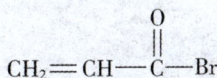 丙烯酰溴

（二）酸酐

酸酐是羧酸脱水的产物，也可以看成是一个氧原子连接了两个酰基所形成的化合物。根据两个脱水的羧酸分子是否相同，可以分为单（酸）酐和混（酸）酐。并且根据相应的羧酸来命名酸酐，单酐直接在羧酸的后面加"酐"字即可。称为某酸酐；命名混酐时，相对分子小的羧酸在前，分子大的羧酸在后；如有芳香酸时，则芳香酸在前，称为某某酸酐。例如：

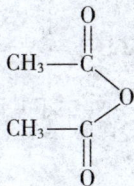 　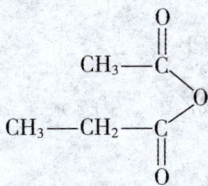 　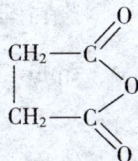 　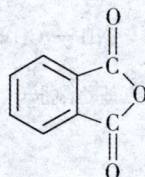

乙酸酐（醋酐） 　　　乙丙酸酐 　　　　丁二酸酐 　　　　邻苯二甲酸酐

（三）酯

酯是由酰基和烃氧基连接而成的，由形成它的羧酸和醇加以命名。由一元醇和羧酸形成的酯，羧酸的名称在前，醇的名称在后，但须将"醇"改为"酯"，称为某酸某酯。例如：

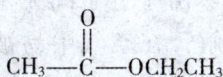 　　　　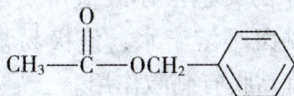 　　　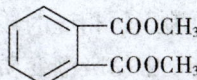

乙酸乙酯 　　　　　　乙酸苄酯 　　　　　邻苯二甲酸二甲酯

由多元醇和羧酸形成的酯，命名是则醇的名称在前，羧酸的名称在后，称为某醇某酯。例如：

COOCH₃
|
COOC₂H₅

乙二酸甲乙酯

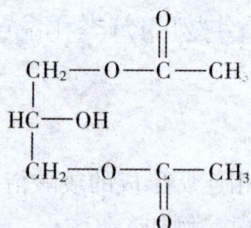

丙三醇-1,3-二乙酯

（四）酰胺

酰胺是酰基与氨基或取代氨基相连形成的化合物。其命名与酰卤相似，氮原子上没有烃基的简单酰胺，根据氨基（—NH₂）所连的酰基名称来命名，称为某酰胺；氮原子上连有烃基的酰胺，则将烃基的名称写在某酰胺之前，并冠以"N-"或"N,N-"，以表示该烃基是与氮原子相连接的。例如：

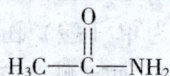

乙酰胺

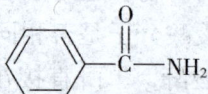

苯甲酰胺

N-乙基乙酰胺

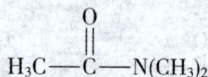

N,N-二甲基乙酰胺（或乙酰二甲胺）

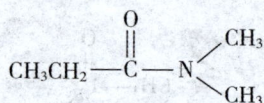

N,N-二甲基丙酰胺

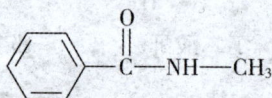

N-甲基苯甲酰胺

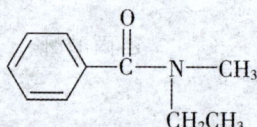

N-甲基-N-乙基苯甲酰胺

二、羧酸衍生物的物理性质

酰卤大多数是具有刺激性气味的无色液体或低熔点的固体。由于分子间无氢键缔合，因而沸点较相应的羧酸低。酰卤难溶于水，但极易被水分解，在空气中易被水分解，在空气中易吸潮变质。酰卤对黏膜有刺激作用。

低级的酸酐是具有刺激性气味的无色液体，高级酸酐为无色无味的固体。因分子间无氢键缔合，则沸点较分子量相当的羧酸低。酸酐易溶于有机溶剂难溶于水，但可被水分解，易吸潮变质。

低级的酯是易挥发而且有水果或花草香味的无色液体。如丁酸甲酯有菠萝的香味，苯甲酸甲酯有茉莉花香味。高级的酯为蜡状固体。因分子间无氢键缔合，故沸点较相应的羧酸低。酯的相对密度较小，难溶于水，易溶于有机溶剂。

　　酰胺中除甲酰胺是液体外，其他均为固体。酰胺分子间可通过氢键缔合，故而其沸点和熔点较相应的羧酸高。N-取代或 N,N-二取代酰胺因分子间缔合减少或不能形成氢键，而使沸点和熔点比相应未取代的酰胺低。酰胺可与水形成分子间氢键，因此低级酰胺可溶于水。N,N-二甲基甲酰胺（DMF）能与水、多数有机溶剂及许多无机溶液相混溶，是一种性能极为优良的非质子极性溶剂。

　　几种羧酸衍生物的物理常数见表 9-1。

表 9-1　常见羧酸衍生物的物理常数

名称	结构简式	沸点（℃）	熔点（℃）	密度（g/cm³）
乙酰氯	CH_3COCl	52	-112	1.104
苯甲酰氯	⬡—COCl	197.2	-1	1.212
乙酸酐	$(CH_3CO)_2O$	140	-73	1.082
丁二酸酐	O=⬠=O	261	119.6	1.572
邻苯二甲酸酐	(结构式)	295	130.8	1.527
乙酸乙酯	$CH_3COOCH_2CH_3$	77	-83	0.901
乙酸异戊酯	$CH_3COOCH_2CH_2CH(CH_3)_2$	142	-78	0.876
苯甲酸苄酯	$C_6H_5COOCH_2C_6H_5$	324	21	1.114（18℃）
乙酰胺	CH_3CONH_2	222	81	1.159
苯甲酰胺	⬡—CONH₂	290	130	1.341

三、羧酸衍生物的化学性质

　　羧酸衍生物的化学性质主要表现为带部分正电（荷）的羰基碳易受亲核试剂的进攻，发生水解、醇解、氨（胺）解反应；受羰基的影响，能发生 α-H 的反应，其羰基也能发生还原反应，如图 9-1 所示。

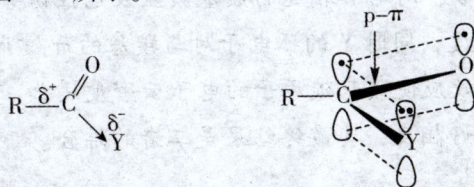

图 9-1　羧酸衍生物的结构

（一）酰基的亲核取代反应

1. 水解反应　酰卤、酸酐、酯和酰胺发生水解反应，得到相同的产物——羧酸。

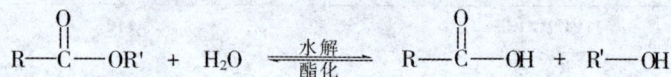

$$\underset{\substack{\|\\O}}{R-C-X} + H_2O \longrightarrow \underset{\substack{\|\\O}}{R-C-OH} + HX$$

$$\underset{\substack{\|\\O}}{R-C-O-}\underset{\substack{\|\\O}}{C-R'} + H_2O \longrightarrow \underset{\substack{\|\\O}}{R-C-OH} + HO-\underset{\substack{\|\\O}}{C-R'}$$

$$\underset{\substack{\|\\O}}{R-C-OR'} + H_2O \underset{\text{酯化}}{\overset{\text{水解}}{\rightleftharpoons}} \underset{\substack{\|\\O}}{R-C-OH} + R'-OH$$

$$\underset{\substack{\|\\O}}{R-C-NH_2} + H_2O \longrightarrow \underset{\substack{\|\\O}}{R-C-OH} + NH_3$$

> **知识拓展**
>
> #### 羧酸衍生物的亲核取代反应历程及反应活性
>
> 羧酸衍生物的水解反应实质属于亲核取代反应，是按照加成、消除机理进行的，其反应历程表示如下：
>
> $$\underset{\substack{\|\\O}}{R-C-Y} + :Nu \underset{}{\overset{\text{加成}}{\rightleftharpoons}} \left[\underset{\substack{\|\\Y}}{R-\overset{O^-}{\underset{}{C}}-Nu} \right] \overset{\text{消除}}{\longrightarrow} \underset{\substack{\|\\O}}{R-C-Nu} + Y^-$$
>
> 　　羧酸衍生物　　亲核试剂　　　　　　氧负离子中间体
>
> 水解反应中水为亲核试剂。羧酸衍生物的醇解和氨（胺）解反应同样属于亲核取代反应，有着相同的反应历程，只是亲核试剂分别为醇和氨（胺）。
>
> 羧酸衍生物的反应活性主要取决于它们的结构，其结构通式如下：
>
> $$\underset{\substack{\|\\\ddot{Y}}}{R-C\overset{O}{}} \qquad Y = X、O-\underset{\substack{\|\\O}}{C-R}、OR、NH_2、NHR、NR_2$$
>
> 　　Y 的电负性大于碳，对与其相连的羧基碳显吸电性诱导效应，从而降低羧基碳原子的电子云密度；同时 Y 的孤电子对与羧基的 π 键形成了 p-π 共轭作用，Y 供电性的共轭效应使羧基碳原子的电子云密度增加。两种效应对羧基碳原子的电子云影响恰好相反，其最终结果是二者的综合。

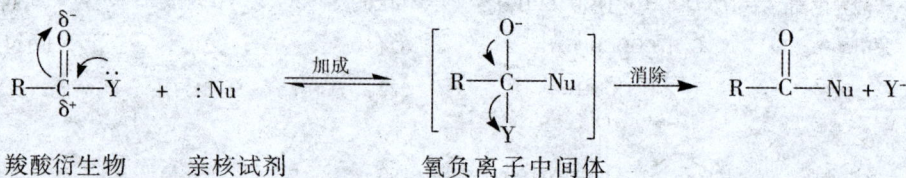

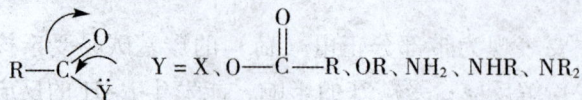

$$\underset{\text{吸电性诱导效应}}{R-\overset{\displaystyle O}{\overset{\|}{C}}\rightarrow Y} \qquad \underset{\text{供电性共轭效应}}{R-\overset{\displaystyle O}{\overset{\|}{C}}-\overset{\curvearrowleft}{\underset{..}{Y}}}$$

在酰卤分子中，卤素的电负性大，主要表现为强的吸电子诱导效应，而与羧基的共轭效应很弱，使得羧基碳原子正电性增加有利于亲核试剂进攻，而卤素本身也易离去。在酸酐、酯和酰胺分子中，由于 —O$\overset{\displaystyle O}{\overset{\|}{C}}$R 、—OR 和 —NH$_2$ 中的氧原子和氮原子供电性共轭效应较大，远大于其吸电子的诱导效应，所以主要表现为供电性共轭效应，降低了羧基碳原子的正电性而不利于亲核试剂进攻。故酰卤最活泼，酰胺最不活泼。羧酸衍生物的亲核取代反应活性为：

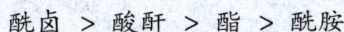

$$\text{酰卤} > \text{酸酐} > \text{酯} > \text{酰胺}$$

通常更活泼的羧酸衍生物容易转化为更不活泼的羧酸衍生物。酰卤可以很容易转化为酸酐、酯和酰胺；酸酐很容易转化为酯和酰胺；酯也易转化为酰胺；酰胺仅仅能被水解成酸或羧酸阴离子。

所以，室温下，酰卤与水立即反应，酸酐缓慢进行，酯、酰胺的水解反应则较难进行，需要加热，并在酸或碱催化下才能进行。

羧酸衍生物的醇解和氨（胺）解反应具有同样的活性顺序。

2. 醇解反应 酰卤、酸酐、酯与醇反应生成酯，称为羧酸衍生物的醇解反应。

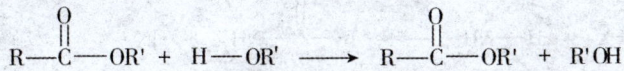

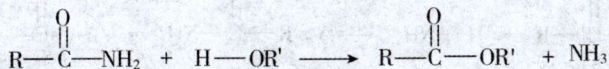

$$R-\overset{\displaystyle O}{\overset{\|}{C}}-X + H-OR' \longrightarrow R-\overset{\displaystyle O}{\overset{\|}{C}}-OR' + HX$$

$$R-\overset{\displaystyle O}{\overset{\|}{C}}-O-\overset{\displaystyle O}{\overset{\|}{C}}-R + H-OR' \longrightarrow R-\overset{\displaystyle O}{\overset{\|}{C}}-OR' + R-\overset{\displaystyle O}{\overset{\|}{C}}-OH$$

$$R-\overset{\displaystyle O}{\overset{\|}{C}}-OR' + H-OR' \longrightarrow R-\overset{\displaystyle O}{\overset{\|}{C}}-OR' + R'OH$$

$$R-\overset{\displaystyle O}{\overset{\|}{C}}-NH_2 + H-OR' \longrightarrow R-\overset{\displaystyle O}{\overset{\|}{C}}-OR' + NH_3$$

酰卤与醇的反应很容易进行，通常用该法合成酯。反应中常加一些碱性物质比如氢氧化钠、吡啶等来中和反应产生的副产物卤化氢，以加快反应的进行。

知识链接

醇解反应在药物合成上的应用

酯的醇解反应又叫酯交换反应。在药物合成中可利用酯交换反应制备一些高级的酯或一般难以直接用酯化反应合成的酯，也常用于药物及其中间体的合成。如局部麻醉药物盐酸普鲁卡因的合成：

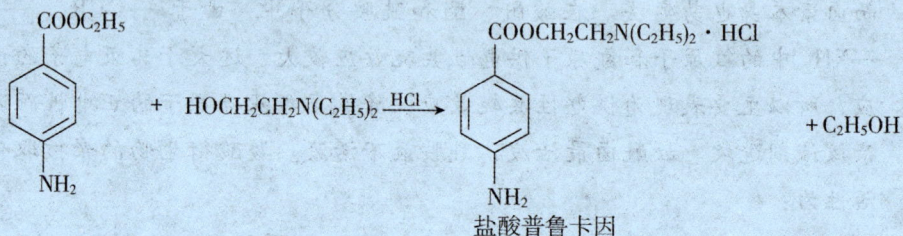

$$\text{（对氨基苯甲酸乙酯）COOC}_2\text{H}_5 \quad + \quad \text{HOCH}_2\text{CH}_2\text{N(C}_2\text{H}_5)_2 \xrightarrow{\text{HCl}} \text{COOCH}_2\text{CH}_2\text{N(C}_2\text{H}_5)_2 \cdot \text{HCl} \quad + \text{C}_2\text{H}_5\text{OH}$$

盐酸普鲁卡因

乙酰氯或乙酸酐与水杨酸的酚羟基发生类似的醇解反应，得到解热镇痛药物阿司匹林：

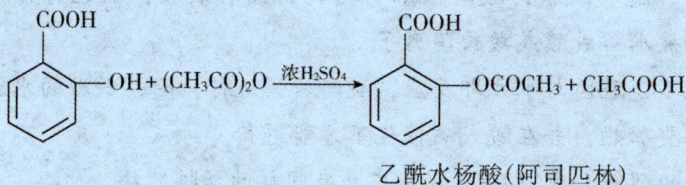

$$\text{COOH，—OH} + (\text{CH}_3\text{CO})_2\text{O} \xrightarrow{\text{浓H}_2\text{SO}_4} \text{COOH，—OCOCH}_3 + \text{CH}_3\text{COOH}$$

乙酰水杨酸(阿司匹林)

3. 氨（胺）解反应 酰卤、酸酐、酯和酰胺与氨（胺）作用生成酰胺的反应称为氨（胺）解反应。由于氨（胺）的亲核性比水强，因此氨（胺）解比水解更容易进行。

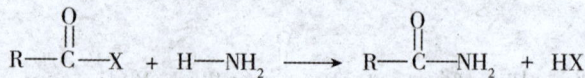

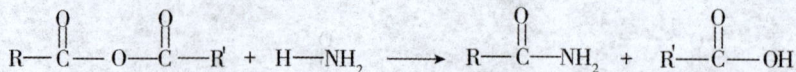

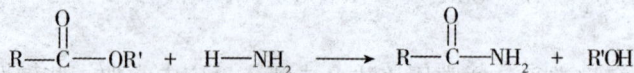

$$\underset{\substack{\| \\ O}}{R-C-X} + H-NH_2 \longrightarrow \underset{\substack{\| \\ O}}{R-C-NH_2} + HX$$

$$\underset{\substack{\|\quad\quad\| \\ O\quad\quad O}}{R-C-O-C-R'} + H-NH_2 \longrightarrow \underset{\substack{\| \\ O}}{R-C-NH_2} + \underset{\substack{\| \\ O}}{R'-C-OH}$$

$$\underset{\substack{\| \\ O}}{R-C-OR'} + H-NH_2 \longrightarrow \underset{\substack{\| \\ O}}{R-C-NH_2} + R'OH$$

氨（胺）解反应用于药物的改性

羧酸衍生物的水解、醇解和氨（胺）解的结果，是在水、醇和氨（胺）分子中引入了一个酰基，分别生成羧酸、酯和酰胺。向分子中引入酰基的反应叫酰化反应；在反应中提供酰基的物质叫酰化剂。

酰化反应具有重要的生物学意义。某些药物由于其溶解性过低，或毒副作用大等因素限制了其在临床上的使用，此时就需要对药物进行改性。可通过在其结构中引入酰基，以增大其溶解性、降低毒副作用，提高疗效。例如，对氨基苯酚具有解热、镇痛的作用，但分子中游离的氨基毒性较大，不能应用于临床。可用酰化反应将氨基酰化，引入酰基后生成的对乙酰氨基苯酚与对氨基苯酚相比增大了稳定性和脂溶性，改善了其在体内的吸收，可延长疗效，降低毒性。对乙酰氨基苯酚是临床常用的解热镇痛药，即扑热息痛。

$$对氨基苯酚 +(CH_3CO)_2O \xrightarrow{CH_3COOH} 对乙酰氨基苯酚(扑热息痛) + CH_3COOH$$

人体的新陈代谢过程中的很多变化也是通过酰化反应来实现的。

（二）异羟肟酸铁反应

酸酐、酯和酰伯胺能与羟胺发生酰化反应生成异羟肟酸，异羟肟酸与三氯化铁作用，得到红紫色的异羟肟酸铁。

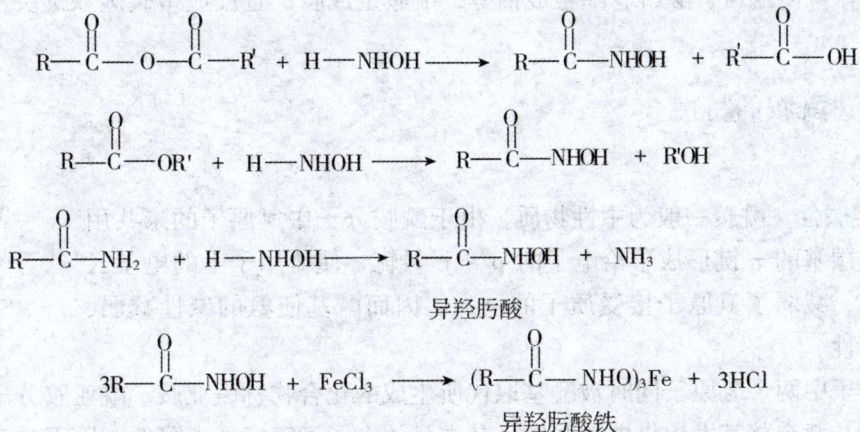

$$3R-C(=O)-NHOH + FeCl_3 \longrightarrow (R-C(=O)-NHO)_3Fe + 3HCl$$

异羟肟酸铁

酰卤、N-或N,N-取代酰胺不发生该显色反应，酰卤必须转变为酯才能进行反应，异羟肟酸铁反应可用于羧酸衍生物的鉴定，也常用于含有酰基药物的检验。

（三）α-H 的反应——酯缩合反应

羧酸衍生物中酯的 α-H 受羰基的影响比较活泼，能发生类似醛、酮的羟醛缩合反应。在醇钠等碱性试剂的作用下，酯分子中的 α-H 能与另一酯分子中的烃氧基脱去一分子醇，生成 β-酮酸酯，此类反应称为酯缩合反应或克莱森（Claisen）缩合反应。例如，在乙醇钠的作用下，两分子乙酸乙酯脱去一分子乙醇，生成乙酰乙酸乙酯（β-丁酮酸乙酯）。

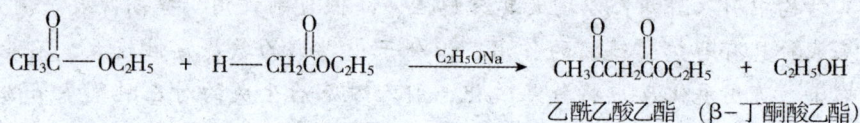

$$
\underset{}{CH_3\overset{O}{\overset{\|}{C}}{-}OC_2H_5} + H{-}CH_2COC_2H_5 \xrightarrow{C_2H_5ONa} CH_3\overset{O}{\overset{\|}{C}}CH_2\overset{O}{\overset{\|}{C}}OC_2H_5 + C_2H_5OH
$$

乙酰乙酸乙酯 （β-丁酮酸乙酯）

（四）还原反应

与羧酸相比，羧酸衍生物易被还原，常用还原剂为 $LiAlH_4$。

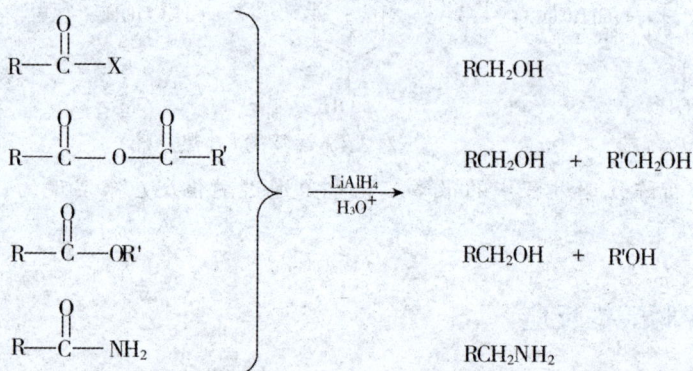

$$
\begin{array}{l}
R{-}\overset{O}{\overset{\|}{C}}{-}X \\[2mm]
R{-}\overset{O}{\overset{\|}{C}}{-}O{-}\overset{O}{\overset{\|}{C}}{-}R' \\[2mm]
R{-}\overset{O}{\overset{\|}{C}}{-}OR' \\[2mm]
R{-}\overset{O}{\overset{\|}{C}}{-}NH_2
\end{array}
\left.\right\}
\xrightarrow[H_3O^+]{LiAlH_4}
\begin{array}{l}
RCH_2OH \\[2mm]
RCH_2OH + R'CH_2OH \\[2mm]
RCH_2OH + R'OH \\[2mm]
RCH_2NH_2
\end{array}
$$

羧酸衍生物与氢化铝锂的还原反应实质上是羧酸衍生物分子中的羰基被还原成亚甲基($-CH_2-$)使酰卤、酸酐、酯生成伯醇，酰胺生成胺，且反应中碳碳双键及三键不受影响。

（五）酰胺的特性

1. 酸碱性　酰胺一般为中性物质，由于酰胺分子中氮原子的未共用电子对与羰基的 π 键形成了给电子的 p-π 共轭，使氮原子上的电子云密度降低，减弱了氮原子接受质子的能力，因而酰基使氨的碱性减弱，酰胺呈中性。

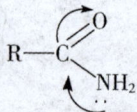

氨分子中两个氢原子同时被酰基取代所生成的化合物称酰亚胺。酰亚胺分子中的氮原子同时与两个羰基发生供电性共轭，其本身的电子云密度大大降低，因而酰亚胺不显碱性；同时氮氢键的极性显著增加，氢易解离而表现出明显的酸性。故酰亚胺能与氢氧

化钠（或氢氧化钾）的水溶液作用成盐。

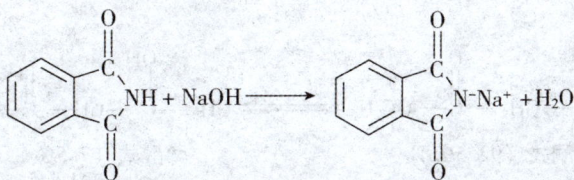

$$\text{邻苯二甲酰亚胺} + NaOH \longrightarrow \text{邻苯二甲酰亚胺钠盐} + H_2O$$

因此，当氨分子中的氢被酰基取代后，其酸碱性变化如下：

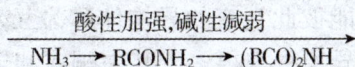

$$\xrightarrow[NH_3 \longrightarrow RCONH_2 \longrightarrow (RCO)_2NH]{\text{酸性加强,碱性减弱}}$$

2. 与亚硝酸反应 酰胺与亚硝酸反应，氨基被—OH取代，生成羧酸，同时有氮气放出。

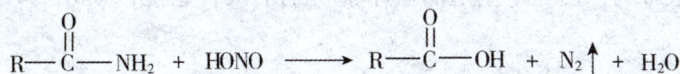

$$R-\overset{O}{\underset{\|}{C}}-NH_2 + HONO \longrightarrow R-\overset{O}{\underset{\|}{C}}-OH + N_2\uparrow + H_2O$$

3. 脱水反应 酰胺和强脱水剂如 P_2O_5 等一起加热，发生分子内脱水生成腈，这是制备腈的方法之一。例如：

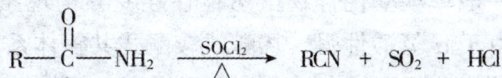

$$R-\overset{O}{\underset{\|}{C}}-NH_2 \xrightarrow[\triangle]{SOCl_2} RCN + SO_2 + HCl$$

4. 霍夫曼（Hofmann）降解反应 酰伯胺与次溴酸钠在碱性溶液中反应，脱去羧基，生成少一个碳原子的伯胺，此反应称为霍夫曼降解反应。

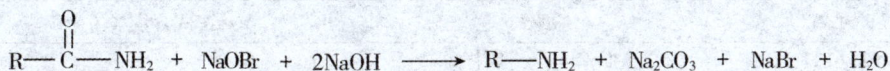

$$R-\overset{O}{\underset{\|}{C}}-NH_2 + NaOBr + 2NaOH \longrightarrow R-NH_2 + Na_2CO_3 + NaBr + H_2O$$

四、与医药有关的羧酸衍生物类化合物

（一）乙酰乙酸乙酯

乙酰乙酸乙酯又称β-丁酮酸乙酯，是具有清香气味的无色液体，沸点181℃，沸腾时有分解现象，微溶于水，易溶于乙醇和乙醚。乙酰乙酸乙酯具有一些特殊的性质，在有机合成和理论上都有重要意义。

乙酰乙酸乙酯化学性质比较特殊，一方面可以和2,4-二硝基苯肼反应生成橙色的2,4-二硝基苯腙沉淀，表明它含有酮式（ $\overset{|}{C}=O$ ）结构；另一方面它遇三氯化铁溶液显紫色，能使溴的四氯化碳溶液退色，能与金属钠反应放出氢气，表明它含有烯醇式（ $-\overset{|}{C}=\overset{|}{\underset{OH}{C}}-$ ）结构。经过许多物理和化学方法的研究，最后确定，乙酰乙酸乙酯存在

酮式和烯醇式两种异构体，这两种异构体可以不断地相互转变，并以一定的比例呈动态平衡同时共存。

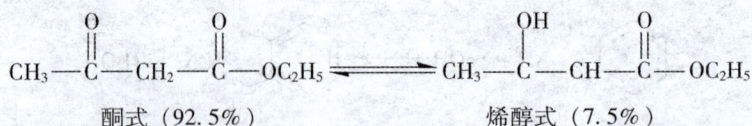

$$CH_3-\overset{\overset{O}{\|}}{C}-CH_2-\overset{\overset{O}{\|}}{C}-OC_2H_5 \ \rightleftharpoons \ CH_3-\overset{\overset{OH}{|}}{C}-CH-\overset{\overset{O}{\|}}{C}-OC_2H_5$$

酮式（92.5%）　　　　　　　　　烯醇式（7.5%）

在乙酰乙酸乙酯的动态平衡体系中，酮式异构体占 92.5%，烯醇式异构体占 7.5%。像这样两种或两种以上的异构体相互转变，并以动态平衡同时共存的现象称为互变异构现象，在平衡体系中能彼此互变的异构体称为互变异构体。在有机化合物中，普遍存在互变异构现象。互变异构种类很多，其中酮式和烯醇式互变叫做酮式–烯醇式互变异构。

乙酰乙酸乙酯产生互变异构的原因，主要是酮式异构体中亚甲基（ $-CH_2-$ ）受到羰基和酯基的双重影响，使亚甲基上的氢原子特别活泼，它能以质子（ H^+ ）的形式转移到羰基氧原子上，形成烯醇式异构体。除乙酰乙酸乙酯外，凡是具有（ $-\overset{\overset{H}{|}}{C}-\overset{\overset{O}{\|}}{C}-$ ）结构的化合物都可能存在酮式和烯醇式互变异构现象。

从表 9-2 可看出，一般单羰基化合物虽然存在互变异构现象，但酮式占绝对优势。含两个羰基的化合物，由于 α 氢酸性强，烯醇式较酮式共轭体系大，而且可以形成较稳定的分子内氢键，使烯醇式在平衡混合物中的含量增高。例如：2,4-戊二酮的烯醇式为酮式的 3 倍。

表 9-2　某些化合物中烯醇式的含量

酮式	烯醇式	烯醇式含量（%）
$CH_3\overset{}{C}CH_3$　O	$H_2C=\overset{}{C}-CH_3$　OH	0.00015
$C_2H_5O\overset{}{C}-CH_2COC_2H_5$　O　O	$C_2H_5O\overset{}{C}=CHCOC_2H_5$　OH　O	0.1
$CH_3\overset{}{C}-CH_2COC_2H_5$　O　O	$CH_3\overset{}{C}=CHCOC_2H_5$　OH	7.5
$CH_3\overset{}{C}-CH_2CCH_3$　O　O	$CH_3\overset{}{C}=CHCCH_3$　OH	76.0
$C_6H_5\overset{}{C}-CH_2CCH_3$　O　O	$C_6H_5\overset{}{C}=CHCCH_3$　OH	90.0

（二）碳酸衍生物

碳酸很不稳定，只存在于水溶液中，且很容易分解成水和二氧化碳。

碳酸分子中的一个或两个羟基被其他原子或基团取代后生成的化合物叫做碳酸衍

生物。

碳酸的一元衍生物显酸性，很不稳定，难以单独存在，易分解成二氧化碳；二元衍生物比较稳定，具有非常重要的用途。

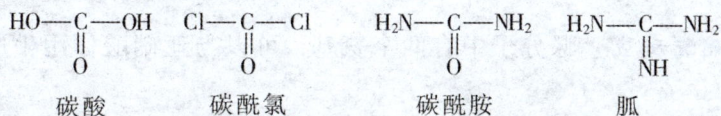

$$HO-\underset{\underset{O}{\|}}{C}-OH \quad Cl-\underset{\underset{O}{\|}}{C}-Cl \quad H_2N-\underset{\underset{O}{\|}}{C}-NH_2 \quad H_2N-\underset{\underset{NH}{\|}}{C}-NH_2$$

　　碳酸　　　　　碳酰氯　　　　　碳酰胺　　　　　胍

例如碳酰氯（即光气）、碳酰胺（即尿素）、碳酸二甲酯等都是主要的碳酸衍生物。

1. 光气　光气（学名碳酰氯）最初是由一氧化碳和氯气在光照下反应得到的，也可以由四氯化碳和80%发烟硫酸制备。目前工业上是用活性炭作催化剂，在200℃时使等体积的一氧化碳和氯气反应而得。

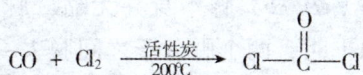

$$CO + Cl_2 \xrightarrow[200℃]{活性炭} Cl-\underset{\underset{O}{\|}}{C}-Cl$$

光气是一种极毒带甜味的无色气体，有腐草臭，熔点-118℃，沸点8.2℃，微量吸入也危险，有累积中毒作用，第一次世界大战是曾被用作毒气。

2. 脲　脲是碳酸的酰胺，可以看成碳酸分子中的两个—OH分别被氨基取代。

$$H_2N-\underset{\underset{O}{\|}}{C}-NH_2$$

脲是哺乳动物体内蛋白质代谢的最终产物，存在于尿液中，因此俗称尿素。成人每天从尿中排出尿素约30g。脲是白色结晶，熔点133℃，易溶于水和乙醇中，脲的用途很广泛，它除了大量用作氮肥外，还是合成药物及塑料等的原料。临床上尿素注射液对降低颅内压和眼内压有显著疗效，可用于治疗急性青光眼和脑外伤引起的脑水肿。

脲具有酰胺的化学性质，由于脲分子中的两个氨基连在同一个羰基上，所以它又有一些特殊的性质。

(1) 水解反应　脲是酰胺类化合物，具有酰胺的通性，在酸、碱或脲酶的催化下可以发生水解反应。

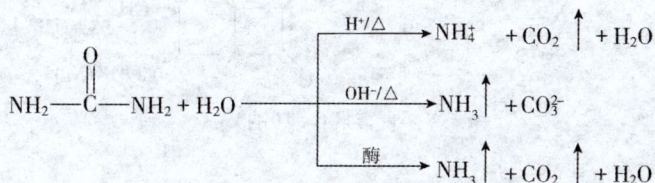

$$NH_2-\underset{\underset{O}{\|}}{C}-NH_2 + H_2O \longrightarrow \begin{cases} \xrightarrow{H^+/\triangle} NH_4^+ + CO_2\uparrow + H_2O \\ \xrightarrow{OH^-/\triangle} NH_3\uparrow + CO_3^{2-} \\ \xrightarrow{酶} NH_3\uparrow + CO_2\uparrow + H_2O \end{cases}$$

(2) 弱碱性　脲分子中含有两个氨基，具有弱碱性，能与强酸反应生成盐。所以脲是一种弱碱，例如脲与浓硝酸或草酸反应析出白色的不溶性盐，此性质可用于从尿液中分离提取尿素。

$$NH_2-\overset{O}{\overset{\|}{C}}-NH_2 + HNO_3 \longrightarrow NH_2-\overset{O}{\overset{\|}{C}}-NH_2 \cdot HNO_3\downarrow$$

硝酸脲

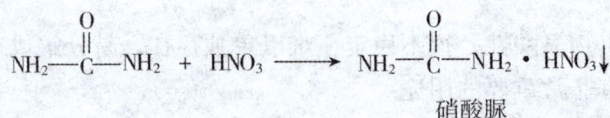

（3）**与亚硝酸反应** 脲分子中有两个氨基，可以与亚硝酸作用生成氮气和二氧化碳：

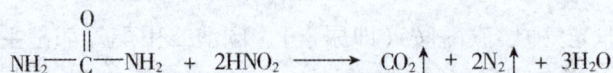

$$NH_2-\overset{O}{\overset{\|}{C}}-NH_2 + 2HNO_2 \longrightarrow CO_2\uparrow + 2N_2\uparrow + 3H_2O$$

此反应能定量放出氮气，利用此反应不但能测定尿素的含量，而且还利用它来破坏和除去亚硝酸。

（4）**缩二脲的生成及缩二脲反应** 脲本身并无缩二脲反应，若将固体脲缓缓加热到其熔点（150℃～160℃）以上时，两个脲分子之间脱去一分子氨生成缩二脲。

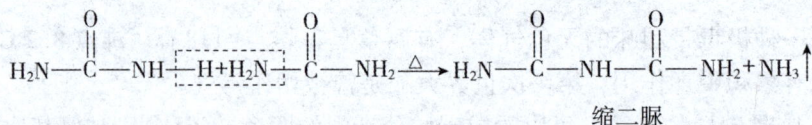

$$H_2N-\overset{O}{\overset{\|}{C}}-NH\boxed{-H+H_2N}-\overset{O}{\overset{\|}{C}}-NH_2 \overset{\triangle}{\longrightarrow} H_2N-\overset{O}{\overset{\|}{C}}-NH-\overset{O}{\overset{\|}{C}}-NH_2+NH_3\uparrow$$

缩二脲

缩二脲是无色晶体，难溶于水，易溶于碱性溶液。在缩二脲的碱溶液中加入少量的硫酸铜溶液，溶液呈紫红色，此反应称为缩二脲反应。凡分子中含有两个或两个以上酰胺键（肽键）的化合物都能发生缩二脲反应。如多肽、蛋白质等化合物中含有多个肽键，所以都能发生缩二脲反应。

3. β-内酰胺抗生素 β-内酰胺抗生素是一类广谱抗生素，因其结构中含有一个四元的 β-内酰胺环的结构而得名。重要的有青霉素 G 钾、阿莫西林等。通过抑制细菌细胞壁黏肽合成酶的活性而阻碍细胞壁黏肽的合成，使细菌胞壁缺损，菌体膨胀裂解。由于哺乳动物无细胞壁，不受 β-内酰胺类抗生素的影响，故对机体的毒性小。

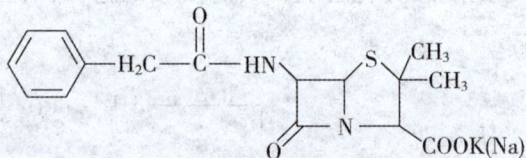

青霉素 G 钾（钠）

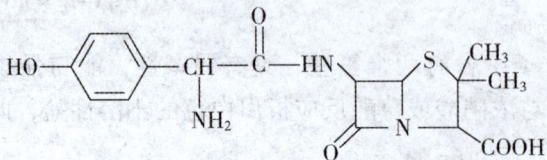

羟氨苄青霉素（阿莫西林）

4. N,N-二甲基甲酰胺　N,N-二甲基甲酰胺（N,N-dimethyl formamide）简称 DMF，为无色液体，沸点为 153℃。DMF 能与大多数溶剂混溶，因此有"万能溶剂"之称。吸入蒸气后，可产生眼和上呼吸道刺激症状。短期内大量接触，可出现头痛、头晕、焦虑、恶心、呕吐、上腹部剧痛、顽固性便秘等，中毒严重者伴消化道出血。

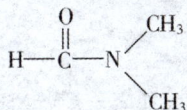

5. 丙二酰脲　丙二酸二乙酯和脲在乙醇钠催化下缩合生成丙二酰脲。丙二酰脲为白色结晶，熔点 245℃，微溶于水。

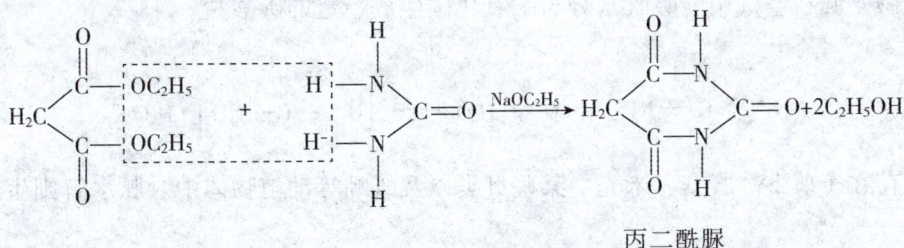

丙二酰脲

丙二酰脲分子中亚甲基的 α-H 和 2 个酰亚氨基中的氢原子都很活泼，在水溶液中丙二酰脲存在着酮式-烯醇式互变异构。

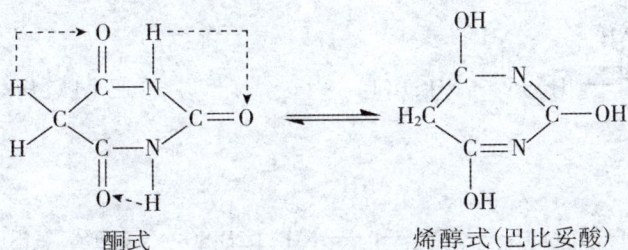

酮式　　　　　　　烯醇式（巴比妥酸）

烯醇式显示较强的酸性（$pK_a = 3.98$），所以丙二酰脲又称巴比妥酸。

丙二酰脲分子中亚甲基的 2 个氢原子被烃基取代的衍生物，是一类催眠、镇痛药物，总称为巴比妥类药物。烃基不同，催眠、镇痛作用有强弱、快慢、长短的区别，苯巴比妥还可用作特殊性大发作晨间抗癫痫病的药物。需要指出的是巴比妥类药物有成瘾性，用量过大会危及生命。巴比妥类药物常制成钠盐水溶液，可供注射用。其结构通式为：

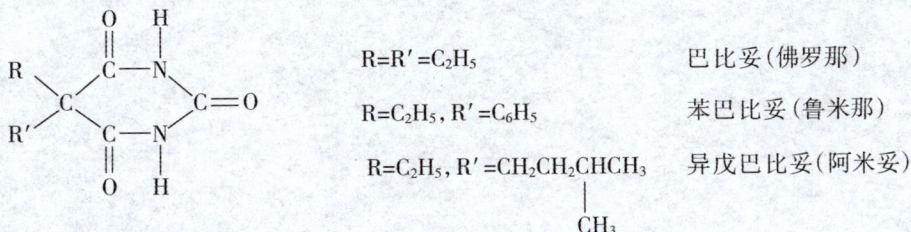

R=R′=C₂H₅　　　　　　　巴比妥（佛罗那）

R=C₂H₅, R′=C₆H₅　　　　苯巴比妥（鲁米那）

R=C₂H₅, R′=CH₂CH₂CHCH₃　异戊巴比妥（阿米妥）
　　　　　　　　　|
　　　　　　　　　CH₃

6. 胍　胍可以看成脲分子中的氧原子被亚氨基取代后生成的化合物，又称亚氨基脲。胍为吸湿性很强的无色结晶，熔点 50℃，易溶于水和乙醇。胍极易接受质子，是有机强碱，其碱性（$pK_b = 0.52$）与氢氧化钠相当，能吸收空气中的二氧化碳和水分，能与酸作用生成稳定的盐，在碱性条件下容易水解不稳定。

胍分子中去掉氨基上的 1 个氢原子后剩下的基团称为胍基；去掉 1 个氨基后剩下的基团称为脒基。

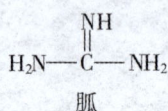

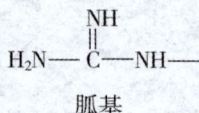

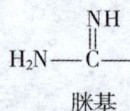

$$\underset{\text{胍}}{H_2N-\overset{\overset{\displaystyle NH}{\|}}{C}-NH_2} \qquad \underset{\text{胍基}}{H_2N-\overset{\overset{\displaystyle NH}{\|}}{C}-NH-} \qquad \underset{\text{脒基}}{H_2N-\overset{\overset{\displaystyle NH}{\|}}{C}-}$$

工业上可由双氰胺和过量氨加热得到胍。胍是碱性极强（与苛性碱相似）的有机一元强碱，胍在空气中能吸收水分与二氧化碳生成稳定的碳酸盐。

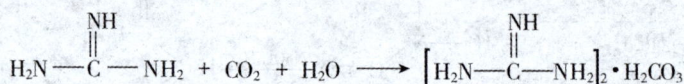

$$H_2N-\overset{\overset{\displaystyle NH}{\|}}{C}-NH_2 + CO_2 + H_2O \longrightarrow [H_2N-\overset{\overset{\displaystyle NH}{\|}}{C}-NH_2]_2 \cdot H_2CO_3$$

胍存在于萝卜、蘑菇、米壳、某些贝类以及蚯蚓等动植物体中。胍水解则生成尿素和氨。

含有胍基或脒基的药物称为胍类药物，其衍生物在生理上很重要，如精氨酸、肌酸、链霉素、抗病毒药物吗啉胍（病毒灵）、具有降血压药物硫酸胍氯酚等分子中都含有胍基，通常将此类药物制成盐类贮存和使用。

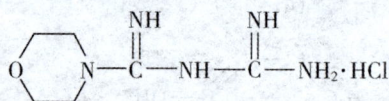

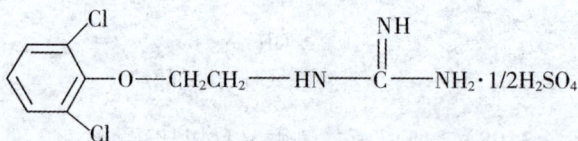

$$\underset{\text{吗啉胍（病毒灵）}}{O\diagdown\text{N}-\overset{\overset{\displaystyle NH}{\|}}{C}-NH-\overset{\overset{\displaystyle NH}{\|}}{C}-NH_2 \cdot HCl}$$

$$\underset{\text{硫酸胍氯酚}}{\text{（2,6-二氯苯基）}-O-CH_2CH_2-HN-\overset{\overset{\displaystyle NH}{\|}}{C}-NH_2 \cdot 1/2H_2SO_4}$$

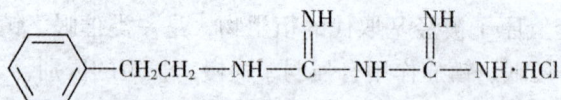

$$\underset{\text{盐酸苯乙双胍（降糖灵）}}{\text{（苯基）}-CH_2CH_2-NH-\overset{\overset{\displaystyle NH}{\|}}{C}-NH-\overset{\overset{\displaystyle NH}{\|}}{C}-NH \cdot HCl}$$

治疗糖尿病的甲福明和治胃病的甲氰咪胍（又名西咪替丁）分子中就含有胍基和脒基。

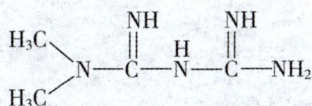

甲福明（又名盐酸二甲双胍） 甲氰咪胍

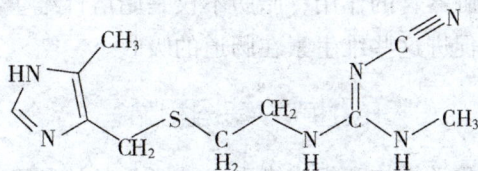

7. 氨基甲酸酯 当碳酸分子中两个羟基分别被氨基和烷氧基取代后，即得到氨基甲酸酯。

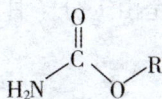

氨基甲酸酯类 N–烃基取代氨基甲酸酯类 氨基甲酸乙酯

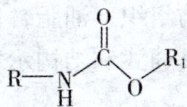

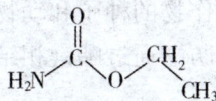

氨基甲酸酯不能由碳酸直接取代得到，而是以光气为原料，通过先部分醇解再氨解或先部分氨解再醇解来制得。

知识链接

氨基甲酸酯的应用

氨基甲酸酯类农药是一类发展得很快的高效低毒新型农药，可用作杀虫剂、杀菌剂和除草剂。其典型代表物西维因由于其高效低毒，杀虫范围广，对作物无药害，对光、热、酸性物质较稳定，是主要的杀虫剂。

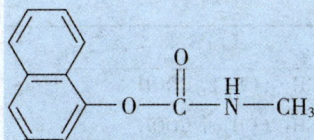

N–甲基氨基甲酸–α–萘酯（西维因） N–甲基氨基甲酸–3–甲基苯酯（速灭威） N–甲基氨基甲酸–3,4–二氯苯酯（灭草灵）

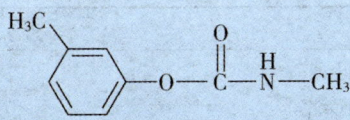

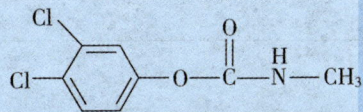

第二节 油 脂

脂类是一类不溶于水而溶于脂溶性溶剂，并能为生物体利用的重要有机化合物。是机体内的一类有机大分子物质，具有重要的生物学功能。

脂类包括油脂和类脂。油脂是油和脂肪的统称，具有储存和提供能量的作用，人体中的脂肪约占体重的10%~20%，1g脂肪在体内完全氧化时可释放出38kJ（9.3kcal）的能量，比1g糖原或蛋白质所放出的能量多两倍以上；脂肪组织还可起到保持体温，保护内脏器官的作用；脂肪不仅是脂溶性维生素 A、D、E、K 等重要的食物来源，同时还可以促进这些维生素在肠道的吸收。

一、油脂的组成、结构和命名

从化学结构和组成来看，油脂是甘油和高级脂肪酸形成的酯类混合物。其中，每一个油脂分子都是 1 分子甘油和 3 分子高级脂肪酸组成的酯，医学上常称为甘油三酯，又称之为脂酰甘油。一般把常温下是液体的称作油，如橄榄油、菜油、花生油、葵花籽油等；而把常温下是固体或半固体的称作脂肪，如牛脂、猪脂（也称为牛油、猪油）等。油脂分布十分广泛，各种植物的种子、动物的组织和器官中都存在一定数量的油脂，特别是油料作物的种子和动物皮下的脂肪组织，油脂含量丰富。它是由 1 分子甘油与 3 分子高级脂肪酸通过酯键相结合而成，其通式和结构示意图为：

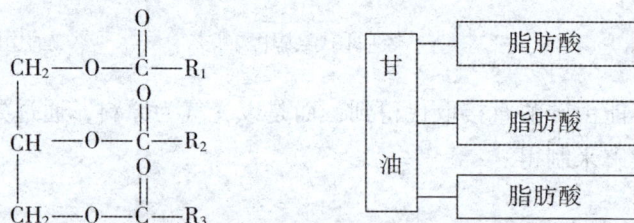

$$
\begin{array}{l}
CH_2-O-\overset{O}{\overset{\|}{C}}-R_1 \\
CH-O-\overset{O}{\overset{\|}{C}}-R_2 \\
CH_2-O-\overset{O}{\overset{\|}{C}}-R_3
\end{array}
$$

甘油 —— 脂肪酸
甘油 —— 脂肪酸
甘油 —— 脂肪酸

式中 R_1、R_2、R_3 分别代表脂肪酸的烃基，若 R_1、R_2、R_3 相同，称为单甘油酯；若其中任意两个不同，则称为混甘油酯。天然油脂大多为混甘油酯的混合物。

组成油脂的脂肪酸有饱和的也有不饱和的，有 50 多种，大多数是含有偶数碳原子的直链高级脂肪酸，其中以含 16 和 18 个碳原子的高级脂肪酸最为常见。常见油脂中所含重要高级脂肪酸见表 9-3。

表 9-3 常见油脂中所含的重要脂肪酸

类别	名称	结构
饱和脂肪酸	肉豆蔻酸（十四酸）	$CH_3(CH_2)_{12}COOH$
	软脂酸（十六酸）	$CH_3(CH_2)_{14}COOH$
	硬脂酸（十八酸）	$CH_3(CH_2)_{16}COOH$
不饱和脂肪酸	棕榈油酸（9-十六碳烯酸）	$CH_3(CH_2)_5CH=CH(CH_2)_7COOH$
	油酸（9-十八碳烯酸）	$CH_3(CH_2)_7CH=CH(CH_2)_7COOH$
	亚油酸（9,12-十八碳二烯酸）	$CH_3(CH_2)_3(CH_2CH=CH)_2(CH_2)_7COOH$
	亚麻酸（9,12,15-十八碳三烯酸）	$CH_3(CH_2CH=CH)_3(CH_2)_7COOH$
	花生四烯酸（5,8,11,14-二十碳四烯酸）	$CH_3(CH_2)_3(CH_2CH=CH)_4(CH_2)_3COOH$
	EPA（5,8,11,14,17-二十碳五烯酸）	$CH_3(CH_2CH=CH)_5(CH_2)_3COOH$
	DHA（4,7,10,13,16,19-二十六碳六烯酸）	$CH_3(CH_2)_4(CH_2CH=CH)_6(CH_2)_2COOH$

不饱和脂肪酸的熔点比相应饱和脂肪酸低，不饱和程度越大，熔点越低。一般来说，饱和脂肪酸含量较高的油脂熔点较高，常温下为固态；不饱和脂肪酸含量较高的油脂熔点较低，常温下为液态。如橄榄油中油酸的含量达 83%，亚油酸是葵花子油的主

要成分。

多数脂肪酸在人体内都能够合成，但亚油酸、亚麻酸、花生四烯酸等在体内不能合成，但又是营养上不可缺少的，必须由食物供给，故称其为必需脂肪酸。例如：花生四烯酸是合成体内重要活性物质前列腺素的原料，但它必须从食物中摄取。它们在植物中含量高，花生四烯酸是合成前列腺素、血栓素等的原料；亚麻酸在体内可转化成 EPA、DHA。

EPA（二十碳五烯酸）、DHA（二十六碳六烯酸）主要从海洋鱼类及甲壳类动物体内所含的油脂中分离。EPA 称为"血管清道夫"，它具有疏导清理心脏血管的作用，从而防止多种心血管疾病。DHA 俗称脑黄金，它是大脑、神经、视觉细胞中重要的脂肪酸成分，是人类大脑形成和智商开发的必需物质，对提高儿童智力、防止近视眼有一定好处。儿童以每天摄入 30mg 以下为宜。

单甘油酯的命名一般是将脂肪酸名称放在前面，甘油名称放在后面，称为"三某酸甘油酯"，混甘油酯则以 α、β、α′ 分别表明脂肪酸的位置。例如：

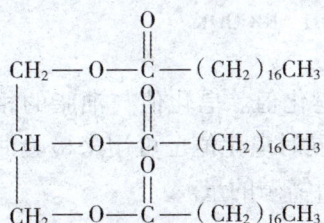

$$CH_2-O-\overset{\overset{O}{||}}{C}-(CH_2)_{16}CH_3$$
$$CH-O-\overset{\overset{O}{||}}{C}-(CH_2)_{16}CH_3$$
$$CH_2-O-\overset{\overset{O}{||}}{C}-(CH_2)_{16}CH_3$$

三硬脂酸甘油酯

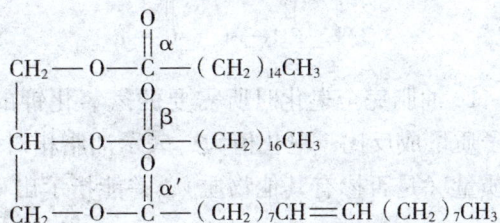

$$CH_2-O-\overset{\overset{O}{||}\alpha}{C}-(CH_2)_{14}CH_3$$
$$CH-O-\overset{\overset{O}{||}\beta}{C}-(CH_2)_{16}CH_3$$
$$CH_2-O-\overset{\overset{O}{||}\alpha'}{C}-(CH_2)_7CH=CH(CH_2)_7CH_3$$

α–软脂酸–β–硬脂酸–α′–油酸甘油酯

二、油脂的物理性质

纯净的油脂无色、无臭、无味，但天然的油脂因溶有维生素和胡萝卜素、叶绿素等色素或由于贮存期间的变化而带有一定的颜色，有的带有香味，有的具有特殊气味。油脂密度小于 1，难溶于水，易溶于有机溶剂如汽油、乙醚、氯仿、热乙醇、四氯化碳、丙酮、苯等有机溶剂。油脂是混合物，没有固定的熔点和沸点，只有一定的熔点范围，如牛油为 42℃ ~49℃，猪油为 36℃ ~46℃。

三、油脂的化学性质

（一）水解反应

油脂是酯类化合物，在酸、碱或酶的催化作用下，油脂能与水发生水解反应。1 分子油脂完全水解的产物是 1 分子甘油和 3 分子高级脂肪酸。其反应式为：

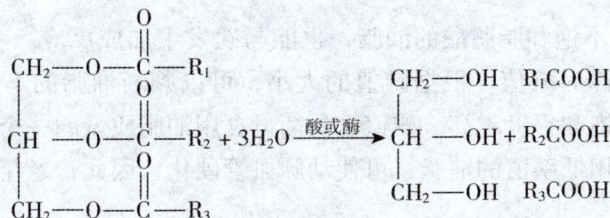

$$CH_2-O-\overset{\overset{O}{||}}{C}-R_1$$
$$CH-O-\overset{\overset{O}{||}}{C}-R_2 + 3H_2O \xrightarrow{\text{酸或酶}} CH-OH + R_2COOH$$
$$CH_2-O-\overset{\overset{O}{||}}{C}-R_3$$

（右侧产物：CH$_2$—OH R$_1$COOH；CH—OH + R$_2$COOH；CH$_2$—OH R$_3$COOH）

油脂在不完全水解时，可生成脂肪酸、单酰甘油或二酰甘油，这些也是人体脂肪代谢中的中间产物。

油脂在酸性条件下的水解反应不能进行到底，故采用在碱性溶液中水解油脂，生成甘油和高级脂肪酸盐。高级脂肪酸盐就是日常使用的肥皂。因此油脂在碱性溶液中的水解反应称为皂化。由高级脂肪酸钠盐组成的肥皂，称为钠肥皂（硬皂），就是常用的普通肥皂。由高级脂肪酸钾盐组成的肥皂，称为钾肥皂，又称软皂。软皂常作为皮肤科用药，用于慢性鳞屑性皮肤病（如银屑病）去除痂皮和头皮鳞屑，也可在便秘时灌肠，扭伤和挫伤时作温和抗刺激剂，清洁皮肤。

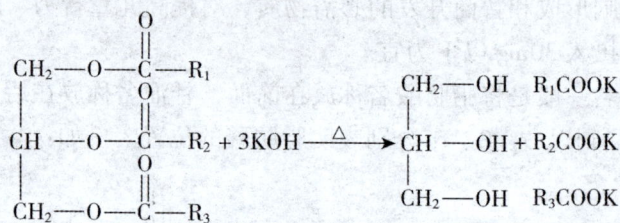

$$
\begin{array}{l}
CH_2-O-\overset{\overset{\displaystyle O}{\|}}{C}-R_1 \\
| \\
CH\ -O-\overset{\overset{\displaystyle O}{\|}}{C}-R_2 + 3KOH \xrightarrow{\triangle} \\
| \\
CH_2-O-\overset{\overset{\displaystyle O}{\|}}{C}-R_3
\end{array}
\quad
\begin{array}{l}
CH_2-OH \quad R_1COOK \\
| \\
CH\ -OH + R_2COOK \\
| \\
CH_2-OH \quad R_3COOK
\end{array}
$$

1g 油脂完全皂化时所需要的氢氧化钾的毫克数叫做皂化值。皂化值与油脂的相对分子质量成反比。皂化值大，表示油脂相对分子质量小。同时皂化值也可用来检验油脂的质量（是否掺有其他物质），并能指示出皂化一定油脂所需碱的量。

（二）加成反应

1. 加氢 含有不饱和脂肪酸成分的油脂在一定条件下与氢气发生加成反应生成含饱和脂肪酸成分的油脂。

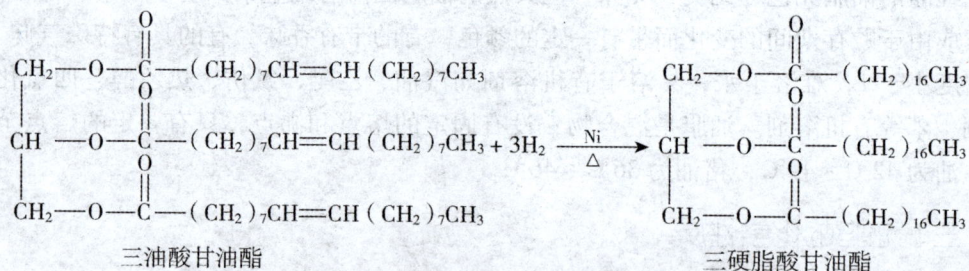

$$
\begin{array}{l}
CH_2-O-\overset{\overset{\displaystyle O}{\|}}{C}-(CH_2)_7CH=CH(CH_2)_7CH_3 \\
| \\
CH\ -O-\overset{\overset{\displaystyle O}{\|}}{C}-(CH_2)_7CH=CH(CH_2)_7CH_3 + 3H_2 \\
| \\
CH_2-O-\overset{\overset{\displaystyle O}{\|}}{C}-(CH_2)_7CH=CH(CH_2)_7CH_3
\end{array}
\xrightarrow[\triangle]{Ni}
\begin{array}{l}
CH_2-O-\overset{\overset{\displaystyle O}{\|}}{C}-(CH_2)_{16}CH_3 \\
| \\
CH\ -O-\overset{\overset{\displaystyle O}{\|}}{C}-(CH_2)_{16}CH_3 \\
| \\
CH_2-O-\overset{\overset{\displaystyle O}{\|}}{C}-(CH_2)_{16}CH_3
\end{array}
$$

三油酸甘油酯   三硬脂酸甘油酯

不饱和的液态油通过加氢可从液态油变成饱和度较高的固态脂肪。这一过程称为油脂的氢化，也称油脂的硬化。形成的固态油脂，称为硬化油。食用的人造奶油就是硬化油。硬化油不易氧化变质，便于贮存，因熔点提高也便于运输。亦可作为制肥皂的原料。

2. 加碘 含有不饱和脂肪酸的油脂，也能与碘发生加成反应。一般将每100g 油脂所能消耗碘的克数称为碘值。根据碘值的大小，可以判断油脂的不饱和程度，碘值越大，表示油脂的不饱和程度越高。碘值也是衡量食用油脂质量的一个标准。近年来研究证实发现，长期食用低碘值的油脂，可使动脉血管硬化。因此，老年人应多吃碘值较高的豆油等食用油。

（三）酸败

油脂贮存过久，在酸、碱、酶、空气、光、热、水及微生物的作用下，可发生水解、氧化等一系列反应，生成有挥发性、有臭味的低级醛、酮和脂肪酸的混合物，产生难闻的气味，这种变化称为油脂的酸败。

油脂酸败的重要标志是油脂中游离脂肪酸的含量增加。油脂中游离脂肪酸的含量通常用酸值表示。即中和 1g 油脂中游离脂肪酸所需氢氧化钾的毫克数称为酸值。酸值的大小可以衡量油脂的酸败程度，酸值越小，油脂越新鲜。油脂酸败的分解产物能使人体的酶系统和脂溶性维生素受到破坏。通常，酸值大于 6.0 的油脂不宜食用。为防止油脂的酸败，须将油脂保存在低温、干燥、避光的密闭容器中，并添加少量抗氧化剂。

植物油中虽然含有较多的不饱和脂肪酸成分，但它比动物性脂肪不易变质，其原因是在植物油中存在着较多的天然抗氧剂——维生素 E。

皂化值、碘值和酸值是油脂品质分析中的三个重要理化指标，国家对不同油脂的皂化值、碘值和酸值有一定的要求，某些油脂在医学上可作为软膏或搽剂的基质，有些可作为注射剂的溶剂，我国对食用油脂、药用油脂都有严格的规定。

本章小结

一、羧酸衍生物的定义、分类和命名

1. 定义：羧酸分子的羧基中的羟基（—OH）被—X、—OR、—OCOR、—NH$_2$（或—NHR、—NR$_2$）取代后所形成的化合物，称为羧酸衍生物。

2. 分类和命名

酰卤：酰基与卤素相连所形成的羧酸衍生物为酰卤。酰卤根据酰基的名称和卤素的不同来命名，称为某酰卤。

酸酐：酸酐是羧酸脱水的产物，也可以看成是一个氧原子连接了两个酰基所形成的化合物。可根据相应的羧酸来命名酸酐，单酐直接在羧酸的后面加"酐"字即可。称为某酐；命名混酐时，相对分子小的羧酸在前，分子大的羧酸在后；如有芳香酸时，芳香酸在前，为某某酸酐。

酯：酯是由酰基和烃氧基连接而成的，由形成它的羧酸和醇加以命名。由一元醇和羧酸形成的酯，羧酸的名称在前，醇的名称在后，但须将"醇"改为"酯"，称为某酸某酯。

酰胺：酰胺是酰基与氨基或取代氨基相连形成的化合物，其命名与酰卤相似，也是根据所含酰基的不同而称为某酰胺。当氨基氮原子上的氢原子被烃基取代时，可用"N-"表示取代酰胺中烃基的位置。

二、羧酸衍生物的化学性质

1. 酰基的亲核取代反应：水解反应、醇解反应、氨（胺）解反应。
2. 异羟肟酸铁反应：酸酐、酯和酰伯胺能与羟胺发生酰化反应生成异羟肟酸，异

羟肟酸与三氯化铁作用，得到红紫色的异羟肟酸铁。

3. α-H 的反应——酯缩合反应：酯的 α-H 受羰基的影响比较活泼，能发生类似醛、酮的羟醛缩合反应。在醇钠等碱性试剂的作用下，酯分子中的 α-H 能与另一酯分子中的烃氧基脱去一分子醇，生成 β-酮酸酯，此类反应称为酯缩合反应或克莱森（Claisen）缩合反应。

4. 还原反应：与羧酸相比，羧酸衍生物易被还原，常用还原剂为 $LiAlH_4$。

5. 酰胺的特性：酸碱性、与亚硝酸反应、霍夫曼（Hofmann）降解反应。

三、与医药有关的羧酸衍生物类化合物

1. 乙酰乙酸乙酯：两种或两种以上的异构体相互转变，并以动态平衡同时共存的现象称为互变异构现象，在平衡体系中能彼此互变的异构体称为互变异构体。

2. 脲：水解反应、弱碱性、与亚硝酸反应、缩二脲的生成及缩二脲反应。

脲本身并无缩二脲反应，若将固体脲缓缓加热到其熔点（150℃～160℃）以上时，两个脲分子之间脱去一分子氨生成缩二脲。在缩二脲的碱溶液中加入少量的硫酸铜溶液，溶液呈紫红色，此反应称为缩二脲反应。

3. β-内酰胺抗生素：是一类广谱抗生素，因其结构中含有一个四元的 β-内酰胺环的结构而得名。

4. 胍：可以看成脲分子中的氧原子被亚氨基取代后生成的化合物，又称亚氨基脲。

四、油脂

1. 油脂的组成、结构：从化学结构和组成来看，油脂是甘油和高级脂肪酸形成的酯类混合物。

多数脂肪酸在人体内都能够合成，但亚油酸、亚麻酸、花生四烯酸等在体内不能合成，却又是营养上不可缺少的，必须由食物供给，故称其为必需脂肪酸。

2. 油脂的化学性质

（1）水解反应：油脂在碱性溶液中的水解反应称为皂化。1g 油脂完全皂化时所需要的氢氧化钾的毫克数叫做皂化值。皂化值与油脂的相对分子质量成反比。皂化值大，表示油脂相对分子质量小。

（2）加成反应：①加氢：不饱和的液态油通过加氢可从液态油变成饱和度较高的固态脂肪。这一过程称为油脂的氢化，也称油脂的硬化。形成的固态油脂，称为硬化油。②加碘：一般将每 100g 油脂所能消耗碘的克数称为碘值。根据碘值的大小，可以判断油脂的不饱和程度。

（3）酸败：油脂贮存过久，在酸、碱、酶、空气、光、热、水及微生物的作用下，发生水解、氧化等一系列反应，生成有挥发性、有臭味的低级醛、酮和脂肪酸的混合物，产生难闻的气味，这种变化称为油脂的酸败。

中和 1g 油脂中游离脂肪酸所需氢氧化钾的毫克数称为酸值。酸值的大小可以衡量油脂的酸败程度。

思考与练习

一、选择题

1. CH₃CH₂OCOCH₂CH₃ 的命名是（   ）

   A. 丙酸乙酯　　B. 乙酸丙酯　　　　C. 乙酸乙酯　　　　D. 甲酸丁酯

2. 苯甲酰卤的水解反应主要产物是（   ）

   A. 苯甲酸酐　　B. 苯甲醇　　　　C. 苯甲酸　　　　D. 苯甲酸酯

3. 下列各组有机物中不是同分异构体的是（   ）

   A. 丙醛和丙酮　　　　　　　　　　B. 丙酸和甲酸乙酯

   C. 乙酸甲酯和甲酸乙酯　　　　　　D. 丙酸和丙酸甲酯

4. 化合物 ① 乙酰氯，② 乙酸乙酯，③ 乙酸酐，④ 乙酰胺进行水解反应的活性次序是：

   A. ① > ② > ③ > ④　　　　　　　B. ③ > ① > ④ > ②

   C. ② > ④ > ① > ③　　　　　　　D. ① > ③ > ② > ④

5. 下列两个化合物的关系是（   ）

   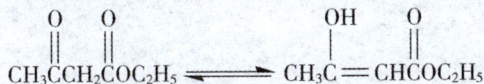

   A. 碳链异构　　B. 官能团异构　　　C. 互变异构　　　　D. 位置异构

6. 下列药物易发生受潮失效的是（   ）

   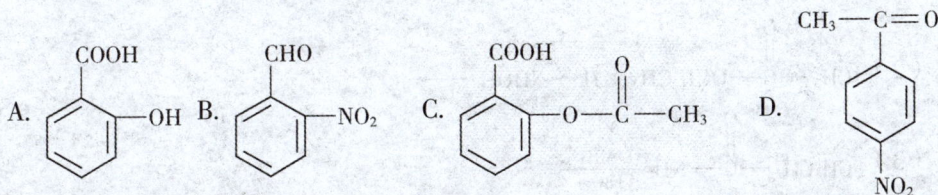

7. 下列脂肪酸中，不属于必需脂肪酸的是（   ）

   A. 花生四烯酸　　B. 亚油酸　　　C. 油酸　　　　　D. 亚麻酸

8. 油脂酸败的主要原因是（   ）

   A. 加氢　　　　B. 硬化　　　　C. 氧化　　　　　D. 加碘

9. 在油脂中加氢氧化钠溶液并加热使其反应，该反应属于油脂的（   ）

   A. 硬化　　　　B. 皂化　　　　C. 乳化　　　　　D. 氢化

10. 医药上常用软皂的成分是（   ）

    A. 高级脂肪酸盐　　　　　　　　B. 高级脂肪酸钠盐

    C. 高级脂肪酸钾盐　　　　　　　D. 高级脂肪酸钾、钠盐

11. 下列说法中不正确的是（   ）

    A. 油脂是动植物体的重要成分

B. 油脂在人体内氧化时能产生大量热能

C. 油脂能促进人体对维生素 A、D、E、K 等的吸收

D. 油脂在人体内不能水解

12. 中和 1g 油脂所需的氢氧化钾的毫克数称为 (　　　)

    A. 皂化值　　　B. 酸值　　　　C. 碘值　　　　　D. 都不是

二、命名下列化合物或写出结构式

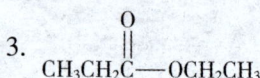

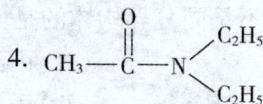

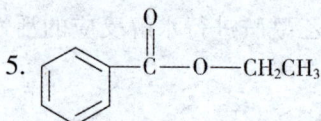

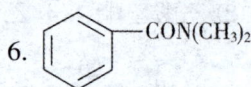

1.
$$CH_3CH_2C\overset{\displaystyle O}{\overset{\|}{—}}Cl$$

2. （CH_3CO）$_2O$

3.
$$CH_3CH_2C\overset{\displaystyle O}{\overset{\|}{—}}OCH_2CH_3$$

4.
$$CH_3\overset{\displaystyle O}{\overset{\|}{—}}C—N\overset{C_2H_5}{\underset{C_2H_5}{}}$$

5. $C_6H_5\overset{\displaystyle O}{\overset{\|}{—}}C—O—CH_2CH_3$

6. $C_6H_5CON(CH_3)_2$

7. 胍

8. 乙酰乙酸乙酯

9. 缩二脲

10. 阿司匹林

三、简答题

1. 完成下列反应式：

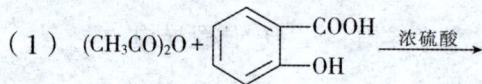

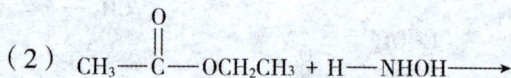

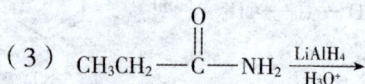

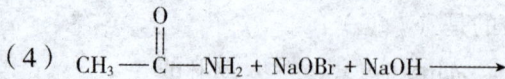

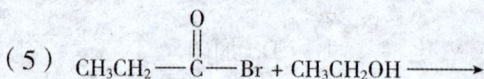

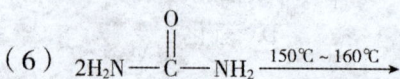

（1） $(CH_3CO)_2O + $ [苯环-COOH, OH] $\xrightarrow{浓硫酸}$

（2） $CH_3\overset{\displaystyle O}{\overset{\|}{—}}C—OCH_2CH_3 + H—NHOH \longrightarrow$

（3） $CH_3CH_2\overset{\displaystyle O}{\overset{\|}{—}}C—NH_2 \xrightarrow[H_3O^+]{LiAlH_4}$

（4） $CH_3\overset{\displaystyle O}{\overset{\|}{—}}C—NH_2 + NaOBr + NaOH \longrightarrow$

（5） $CH_3CH_2\overset{\displaystyle O}{\overset{\|}{—}}C—Br + CH_3CH_2OH \longrightarrow$

（6） $2H_2N\overset{\displaystyle O}{\overset{\|}{—}}C—NH_2 \xrightarrow{150℃～160℃}$

2. 试用简便的化学方法鉴别下列各组化合物：

（1）乙酰氯、乙酸、乙酸乙酯　　　　（2）乙酰胺、乙酰乙酸乙酯、阿司匹林

（3）缩二脲、乙酰胺、N-甲基乙酰胺　　（4）脲、缩二脲、乙酰胺

四、推导结构

1. 一羧酸衍生物 A 的化学式为 $C_5H_6O_3$，它能与乙醇作用得到两个互为异构体的化合物 B 和 C，B 和 C 分别与 $SOCl_2$ 作用后，再加入乙醇都得到一化合物 D，试推测 A、B、C、D 的结构式。

2. 有 3 种化合物分子式均为 $C_3H_6O_2$，其中 A 能与 Na_2CO_3 反应放出 CO_2，B 与 C 则不能。B 与 C 在碱性溶液中加热均可发生水解，B 水解的产物能与托伦试剂发生银镜反应，而 C 水解的产物则不能。试推测 A、B、C 的结构式。

第十章　有机含氮化合物

■ 学习目标

掌握：胺的分类、结构及其性质；重氮化反应、偶合反应。

熟悉：季铵化合物的结构和性质；常见的胺及重氮化反应、偶合反应及其在染料工业和生化检验中的应用。

了解：硝基化合物的主要性质；胺及酰胺类化合物的应用。

【引子】含氮有机化合物在制药和化工生产中占有非常重要的地位，硝基化合物、胺、酰胺、含氮杂环等是合成药物、炸药、农药及高分子化合物的重要原料；临床上常用的许多药物，如局部麻醉药盐酸利多卡因、抗菌药磺胺嘧啶、中枢神经系统镇静剂巴比妥类药物、抗高血压药物尼群地平、抗心律失常药盐酸胺碘酮等都属于含氮化合物。

通常所说的含氮有机化合物（nitrogenous compound）主要指氮原子和碳原子直接相连所形成的有机化合物，亦指含有碳氮键的化合物。它们可以看作是烃分子中氢原子被含氮官能团取代的产物。含氮有机物比含氧化合物的种类还要多。本章重点介绍硝基化合物、胺、重氮和偶氮化合物。

第一节　硝基化合物

烃分子中的氢原子被硝基（—NO_2）取代后所生成的通式为 R—NO_2 或 Ar—NO_2（R 为烷基，Ar 为芳基）的化合物，叫做硝基化合物，其官能团是硝基（—NO_2）。

一、硝基化合物的分类和命名

（一）硝基化合物的分类

1. 按烃基的不同，硝基化合物可分为脂肪族硝基化合物（RNO_2）和芳香族硝基化合物（$ArNO_2$）。例如硝基甲烷、硝基乙烷均为脂肪族硝基化合物；硝基苯、β-硝基萘均属于芳香族硝基化合物。

2. 根据硝基所连的碳原子的不同，硝基化合物可分为：①伯硝基化合物，例如硝基乙烷 $CH_3CH_2NO_2$；②仲硝基化合物，例如 2-硝基丙烷 $CH_3CHNO_2CH_3$；③叔硝基化合物，例如2-甲基-2-硝基丙烷 $CH_3C（CH_3）NO_2CH_3$。

3. 按硝基个数将硝基化合物分为：①一元硝基化合物，例如硝基乙烷 $CH_3CH_2NO_2$；②多元硝基化合物，例如二硝基乙烷 $NO_2CH_2CH_2NO_2$。

（二）硝基化合物的命名

硝基化合物的命名十分简单。只需将硝基作为取代基、烃（烃的衍生物）作为母体来对待即可。例如：

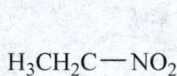

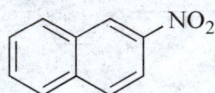

$H_3CH_2C—NO_2$　　　　　　　　　　　　　　　　　　　　　　　　　　

硝基乙烷　　　　　　硝基苯　　　　　　β-硝基萘　　　2,2-二甲基-4-硝基戊烷

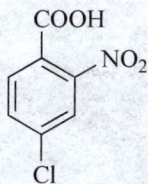

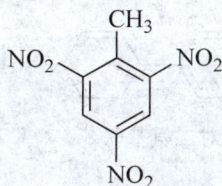

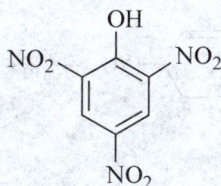

2-硝基-4-氯苯甲酸　　　2,4,6-三硝基甲苯(TNT)　　2,4,6-三硝基苯酚(苦味酸)

二、硝基化合物的物理性质

脂肪族硝基化合物是无色而具有香味的液体，相对密度都大于1，难溶于水，易溶于醇和醚，并能溶于浓 H_2SO_4 中而形成盐。芳香族硝基化合物除了硝基苯是高沸点液体外，其余多是淡黄色固体，有苦杏仁气味，味苦。不溶于水，溶于有机溶剂和浓硫酸。多数硝基化合物有毒，能透过皮肤而被吸收，能和血液中的血红素作用，严重时可以致死。在贮存和使用硝基化合物时应特别注意。

硝基的强极性，使硝基化合物具有较高的沸点和密度。随着分子中硝基数目的增加，其熔点、沸点和密度增大、苦味增加，对热稳定性减少，芳香族多硝基化合物受热易发生爆炸。如 TNT 和苦味酸均能产生爆炸，其中 TNT 为威力强大的工程炸药。

三、硝基化合物的化学性质

（一）还原反应

脂肪族硝基化合物的还原常用活泼金属（Fe、Zn、Sn 等）和盐酸的混合物为还原剂，将其还原产物为胺类，工业上也经常采用催化加氢（H_2/Ni）还原脂肪族硝基化合物。

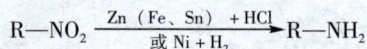

$$R—NO_2 \xrightarrow[\text{或 Ni} + H_2]{\text{Zn（Fe、Sn）} + HCl} R—NH_2$$

还原芳香族硝基化合物时须在酸性介质中以铁粉来进行，生成芳香族伯胺；在中性条件中以锌粉还原得到氢化偶氮化合物；在碱性条件中以锌粉还原得到联苯胺。

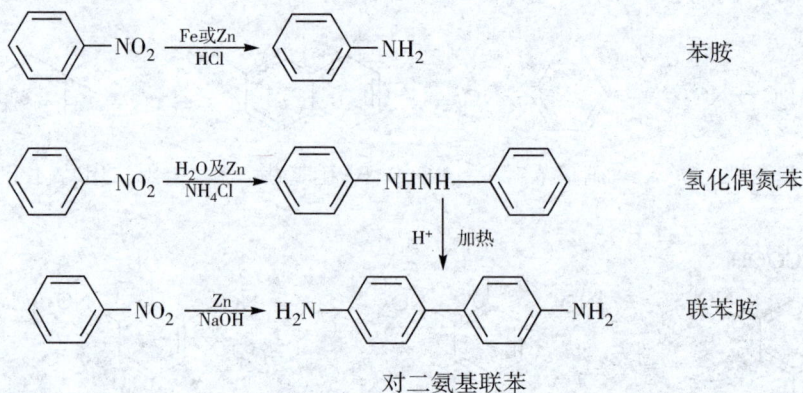

苯胺

氢化偶氮苯

联苯胺

对二氨基联苯

联苯胺是白色固体，熔点 133℃，微溶于水，溶于乙醇、乙醚，常用作工业原料，分析化学试剂。在水的分析中作为检验氰化物的试剂，还用于血液的检验，又是高价金属离子的灵敏试剂。联苯胺有很强的致癌性，在体内易引起膀胱癌，使用联苯胺时，务必注意勿触及皮肤，不误入口中。

（二）脂肪族硝基化合物的酸性

有 α-H 存在的脂肪族硝基化合物，其 α-H 受硝基的影响变得较为活泼，从而具有一定的酸性。硝基是强吸电子基，能活化 α-H 产生类似酮式-烯醇式的互变异构现象。烯醇式中连在氧原子上的氢相当活泼，呈明显的酸性，能与强碱成盐，所以含有 α-H 的硝基化合物可溶于氢氧化钠溶液中，无 α-H 的硝基化合物则不溶于氢氧化钠溶液。利用这个性质，可区分有 α-H 的伯、仲硝基化合物和无 α-H 的叔硝基化合物。

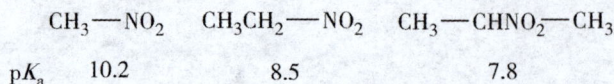

$$H_3C—NO_2 + H_2O \rightleftharpoons H_2C^-—NO_2 + H_3O^+$$

	CH₃—NO₂	CH₃CH₂—NO₂	CH₃—CHNO₂—CH₃
pK_a	10.2	8.5	7.8

（三）硝基对苯环的影响

1. 使酚及芳香酸的酸性增强 受硝基吸电子性的影响，邻、对位的硝基酚、硝基羧酸比其间位取代物的酸性增强更为明显。苯环上硝基越多，苯环上羟基或羧基的酸性就越强。

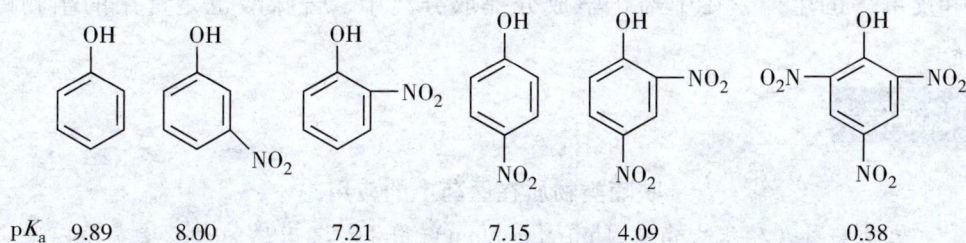

| pK_a | 9.89 | 8.00 | 7.21 | 7.15 | 4.09 | 0.38 |

2,4,6-三硝基苯酚（苦味酸）的 pK$_a$ = 0.38，酸性水平已接近无机强酸，它可与 NaOH、Na$_2$CO$_3$作用。

2. 能使卤苯更易水解 硝基的强吸电子共轭效应可使邻、对位上的亲核取代更易进行，反应活性增加。

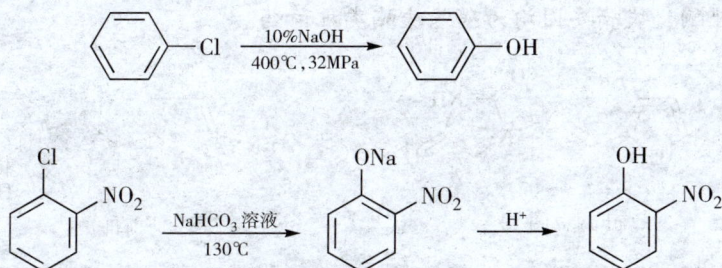

四、与医药有关的硝基化合物

硝基化合物常带有颜色，可作为硝基染料。硝基化合物及其衍生物是制造染料、药物的重要原料，部分人工合成药物也是硝基化合物。常见的硝基化合物有硝基苯、TNT和苦味酸。

（一）硝基苯

硝基苯为无色或微黄色具苦杏仁味的油状液体，有毒，遇明火、高热会燃烧、爆炸。密度大于水，难溶于水，易溶于乙醇、乙醚、苯和油。工业上用硝基苯为原料生产染料、香料、炸药等，硝基苯也是有机合成中间体及生产苯胺的原料。

（二）TNT（2,4,6-三硝基甲苯）

TNT 难溶于水、乙醇、乙醚，易溶于氯仿、苯、甲苯、丙酮的黄色结晶。受震动时相当稳定，须经起爆剂（雷汞）引发才猛烈爆炸，是一种优良的炸药。

（三）苦味酸（2,4,6-三硝基苯酚）

苦味酸为黄色针状或块状结晶，无臭，味极苦，不易吸湿。难溶于冷水，易溶于热水，极易溶于沸水，溶于乙醇、乙醚、苯和氯仿。工业上用于炸药、火柴、染料、制药和皮革等的生产，在中药化学成分提取分离中，苦味酸也是常用的生物碱沉淀剂。

知识链接

呋喃类物质在医药上的应用

呋喃妥因（硝基呋喃妥因 nitrofurantoin）用于对其敏感的大肠埃希菌以及肠球菌属、葡萄球菌属、克雷伯菌属、肠杆菌属细菌所致的急性单纯性下尿路感染，也可用于尿路感染的预防。

呋喃唑酮（痢特灵）主要用于敏感菌所致的细菌性痢疾、肠炎、霍乱，也可以用于治疗伤寒、副伤寒、贾第鞭毛虫病、滴虫病等。与制酸剂等药物合用于治疗幽门螺杆菌所致的胃窦炎。

呋喃唑酮、呋喃妥因均为硝基呋喃类抗菌药。

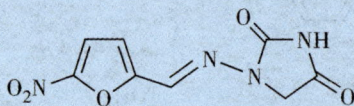

呋喃妥因

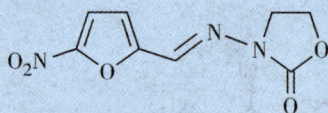

呋喃唑酮

第二节　胺类化合物

胺类化合物是氨（NH_3）分子中氢原子部分或全部被烃基取代后形成的有机化合物。胺类化合物与生命活动密切相关，构成生命的基本物质——蛋白质，是含有氨基的一类高分子化合物。一些胺的衍生物具有生理活性，可用作药物，许多中药的有效成分及合成药物分子中含有氨基或取代氨基。

一、胺的结构和分类

（一）胺的结构

胺类化合物分子结构与氨分子相似，氮原子与周围三个原子或原子团（又称取代基）构成三棱锥型结构，如图 10-1 所示。

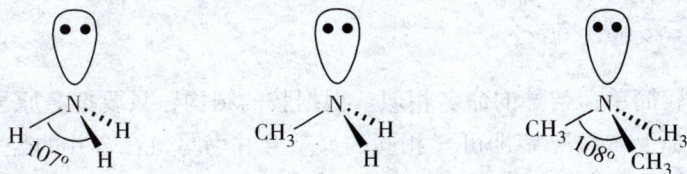

图 10-1 氨、脂肪胺的结构

胺分子中氮原子与三个取代基（—R 或 H）形成三条单键，分别占据着三棱锥的下边三个顶点，氮原子的上面是一对孤电子对。孤电子对的排斥使得 N 原子上各单键的键角（107°或 108°）略小于甲烷（正四面体）分子中 C—H 键角的109°28′。

（二）胺的分类

1. 根据氮原子连接的烃基种类不同，胺可分为脂肪胺（aliphatic amine）和芳香胺（aromatic amine）。例如：

脂肪胺：$CH_3CH_2NH_2$ $CH_3CH_2NHCH_2CH_3$

芳香胺：

2. 根据氮原子上所连烃基的数目不同，可将胺分为伯胺（1°胺）、仲胺（2°胺）和叔胺（3°胺）。

伯胺(1°胺)   仲胺(2°胺)   叔胺(3°胺)

其中氨基（—NH_2）、亚氨基（$=NH$）和次氨基（$\equiv N$），分别是伯、仲、叔胺的官能团。

3. 根据分子中氨基的数目，胺可分为一元胺、二元胺和多元胺。例如：

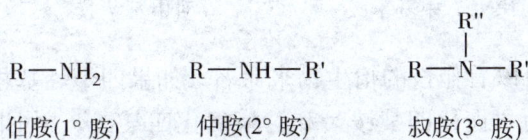

一元胺   二元胺

叔胺分子与一卤代烃反应形成一种结构类似 NH_4^+ 的季铵离子（R_4N^+），季铵离子与 X^- 一起形成季铵盐（$[R_4N]^+X^-$），季铵离子与 OH^- 则生成季铵碱（$[R_4N]^+OH^-$），如胆碱等。季铵碱及季铵盐的季铵离子中，四个 R 可以相同也可不同，R 可为脂肪烃基或芳香烃基。

二、胺及季铵碱的命名

胺的命名比较简单，与醇的命名相似。根据胺的结构，只要把氮原子上的烃基由简到繁合并书写后加上"胺"字即可（相同的烃基合并书写，在合并的烃名称前用"二"或者"三"表示其数目）。多元胺的命名与多元醇相似。

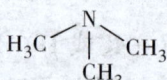

甲胺　　　　　二甲胺　　　　　三甲胺　　　　苯胺　　　　　N–甲基苯胺

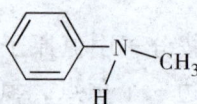

H₂NH₂C—CH₂NH₂　　　H₂N　　　　NH₂　　　　H₂N　　　　NH₂

乙二胺　　　　　　1,3–丙二胺　　　　　1,4–丁二胺　　　　N,N–二甲基苯胺

芳香族仲胺和叔胺的 N 原子上存在其他烷基时，命名时通常把芳香胺作为母体，将 N 原子上的每个烃基都用字母"N"标记出来，名称中"N–甲基"表明甲基是连在 N 上而不是连在芳环上。如：

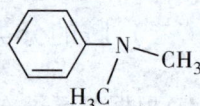

N–甲基苯胺　　　　N,N–二甲基苯胺　　　　对甲基苯胺　　　　1,3–丙二胺

季铵盐或季铵碱可以看作铵的衍生物来命名。如果四个烃基相同，其命名与卤化铵和氢氧化铵相似，称为"卤化四某铵"和"氢氧化四某铵"，如果四个烃基不同，烃基名称由小到大依次排列。如：$(CH_3)_4N^+Cl^-$ 称为氯化四甲铵，$(CH_3)_4N^+OH^-$ 称为氢氧化四甲铵。

三、胺的性质

（一）物理性质

常温下，脂肪胺中的甲胺、二甲胺、三甲胺和乙胺为无色气体，其他胺为液体或固体。低级胺有类似氨的气味，高级胺无味。

胺的沸点比与其相对分子质量相近的烃和醚要高，但比醇低。

伯、仲、叔胺都能与水形成氢键，低级胺易溶于水，如甲胺、二甲胺、乙胺和二乙胺等可与水混溶。随着相对分子质量的增加，胺的溶解度随之降低，所以中级胺、高级胺及芳香胺微溶或难溶于水，可溶于乙醇、氯仿、苯等有机溶剂。

（二）化学性质

胺的主要化学性质，取决于氮原子上的氢原子和孤电子对。胺氮原子上含有的未共用电子对能接受质子而显碱性；胺（特别是芳香胺）能与酰化剂、亚硝酸和氧化剂等反应；芳香胺的芳环上还容易发生亲电取代反应。

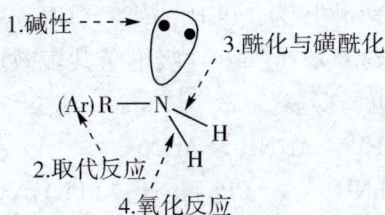

1.碱性 - - - →
3.酰化与磺酰化
(Ar)R — N
H
H
2.取代反应
4.氧化反应

1. 胺的碱性 和氨相似，胺具有碱性，能与大多数酸作用生成铵盐。

$$NH_3 + HCl \longrightarrow NH_4^+Cl^-$$

$$RNH_2 + HCl \longrightarrow RNH_3^+Cl^-$$

$$RNHR' + HOSO_3H \longrightarrow RN^+H_2R'O^-SO_3H$$

胺呈弱碱性，可与强酸发生中和反应生成盐而溶于水中，生成的弱碱盐遇强碱会释放出原来的胺。

$$RNH_3^+Cl^- + NaOH \longrightarrow RNH_2 + NaCl + H_2O$$

利用这一性质可以进行胺的分离、提纯。生物碱的提取就可采用先酸溶、再加碱中和析出法。临床上常将水溶性差的胺类药物加酸制成水溶性更强的铵盐，以增强吸收。如普鲁卡因的盐酸盐水溶性大大增加，麻醉作用也相应增强。

胺类的碱性强弱可用 K_b 或 pK_b 表示，显然，K_b 值愈大，则 pK_b 值愈小，其碱性就愈强。

胺的碱性强弱的一般规律： 脂肪胺 ＞ 氨 ＞ 芳香胺

对应的 pK_b ： ＜ 4.70 ＝4.75 ＞8.40

胺的碱性大小实质上是胺分子中 N 上的孤电子对与外来 H^+ 结合能力的大小，它主要受电子效应、空间效应和溶剂化效应三种因素的影响。从电子效应考虑，具有供电子效应的烷基能使脂肪胺氮原子上的电子云密度增大，接受质子的能力（亦即碱性）增强，因而脂肪胺的碱性都大于氨。

芳香胺分子中氮原子上的孤电子对（又称 p 电子）能与苯基等芳环上的环状大 π 键产生融合，形成如图 10-2 所示的 p-π 共轭电子体系。

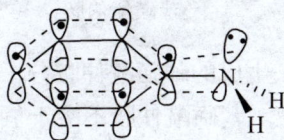

图 10-2 苯胺中的 p-π 共轭电子体系

p-π 共轭的结果是苯环对氨基氮产生了吸电子共轭效应，使氨基氮上的电子云密度降低，氮接受质子的能力减弱，因此芳香胺的碱性都小于氨。

（1）**脂肪胺的碱性** 在水溶液中，碱性的强弱主要取决于电子效应、溶剂化效应、空间效应的综合作用，胺的水溶液碱性顺序为：$(CH_3)_2NH > CH_3NH_2 > (CH_3)_3N > NH_3$。气态时，无溶剂化效应，以烷基的供电子效应影响为主，烷基越多，供电子效应越大，碱性越强。故在气态时，碱性大小顺序为：$(CH_3)_3N > (CH_3)_2NH > CH_3NH_2 > NH_3$。

（2）**芳香胺的碱性** 受到苯基（Ph—）吸电子共轭效应的影响，芳香胺比氨的氮原子电子云密度低，其碱性也弱得多。

$$NH_3 > ArNH_2 > Ar_2NH > Ar_3N$$

例如： NH_3 $PhNH_2$ $(Ph)_2NH$ $(Ph)_3N$

pK_b 4.75   9.38   13.21   中性

对取代芳胺，苯环上连供电子基（如：—OH、—CH_3 等）时，碱性会增强；连有吸电子基〔如：—NO_2、—C_6H_5（即 Ph—）、Ar—（芳基）等〕时，则碱性降低。

2. 胺的酰化 伯胺和仲胺可以与酰卤、酸酐等酰化剂反应，生成酰胺，称为酰化反应。叔胺的氮原子上没有氢原子，不能进行酰化反应。

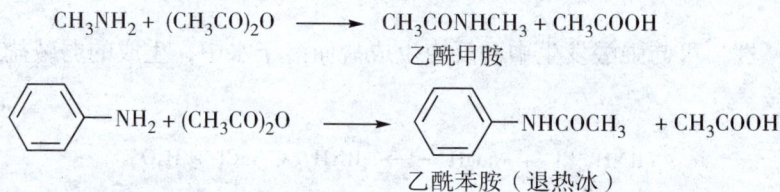

$$CH_3NH_2 + (CH_3CO)_2O \longrightarrow \underset{\text{乙酰甲胺}}{CH_3CONHCH_3} + CH_3COOH$$

乙酰苯胺（退热冰）

酰胺在酸或碱的作用下可水解除去酰基，因此在有机合成中常利用酰基化反应来保护氨基，使其在反应中不被破坏。在药物合成中，常用酰化反应来保护芳环的氨基，如解热镇痛药扑热息痛（学名对乙酰氨基酚）和非那西丁（学名对乙酰氨基苯乙醚）的制备就是利用了胺的这一性质。

3. 胺的磺酰化 在氢氧化钠存在下，伯、仲胺能与苯磺酰氯反应生成苯磺酰胺。叔胺氮原子上无氢原子，不能发生磺酰化反应。

伯胺发生磺酰化生成的苯磺酰伯胺分子中，氮原子上的氢原子由于受到苯磺酰基强吸电子性的影响而变得十分活泼，苯磺酰伯胺呈明显的酸性，可进一步溶于氢氧化钠溶液，生成水溶性的苯磺酰伯胺钠盐，溶液透明。反应如下：

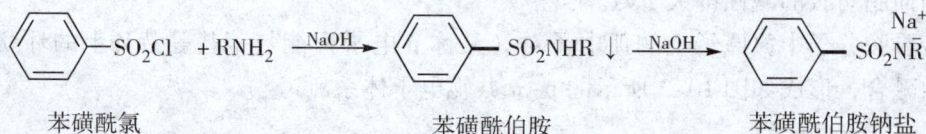

苯磺酰氯   苯磺酰伯胺   苯磺酰伯胺钠盐

仲胺也能发生苯磺酰化反应，生成的苯磺酰仲胺分子中氮原子上由于没有氢原子，没有酸性，不能与氢氧化钠溶液反应。苯磺酰仲胺不溶于氢氧化钠，常呈悬浊固体析出。

$$\text{苯磺酰氯} - SO_2Cl + R_2NH \xrightarrow{\text{NaOH}} \text{苯磺酰仲胺} - SO_2NR_2 \downarrow + NaCl + H_2O$$

苯磺酰氯　　仲胺　　　　　　　　　　苯磺酰仲胺

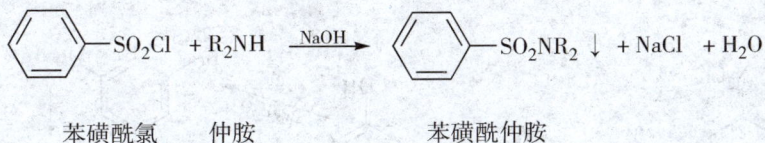

叔胺胺分子中氮原子上无氢原子，不能发生磺酰化反应，更不溶于氢氧化钠溶液，而出现分层现象。

磺酰化反应又称兴斯堡（Hinsberg）反应，可以此鉴别、分离伯、仲、叔胺。

4. 胺与亚硝酸反应　　不同的胺与亚硝酸反应，产物各不相同。由于亚硝酸不稳定，在反应中实际使用的是亚硝酸钠与盐酸的混合物。

（1）**伯胺与亚硝酸的反应**　　脂肪族伯胺与亚硝酸反应，放出的氮气是定量的，该反应可用于氨基的定量分析。

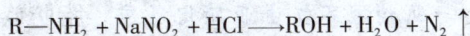

$$R-NH_2 + NaNO_2 + HCl \longrightarrow ROH + H_2O + N_2 \uparrow$$

芳香族伯胺与亚硝酸在低温下作用生成重氮盐的反应称为重氮化反应。芳香族重氮盐在 $0℃ \sim 5℃$ 低温下及强酸水溶液中性质稳定，不分解。苯胺的重氮化反应式如下：

$$\text{—NH}_2 + NaNO_2 + HCl \xrightarrow{0℃ \sim 5℃} \text{—}\overset{+}{N}_2Cl^- + NaCl + H_2O$$

重氮盐（氯化重氮苯）

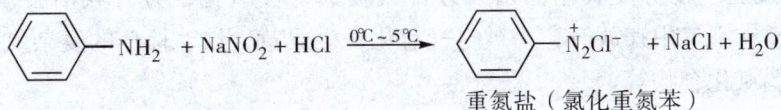

芳香族伯胺与亚硝酸反应生成的重氮盐能与芳胺或酚类物质的苯环发生偶合，生成偶氮化合物，通常作为染料，这个反应称为偶合（偶联）反应。

偶合反应式如下：

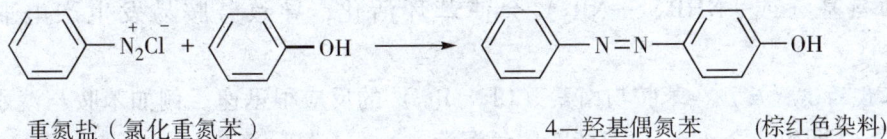

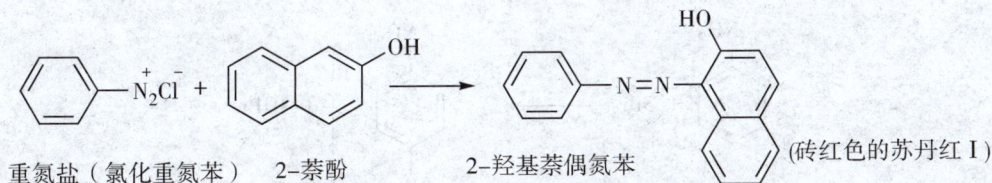

$$\text{—}\overset{+}{N}_2Cl^- + \text{—OH} \longrightarrow \text{—N=N—}\text{—OH}$$

重氮盐（氯化重氮苯）　　　　　　　　　　　　　4—羟基偶氮苯　　　（棕红色染料）

重氮盐（氯化重氮苯）　　2-萘酚　　　　　　　　2-羟基萘偶氮苯　　　（砖红色的苏丹红Ⅰ）

重氮盐与酚或者芳胺发生偶联（偶合）反应生成各种偶氮染料，这是合成偶氮染料的基本反应。因此，重氮盐也是生化分析中重要的生物组织（含有酚的结构）染色试剂。

重氮盐室温下（受热）分解放出氮气，是分子中氨基定量测定的依据。放氮后的溶液遇到溴水出现白色沉淀，也能使 $FeCl_3$ 溶液变成蓝紫色，说明分解液中有苯酚产生。

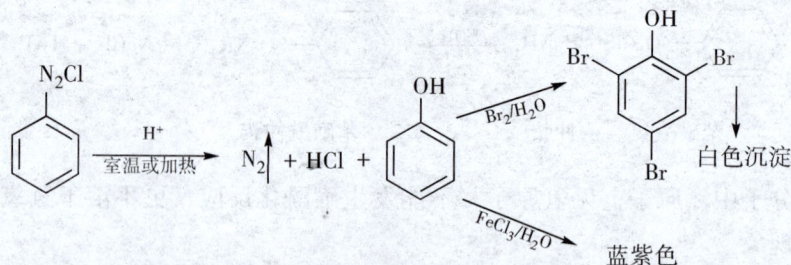

（2）仲胺与亚硝酸的反应 脂肪族仲胺和芳香族仲胺与亚硝酸反应，都生成 N-亚硝基胺。N-亚硝基胺为不溶于水的黄色油状液体或固体，与稀酸共热，可分解为原来的胺，可用来鉴别或分离提纯仲胺。N-亚硝基胺是强致癌物质。亚硝基连接在氮原子上的化合物称为 N-亚硝基化合物。

（3）叔胺 N 上无氢，与亚硝酸不发生亚硝化反应 脂肪族叔胺因氮原子上没有氢原子，不能发生硝化反应，只能与亚硝酸形成不稳定的盐。芳香族叔胺与亚硝酸反应，在芳环上发生亲电取代反应导入亚硝基，生成对亚硝基胺。

5. 氧化反应 胺易被氧化，尤其芳香族胺更易被氧化，芳香族伯胺极易被氧化。芳胺长期暴露在空气中存放时，易被空气氧化，生成黄、红、棕色的复杂氧化物。其中含有醌类、偶氮化合物等。

在有机合成中，如果要氧化芳胺环上其他基团，则必须首先保护氨基，否则氨基更易被氧化。

6. 芳环上的亲电取代反应 由于芳香胺氮原子上的孤电子对与芳环发生 p-π 共轭效应，使芳环电子云密度增加，特别是氨基的邻、对位电子云密度增加更为显著，因此芳环上的氨基（或—NHR、—NR$_2$）会使苯环活化，导致芳胺易发生亲电取代反应。

（1）苯胺的溴代反应 苯胺与卤素（Cl$_2$、Br$_2$）的反应很迅速。例如苯胺与溴水作用，在室温下立即生成 2,4,6-三溴苯胺白色沉淀。

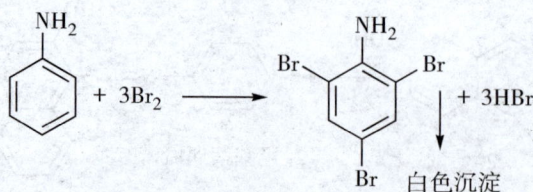

此反应能定量完成，可用于苯胺的定性鉴别及定量分析。

（2）硝化反应 由于苯胺分子中氨基极易被氧化，所以芳香胺要发生芳环上的硝化反应，就不能直接进行，而应先"保护氨基"。芳香胺的硝化反应在有机药物合成中意义重大。

（3）磺化反应 苯胺的磺化是将苯胺溶于浓硫酸中，首先生成苯胺硫酸盐，苯胺硫酸盐在高温（200℃）加热脱水并分子内重排，即生成对氨基苯磺酸。对-氨基苯磺酸是白色固体，分子内同时含有碱性的氨基和酸性磺酸基，所以分子内部可形成盐，称为内盐。

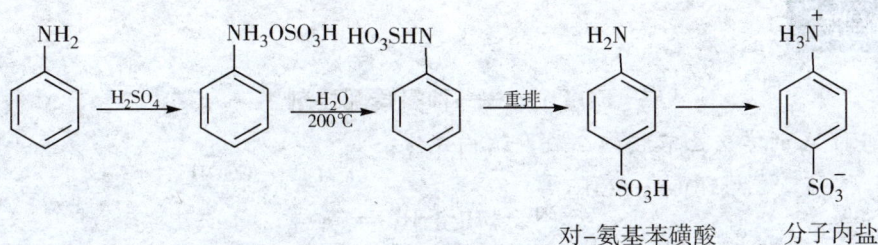

对-氨基苯磺酸　　分子内盐

知识链接

磺胺药物

　　对-氨基苯磺酸的酰胺，就是磺胺，是最简单的磺胺药物。磺胺类药物为人工合成的抗菌药，对-氨基苯磺酰胺抗菌的必需结构，尤其是磺胺基苯环对位上的游离氨基是抗菌活性部分，若被取代，则失去抗菌作用。磺胺药物分子中氨基上的氢往往被不同杂环取代，形成不同种类的磺胺药（如磺胺嘧啶，SD），它们必须在体内分解后重新释放出氨基，才能恢复活性。与母体磺胺相比，具有效价高、毒性小、抗菌谱广、口服易吸收等优点。

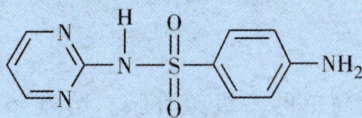

磺胺嘧啶SD

　　随着新的高效、低毒抗菌药物的出现，磺胺类药物的应用逐渐减少。

四、与医药有关的胺类化合物

（一）甲胺

　　甲胺在常温下是无色气体，有氨气味。易溶于水，水溶液呈碱性，能与酸成盐。蛋白质腐败时往往有甲胺生成。甲胺是有机合成的重要原料，如制备甲胺磷农药、合成磺胺药物等。

（二）乙二胺

　　乙二胺为无色澄清黏稠液体，有氨气味。易溶于水，溶于乙醇和甲醇，微溶于乙醚，不溶于苯。易从空气中吸收二氧化碳生成不挥发的碳酸盐，应避免露置在大气中。乙二胺是制备药物、乳化剂和杀虫剂的原料，也是环氧树脂的固化剂，还可以它为原料人工合成乙二胺四乙酸（简称 EDTA）。

EDTA——一种氨羧配位剂

EDTA 的学名乙二胺四乙酸，结构式为：

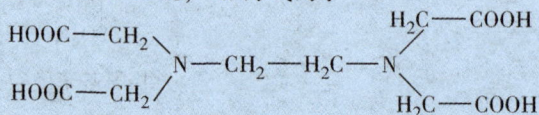

作为螯合剂的典型代表，EDTA 是滴定分析中最常用的氨羧配位剂。水中钙、镁离子的总含量（亦即水的总硬度）测定就可用 EDTA 配位滴定法。乙二胺四乙酸二钠盐或四钠盐常用于硬水的软化，能有效螯合硬水中的多种金属离子（钙、镁及铁、铅、铜、锰等）。

乙二胺四乙酸钙二钠盐，简称依地酸钠钙，能与多种金属结合成为稳定而可溶的络合物，由尿中排泄，临床用作一些重金属离子（铅、汞）中毒的促排解毒剂。

（三）苯胺

苯胺俗称阿尼林油，无色油状液体，是最简单的一级芳香胺。熔点–6.3℃，沸点184℃，相对密度 1.02，相对分子量93.1，加热至370℃分解。常温下是无色油状液体，有强烈气味，暴露于空气或日光变棕色。苯胺微溶于水，易溶于有机溶剂，可随水蒸气挥发，工业合成中苯胺可用水蒸气蒸馏方法进行纯化。苯胺毒性比较高，仅少量就能引起中毒，苯胺蒸气主要通过皮肤、呼吸道和消化道进入人体，它能破坏血液造成溶血性贫血，损害肝脏引起中毒性肝炎，也可能导致各种癌症。

（四）胆碱

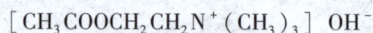

$$[\text{HOCH}_2\text{CH}_2\text{N}^+(\text{CH}_3)_3]\ \text{OH}^- \qquad\qquad [\text{CH}_3\text{COOCH}_2\text{CH}_2\text{N}^+(\text{CH}_3)_3]\ \text{OH}^-$$

胆碱 乙酰胆碱

胆碱是卵磷脂和鞘磷脂的重要组成部分，其分子式为 $C_5H_{15}NO_2$，是白色结晶，味辛而苦，极易吸湿，易溶于水和醇，在酸性溶液中对热稳定，在空气中易吸收二氧化碳，遇热分解。乙酰胆碱是中枢及周围神经系统中常见的神经传导递质，食物中的卵磷脂经人体消化吸收可得到乙酰胆碱，它可随血液循环至大脑，其作用广泛。

（五）新洁尔灭

新洁尔灭学名为溴化二甲基十二烷基苄铵，别名为溴化苄烷铵或苯扎溴铵，属于季铵盐类化合物。

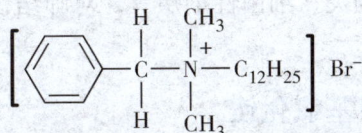

$$\left[\begin{array}{c} \text{H} \quad \text{CH}_3 \\ \text{C6H5-C-N}^+\text{-C}_{12}\text{H}_{25} \\ \text{H} \quad \text{CH}_3 \end{array} \right] \text{Br}^-$$

新洁尔灭常温下为白色或淡黄色胶状体，低温时可逐渐形成蜡状固体，易溶于水、醇，水溶液呈碱性。新洁尔灭兼有杀菌和去垢效力，作用强而快，对金属无腐蚀作用，临床上上通常用其 0.1% 的溶液作为皮肤或外科术器械的消毒剂。

（六）肾上腺素

肾上腺素学名为 1-（3,4-二羟基苯基）-2-甲氨基乙醇。白色结晶性粉末，常用其盐酸盐。性质不稳定，遇光易失效，在中性或碱性溶液中迅速氧化而呈红色或棕色，活性消失，故使用时忌与碱性药物合用。

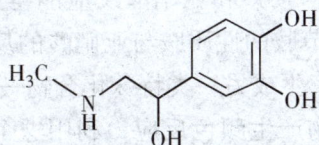

肾上腺素

肾上腺素是一种激素和神经传送体，由肾上腺释放。当人经历某些刺激（例如兴奋、恐惧、紧张等）时分泌出这种化学物质，能让人呼吸加快（提供大量氧气），心跳与血液流动加速，瞳孔放大，为身体活动提供更多能量，使人的应激反应更加快速。肾上腺素有兴奋心脏、收缩血管、升高血压、舒张平滑肌等作用，临床用于治疗心脏骤停、过敏性休克、支气管哮喘等疾病。

（七）小檗碱

小檗碱（berberine）又称黄连素，分子式为 $[C_{20}H_{18}NO_4]$，是一种异喹啉生物碱。

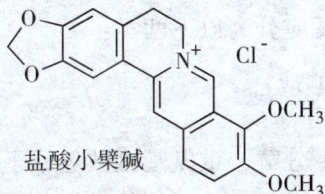

盐酸小檗碱

小檗碱存在于小檗科等 4 科 10 属的许多植物中，熔点 145℃，溶于水，难溶于苯、乙醚和氯仿，从乙醚中可析出黄色针状晶体。小檗碱盐类在水中的溶解度都比较小，例如盐酸盐为 1:500，硫酸盐为 1:30。

小檗碱为一种季铵型生物碱，其从水或稀乙醇中析出的晶体带有 5.5 分子结晶水；

若从氯仿、丙酮或苯中结晶，也带有相应的结晶溶剂分子。小檗碱的盐酸盐（俗称盐酸黄连素）已广泛用于治疗胃肠炎、细菌性痢疾等，对肺结核、猩红热、呼吸道感染也有一定疗效。

（八）双十八烷基二甲基氯化铵

双十八烷基二甲基氯化铵结构式为 $(C_{18}H_{37})_2(CH_3)_2NCl$，常温下为白色或淡黄色液体或膏体，微溶于冷水，能溶于非极性溶剂。日常用品中用作合成纤维的抗静电剂，玻璃纤维的柔软剂，兼作杀菌剂、消毒剂、沥青乳化剂、有机膨润土覆盖剂，也是合成橡胶、硅油和其他油脂化学品优良的乳化剂，有较好的乳化分散性、抗静电性和防腐蚀性能，是织物柔软剂及护发素的主要组分。

第三节　重氮化合物和偶氮化合物

在低温下芳香族伯胺（如苯胺）和亚硝酸反应能得到一类特殊的离子化合物——重氮盐 ArN_2Cl（详见本章第二节胺的性质胺与亚硝酸的反应）。重氮盐的重氮正离子能和富电子的苯酚或者苯胺反应，生成另一类特殊化合物——偶氮化合物。

重氮盐能和许多有机化合物产生颜色反应，利用这个性质，既可以用来制造染料，临床上也可据此对尿液、血液或血浆等的提取物进行染色试验，是应用广泛的生化染料。

一、重氮化合物

芳香伯胺经过重氮化反应可以得到重氮盐：

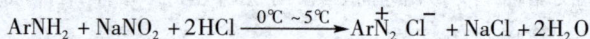

$$ArNH_2 + NaNO_2 + 2HCl \xrightarrow{0℃ \sim 5℃} Ar\overset{+}{N}_2 Cl^- + NaCl + 2H_2O$$

重氮化反应必须在低温（$0℃ \sim 5℃$）下进行，温度高时（室温）重氮盐易分解；所加亚硝酸也不能过量（氧化性的亚硝酸将不利于重氮盐的稳定存在）；还要保持体系的强酸性条件（弱酸条件下易发生副反应）。

重氮盐是一个非常活泼的化合物，可发生多种反应，生成多种化合物，在有机合成上非常有用。归纳起来，主要反应分为以下两类：

（一）放氮反应——取代反应

重氮盐在一定的条件下发生分解，重氮基可被氢原子、羟基、卤素或氰基取代，生成相应的芳香族衍生物，同时放出氮气。以氯化重氮苯为例，反应如下：

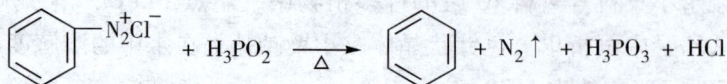

$$\text{C}_6\text{H}_5\text{N}_2^+\text{Cl}^- + \text{H}_2\text{O} \xrightarrow[\triangle]{\text{H}^+} \text{C}_6\text{H}_5\text{OH} + \text{N}_2\uparrow$$

$$\text{C}_6\text{H}_5\text{N}_2^+\text{Cl}^- \xrightarrow{\text{Cu}_2\text{Cl}_2, \text{HCl}} \text{C}_6\text{H}_5\text{Cl} + \text{N}_2\uparrow$$

$$\text{C}_6\text{H}_5\text{N}_2^+\text{Cl}^- \xrightarrow{\text{Cu}_2\text{CN}_2, \text{KCN}} \text{C}_6\text{H}_5\text{CN} + \text{N}_2\uparrow$$

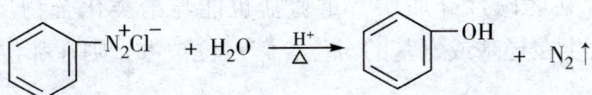

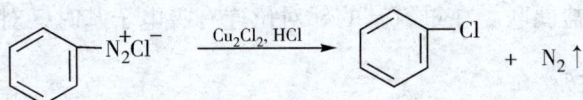

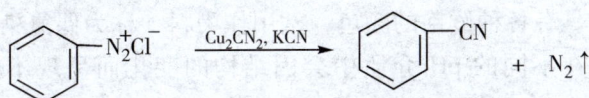

重氮盐和氯化亚铜或溴化亚铜的反应，称为桑德迈尔反应。而重氮基被碘取代比较容易，加热重氮盐与碘化钾的混合溶液，就会生成碘苯，同时放出氮气。如：

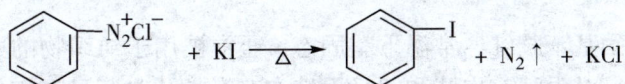

$$\text{C}_6\text{H}_5\text{N}_2^+\text{Cl}^- + \text{KI} \xrightarrow{\triangle} \text{C}_6\text{H}_5\text{I} + \text{N}_2\uparrow + \text{KCl}$$

（二）还原反应

重氮盐可被氯化亚锡、锡和盐酸、锌和乙酸、亚硫酸钠、亚硫酸氢钠等还原成苯肼。

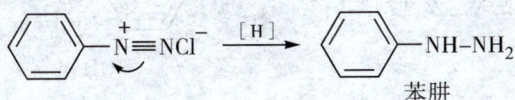

$$\text{C}_6\text{H}_5-\overset{+}{\text{N}}\equiv\text{NCl}^- \xrightarrow{[\text{H}]} \text{C}_6\text{H}_5-\text{NH}-\text{NH}_2$$

苯肼

（三）偶联反应

重氮盐与芳伯胺或酚类化合物作用，生成颜色鲜艳的偶氮化合物的反应称为偶联反应。

偶联反应是亲电取代反应，是重氮阳离子（弱的亲电试剂）进攻苯环上电子云密度较大的碳原子而发生的反应。

1. 与胺的偶联 在中性或弱酸性溶液中，重氮盐能与芳伯胺反应产生有色物质。如：

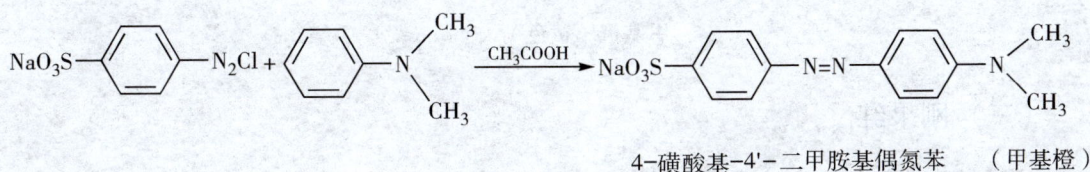

$$\text{NaO}_3\text{S}-\text{C}_6\text{H}_4-\text{N}_2\text{Cl} + \text{C}_6\text{H}_5-\text{N}(\text{CH}_3)_2 \xrightarrow{\text{CH}_3\text{COOH}} \text{NaO}_3\text{S}-\text{C}_6\text{H}_4-\text{N}=\text{N}-\text{C}_6\text{H}_4-\text{N}(\text{CH}_3)_2$$

4-磺酸基-4'-二甲胺基偶氮苯 （甲基橙）

2. 与酚的偶联 在弱碱性介质中，重氮盐也能与酚类化合物反应产生有色物质。偶联反应总是优先发生在羟基或氨基的对位，若对位被占，则在邻位上反应，间位不能发生偶联反应。

重氮阳离子是一个弱亲电试剂，只能与活泼的芳环（酚、胺）偶联，其他的芳香族化合物不能与重氮盐偶联。在重氮基的邻对位连有吸电子基时，对偶联反应有利。

二、偶氮化合物

偶氮化合物是重氮盐在弱酸、中性或碱溶液中与芳胺或酚类作用生成的产物。

多数偶氮化合物具有各种鲜艳的颜色，常用作染料，称为偶氮染料。

有的偶氮化合物在不同的 pH 介质中会因结构的变化而呈现不同的颜色，常用作酸、碱指示剂。

常见的偶氮化合物有对位红、甲基橙和刚果红。

（一）对位红

对位红亦称对硝基苯胺红，常温下呈固态，通常被用于纺织物的染色，也被用于生物学试验中的染色。对眼睛、皮肤和呼吸系统有刺激性，与苏丹红相似，都是工业上使用的化学物质，禁止在食品染色剂中使用。

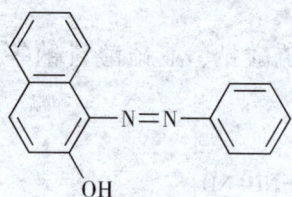

1-苯基偶氮-2-萘酚（苏丹红 I ）　　　4-硝基-1-苯基偶氮-2-萘酚（对位红）

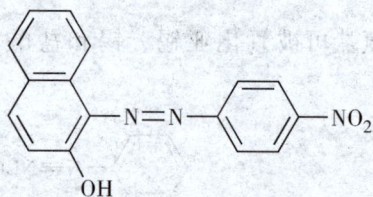

（二）甲基橙

甲基橙为橙红色鳞状晶体或粉末。微溶于水，较易溶于热水，不溶于乙醇。显碱性。0.1% 的水溶液是常用的酸碱指示剂，pH 值变色范围 3.1（红）～4.4（黄），碱式色为黄色，酸式色为红色，可用作酸碱滴定时的指示剂。

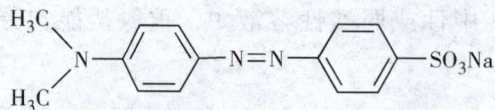

甲基橙（黄色）

（三）刚果红

刚果红为棕红色粉末，溶于水呈黄红色，溶于醇呈橙色，常用作酸碱指示剂，变色范围为 3.5～5.2，碱式色为红色，酸式色为蓝紫色；也用于诊断淀粉样病变。可染色，但不是很好的染料。

知识连接

偶氮染料

　　分子结构中含有偶氮基（—N＝N—）的染料称为偶氮染料。它们多是采用重氮化反应和偶合反应制得。由于合成方法简单，结构多变，因而是染料中品种最多的一类染料。目前使用的偶氮染料有 3000 多种。偶氮染料用于各类纤维的染色和印花，并用于皮革、纸张、肥皂、蜡烛、木材、麦秆、羽毛等染色以及油漆、油墨、塑料、橡胶、食品等的着色。

　　苏丹红就是一种人工合成的偶氮染料，有苏丹红Ⅰ、Ⅱ、Ⅲ和Ⅳ，1995年欧盟（EU）国家已禁止其作为色素在食品中进行添加，对此我国也有明文禁止。但由于其染色鲜艳，早先印度等一些国家在加工辣椒粉的过程中还容许添加苏丹红Ⅰ，后来在我国也有一些检测报告称在辣椒粉中检出了苏丹红Ⅰ。

　　类似苏丹红Ⅰ的 100 多种偶氮染料因为环保问题受到禁用，这些受禁偶氮染料染色的服装或其他消费品与人体皮肤长期接触，会与代谢过程中释放的成分混合，并产生还原反应，形成 20 多种芳香胺类，它们被人体吸收，经过一系列活化作用使人体细胞的 DNA 发生结构与功能的变化，导致癌症发生。

本章小结

一、硝基化合物

1. 硝基化合物的结构、分类、命名。

2. 化学性质：还原反应、脂肪族硝基化合物的酸性、硝基对苯环的影响。

3. 常见的硝基化合物：硝基苯、TNT（2,4,6-三硝基甲苯）、苦味酸（2,4,6-三硝基苯酚）。

二、胺类化合物

1. 结构：胺类化合物分子结构与氨分子相似，氮原子与周围三个原子或原子团（又称取代基）构成三棱锥型结构。

2. 分类：①根据氮原子连接的烃基种类不同，胺可分为脂肪族胺和芳香族胺。②根据氮原子上所连烃基的数目不同，可将胺分为伯胺（1°胺）、仲胺（2°胺）和叔胺（3°胺）。③根据分子中氨基的数目，胺可分为一元胺、二元胺和多元胺。

3. 胺及季铵碱的命名。

4. 胺的化学性质：胺的碱性、胺的酰化、胺的磺酰化、胺与亚硝酸反应、芳环上的亲电取代反应。

5. 重要的胺：甲胺、乙二胺、苯胺、胆碱、新洁尔灭、肾上腺素、小檗碱、双十八烷基二甲基氯化铵。

三、重氮化合物

1. 芳香伯胺经过重氮化反应可以得到重氮盐。

2. 主要反应有：放氮反应——取代反应；留氮反应——还原反应和偶联反应。

四、偶氮化合物

偶氮化合物是重氮盐在弱酸、中性或碱溶液中与芳胺或酚类作用生成的产物。

常见的偶氮化合物有：对位红、甲基橙、刚果红。

思考与练习

一、单选题

1. 下列化合物中，难溶于水的是（   ）

A. 乙醇　　　　　B. 乙酸乙酯　　　　　C. 乙酸　　　　　D. 乙酰胺

2. 下列胺中，碱性最强的是（   ）

A. 二甲胺　　　　B. 苯胺　　　　　C. 甲胺　　　　　D. 氨

3. 下列化合物中，能与硝酸反应生成黄色油状物的是（   ）

A. 甲胺　　　　　B. 二甲胺　　　　　C. 三甲胺　　　　　D. 苯胺

4. 化合物（CH_3）$_3$C—NH_2属于（   ）

A. 伯胺　　　　　B. 仲胺　　　　　C. 叔胺　　　　　D. 季铵

5. 胆碱属于（   ）

A. 脂肪胺　　　　B. 芳香胺　　　　　C. 季铵盐　　　　　D. 季铵碱

6. 属于季铵盐的是（   ）

A. （CH_3）$_2$N$^+$H$_2$Cl$^-$　　　　　　　B. （CH_3）$_3$NH$^+$Cl$^-$

C. （CH_3）$_4$N$^+$Cl$^-$　　　　　　　D. CH_3NH$_3$$^+Cl^-$

7. 下列化合物中碱性最强的是（   ）

A. 苯胺　　　　　B. 二苯胺　　　　　C. 对硝基苯胺　　　D. 对羟基苯胺

8. 下列化合物中碱性最强的是（   ）

A. CH_3NH_2　　　B. （CH_3）$_2$NH　　　C. （CH_3）$_3$N　　　D. NH_3

9. 鉴别伯、仲、叔胺可选用的反应是（   ）

A. 酰化反应　　　B. 兴斯堡反应　　　C. 重氮化反应　　　D. 成盐反应

10. 重氮盐与酚类发生偶联反应时，其反应介质为（   ）

A. 弱酸性　　　　B. 中性　　　　　C. 弱碱性　　　　　D. 强碱性

二、将下列各组化合物按碱性强弱排序

1. 对甲氧基苯胺、苯胺、对硝基苯胺。

2. 丙胺、甲乙胺、苯甲酰胺。

3. 苯胺、2,4-二硝基苯胺、对硝基苯胺、对氯苯胺、乙胺、二乙胺、对甲氧基苯胺。

4. 苄胺、苯胺、乙酰苯胺、氢氧化四甲铵

5. 乙酰胺、N-甲基乙酰胺、N-苯基乙酰胺、丁二酰亚胺

三、写出下列化合物的结构式

1. 苄胺

2. 2-甲基-3-二甲氨基己烷

3. 对甲苯胺盐酸盐

4. 氢氧化二甲基二乙基铵

四、完成下列反应式

1.
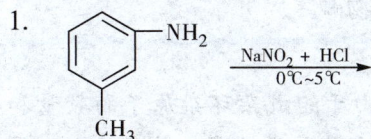

$$\xrightarrow[0℃~5℃]{NaNO_2 + HCl}$$

2. $H_2N-\overset{O}{\overset{\|}{C}}-NH_2 \xrightarrow[H^+]{水解}$

3.
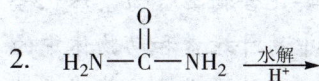
$-NHCH_3 + HNO_2 \longrightarrow$

4. H_2N-

$-CH_3 +$
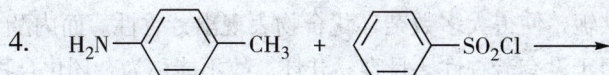
$-SO_2Cl \longrightarrow$

五、推断题

某化合物 A，分子式为 $C_7H_7NO_2$。A 用 Sn + HCl 还原得到 B，分子式为 C_7H_9N，B 与 $NaNO_2$ 和盐酸在 0℃反应得到 C，分子式为 $C_7H_7ClN_2$，C 在稀盐酸中与 $Cu_2(CN)_2$ 得到 D，D 在稀盐酸中水解得到有机酸 E，分子式为 $C_8H_8O_2$，E 用 $KMnO_4$ 氧化得到另一种酸 F，F 受热时成酸酐 G，分子式为 $C_8H_4O_3$。试推断 A、B、C、D、E、F、G 的结构式。

第十一章　杂环化合物和生物碱

📘 **学习目标**

掌握：杂环化合物的定义、分类和命名；生物碱的概念。
熟悉：杂环化合物的化学性质；生物碱的一般性质。
了解：常见的与医药相关的杂环化合物和生物碱。

【引子】杂环化合物广泛存在于自然界中，由于组成杂环杂原子的数量和种类不同，再加上合成的环系不同，因此杂环化合物种类繁多，数目巨大，是有机化合物中数目最庞大的一类，与生物学有关的重要化合物多数为杂环化合物，如蛋白质、核酸、多种维生素、生物碱及植物体中的叶绿素和动物体中的血红素，许多天然药物及合成药物也是杂环化合物如止痛的吗啡，抗菌消炎的青霉素，抗癌的喜树碱等。生物碱类化合物绝大多数是含氮的杂环化合物，大多具有生理活性，往往是许多中药及药用植物的有效成分。

第一节　杂环化合物

有非碳原子（杂原子）参与成环的环状化合物称为杂环化合物。杂环化合物中常见的杂原子有氧、硫和氮。因杂原子参与共轭，使得大多数杂环化合物表现出芳香性。而内酯、内酰胺等的结构中虽然有杂原子，但由于没有芳香性，且容易开环，故不能称为杂环化合物。

一、杂环化合物的分类和命名

（一）杂环化合物的分类

杂环化合物依环的个数可分为单杂环和稠杂环。单杂环按环的大小分为五元杂环和六元杂环；稠杂环是按其稠合环形式分为苯稠杂环和稠杂环，与苯稠合的称为苯稠杂环，与杂环稠合的称为稠杂环。

（二）杂环化合物的命名

1. 杂环化合物的命名较为复杂，我国现采用译音法，即按英文名称译音，并加口字旁命名，例如：

呋喃 furan	噻吩 thiophene	吡咯 pyrrole	吡啶 pyridine

2. 杂环化合物的编号

（1）当杂环化合物中有一个杂原子时，从杂原子开始编号；或从杂原子旁边的碳原子开始，依次用 α 、β、γ……编号。

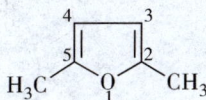

呋喃   2,5-二甲基呋喃

（2）当杂环化合物含有多个相同杂原子时，连有取代基或氢原子的杂原子优先编号为1，并使所有杂原子所在位次的数字之和最小。

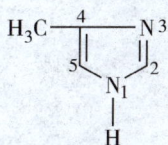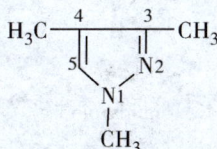

4-甲基咪唑   1,3,4-三甲基吡唑

（3）当环上有多个不同的杂原子时，按 O、S、N 的次序编号。

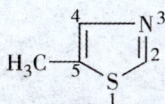

噁唑   5-甲基噻唑

（4）当杂环化合物结构中含有—R、—X、—OH、—NO$_2$、—NH$_2$ 等取代基时，以杂环为母体命名；当杂环化合物结构中含有—SO$_3$H、—CHO、—COOH 等基团时，以杂环作为取代基命名。

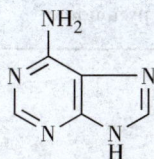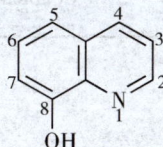

6-氨基嘌呤   8-羟基喹啉

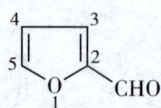

2–呋喃甲醛

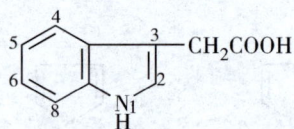

3–吲哚乙酸

（5）另有特例不遵循上述规则，如嘌呤（见表11–1）。

表 11–1 部分杂环化合物的分类和名称

杂环分类			重要杂环		
单杂环	五元杂环	一个杂原子	呋喃 furan	噻吩 thiophene	吡咯 pyrrole
		两个杂原子	咪唑 imidazole / 噻唑 thiazole	吡唑 pyrazole	噁唑 oxazole
	六元杂环	一个杂原子	吡啶 pyridine	吡喃 pyrane	
		两个杂原子	哒嗪 pyridazine	嘧啶 pyrimidine	吡嗪 pyrazine

续表

杂环分类		重要杂环
稠杂环	苯稠杂环	喹啉 quinoline　　　吲哚 indole　　　吖啶 acricine
	稠杂环	嘌呤 purine

二、杂环化合物的性质

（一）物理性质

呋喃存在于松木焦油中，为无色液体，沸点 31.4℃，有氯仿气味。噻吩与苯共存于煤焦油中，为无色有特殊气味的液体，沸点 84.2℃，不易与苯分离。噻吩与靛红/H_2SO_4 作用呈蓝色，用于检验苯中的噻吩。吡咯最初从骨油中分离得到，为无色液体，沸点 130℃ ~ 131℃，在空气中迅速变黄。吡啶为无色液体，具有胺类气味，沸点 115℃，有毒，吸入蒸气易损伤神经系统。

（二）化学性质

1. 亲电取代反应

（1）卤代反应　呋喃、噻吩、吡咯均属多 π 芳杂环，具有芳香性，可以像苯一样发生亲电取代反应，且反应活性都较苯强。由于 α 位的电子云密度较大，所以发生亲电取代反应时，亲电试剂首先进攻 α 位，其次是 β 位。而吡啶环上的氮原子吸电子，所以吡啶比苯难发生亲电取代反应，取代多发生在 β 位。

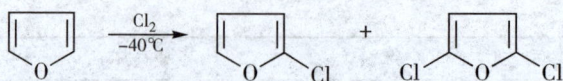

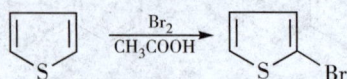

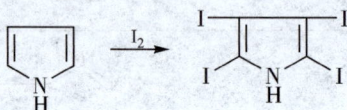

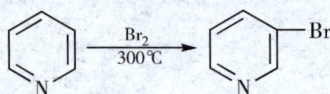

（2）**硝化反应**　呋喃、噻吩、吡咯易被强氧化剂硝酸氧化，因此不能采用混酸直接硝化，而应采用性质较温和的试剂硝酸乙酰酯进行硝化。而吡啶环很稳定，可以采取混酸进行硝化。

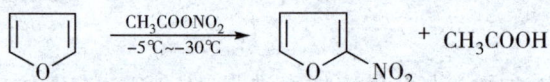

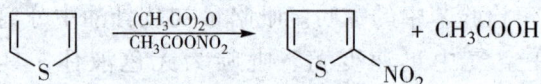

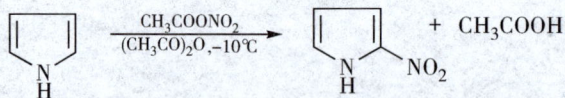

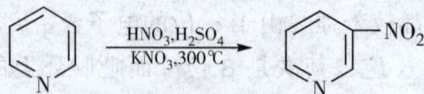

（3）**磺化反应**　呋喃和吡咯的磺化反应试剂也不能直接采用浓硫酸，而应选择比较温和的磺化试剂，如吡啶-三氧化硫。

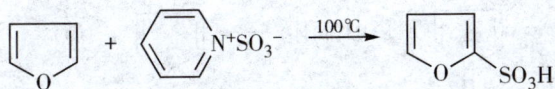

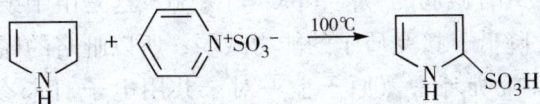

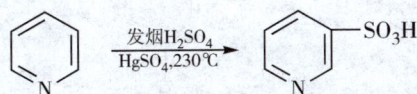

2. 加成反应　呋喃、吡咯、吡啶在催化剂的存在下，可与氢加成，噻吩中因含有硫原子，易发生催化剂中毒，因此，催化氢化较难。

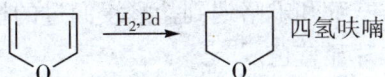

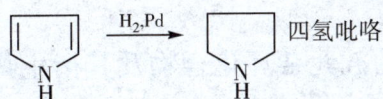

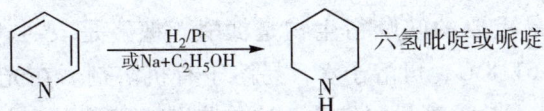

3. 氧化反应　呋喃、吡咯不太稳定，易被氧化，酸或氧化剂均能破坏其环状结构；噻吩相对较为稳定。吡啶环不易被氧化，当吡啶环上有侧链时，只有侧链被氧化。

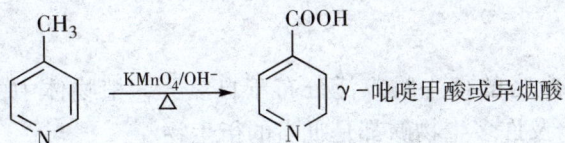

4. 酸碱性

（1）吡咯的酸碱性

①弱酸性：由于 N 上未共用电子对参加了杂环的共轭体系，使得吡咯具有弱酸性，能与干燥的氢氧化钾固体形成盐。

$$\underset{\underset{H}{N}}{\bigcirc} + KOH(固体) \longrightarrow \underset{\overset{-}{N}K^+}{\bigcirc} + H_2O$$

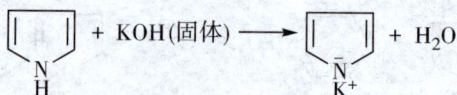

②弱碱性：吡咯仅具有微弱的碱性，$pK_a = 13.60$，这是由于杂原子参与了环的共轭体系，使其电子云密度降低，接受质子的能力减弱，所以吡咯的碱性很弱。

（2）**吡啶的碱性** 吡啶环中氮原子上一对未共用电子对未参与环上的共轭体系，因此具有与氢质子结合的能力，表现出一定的碱性。它的碱性比脂肪胺和氨弱得多，但比苯胺稍强。

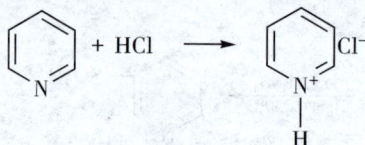

$$\underset{N}{\bigcirc} + HCl \longrightarrow \underset{\underset{H}{N^+}}{\bigcirc} Cl^-$$

吡啶盐酸盐

5. 显色反应 呋喃、噻吩、吡咯遇到酸浸润过的松木片，能显示出不同的颜色，可用于三种杂环化合物的鉴别。呋喃和吡咯遇到盐酸浸润过的松木片分别显深绿色和鲜红色；噻吩遇硫酸浸润过的松木片显蓝色。

三、与医药有关的杂环化合物及其衍生物

（一）含有一个杂原子的五元杂环化合物及其衍生物

呋喃、噻吩、吡咯本身并无太大实际用途，但它们的衍生物却极其重要。

1. 呋喃衍生物 最重要的呋喃衍生物是糠醛，糠醛是 α-呋喃甲醛，纯糠醛为无色、有毒液体，沸点 161.8℃，可溶于水，易溶于有机溶剂。在光、热、空气中易聚合而变色。糠醛遇苯胺醋酸盐溶液显深红色，这是鉴别糠醛常用的方法。

$$\underset{O}{\bigcirc}-CHO$$

糠醛

2. 吡咯衍生物 吡咯的衍生物广泛分布于自然界，植物体中的叶绿素、动物体中的血红素、维生素 B_{12} 及许多生物碱都是吡咯的衍生物。

吡咯衍生物的基本结构是卟吩，卟吩是由四个吡咯环的 α-碳原子通过次甲基相连构成的共轭体系，其衍生物叫做卟啉。

血红素是卟吩环与亚铁离子形成的一种络合物，其吡咯环 β 位上可以有不同的取代基。血红素可与蛋白质结合成血红蛋白，存在于人和动物的细胞中，参与生物体中氧的传递和氧化还原作用。

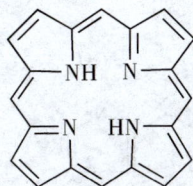

卜吩

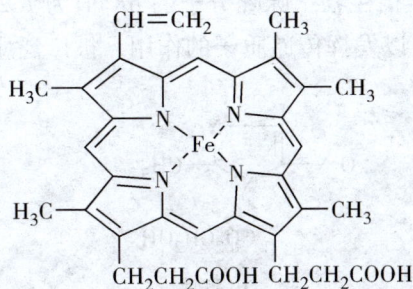

血红素

3. 噻吩衍生物 很多合成药物中都有噻吩环，如头孢噻吩和头孢噻啶，由于噻吩环的引入，增强了其抗菌活性，其抗菌效果均优于天然头孢菌素。

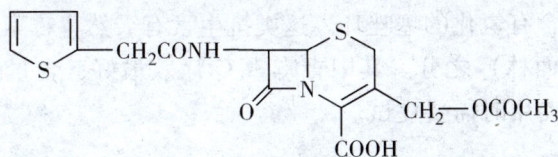

头孢噻吩

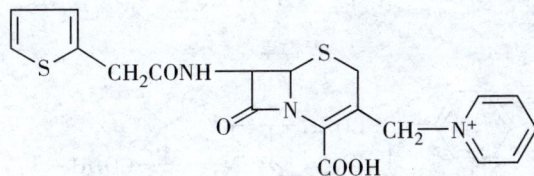

头孢噻啶

（二）含有两个杂原子的五元杂环化合物及其衍生物

五元杂环中含有两个杂原子的体系称为唑，其中必有一个氮原子，根据杂原子的相对位置，又可分为1,2-唑和1,3-唑。如：

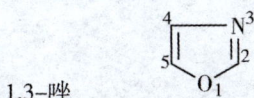

1,3-唑   恶唑   咪唑   噻唑

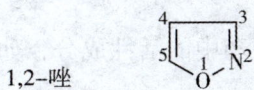

1,2-唑   异恶唑   吡唑   异噻唑

1. 咪唑类衍生物　咪唑分子的 pK_a 值为 7.2，与生理 pH 值 7.35 接近，这使得咪唑在生物体内可以发挥传递质子的作用，被广泛应用于药物。如：

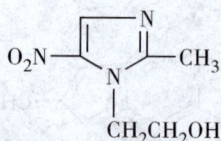

甲硝唑　　　　　　　　　毛果芸香碱

毛果芸香碱是毛果芸香中存在的一种咪唑衍生物，临床作为缩瞳剂用于眼病治疗，主要作为治疗青光眼的药物使用。

2. 噻唑类衍生物　噻唑最有价值的衍生物是青霉素，青霉素是一类使用非常广泛的抗生素，其分子中含有氢化的噻唑环。这类抗生素有天然青霉素（如青霉素 G）和半合成青霉素（如氨苄西林）之分。其中青霉素 G 疗效最好，含量最高，缺点是个别病人有严重过敏反应，使用时需要皮试。

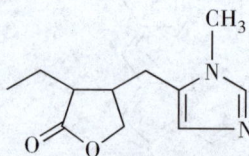

青霉素G

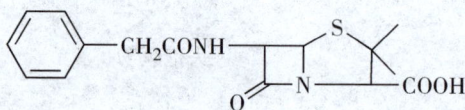

氨苄西林

（三）含有一个杂原子的六元杂环化合物及其衍生物

比较重要的含有一个杂原子的六元杂环化合物有吡喃、吡啶。

1. 吡喃及其衍生物　吡喃是含氧原子的六元杂环，根据亚甲基的位置不同，存在两种不同的形式：

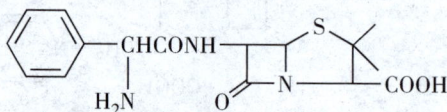

4H–吡喃　　　　　　　2H–吡喃

吡喃与苯稠和形成的苯并吡喃衍生物，是大多中药中的活性成分，如香豆素、色原酮和黄酮等。

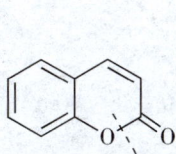

香豆素

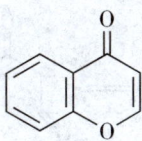

色原酮

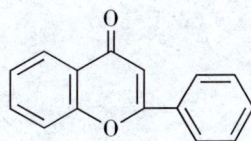

黄酮

2. 吡啶衍生物

（1）**维生素B₆** B 族维生素之一，包括吡哆醇、吡哆醛、吡哆胺，其广泛存在于牛乳、肉、肝、蛋黄、谷物和蔬菜等多种食物中。维生素 B₆ 与氨基酸代谢密切相关，如缺乏维生素 B₆ 会出现呕吐、中枢神经系统兴奋等症状。

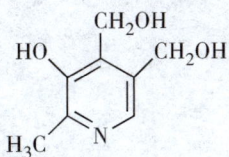

吡哆醇

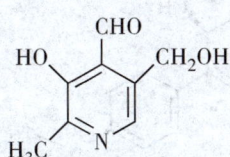

吡哆醛

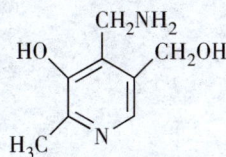

吡哆胺

（2）**异烟肼** 商品名雷米封，是一种常用的抗结核药物，对结核杆菌有抑菌杀菌的作用。

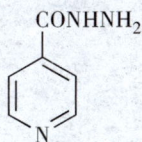

异烟肼（雷米封）

（四）含有两个杂原子的六元杂环化合物及其衍生物

含有两个杂原子的六元杂环主要有嘧啶、吡嗪和哒嗪。

嘧啶的衍生物主要有胞嘧啶、尿嘧啶、胸腺嘧啶等，都是核酸的重要成分。

此外，嘧啶很多衍生物还可作为临床上药物使用，例如巴比妥类药物均是 2,4,6-三羟基嘧啶的衍生物，具有镇静、安神、催眠等功效。巴比妥酸存在酮式–烯醇式互变异构现象，一般写成酮式结构。

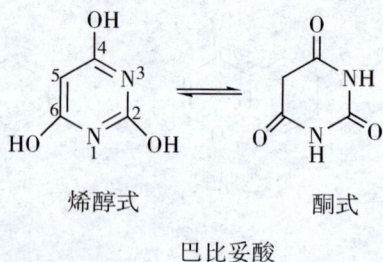

烯醇式　　　酮式

巴比妥酸

吡嗪和哒嗪都是嘧啶的异构体，其衍生物也具有一定的生理活性，可作为药物在临床上使用，例如四氢哒嗪类药物可用于治疗心力衰竭。

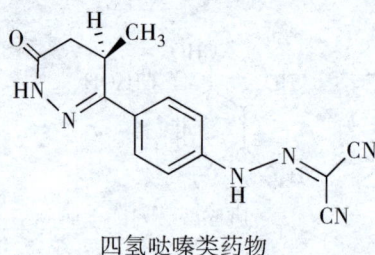

四氢哒嗪类药物

第二节　生　物　碱

一、生物碱的概念

生物碱是生物体内一类含氮的结构复杂的有机物。生物碱广泛存在于植物中，大多具有药用价值，中药的药效大多来源于生物碱。生物碱在植物中的含量较低，一般不高于 1%，也有特例，如黄连中的黄连素的含量高达 9%。生物碱具有较强的生理活性，很多可供临床使用，例如黄连素、麻黄碱、烟碱等。

二、生物碱的一般性质

生物碱多为无色有苦味的晶形固体，多具有旋光性。游离的生物碱一般难溶于水，能溶于氯仿、乙醇、乙醚等有机溶剂，它们所形成的盐类一般均易溶于水。

生物碱分子结构中含有氮原子，氮原子上的一对未共用电子对对氢离子具有吸引力，能与酸作用生成盐类，因而呈现碱性。

生物碱与某些试剂作用能生成沉淀或显色，这类试剂称为生物碱试剂，可利用此性质来鉴别生物碱。常用的生物碱试剂有碘化汞钾（K_2HgI_4）、碘化铋钾（$BiI_3 \cdot KI$）、磷钨酸（$H_3PO_4 \cdot 12WO_3 \cdot H_2O$）等。

三、与医药有关的生物碱

（一）烟碱

烟碱又名尼古丁，是存在于烟草中含量较高的一种生物碱，烟碱是一种毒性较强的液体，少量吸入可刺激人的中枢神经，大量吸入会抑制中枢神经系统，使心脏停搏以致死亡。

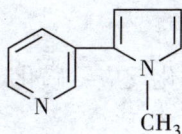

烟碱

（二）麻黄碱

麻黄碱是存在于植物体中的一种生物碱。从植物麻黄中可提取六种生物碱，常见的有麻黄碱和伪麻黄碱。（-）-麻黄碱和 （+）-伪麻黄碱互为非对映体，一般常用的麻黄碱是指左旋麻黄碱，具有止咳、平喘、治疗低血压症的功效。右旋伪麻黄碱临床上使用它的盐酸盐，具有升压、利尿的作用。

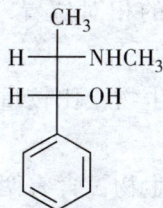

(-)-麻黄碱

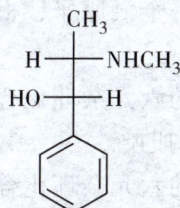

(+)-伪麻黄碱

（三）喜树碱

喜树碱是从喜树中提取的一种生物碱，为浅黄色针状晶体，对胃肠道和头颈部癌有较好的疗效，但少数病人有尿血的副作用。

（四）吗啡碱

鸦片是罂粟果实中流出的汁经干燥后得到的物质，吗啡碱是鸦片中含量最高的一种生物碱，为白色晶体，味苦，在多数溶剂中难溶，具有镇痛、麻醉、止咳、抑制肠蠕动的作用，因此在医药领域有广泛应用，但容易成瘾，需严格控制使用。

本章小结

一、杂环化合物的分类和命名

1. 杂环化合物的分类：杂环化合物依环的个数可分为单杂环和稠杂环。

2. 杂环化合物的命名：杂环化合物的命名较为复杂，我国现采用译音法，即按英文名称译音，并加口字旁命名。

二、杂环化合物的化学性质

1. 亲电取代反应：卤代反应、硝化反应、磺化反应。

2. 加成反应。

3. 氧化反应。

4. 酸碱性：吡咯的酸碱性，吡啶的碱性。

5. 显色反应。

三、与医药有关的杂环化合物及其衍生物

1. 含有一个杂原子的五元杂环化合物及其衍生物：呋喃、噻吩、吡咯本身并无太大实际用途，但它们的衍生物却极其重要。

2. 含有两个杂原子的五元杂环化合物及其衍生物：五元杂环中含有两个杂原子的体系称为唑，其中必有一个氮原子，根据杂原子的相对位置，又可分为 1,2-唑和 1,3-唑。

3. 含有一个杂原子的六元杂环化合物及其衍生物：比较重要的含有一个杂原子的六元杂环化合物有吡喃、吡啶。

4. 含有两个杂原子的六元杂环化合物及其衍生物：含有两个杂原子的六元杂环主要有嘧啶、吡嗪和哒嗪。

四、生物碱

1. 概念：生物碱是生物体内一类含氮的结构复杂的碱性有机化合物。

2. 一般性质：生物碱分子中含有手性碳原子，具有旋光性。能发生生物碱的沉淀反应与颜色反应等。

3. 与医药有关的生物碱：烟碱、麻黄碱、黄连素、喜树碱、吗啡碱。

思考与练习

一、写出下列化合物的结构式

1. 2-甲基吡咯　　　　2. β-氯代呋喃　　　　3. 2-呋喃甲醛

4. 六氢吡啶　　　　　5. 8-羟基喹啉　　　　6. 5-甲基噻唑

二、命名下列化合物

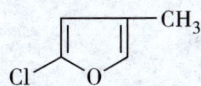

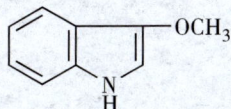

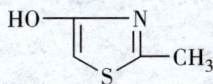

三、完成下列反应式

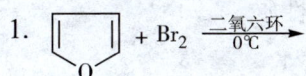

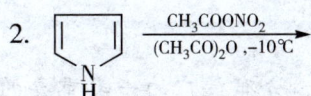

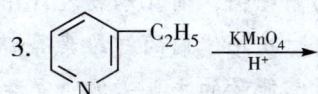

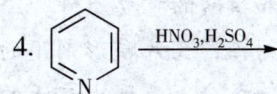

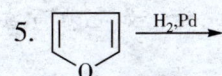

1. + Br$_2$ $\xrightarrow[0℃]{\text{二氧六环}}$

2. $\xrightarrow[\text{(CH}_3\text{CO)}_2\text{O ,}-10℃]{\text{CH}_3\text{COONO}_2}$

3. $\xrightarrow[\text{H}^+]{\text{KMnO}_4}$

4. $\xrightarrow{\text{HNO}_3,\text{H}_2\text{SO}_4}$

5. $\xrightarrow{\text{H}_2,\text{Pd}}$

三、用适当的方法除去下列混合物中的杂质

1. 苯中混有少量噻吩   2. 甲苯中混有少量吡啶

四、简答题

简述生物碱的一般性质。

第十二章　糖　　类

■ **学习目标**

掌握：糖类的定义、葡萄糖的结构、单糖的化学性质。
熟悉：常见二糖的结构、化学性质。
了解：多糖的结构及其作用。

【引子】糖类（saccharides）是自然界含量最多、分布最广的一类重要的有机化合物，与我们的生活密切相关。人体血液中的葡糖糖，哺乳动物乳汁中所含的乳糖，肝和肌肉中所含的糖原，粮食中的淀粉，植物体内的纤维素等都是糖类化合物。它是人及一切生物体维持生命活动所需能量的主要来源；是生物体组织细胞的重要成分；是人体内合成脂肪、蛋白质和核酸的重要原料。

糖类与药物也有着密切的关系，如病人输液用的葡萄糖，药片赋形剂用的淀粉，作血浆制剂的右旋糖酐等。大多数中药中含有多糖成分，表现出广泛的生理活性，在一些具有特殊功效的中药中还存在糖苷类的成分，如毛地黄毒苷、黄夹桃毒苷等，它们的水解产物都有糖类化合物。

糖类化合物由碳、氢、氧三种元素组成，大多数糖类化合物中氢和氧的原子个数之比恰好等于水分子中氢氧原子个数之比即 2:1，可用通式 $C_n(H_2O)_m$ 来表示，因此糖类最早被称为"碳水化合物（carbohydrate）"。但这个名称并不能反映这类物质的结构特点。首先，这类化合物中的 H、O 两种元素并不是结合成水的形式存在；其次，分子中 H 和 O 的原子个数比不全是 2:1，如脱氧核糖 $C_5H_{10}O_4$、鼠李糖 $C_6H_{12}O_5$；而有些符合通式 $C_n(H_2O)_m$ 的化合物如甲醛 CH_2O、乙酸 $C_2H_4O_2$、乳酸 $C_3H_6O_3$ 等并不属于糖类。因此，糖类称为碳水化合物并不科学，因习惯仍在沿用，但早已失去原来的意义。

从结构上看，糖类是多羟基醛或多羟基酮及它们的脱水缩合物。根据能否水解及水解后的产物，糖类可分为单糖、低聚糖和多糖。不能水解的糖称为单糖，如葡萄糖、果糖；能水解生成 2～10 个单糖分子的糖称为低聚糖，如麦芽糖；水解后生成 10 个以上单糖分子的糖称为多糖，如淀粉。多糖属于高分子化合物。

第一节 单 糖

单糖是多羟基醛或多羟基酮。根据结构特征单糖可分为：醛糖（aldose）和酮糖（ketose）；一般单糖含有 3~6 个碳原子，故又可分为丙糖、丁糖、戊糖和己糖。在实际应用过程中通常将这两种方法结合使用，例如葡萄糖是含 6 个碳原子的醛糖，被称为己醛糖；果糖是含 6 个碳原子的酮糖，被称为己酮糖。

自然界中所发现的单糖，主要是戊糖和己糖。其中最重要的戊糖是核糖和脱氧核糖，最重要的己糖是葡萄糖和果糖。

一、单糖的结构

（一）己醛糖的结构

1. 开链式结构 通过实验测定己醛糖是含 6 个碳原子的五羟基醛，分子式为 $C_6H_{12}O_6$，己醛糖的分子结构为：

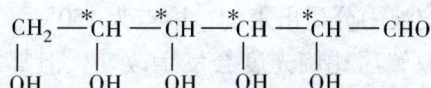

$$CH_2 \!-\! \overset{*}{C}H \!-\! \overset{*}{C}H \!-\! \overset{*}{C}H \!-\! \overset{*}{C}H \!-\! CHO$$
$$|\quad\ |\quad\ \ |\quad\ \ |\quad\ \ |$$
$$OH\ \ OH\ \ OH\ \ OH\ \ OH$$

它具有 4 个手性碳原子，共有 16 个旋光异构体。单糖的构型常用 D/L 标记法表示。以甘油醛的构型作为比较标准来确定。在单糖分子中离羰基最远的手性碳原子的构型，与 D-甘油醛构型相同，属于 D-型，反之，属于 L-型。天然葡萄糖的 C-5 构型与 D-甘油醛相同，所以它是 D-葡萄糖。在己醛糖的 16 个旋光异构体中，有 8 个是 D-型的，有 8 个是 L-型的，形成 8 对对映体。其中 D-(+)-葡萄糖、D-(+)-半乳糖、D-(+)-甘露糖是自然界存在的，其余的可以通过人工合成的方法得到。

下面列出了 8 种 D-己醛糖的费歇尔投影式：

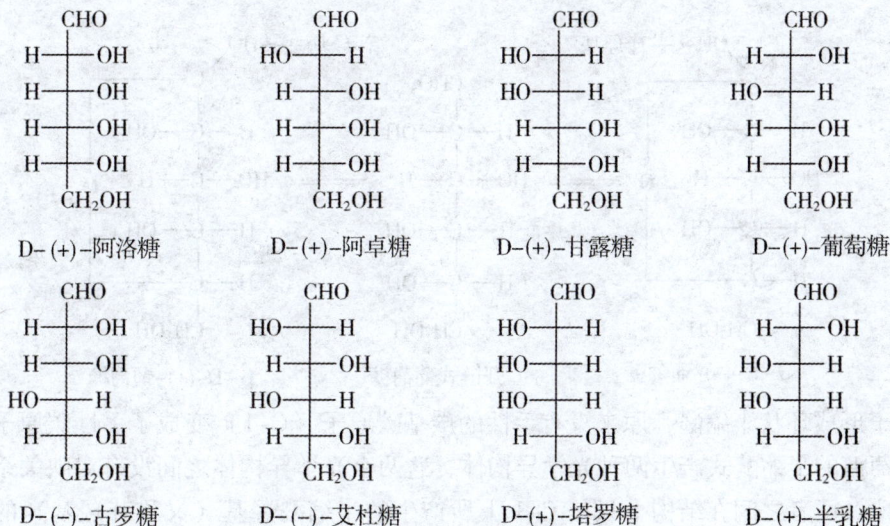

CHO	CHO	CHO	CHO
H——OH	HO——H	HO——H	H——OH
H——OH	H——OH	HO——H	HO——H
H——OH	H——OH	H——OH	H——OH
H——OH	H——OH	H——OH	H——OH
CH₂OH	CH₂OH	CH₂OH	CH₂OH
D-(+)-阿洛糖	D-(+)-阿卓糖	D-(+)-甘露糖	D-(+)-葡萄糖

CHO	CHO	CHO	CHO
H——OH	HO——H	HO——H	H——OH
H——OH	H——OH	HO——H	HO——H
HO——H	HO——H	H——OH	H——OH
H——OH	H——OH	H——OH	H——OH
CH₂OH	CH₂OH	CH₂OH	CH₂OH
D-(-)-古罗糖	D-(-)-艾杜糖	D-(+)-塔罗糖	D-(+)-半乳糖

用费歇尔投影式表示糖的开链式结构除上述表示（手性碳原子省略不写）外，还可以有两种更简便的书写方式：一是将碳链垂直放置，醛基或酮基放在上方，其中竖线代表碳链，每一个横线代表一个羟基，标在羟基所在的一侧；二是主链不变，用"△"代表醛基，"○"代表羟甲基（—CH₂OH）。

葡萄糖的费歇尔投影式如下：

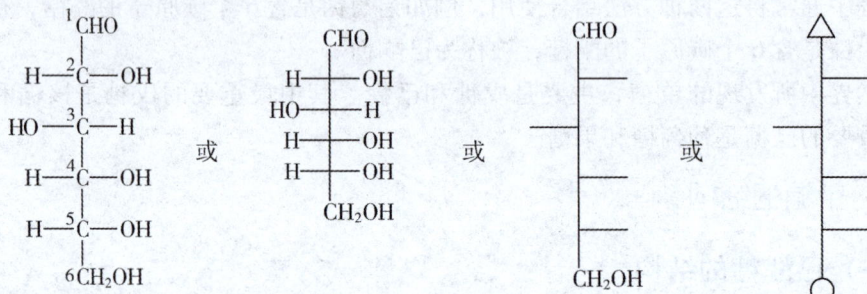

$$\begin{array}{c}
{}^{1}CHO \\
H{-}{}^{2}C{-}OH \\
HO{-}{}^{3}C{-}H \\
H{-}{}^{4}C{-}OH \\
H{-}{}^{5}C{-}OH \\
{}^{6}CH_2OH
\end{array}
\quad 或 \quad
\begin{array}{c}
CHO \\
H{\,\,}OH \\
HO{\,\,}H \\
H{\,\,}OH \\
H{\,\,}OH \\
CH_2OH
\end{array}
\quad 或 \quad
\begin{array}{c}
CHO \\
\\
\\
\\
\\
CH_2OH
\end{array}
\quad 或 \quad
\begin{array}{c}
\triangle \\
\\
\\
\\
\\
\bigcirc
\end{array}$$

2. 变旋光现象和葡萄糖的环状结构　　葡萄糖在不同条件下结晶，可得到两种晶体：一种是从乙醇溶液中在常温下析出的晶体，熔点为146℃，是右旋性物质。$[\alpha]_D^{20} = +112°$；另一种是从吡啶溶液中分离出来的，熔点为150℃，比旋光度为 +18.7°。将上述两种晶体分别溶于水，放置后比旋光度会发生改变，但都在 +52.5°时恒定不变。像葡萄糖这样新配制的溶液，随着时间变化，比旋光度逐渐减小或增大，最后达到恒定值的现象称为变旋光现象。

显然葡萄糖的开链结构不能解释上述事实，同时糖的部分性质也不能用开链式结构加以解释。例如：①葡萄糖的醛基不能与品红亚硫酸试剂发生显色反应；②1分子葡萄糖在无水的酸性条件下只能与1分子的醇发生缩合反应生成稳定的化合物。由此可见，葡萄糖分子还有另一种结构——环状结构。

现代物理化学方法证实了葡萄糖存在环状结构。葡萄糖分子内的醛基与 C-5 上的羟基，可以发生类似于醛和醇的加成反应，形成了稳定的六元环状半缩醛的结构。

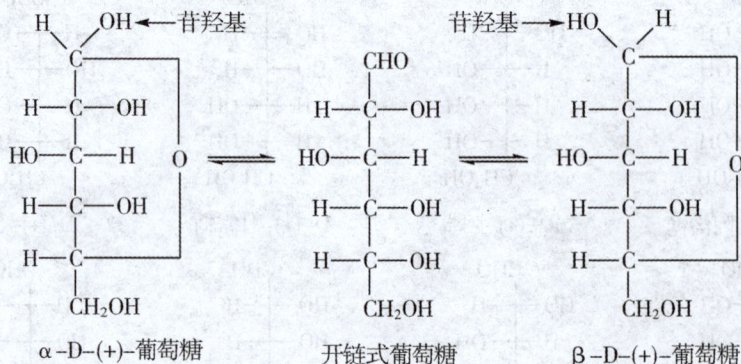

α-D-(+)-葡萄糖　　　　开链式葡萄糖　　　　β-D-(+)-葡萄糖

由于形成环状半缩醛，原来没有手性的羰基碳原子（C-1）变成了手性碳原子，从而使得葡萄糖的半缩醛式产生两种光学异构体，这两个光学异构体之间没有对映关系。与开链式相比，两者之间在结构上只是 C-1 上所产生的半缩醛羟基（又称苷羟基）的位置不同。与决定构型的 C-5 上的羟基处于同侧的称为 α-D-(+)-葡萄糖，比旋光度为 +112°；

处于异侧的为 β-D-(+)-葡萄糖，比旋光度为 +18.7°。这两种异构体分别溶于水后，通过开链结构互相转变，并组成一个动态平衡体系。平衡时 α-D-(+)-葡萄糖约占 36.4%，β-D-(+)-葡萄糖约占 63.6%，开链式很少，但在水溶液中，2 种环状结构可以通过开链式相互转化，最后达到 3 种结构按一定比例同时存在的平衡状态，此时比旋光度达到一个恒定值 +52.5°，这就是葡萄糖溶液产生变旋光现象的原因。

通常将有多个手性碳原子的非对映异构体，只有一个手性碳的构型不同，而其他手性碳的构型完全相同者，称为差向异构体。而 D-葡萄糖的两种环状结构，为 C-1 的差向异构体，又称为端基异构体或异头体。

直立氧环式不能恰当地反映分子中各原子或基团的空间关系，为了较真实地表示葡萄糖的环状结构，可采用哈沃斯式。

哈沃斯式：英国化学家哈沃斯（Haworth）采用了吡喃环来表示葡萄糖的环状结构即葡萄糖的哈沃斯式，因此平面环状结构的葡萄糖又称为吡喃葡萄糖。

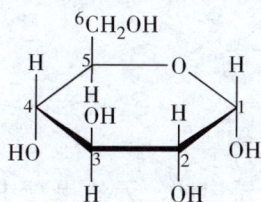

α-D-(+)-葡萄糖

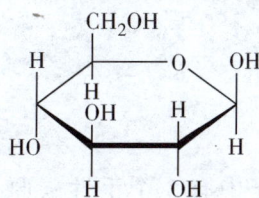

β-D-(+)-葡萄糖

书写葡萄糖哈沃斯式时，习惯上将环中氧原子置于观察者最远处的右侧，环中碳原子按顺时针方向依次编号，离观察者最近的价键用粗线或楔形线表示。把开链式中排在左边的氢原子、羟基以及 C-5 上的羟甲基（不包括 C-5 上的氢原子）写在环平面之上，排在右边的氢原子、羟基以及 C-5 上的氢原子写在环平面之下，在哈沃斯式中，C-5 上羟甲基在环平面上方者为 D-型，在 D-型糖中，C-5 上羟甲基和 C-1 上苷羟基在环平面同侧的是 β-型，在环平面异侧的是 α-型。

知识拓展

α-D-吡喃葡萄糖和 β-D-吡喃葡萄糖的构象

吡喃糖为六元环，与环己烷构象相似，通常以稳定的椅式构象存在。α-D-吡喃葡萄糖和 β-D-吡喃葡萄糖的构象式如下：

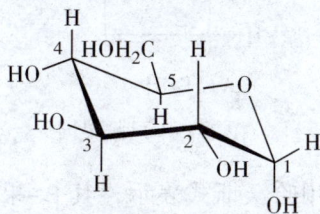

α-D-吡喃葡萄糖

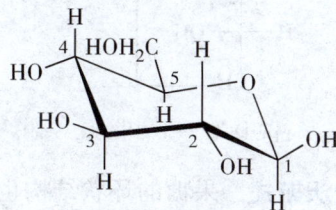

β-D-吡喃葡萄糖

在 β-D-吡喃葡萄糖中，因其 C-1 上的苷羟基在 e 键位置，能量比 α-D-吡喃葡萄糖低，故构象更稳定。所以在葡萄糖的变旋光混合物平衡体系中，β-型的比例（约 63%）大于 α-型（约 37%）就不难理解了。

（二）己酮糖的结构

1. 果糖的链状结构 果糖（fructose）的分子式是 $C_6H_{12}O_6$，属己酮糖，与葡萄糖互为同分异构体。果糖分子中 2 位碳是酮基，其余 5 个碳原子上各连一个羟基。其开链式结构如下：

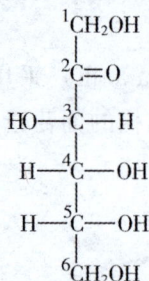

果糖分子中有 3 个手性碳原子，因此有 8 个旋光异构体，天然果糖中编号最大（C-5）的手性碳原子上的羟基与 D-甘油醛的羟基在同侧，属于 D-型糖，它具有左旋性，所以称为 D-(-)-果糖。

2. 果糖的氧环式 果糖分子中的酮基由于受到相邻碳原子上羟基的影响活性较高，能与 C-5 或 C-6 上的羟基作用，形成半缩酮结构。实验证明，果糖在游离态存在时，以六元环（吡喃型）的结构为主（约 80%）；在结合态（如蔗糖中）存在时，以五元环（呋喃型）的结构为主。由于 C-2 上苷羟基（半缩酮羟基）在空间的排列不同，氧环式结构的果糖也有 α-型和 β-型两种异构体，苷羟基在右边的为 α-型，在左边的为 β-型。

五元环和六元环可以通过开链式互相转变，β-吡喃果糖和 β-呋喃果糖的氧环式结构如下：

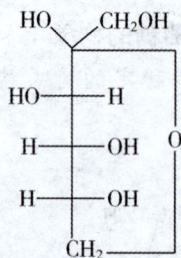

β-D-(-)-吡喃果糖

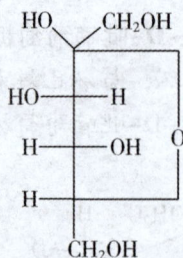

β-D-(-)-呋喃果糖

3. 果糖的哈沃斯式 果糖的环状结构也可用哈沃斯式表示，其 β-果糖的五元和六元环状结构的哈沃斯式为：

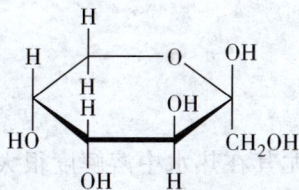

β‐D‐(–)‐吡喃果糖

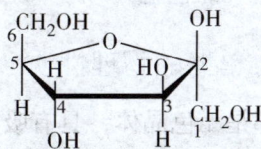

β‐D‐(–)‐呋喃果糖

与葡萄糖相似，果糖的任何一个结构，在溶液中都可以通过开链结构转变为其他结构，形成互变平衡体系。果糖也具有变旋光现象，各种异构体达到平衡时的比旋光度为–92°。

（三）戊醛糖的结构

1. 核糖、脱氧核糖的开链式　核糖分子式为$C_5H_{10}O_5$，脱氧核糖分子式为$C_5H_{10}O_4$，它们都是戊醛糖。在结构上的差异在于核糖的 C‐2 上有羟基，而脱氧核糖的 C‐2 上没有羟基。它们的开链式结构如下：

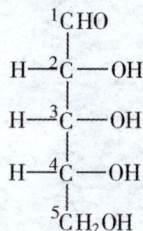

D‐核糖

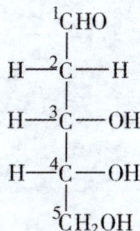

D‐脱氧核糖

2. 氧环式　核糖和脱氧核糖中都有醛基和羟基，C‐4 上的羟基能与 C‐1 醛基缩合生成半缩醛，其氧环式结构如下：

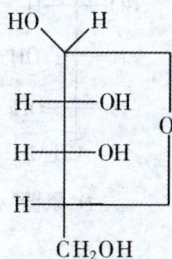

β‐D‐(–)‐核糖

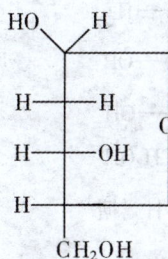

β‐D‐(+)‐脱氧核糖

3. 哈沃斯式　在生物化学中，多用哈沃斯式来表示核糖和脱氧核糖的环状结构，如：

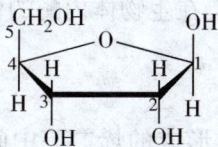

β‐D‐(+)‐核糖

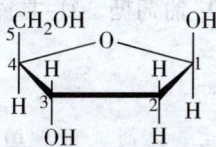

β‐D‐(+)‐脱氧核糖

二、单糖的性质

（一）单糖的物理性质

单糖都是无色晶体，具有吸湿性，极易溶于水（尤其在热水中溶解度很大），浓缩单糖溶液易得到黏稠的糖浆，不易在水中结晶，难溶于有机溶剂。多个羟基的存在使分子间氢键缔合很强，以至于最简单的糖就有很高的沸点。单糖有甜味，不同的单糖甜味差异很大。单糖一般有旋光性，并有变旋光现象。

（二）单糖的化学性质

1. 差向异构化 在两个含有多个手性碳原子的立体结构中，若只有一个手性碳原子的构型相反，而其他手性碳原子的构型完全相同，称为差向异构体。如 D-葡萄糖和 D-甘露糖结构中只有 C-2 的构型不同，它们互称差向异构体。在稀碱溶液中差向异构体的相互转化过程称为差向异构化。

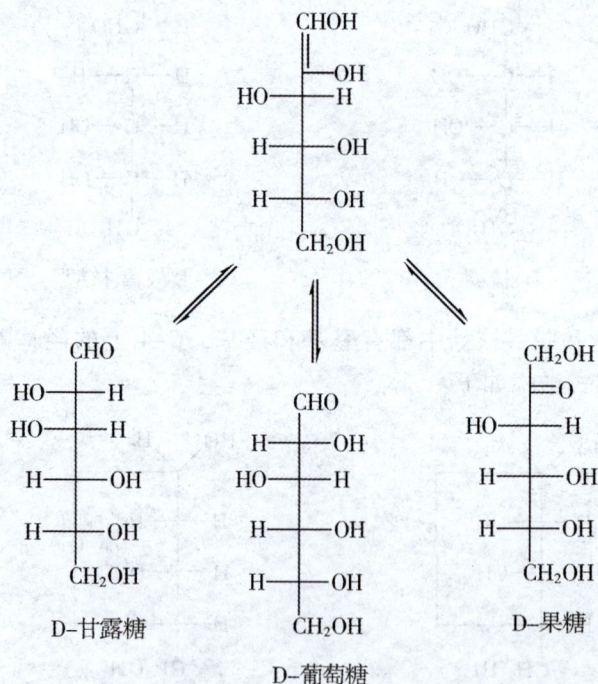

D-甘露糖 D-葡萄糖 D-果糖

单糖在冷、稀碱溶液中，α碳上的氢受羟基的影响变得活泼，极易转移到羰基上，形成烯醇式，然后转变为其他的异构体。例如 D-葡萄糖于冷、稀的氢氧化钠溶液中，将会得到一个 D-葡萄糖、D-甘露糖、D-果糖的混合物。在生物体内酶的催化下也可以进行上述转化。

2. 氧化反应

（1）**弱碱性氧化剂氧化** 单糖在稀碱溶液中，由于形成的烯二醇中间体极易被氧化，因而碱性溶液中的单糖是很强的还原剂，糖的这种性质常用于糖的定性或定量分析，常用的弱氧化剂有托伦试剂、斐林试剂以及在临床检验中常用于检验血糖和尿中葡萄糖含量的班氏试剂（硫酸铜、柠檬酸钠的碳酸钠溶液）；被弱氧化剂氧化后，单糖氧化成糖酸等复杂的氧化产物，与托伦试剂反应出现银镜，而与斐林试剂、班氏试剂反应后则生成氧化亚铜砖红色沉淀。

凡能被托伦试剂、斐林试剂及班氏试剂等弱氧化剂氧化的糖称为还原糖，反之为非还原糖，单糖都是还原糖，可用此反应进行检验，但不能区分醛糖与酮糖。

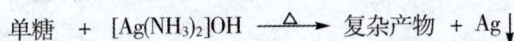

$$单糖 \quad + \quad [Ag(NH_3)_2]OH \xrightarrow{\triangle} 复杂产物 + Ag\downarrow$$

$$单糖 \quad + \quad 班氏试剂 \longrightarrow 复杂产物 + Cu_2O\downarrow$$

（2）酸性溶液中氧化 醛糖可以被溴水氧化。溴水是一弱氧化剂，它只能将醛基氧化成羧基，而酮糖则无此反应，因而可根据溴水是否退色来区别醛糖与酮糖。若用更强的氧化剂来氧化，则醛糖、酮糖均可被氧化成糖二酸。例如：

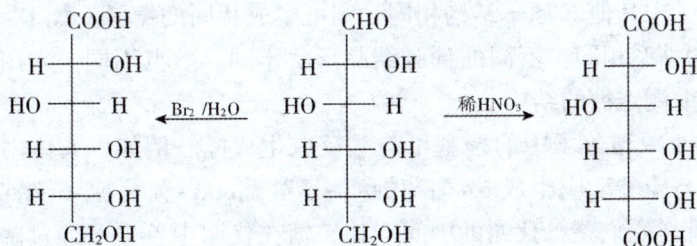

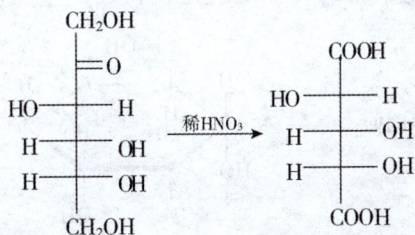

$$
\begin{array}{c}
\text{COOH} \\
\text{H}-\!\!-\text{OH} \\
\text{HO}-\!\!-\text{H} \\
\text{H}-\!\!-\text{OH} \\
\text{H}-\!\!-\text{OH} \\
\text{CH}_2\text{OH}
\end{array}
\xleftarrow{Br_2/H_2O}
\begin{array}{c}
\text{CHO} \\
\text{H}-\!\!-\text{OH} \\
\text{HO}-\!\!-\text{H} \\
\text{H}-\!\!-\text{OH} \\
\text{H}-\!\!-\text{OH} \\
\text{CH}_2\text{OH}
\end{array}
\xrightarrow{稀HNO_3}
\begin{array}{c}
\text{COOH} \\
\text{H}-\!\!-\text{OH} \\
\text{HO}-\!\!-\text{H} \\
\text{H}-\!\!-\text{OH} \\
\text{H}-\!\!-\text{OH} \\
\text{COOH}
\end{array}
$$

$$
\begin{array}{c}
\text{CH}_2\text{OH} \\
=\!\!\text{O} \\
\text{HO}-\!\!-\text{H} \\
\text{H}-\!\!-\text{OH} \\
\text{H}-\!\!-\text{OH} \\
\text{CH}_2\text{OH}
\end{array}
\xrightarrow{稀HNO_3}
\begin{array}{c}
\text{COOH} \\
\text{HO}-\!\!-\text{H} \\
\text{H}-\!\!-\text{OH} \\
\text{H}-\!\!-\text{OH} \\
\text{COOH}
\end{array}
$$

此外，人体内的葡萄糖可在酶的催化下氧化成葡萄糖醛酸，该化合物是体内重要的解毒物质。

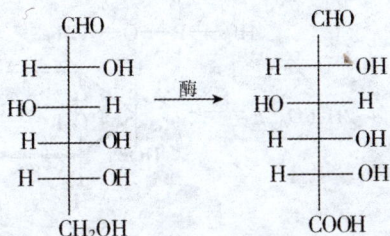

$$
\begin{array}{c}
\text{CHO} \\
\text{H}-\!\!-\text{OH} \\
\text{HO}-\!\!-\text{H} \\
\text{H}-\!\!-\text{OH} \\
\text{H}-\!\!-\text{OH} \\
\text{CH}_2\text{OH}
\end{array}
\xrightarrow{酶}
\begin{array}{c}
\text{CHO} \\
\text{H}-\!\!-\text{OH} \\
\text{HO}-\!\!-\text{H} \\
\text{H}-\!\!-\text{OH} \\
\text{H}-\!\!-\text{OH} \\
\text{COOH}
\end{array}
$$

3. 成脎反应 单糖与苯肼作用，首先生成苯腙，苯腙与过量的苯肼反应，生成不溶于水的黄色结晶，称为糖脎。生成糖脎是 α-羟基醛或 α-羟基酮的特有反应。葡萄糖、果糖的成脎反应为：

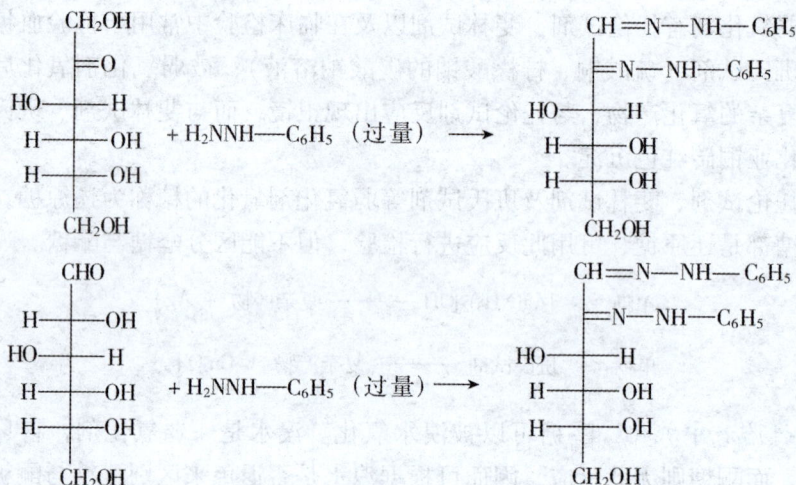

醛糖和酮糖的成脎反应均只在 C-1 和 C-2 上发生。由此可见，若除 C-1 和 C-2 结构不同外，糖分子中其他 C 原子结构相同，则可生成相同的糖脎。如 D-葡萄糖、D-果糖和 D-甘露糖的糖脎相同。不同的糖脎结晶形状不同，熔点不同，常用成脎反应来鉴别不同的糖及帮助测定糖的结构。

4. 成酯反应 单糖分子中的羟基可与酸反应生成酯。例如，人体内的葡萄糖在酶的作用下，可以与磷酸反应生成 α-葡萄糖-1-磷酸酯、α-葡萄糖-6-磷酸酯和 α-葡萄糖-1,6-二磷酸酯。它们是糖代谢的中间产物，糖在代谢中首先要经过磷酸化，然后才能进行一系列化学反应。因此，糖的成酯反应是糖代谢的重要步骤。

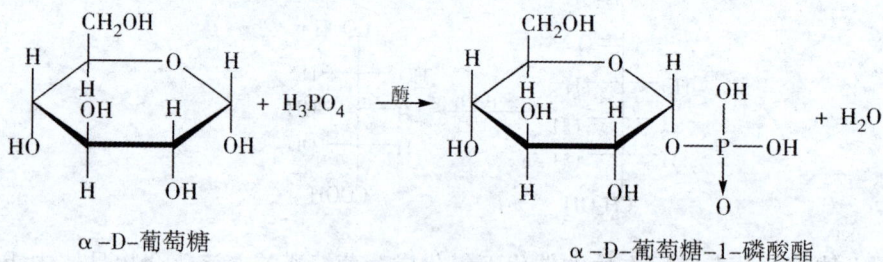

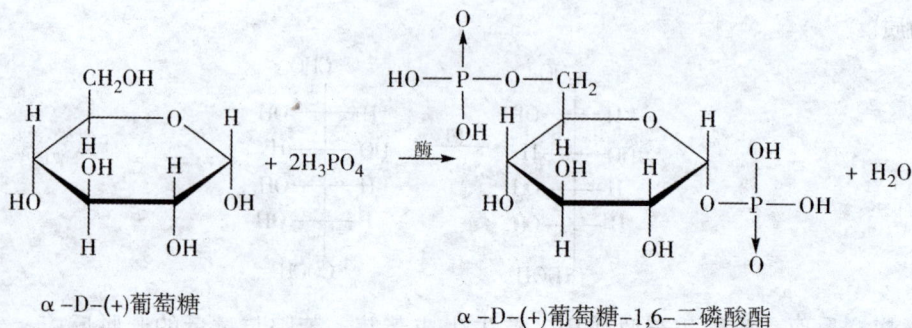

5. 成苷反应 单糖环状结构中的半缩醛羟基（苷羟基）比较活泼，在适当的条件下可与醇、酚、胺、硫醇等化合物缩合失去一个小分子，生成具有缩醛结构的化合物，称为糖苷。

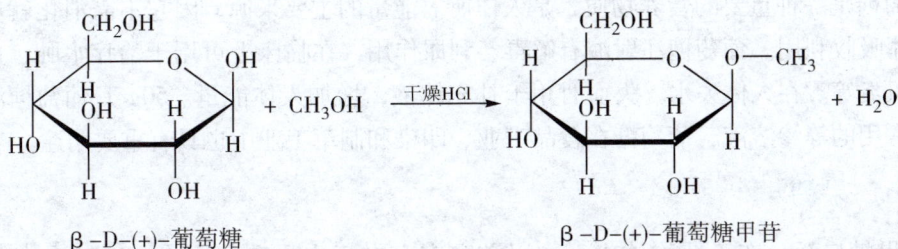

β-D-(+)-葡萄糖   β-D-(+)-葡萄糖甲苷

糖苷由糖和非糖两部分组成。糖的部分称为糖体或糖苷基，非糖部分称为配糖基或苷元。糖体可以是单糖或低聚糖。糖苷基和配糖基之间连接的键称为苷键，大多数天然糖苷中的配糖基为醇类或酚类，它们与糖苷基之间是由氧连接的，所以称为氧苷键。除氧苷键外，还有氮苷键、硫苷键等。

从结构上看，糖苷是缩醛（酮），比较稳定。单糖形成糖苷后，分子中失去了自由的苷羟基，因此不能再互变成开链式结构，α-型和β-型也不能相互转变，从而使单糖的一些化学性质（如还原性和成脎反应）和变旋光现象等不复存在了。糖苷在酸性溶液中或在酶的作用下，易水解生成糖和苷元。

糖苷在自然界分布广泛，多数具有生理活性，是许多中药的有效成分。如毛地黄苷有强心作用，苦杏仁苷有止咳作用等。

6. 颜色反应

（1）莫立许（Molisch）反应 在糖的水溶液中加入 α-萘酚的酒精溶液，然后沿容器壁慢慢加入浓硫酸，不得振摇，这样密度较大的浓硫酸沉到底部。在糖与硫酸的交界面很快出现美丽的紫色环，这就是莫立许反应。

所有的糖，包括单糖、低聚糖和多糖均能发生莫立许反应，而且该反应非常灵敏，因此常用此反应来鉴别糖类化合物。但是必须注意，由于能显色的是糖的脱水产物——呋喃甲醛的衍生物，因此，阴性反应说明一定不存在糖，但阳性反应只能说明可能存在糖。

（2）塞利凡诺夫（Seliwanoff）反应 塞利凡诺夫试剂是间苯二酚的盐酸溶液。在酮糖（游离的酮糖或双糖分子中的酮糖，例如果糖和蔗糖）的溶液中，加入塞利凡诺夫试剂，加热，很快出现红色。在相同的时间内，醛糖反应速率很慢，以至于观察不出它的变化。所以，用此实验可以鉴别酮糖和醛糖。

三、与医药有关的单糖及其衍生物

（一）葡萄糖

D-葡萄糖是自然界分布最广的单糖，因最初从葡萄汁中分离得到而得名。葡萄糖为白色结晶粉末，有甜味，甜度不如蔗糖，熔点 146℃（分解），易溶于水，难溶于乙醇等有机溶剂。D-葡萄糖为右旋体，所以也称为右旋糖。

人体血液中的葡萄糖称血糖。正常人血糖浓度为 3.9~6.1mmol/L。保持血糖浓度的恒定具有重要的生理意义。长期低血糖会导致头昏、恶心及营养不良等症状；缺乏胰岛素将引起糖代谢障碍及高血糖，导致糖尿病的发生。

葡萄糖是一种重要的营养物质，是人体所需能量的主要来源，因它不需消化就可以直接被人体吸收利用。葡萄糖注射液有解毒、利尿作用，在临床上可用于治疗水肿、血糖过低、心肌炎等。在人体失水、失血时用于补充体液，增加人体能量。50g/L 葡萄糖溶液是临床上常用的等渗溶液。葡萄糖在食品工业、印染和制革工业中也具有重要用途。

（二）果糖

D-果糖广泛分布于植物体中，它以游离态存在于水果和蜂蜜中，以结合态存在于蔗糖中，是最甜的一种天然糖，纯净的果糖是棱柱形晶体，熔点 103℃ ~ 105℃ （分解）。它不易结晶，通常为黏稠的液体，易溶于水。

人体内果糖也能与磷酸形成磷酸酯（如1-磷酸果糖、1,6-二磷酸果糖），它们是糖代谢过程中重要的中间产物。

（三）半乳糖

D-半乳糖是 D-葡萄糖的 C-4 差向异构体，游离的半乳糖在乳汁中存在。半乳糖是琼脂、树胶、乳糖等的组成成分。乳糖在稀酸条件下水解可得 D-半乳糖。在人体内半乳糖经一系列酶的催化可异构化生成葡萄糖，然后参与代谢，给吃奶的婴儿提供能量。如果机体内缺少使半乳糖转化的酶，半乳糖则不能转化为葡萄糖，而是在血液中堆积起来，从而导致半乳糖血症，当母亲患有该病时将会危及到婴儿。

（四）核糖、脱氧核糖

核糖（ribose）和脱氧核糖（deoxyribose）是重要的戊醛糖，具有旋光性，其旋光性为左旋。它们的环状结构通常以呋喃糖的形式存在。

核糖是核糖核酸（RNA）的重要组成部分，脱氧核糖是脱氧核糖核酸（DNA）的重要组成部分。它们与磷酸及某些含氮杂环化合物结合后存在于核蛋白中，与生物的生长、遗传因素有关。

（五）维生素 C

维生素 C 也称 L-抗坏血酸，存在于蔬菜及水果中，人体缺少它就会得坏血症，维生素 C 易溶于水，是一种强还原剂，维生素 C 是糖的衍生物。其结构为：

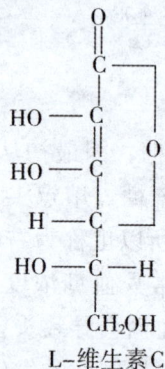

L-维生素C

第二节 二 糖

水解生成两分子单糖的糖称为二糖，又称双糖（disaccharide）。也可看成是两分子单糖脱水缩合而成的糖苷。双糖广泛存在于自然界，它们的物理性质类似于单糖，易溶于水，有甜味，有旋光性等。

根据分子中是否含有苷羟基，可分为还原性双糖和非还原性双糖。还原性双糖还具有与单糖相同的化学性质，即能发生氧化、成苷、成脎等化学反应，而非还原性双糖因不具有自由的苷羟基，也就失去了还原性，不能发生氧化、成苷、成脎反应。

常见的双糖有麦芽糖（maltose）、乳糖（lactose）、蔗糖（sucrose）和纤维二糖等，它们的分子式均为 $C_{12}H_{22}O_{11}$。

一、麦芽糖

麦芽糖主要存在于发芽的谷粒和麦芽中，饴糖就是麦芽糖的粗制品。在淀粉酶的作用下，由淀粉水解可得到麦芽糖，然后再经过麦芽糖酶的作用进一步水解生成 D-葡萄糖。所以麦芽糖是淀粉在消化过程中的一个中间产物。

麦芽糖是由一分子 α-D-（+）-葡萄糖的苷羟基与另一分子葡萄糖 C-4 上的醇羟基之间脱水缩合而成的糖苷，苷键的形式为 α-1,4-苷键。麦芽糖的哈沃斯式为：

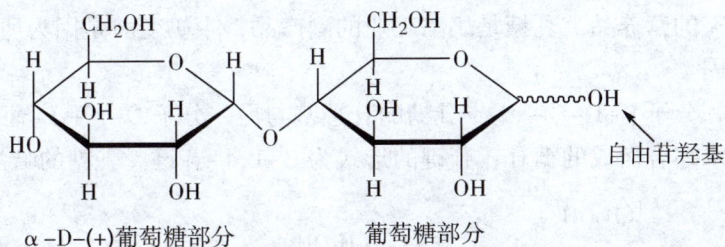

α-D-(+)葡萄糖部分　　　　葡萄糖部分

从结构上看，麦芽糖分子中仍有 1 个自由的苷羟基，因此具有还原性，属还原糖，能与托伦试剂、班氏试剂、斐林试剂作用，也能发生成苷反应和成脎反应。在水溶液中麦芽糖的环状结构可以转变成含醛基的开链式，并存在 α-型、β-型两种环状结构和开链式的互变平衡，达平衡时的比旋光度为 +136°。在酸或酶的作用下，1 分子的麦芽糖能水解生成 2 分子葡萄糖。

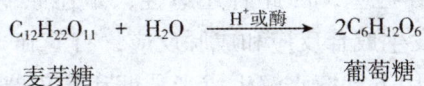

$$C_{12}H_{22}O_{11} + H_2O \xrightarrow{H^+ 或酶} 2C_6H_{12}O_6$$

麦芽糖　　　　　　　　　　　　葡萄糖

麦芽糖为白色晶体，易溶于水，熔点 102℃～103℃。甜度约为蔗糖的 1/3，是一种廉价的营养品，可用作甜味剂和细菌培养基。

二、纤维二糖

（+）-纤维二糖（cellobiose）是纤维素经过一定方法处理后部分水解的产物。化学性质与（+）-麦芽糖相似，为还原糖，有变旋现象，水解后生成两分子的 D-（+）-吡喃葡萄糖。经一系列化学反应分析可知，（+）-纤维二糖是以 β-1,4 糖苷键相连，只能被苦杏仁酶水解，此酶是专一性断裂 β-糖苷键的酶。因此，（+）-纤维二糖的全名为 4-O-(β-吡喃葡萄糖基)-D-吡喃葡萄糖，其结构如下：

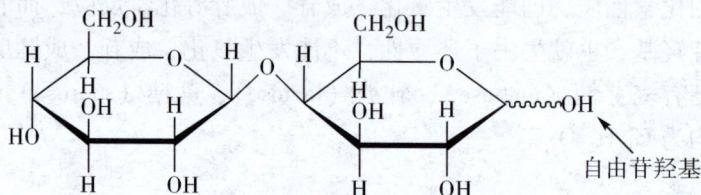

自由苷羟基

（+）-纤维二糖与（+）-麦芽糖虽只是苷键的构型不同，但生理上却有很大差别。（+）-麦芽糖有甜味，可在人体内分解消化，而（+）-纤维二糖既无甜味，也不能被人体消化吸收。

三、乳糖

乳糖存在于人和哺乳动物的乳汁中，人乳中含 7%～8%，牛乳中含 4%～5%，它是婴儿发育必需的营养品。乳糖是奶酪工业的副产品，牛奶变酸是因为所含的乳糖被氧化成乳酸的原因。

乳糖是由一分子 β-D-（+）-半乳糖的苷羟基与另一分子 D-（+）-葡萄糖 C-4 上的醇羟基之间脱水缩合而成的糖苷，苷键的形式为 β-1,4-苷键。乳糖的哈沃斯式为：

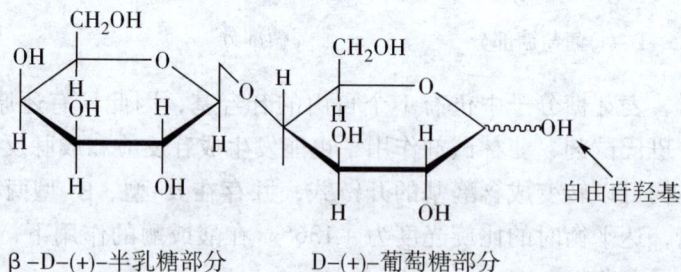

自由苷羟基

β-D-(+)-半乳糖部分　　　D-(+)-葡萄糖部分

乳糖分子中有自由的苷羟基，因此有还原性，是还原糖。能与托伦试剂、班氏试剂、斐林试剂作用，也能发生成苷反应和成脎反应，有变旋光现象，达平衡时比旋光度为 +53.5°。在酸或酶的作用下乳糖水解生成半乳糖和葡萄糖。

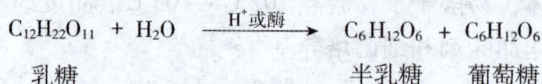

$$C_{12}H_{22}O_{11} + H_2O \xrightarrow{H^+或酶} C_6H_{12}O_6 + C_6H_{12}O_6$$

乳糖　　　　　　　　　　　　　　半乳糖　　葡萄糖

乳糖为白色结晶性粉末，水溶性较小，味不甚甜。吸湿性小，在医药上用作矫味剂和填充剂。

四、蔗糖

蔗糖是自然界分布最广的双糖，主要存在于甘蔗和甜菜中，普通食用的白糖就是蔗糖。它是重要的调味剂，常用来制造糖浆。

蔗糖是由 1 分子 α-D-(+)-葡萄糖的苷羟基与 1 分子 β-D-(-)-果糖的苷羟基脱水缩合而成的糖苷，苷键形式为 α-1,2-苷键。蔗糖的哈沃斯式为：

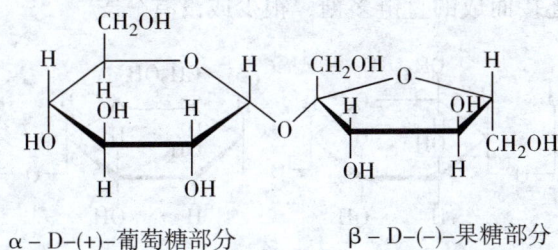

α–D–(+)–葡萄糖部分　　　　β–D–(–)–果糖部分

蔗糖分子中不存在苷羟基，因此没有还原性，是非还原糖。它不能与托伦试剂、班氏试剂、斐林试剂作用，也不能发生成苷反应。在水溶液中不能发生变旋光现象。在酸或酶的作用下，蔗糖水解生成葡萄糖和果糖的混合物，这种混合物比蔗糖更甜，是蜂蜜的主要成分。蔗糖溶液是右旋的，但水解后两个单糖的混合物是左旋的。因此蔗糖的水解过程又称为蔗糖的转化，水解的产物又称为转化糖。

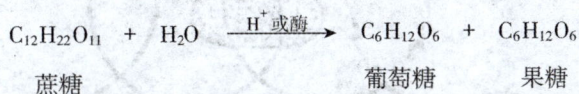

$$C_{12}H_{22}O_{11} + H_2O \xrightarrow{H^+ \text{或酶}} C_6H_{12}O_6 + C_6H_{12}O_6$$

　　蔗糖　　　　　　　　　　　　葡萄糖　　　果糖

纯净的蔗糖是白色晶体，熔点 186℃，较难溶于乙醇，甜度仅次于果糖。

第三节　多　　糖

多糖（polysaccharide）可以看成是由许多个单糖分子缩合脱水而成的高分子糖苷化合物。多糖广泛存在于自然界，是生物体的重要组成成分。由同种单糖组成的多糖称为均多糖，如淀粉、糖原和纤维素等；由不同单糖组成的多糖称杂多糖，如阿拉伯胶等。多糖在酸或酶的催化下水解而成的最终产物是多个单糖分子。

多糖的性质与单糖有较大差别。多糖无甜味，一般难溶于水，均无还原性，不能生成糖脎，也没有变旋光现象。

一、淀粉

淀粉（starch）是绿色植物进行光合作用的产物，大量存在于植物的种子和块茎等部位，是多种植物糖类的储藏物，是人类最主要的食物，也是酿酒、制醋和制造葡萄糖的原料，在制药中常用作赋形剂。

淀粉是由 α-D-葡萄糖脱水缩合而成的多糖。根据结构不同,又可分为直链淀粉和支链淀粉。天然淀粉由两部分组成,一般直链淀粉占 10% ~ 30%,支链淀粉占 70% ~ 90%。如玉米中直链淀粉占 27%,而糯米中几乎全部是支链淀粉。直链淀粉比支链淀粉容易消化。

(一)直链淀粉

直链淀粉又称糖淀粉,在热水中有一定溶解度。它是由 250 ~ 300 个 α-D-葡萄糖单元通过 α-1,4-苷键连接而成的直链多糖,很少或没有分支。

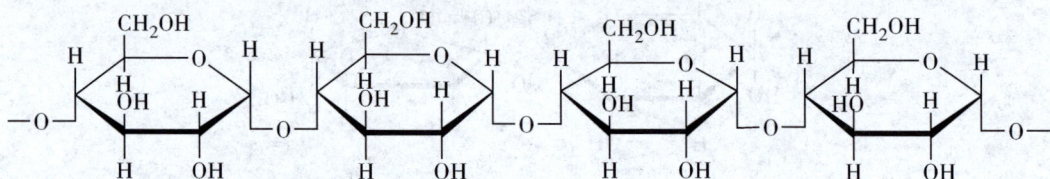

直链淀粉并不是以伸展的线性分子存在,由于分子内氢键的相互作用,其糖链卷曲成螺旋状,每圈约含 6 个葡萄糖单位。直链淀粉形成螺旋状后,中间的空穴正好能容纳碘分子,通过范德华力,碘与淀粉作用生成深蓝色包合物。这个反应非常灵敏,加热蓝色消失,冷却后又出现。此性质可以用来鉴别淀粉,如图 12-1 所示。

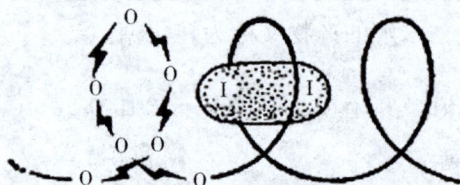

图 12-1　淀粉分子与碘作用示意图

(二)支链淀粉

支链淀粉又称为胶淀粉,在热水中膨胀呈糊糊状,是一种分支较多,相对分子质量更大的多糖,一般含 6000 ~ 40000 个 α-D-(+)-葡萄糖单元,主链通过 α-1,4-苷键连接,支链通过 α-1,6-苷键连接。在支链淀粉的直链上,每隔 20 ~ 25 个葡萄糖单位就出现一处通过 α-1,6-苷键相连的分支,因此其结构较直链淀粉复杂,分子结构呈分支状,如图 12-2 所示。

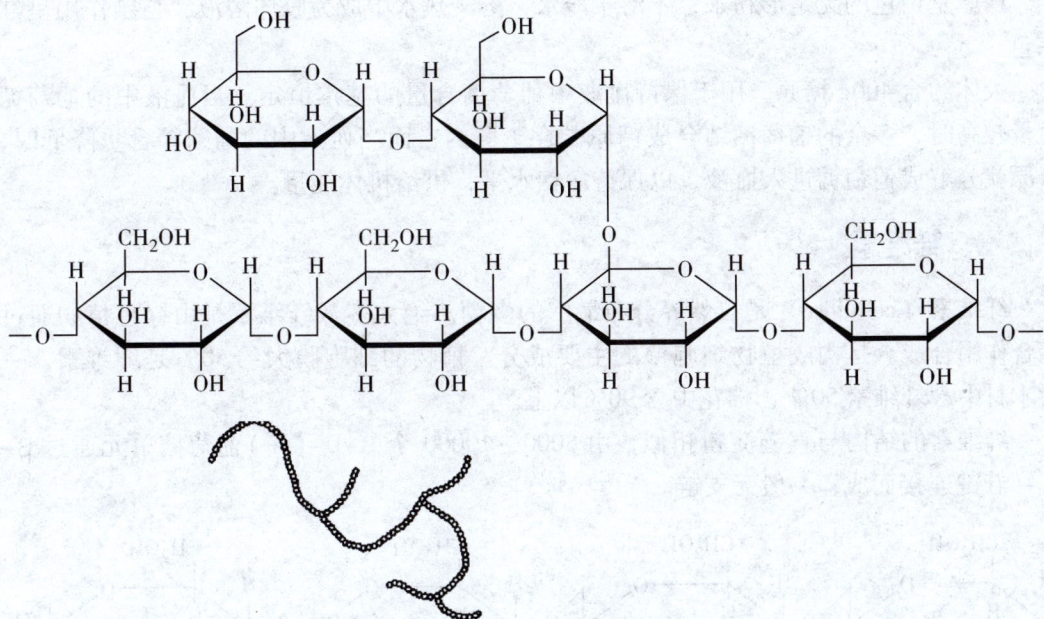

图 12-2　支链淀粉结构示意图

支链淀粉与碘作用呈紫色，而天然淀粉是直链淀粉与支链淀粉的混合物，故淀粉遇碘显蓝紫色。此特征反应可作为淀粉和碘的定性检验。

在酸或酶的作用下，淀粉可逐步水解生成分子较小的多糖、双糖，最终得到 D-葡萄糖。

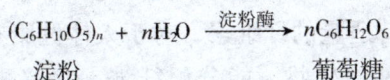

$$(C_6H_{10}O_5)_n + nH_2O \xrightarrow{\text{淀粉酶}} nC_6H_{12}O_6$$

淀粉　　　　　　　　　　　葡萄糖

二、糖原

糖原（glycogen）是储存于人和动物体内的一种多糖。又称动物淀粉，主要存在于肝脏和肌肉中，故又有肝糖原和肌糖原之分。

糖原的结构与支链淀粉相似，也是由 α-D-(+)葡萄糖单元以 α-1,4-苷键和 α-1,6-苷键连接而成。但支链更多、更短，相对分子质量更大。糖原分子中含有 6000～20000 个 α-葡萄糖单元，其分子量在 100 万～400 万之间。糖原的结构如图 12-3 所示。

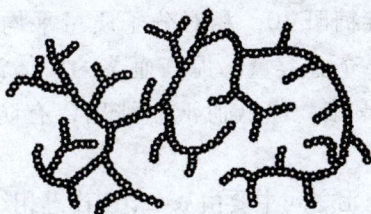

图 12-3　糖原的结构示意图

糖原是白色的无定形粉末，不溶于冷水，溶于热水中成为胶体溶液，与碘作用呈红棕色。

人体约含 400g 糖原，用于保持血液中葡萄糖含量的基本恒定。当血液中的葡萄糖含量较高时，多余的葡萄糖结合成糖原贮存于肝内；而当血液中的葡萄糖含量降低时，糖原就分解成葡萄糖进入血液，以保持血糖水平，供给机体能量。

三、纤维素

纤维素（cellulose）是自然界分布最广的多糖。绝大多数纤维素是由绿色植物通过光合作用合成。是构成植物细胞壁的主要成分。植物的细胞膜大约 50% 是纤维素，一般木材中含纤维素 50%，棉花中含 90% 以上。

纤维素的结构与直链淀粉相似，由 8000 ~ 10000 个 β-D-（+）葡萄糖单元通过 β-1,4-苷键连接而成，一般无支链。

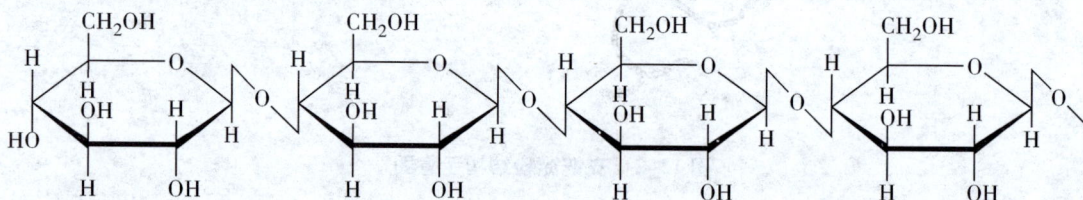

纤维素是白色微晶形物质，不溶于水和有机溶剂。在酸或酶的作用下能水解，最终产物是 β-D-葡萄糖。人的消化道中无纤维素水解酶，所以纤维素不能作为人的营养物质。但食物中的纤维素能促进肠蠕动，具有通便作用，还可以减少脂类的吸收，降低血液中胆固醇及甘油三酯，降低冠心病的发病率。因此纤维素在人类的食物中也是不可缺少的。多吃蔬菜、水果以保持适量的纤维素，对于人体健康有着重要意义。而牛、羊等食草动物的消化道中存在一些微生物，能分泌纤维素水解酶，可将纤维素水解成葡萄糖，所以纤维素可作为食草动物的饲料。

四、右旋糖酐

右旋糖酐（dextran）是一种人工合成的葡萄糖聚合物，工业生产中是将蔗糖经微生物发酵后转变成一种高分子葡萄糖的聚合物，再用酸聚合成平均分子量为 4 万和 7 万的不同制品。临床应用的右旋糖酐分为中分子右旋糖酐（又称右旋糖酐 70，相对分子质量平均值为 7 万）、低分子右旋糖酐（又称右旋糖酐 40，相对分子质量平均值为 4 万）和小分子右旋糖酐（又称右旋糖酐 10，相对分子质量平均值为 1 万）。中分子右旋糖酐，主要用作血浆代用品，补充血容量，提高血浆的胶体渗透压；低、小分子右旋糖酐，能抑制血小板、红细胞聚集，降低血液黏滞度，有防止血栓形成及改善微循环作用。

组成右旋糖酐的葡萄糖单元之间主要由 α-1,6-苷键相结合，同时还有 α-1,3-苷键和 α-1,4-苷键连接的分支结构。

右旋糖酐为白色或类白色无定形粉末，无臭，无味，易溶于热水，不溶于乙醇。

五、黏多糖

黏多糖（mucopolysaccharide）又称氨基多糖，是由氨基己糖与糖醛酸组成的二糖为结构单位连接而成的含氮多糖。黏多糖可与蛋白质共价结合，并且一个蛋白质常常可连数分子黏多糖，故又称为蛋白多糖。黏多糖有硫酸软骨素、透明质酸、肝素等。

（一）硫酸软骨素

硫酸软骨素（chondroitin sulfate）大量存在于动物软骨中，是从动物组织中提取制备的酸性黏多糖。它是由 D-葡糖醛酸和 N-乙酰氨基半乳糖之间以 β-1,3-糖苷键相连接，所形成的二糖间再以 β-1,4-糖苷键连接形成的多糖，并在 N-乙酰氨基半乳糖的 C-4 位或 C-6 位羟基上发生硫酸酯化。结构复杂，可分为 A、B、C、D 等多种类型，硫酸软骨素 A 的结构如下：

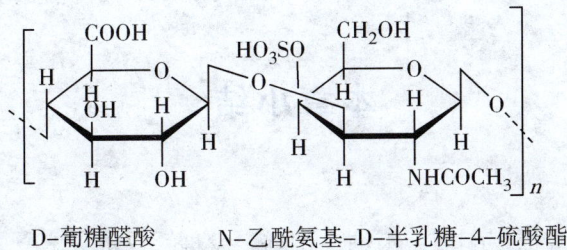

D-葡糖醛酸　　　　N-乙酰氨基-D-半乳糖-4-硫酸酯

硫酸软骨素对角膜胶原纤维具有保护作用，能促进基质中纤维的增长，增强通透性，改善血液循环，加速新陈代谢，促进渗透液的吸收及炎症的消除等。

（二）透明质酸

透明质酸（hyaluronic acid）是首先从牛眼玻璃体中分离出的物质。具有润滑关节、调节血管壁的通透性、调节蛋白质等作用。它是由 D-葡萄糖醛酸及 N-乙酰氨基葡萄糖之间以 β-1,3-苷键相连，双糖单位之间再以 β-1,4-苷键相连而成，其结构如下：

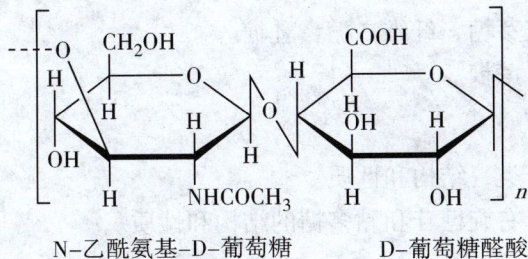

N-乙酰氨基-D-葡萄糖　　　　D-葡萄糖醛酸

（三）肝素

肝素（heparin）最早是从心脏及肝脏组织提取出来的，因肝内含量高而得名。它也存在于肺、血管壁、肠黏膜等组织中，是动物体内一种天然抗凝血物质。现在主要从牛肺或猪小肠黏膜提取。临床上主要用于血栓栓塞性疾病、心肌梗死、心血管手术、心脏导管检查、体外循环、血液透析等。

肝素的结构比较复杂，目前认为它由 L-艾杜糖醛酸、D-葡萄糖醛酸和 D-氨基葡萄糖组成，分子中还含有硫酸酯和磺酰胺，其结构可用一个四糖重复单位表示：

L-艾杜糖醛酸-2-硫酸酯　　　　　D-葡萄糖醛酸　　2-磺酰胺基-D-葡萄糖-6-硫酸酯

本章小结

一、单糖

1. 单糖的分类：醛糖、酮糖；丙糖、丁糖、戊糖、己糖。

2. 单糖的构型：单糖的链状结构，变旋现象和环状结构，费歇尔投影式，哈沃斯投影式和构象式。

3. 单糖的化学性质：差向异构化反应，氧化反应（碱性溶液中的氧化、酸性溶液中的氧化），成酯反应，成苷反应，成脎反应、颜色反应。

4. 重要的单糖：D-核糖，D-2-脱氧核糖，D-葡萄糖，D-果糖，D-半乳糖，维生素 C。

二、二糖

1. 二糖的组成和结构，二糖的水解反应。

2. 还原性二糖：麦芽糖，纤维二糖，乳糖。

3. 非还原性二糖：蔗糖。

三、多糖

1. 淀粉：淀粉的分类，结构和性质。

2. 糖原、纤维素、右旋糖苷和黏多糖的结构和性质。

思考与练习

一、选择题

1. 下列物质中属于非还原糖的是（　　　）

    A. 蔗糖　　　　　　　　B. 果糖　　　　　　　　C. 葡萄糖D. 麦芽糖

2. 下列糖中属于酮糖的是（　　　）

    A. 核糖　　　　　　　　B. 葡萄糖　　　　　　　C. 果糖D. 脱氧核糖

3. 单糖不具有的性质是（　　　）

    A. 还原性　　　　　　　B. 能成苷　　　　　　　C. 能水解D. 能成酯

4. 既能发生水解反应，又能发生银镜反应的物质是（　　　）

    A. 麦芽糖　　　　　　　B. 蔗糖　　　　　　　　C. 葡萄糖甲苷D. 丙酸甲酯

5. 下列各组糖中，互为同分异构体的是（　　　）

    A. 糖原与淀粉　　　　　B. 麦芽糖与乳糖　　　　C. 果糖与核糖D. 淀粉与纤维素

6. 糖在人体储存的形式是（　　　）

    A. 葡萄糖　　　　　　　B. 乳糖　　　　　　　　C. 糖原D. 淀粉

7. 下列叙述错误的是（　　　）

    A. 淀粉与纤维素都是天然高分子化合物

    B. 多糖均为非还原糖

    C. 分子式符合 $C_n(H_2O)_m$ 通式的物质都是糖类

    D. 单糖是不能水解的最简单的糖类

二、名词解释

1. 糖类　　　2. 血糖　　　3. 还原糖　　　4. 糖苷　　　5. 糖原

三、填空题

1. 根据水解情况，糖类可分为_____糖、_____糖和_____糖。

2. 糖分子中半缩醛羟基，又称为_____羟基。

3. 临床上常用_____试剂来检查尿中的葡萄糖。

4. 天然淀粉由_____淀粉和_____淀粉组成，可溶性淀粉遇碘变_____色。

四、写出下列反应方程式

1. 葡糖糖与溴水反应。

2. 葡萄糖与磷酸的反应。

五、用化学方法鉴别下列各组化合物

1. 葡萄糖和蔗糖。

2. 麦芽糖、蔗糖和果糖。

3. 葡萄糖、淀粉和苯酚溶液。

六、思考题

1. 没有成熟的苹果肉遇碘变蓝色，成熟的苹果汁能还原银氨溶液，为什么？

2. 有甲、乙两种 L-丁醛糖，两者均能与过量的苯肼反应生成相同的糖脎；若用稀硝酸氧化时，甲生成具有旋光性的 4 个碳原子的糖二酸，而乙生成的是无旋光性的 4 个碳原子的糖二酸，试推导出甲、乙的链状结构式并写出相应的化学反应式。

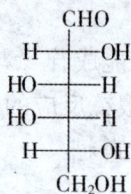

3. 已知 D-半乳糖的结构式为：

$$
\begin{array}{c}
\text{CHO} \\
\text{H}\!\!-\!\!\!-\!\!-\!\!\text{OH} \\
\text{HO}\!\!-\!\!\!-\!\!-\!\!\text{H} \\
\text{HO}\!\!-\!\!\!-\!\!-\!\!\text{H} \\
\text{H}\!\!-\!\!\!-\!\!-\!\!\text{OH} \\
\text{CH}_2\text{OH}
\end{array}
$$

（1）写出它的对映异构体和 C-2 的差向异构体的结构式。

（2）它有无内消旋的旋光异构体？

（3）它能与什么样的旋光异构体组成外消旋体。

（4）它有无变旋光现象。

第十三章　氨基酸、蛋白质、核酸

学习目标

掌握：氨基酸的化学性质；蛋白质的理化性质。

熟悉：氨基酸的分类、构型，必需氨基酸；蛋白质的结构；核酸的组成成分、DNA/RNA 的结构。

了解：氨基酸的物理性质，重要的氨基酸；蛋白质的元素组成、结构测定；核酸的变性、复性与杂交，与医药有关的核酸类化合物。

【引子】蛋白质是一切生物体细胞的主要组成成分，是生物体形态结构的物质基础，肌肉、毛发、皮肤、指甲、血清、血红蛋白、神经、激素、酶等都是由不同蛋白质组成的；也是生命活动所依赖的物质基础，一切基本的生命活动过程几乎都离不开蛋白质的参与，它们供给肌体营养、输送氧气、防御疾病、控制代谢过程、传递遗传信息、负责机械运动等。核酸是生物遗传的物质基础，它作为合成蛋白质的模型，通过指导蛋白质的合成而使生物自身的性状代代相传。病毒是仅由蛋白质和核酸结合而成的一种生命形式，亚病毒甚至只含蛋白质或只含核酸也表现出生命的特征。因此，蛋白质和核酸都是生命的物质基础。

人们通过长期的实验发现：蛋白质被酸、碱或蛋白酶催化水解，最终均产生 α-氨基酸。因此，要了解蛋白质的组成、结构和性质，我们必须先讨论 α-氨基酸。

第一节　氨　基　酸

氨基酸在自然界中主要以蛋白质或多肽形式存在于动植物体内，目前发现的天然氨基酸约有 300 种，构成蛋白质的氨基酸有 20 种，人们把这些氨基酸称为蛋白氨基酸。其他不参与蛋白质组成的氨基酸称为非蛋白氨基酸。

一、氨基酸的结构和构型

羧酸分子中烃基上的氢原子被氨基取代而生成的化合物称为氨基酸。例如：

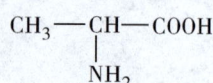

α-氨基酸

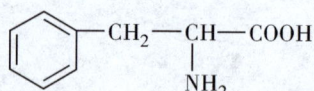

α-氨基酸

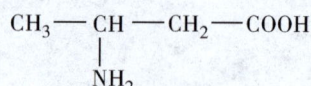

β-氨基酸

氨基酸的种类很多，根据分子中氨基和羧基的相对位置不同可分为 α-氨基酸、β-氨基酸、γ-氨基酸等。组成人体蛋白质的 20 余种氨基酸几乎都是 L-型的 α-氨基酸，即属于 L-α-氨基酸，其结构通式和费歇尔投影式如下：

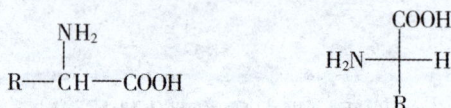

式中 R 代表烃基，不同的 α-氨基酸的区别只是 R 不同。本节重点讨论的是 α-氨基酸。

氨基酸的构型也可用 R、S 标记法表示。

表 13-1 列出了蛋白质水解所得的 20 种 α-氨基酸，其中标有"＊"号的 8 种氨基酸在人体内不能合成，必须通过食物提供，这些氨基酸称为必需氨基酸。

二、氨基酸的分类和命名

氨基酸可根据 R 基团的结构分为脂肪族氨基酸、芳香族氨基酸和杂环氨基酸；根据 R 基团的极性不同，α-氨基酸又可分为非极性氨基酸和极性氨基酸；还可根据分子中所含氨基和羧基的相对数目不同而分为中性氨基酸（氨基和羧基数目相同）、酸性氨基酸（羧基多于氨基）和碱性氨基酸（氨基多于羧基）。

氨基酸的系统命名法与羟基酸相同，即以羧酸为母体，氨基为取代基称为"氨基某酸"。氨基的位次习惯上用希腊字母 α、β、γ 等标示。但氨基酸通常是根据其来源或性质采用俗名。例如天冬氨酸源于天门冬植物的幼苗，甘氨酸因具有甜味而得名。有时还用中文或英文缩写符号表示。例如甘氨酸可用 Gly 或 G 或"甘"字来表示其名称（见表 13-1）。

表 13-1　常见的 α-氨基酸

名称	缩写符号		结构式	等电点
中性氨基酸				
甘氨酸（glycine）（氨基乙酸）	甘	Gly	$CH_2(NH_2)COOH$	5.97
丙氨酸（alanine）（α-氨基丙酸）	丙	Ala	$CH_3CH(NH_2)COOH$	6.00
丝氨酸（serine）（α-氨基-β-羟基丙酸）	丝	Ser	$CH_2(OH)CH(NH_2)COOH$	5.68
半胱氨酸（cysteine）（α-氨基-β-巯基丙酸）	半胱	Cys	$CH_2(SH)CH(NH_2)COOH$	5.05

续表

名称	缩写符号		结构式	等电点
*苏氨酸（threonine） （α-氨基-β-羟基丁酸）	苏	Thr	$CH_3CH(OH)CH(NH_2)COOH$	5.70
*蛋氨酸（methionine） （α-氨基-γ-甲硫基丁酸）	蛋	Met	$CH_3SCH_2CH_2CHCOOH$ $\qquad\qquad\quad NH_2$	5.74
*缬氨酸（valine） （α-氨基-β-甲基丁酸）	缬	Val	$(CH_3)_2CHCH(NH_2)COOH$	5.96
*亮氨酸（leucine） （α-氨基-γ-甲基戊酸）	亮	Leu	$(CH_3)_2CHCH_2CHCOOH$ $\qquad\qquad\qquad NH_2$	6.02
*异亮氨酸（isoleucine） （α-氨基-β-甲基戊酸）	异亮	Ile	$CH_3CH_2CHCH(NH_2)COOH$ $\qquad\quad CH_3$	5.98
*苯丙氨酸（phenylalanine） （α-氨基-β-苯基丙酸）	苯丙	Phe	$C_6H_5CH_2CH(NH_2)COOH$	5.48
酪氨酸（tyrosine） （α-氨基-β-对羟苯基丙酸）	酪	Tyr	$p-HOC_6H_4CH_2CHCOOH$ $\qquad\qquad\qquad NH_2$	5.66
脯氨酸（proline） （α-四氢吡咯甲酸）	脯	Pro		6.30
*色氨酸（tryptophan） ［α-氨基-β-（3-吲哚）丙酸］	色	Trp		5.80
天冬酰胺（asparagine） （α-氨基丁酰氨酸）	天胺	Asn		5.41
谷氨酰胺（glutamine） （α-氨基戊酰氨酸）	谷胺	Gln		5.65
酸性氨基酸				
天冬氨酸（aspartic acid） （α-氨基丁二酸）	天	Asp	$\qquad\qquad NH_2$ $HOOCCH_2CHCOOH$	2.77
谷氨酸（glutamic acid） （α-氨基戊二酸）	谷	Glu	$\qquad\qquad\quad NH_2$ $HOOCCH_2CH_2CHCOOH$	3.22
碱性氨基酸				
精氨酸（arginine） （α-氨基-δ-胍基戊酸）	精	Arg	$\qquad NH$ $\qquad \parallel$ $H_2NCNH(CH_2)_3CHCOOH$ $\qquad\qquad\qquad\quad NH_2$	10.76

名称	缩写符号		结构式	等电点
*赖氨酸（lysine） （α,ε-二氨基己酸）	赖	Lys	$H_2N(CH_2)CH(NH_2)COOH$	9.74
组氨酸（histidine） ［α-氨基-β-（4-咪唑）丙酸］	组	His	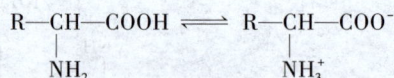	7.59

三、氨基酸的物理性质

α-氨基酸一般为无色晶体，熔点比相应的羧酸或胺类要高，一般为 200℃ ~ 300℃，许多氨基酸在熔化的同时分解并放出 CO_2。各种 α-氨基酸在水中的溶解度差别很大，它们都能溶于强酸和强碱溶液中，而不溶于乙醇、乙醚、苯等有机溶剂。除甘氨酸外，其他 α-氨基酸都有旋光性。

四、氨基酸的化学性质

氨基酸分子中因同时含有氨基和羧基，所以氨基酸具有氨基和羧基的典型反应；同时，由于氨基与羧基之间相互影响及分子中 R 基团的某些特殊结构，又显示出一些特殊的性质。

（一）两性电离和等电点

氨基酸是一类两性电解质，其分子中同时含有碱性的氨基和酸性的羧基，因此氨基酸既能与酸、碱反应成盐，也能由分子内碱性基团和酸性基团相互作用（质子转移）形成盐，这种盐称为内盐。

$$R-CH-COOH \rightleftharpoons R-CH-COO^- $$
$$\quad\ |\qquad\qquad\qquad\ |$$
$$\ \ NH_2 \qquad\qquad\qquad NH_3^+$$

内盐分子中正电荷和负电荷部分共存，所以又称其为两性离子或偶极离子。实验证明，固体氨基酸以偶极离子形式存在，静电引力大，具有很高的熔点，可溶于水而难溶于有机溶剂。

氨基酸分子是偶极离子，在酸性溶液中它的羧基负离子可接受质子，发生碱式电离带正电荷；而在碱性溶液中铵根正离子给出质子，发生酸式电离带负电荷。

溶液的 pH 值减小，碱性电离增大，有利于氨基酸以阳离子的形式存在；溶液的 pH 值增大时，酸性电离增大，氨基酸的阴离子逐渐增加。通过调节溶液的 pH 值，使氨基酸的酸性与碱性电离程度相同，此时氨基酸以两性离子的形式存在，氨基酸呈电中性。这种使氨基酸处于电中性状态的溶液的 pH 值称为氨基酸的等电点，用 pI 表示。

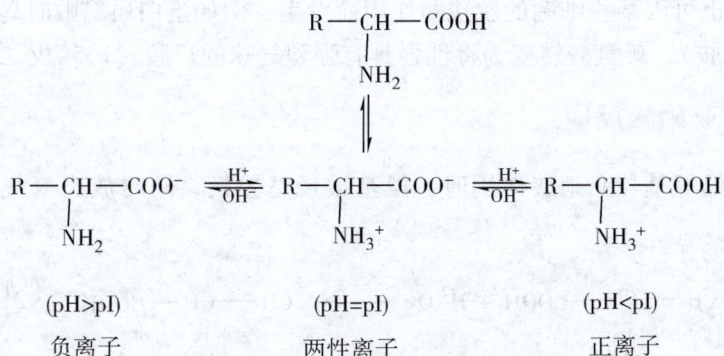

$$(pH>pI) \qquad (pH=pI) \qquad (pH<pI)$$

$$负离子 \qquad\qquad 两性离子 \qquad\qquad 正离子$$

当溶液的 pH < pI 时，氨基酸主要以阳离子形式存在，在电场中向负极移动；当溶液的 pH > pI 时，氨基酸主要以阴离子形式存在，在电场中向正极移动。处于等电状态（pH = pI）的氨基酸，在电场中不向任何电极移动。应当指出，在等电点时，氨基酸的 pH 值不等于 7。各种氨基酸由于其组成和结构不同，因此具有不同的等电点。等电点是氨基酸的一个特征常数，常见氨基酸的 pI 值见表 13-1。由于羧基的电离略大于氨基，中性氨基酸的 pI 略小于 7，一般在 5 ~ 6.3 之间。而酸性氨基酸的 pI 在 2.7 ~ 3.2 之间，碱性氨基酸的 pI 在 7.6 ~ 10.8 之间。

氨基酸在等电点时溶解度最小。根据氨基酸的 pI 值不同，可以通过调节溶液的 pH 值，使不同氨基酸在各自的等电点结晶析出；在同一 pH 缓冲溶液中，各种氨基酸电泳的方向和速率不同，利用此可以分离、提纯和鉴定氨基酸。

(二) 受热反应

与羟基酸相似，由于氨基酸分子中氨基和羧基相对位置的不同，氨基酸受热发生的反应也不同。α-氨基酸受热时，两分子间的氨基和羧基交叉脱水，生成环状交酰胺。

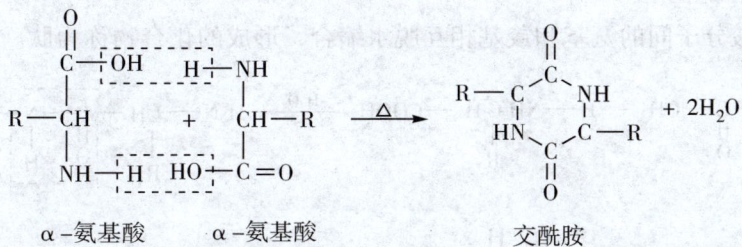

$$\alpha-氨基酸 \qquad \alpha-氨基酸 \qquad\qquad 交酰胺$$

(三) 脱羧反应

α-氨基酸与 $Ba(OH)_2$ 共热，即脱去羧基生成伯胺。

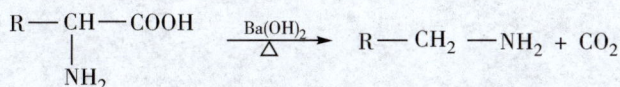

脱羧反应也可因某些细菌的脱羧酶作用而发生，例如蛋白质腐败时鸟氨酸转变为腐胺（1,4-丁二胺），赖氨酸转变为毒性强且有强烈气味的尸胺（1,5-戊二胺）。

（四）与亚硝酸反应

氨基酸中的氨基与亚硝酸作用时，氨基被羟基置换，同时放出氮气。反应可定量完成。

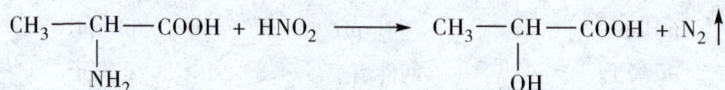

$$CH_3 - \underset{\underset{NH_2}{|}}{CH} - COOH + HNO_2 \longrightarrow CH_3 - \underset{\underset{OH}{|}}{CH} - COOH + N_2\uparrow$$

由反应所得氮气的体积，可计算出氨基酸和蛋白质分子中氨基的含量，这一方法称为范斯莱克（Van Slyke）氨基测定法，可用于氨基酸定量和蛋白质水解程度的测定。

（五）与水合茚三酮反应

α-氨基酸和茚三酮水合物在水溶液中共热，经过一系列反应，最终生成蓝紫色的化合物，称为罗曼紫，并放出 CO_2。此反应非常灵敏，可用于氨基酸的定性鉴定或定量分析。

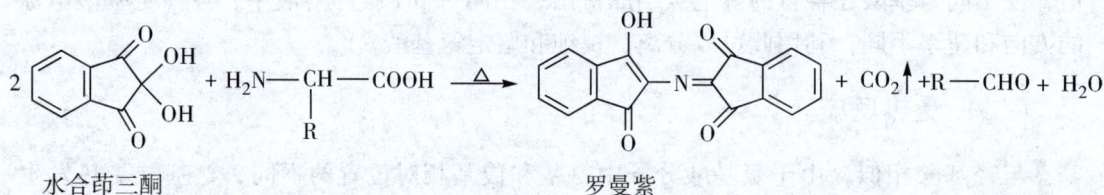

水合茚三酮 + $H_2N-\underset{\underset{R}{|}}{CH}-COOH \xrightarrow{\triangle}$ 罗曼紫 $+ CO_2\uparrow + R-CHO + H_2O$

（六）成肽反应

α-氨基酸分子间的氨基和羧基相互脱水缩合，形成的化合物称为肽。

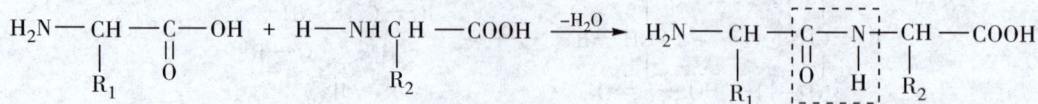

$$H_2N-\underset{\underset{R_1}{|}}{CH}-\underset{\underset{O}{\|}}{C}-OH + H-NH\underset{\underset{R_2}{|}}{CH}-COOH \xrightarrow{-H_2O} H_2N-\underset{\underset{R_1}{|}}{CH}-\boxed{\underset{\underset{O}{\|}}{C}-\underset{\underset{H}{|}}{N}}-\underset{\underset{R_2}{|}}{CH}-COOH$$

肽分子中的酰胺键（ $-\overset{\overset{O}{\|}}{C}-\overset{\overset{H}{|}}{N}-$ ）又称为肽键。由 2 个氨基酸分子形成的肽为二肽。二肽分子中仍含有自由的氨基和羧基，因此可以继续与氨基酸脱水缩合成三肽、四肽、五肽等，由较多的氨基酸按上述方式脱水缩合形成的肽称为多肽，多肽的链状结构称为多肽链。

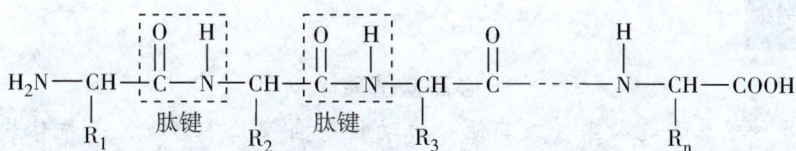

$$H_2N-CH-C-N-CH-C-N-CH-C-\cdots-N-CH-COOH$$

多肽链

在多肽链中，每个氨基酸单位都不是完整的分子，称为氨基酸残基。多肽链两端的残基称为末端残基，保留着游离氨基的一端称为氨基末端或 N-端；保留着游离羧基的另一端称为羧基末端或 C-端。习惯上把 N-端写在左边，C-端写在右边。

肽的结构不仅取决于组成肽链的氨基酸种类，也与肽链中各氨基酸的排列顺序有关。由于各氨基酸的排列顺序不同，一定数目的不同氨基酸可以形成多种不同的肽。例如由甘氨酸和丙氨酸所形成的二肽有两种异构体。由 3 种不同氨基酸可形成 6 种不同的三肽，由 4 种不同氨基酸可形成 24 种不同的四肽；由多种氨基酸按不同顺序结合，可形成许许多多不同的多肽链。

五、与医药有关的氨基酸类化合物

氨基酸在医药上主要用来制备复方氨基酸注射液，也用作治疗药物或用于合成多肽药物。目前用作药物的氨基酸有 120 种以上，其中包括构成蛋白质的氨基酸 20 种和非构成蛋白质的氨基酸 100 多种。

谷氨酸、精氨酸、天门冬氨酸、胱氨酸等氨基酸可单独作为药物治疗一些疾病，主要用于治疗肝病、消化道疾病、脑病、心血管病、呼吸道疾病，并用于提高肌肉活力、儿科营养和解毒等。

氨基酸衍生物作为治疗药用于临床目前相当活跃，无论在治疗肝病、心血管疾病，还是溃疡病、神经系统疾病等方面都已广泛使用，用于治疗的氨基酸衍生物不下数百种。如 4-羟基脯氨酸在治疗慢性肝炎、防止肝硬化方面都很有效。精氨酸阿司匹林、赖氨酸阿司匹林，既保持了阿司匹林镇痛作用，又能降低副作用。N-乙酰半胱氨酸甲酯盐酸盐对支气管炎有很好疗效。

氨基酸衍生物还可作为抗生素和抗菌增效剂，如用长链脂肪酸酰化而成的 N-酰化氨基酸、由高级醇经酯化而成的氨基酸酯、用低级醇将 N-酰化氨基酸酯化成的 N-酰基氨基酸酯，对革兰阳性和革兰阴性菌有广谱的抗菌活性，对霉菌也有作用，广泛用作活性剂和防腐剂。再如青霉素 G 和溶菌酶中加入氨基酸衍生物，特别是加入氨基酸酯，则青霉素 G 和溶菌酶表现出更强的抗菌力和溶菌力。

左旋多巴是生物体内一种重要的生物活性物质，是治疗常见老年病——帕金森病的主要药物。临床上还用来治疗腿多动综合征、肝昏迷、CO 中毒、锰中毒、精神病、心力衰竭、溃疡病、脱毛症等，并用于调节人的性功能；此外，还发现它有抗衰老的神奇功效。随着我国人口老龄化速度的加快，对左旋多巴的需求将迅速增加。

知识链接

必需氨基酸

有8种氨基酸是人体（或其他脊椎动物）自身必不可少，而机体内又不能合成或合成速度不能满足人体需要，必须从食物中摄取的，称为必需氨基酸，如赖氨酸、色氨酸、苯丙氨酸、甲硫氨酸、苏氨酸、异亮氨酸、亮氨酸、缬氨酸。某些氨基酸除可形成蛋白质外，还参与一些特殊的代谢反应，表现出某些重要特性，如果饮食中经常缺少上述氨基酸，可影响健康。例如谷物食品中的赖氨酸含量较低，且在加工过程中易被破坏而缺乏，所以成为第一限制性氨基酸。经常食用奶制品、肉类、蛋类和大豆制品，一般是不会缺乏必需氨基酸的。

第二节 蛋 白 质

蛋白质是多种 α-氨基酸按一定顺序以肽键连接而形成的生物高分子化合物。通常将相对分子质量低于1万的称为多肽，高于1万至数千万的称为蛋白质。蛋白质的种类繁多，结构复杂，功能特异。要了解蛋白质的性质和生物学功能就必须认识蛋白质的结构，即蛋白质分子中氨基酸的种类、数目、排列顺序和空间结构。

一、蛋白质的元素组成和分类

经过对蛋白质的元素分析，组成蛋白质的元素并不多，含量较多的元素主要有 C（50%~55%）、H（6%~7%）、O（20%~23%）、N（15%~17%）4 种，大多数蛋白质还含有少量的 S（0%~4%），另外 P、Fe、Cu、Mn、Zn、I 等元素也存在于某些蛋白质中。

由于生物组织中绝大部分氮元素都来自蛋白质，且各种蛋白质的含氮量都接近于16%，即每克氮相当于 6.25g 蛋白质，6.25 称为蛋白质系数。因此生物样品的测定中只要测出其含氮量，就可推算出其中蛋白质的大致含量。

蛋白质种类繁多，结构复杂，目前只能根据蛋白质的形状、溶解性及化学组成粗略分类。蛋白质根据其形状可分为球状蛋白质（如卵清蛋白）和纤维蛋白质（如角蛋白）；根据化学组成又可分简单蛋白质和结合蛋白质。

1. 简单蛋白质，仅由氨基酸组成的蛋白质称为简单蛋白质。

2. 结合蛋白质，由简单蛋白质与非蛋白质成分（称为辅基）结合而成的复杂蛋白质，称为结合蛋白质。结合蛋白质又可根据辅基不同进行分类。

二、蛋白质的结构

蛋白质分子的基本结构是多肽链，其多肽链不仅有严格的氨基酸组成及排列顺序，而且在三维空间上具有独特的复杂而精细的结构，这种结构是蛋白质理化性质和生物学功能的基础。为了表示蛋白质不同层次的结构，通常将蛋白质的结构分为一级结构、二级结构、三级结构和四级结构。二级以上的结构又总称为空间结构或高级结构。

（一）蛋白质的一级结构

蛋白质多肽链中各种 α-氨基酸残基的排列顺序，称为蛋白质的一级结构。其中肽键是各氨基酸残基之间的主要连接方式（主键），在某些蛋白质分子的一级结构中尚含有少量的二硫键。有些蛋白质就是一条多肽链，有的则由数条多肽链构成。例如，核糖核酸酶分子含 1 条多肽链，有 124 个氨基酸残基；血红蛋白质含 4 条多肽链，共有 574 个氨基酸残基。

任何特定的蛋白质都有其特定的氨基酸排列顺序，研究蛋白质的结构，首先就是确定其多肽链中氨基酸的排列顺序。目前已有数万种蛋白质的氨基酸排列顺序得到确定，其中胰岛素是首先被阐明一级结构的蛋白质。

（二）蛋白质的二级结构

蛋白质分子的多肽链并不是以线型的形式随机伸展的结构，而是卷曲、折叠成特有的空间结构。蛋白质分子多肽链的主链骨架借助肽键之间的氢键所形成的空间结构，包括 α-螺旋、β-折叠、β-转角等形式，称为蛋白质的二级结构。α-螺旋是蛋白质中最常见最典型含量最丰富的二级结构。其结构特点是：

1. 由 α-氨基酸构成的多肽链旋转、折叠，呈螺旋状上升，绝大多数形成稳定的右手螺旋。

2. α-螺旋一周（旋转 360°）含 3.6 个氨基酸残基，每个氨基酸残基高度为 0.15nm，螺旋上升一圈的高度（螺距）为 0.54nm。

3. 相邻两个螺旋中的 α-氨基酸残基之间形成链内氢键，氢键的方向与螺旋的中心轴大致平行。氢键是多肽链内第一个氨基酸残基上的氨基与它后面的第四个氨基酸残基上的羰基之间形成的。氢键是维持稳定 α-螺旋结构的主要副键。

4. 肽链中氨基酸残基的侧链 R 基均伸向螺旋外侧（见图 13-1），其空间形状、大小及电荷对 α-螺旋的形成和稳定有一定的影响。酸性或碱性氨基酸集中的区域，由于同电相斥，不利 α-螺旋形成。较大的侧链 R 基团（如苯丙氨酸、色氨酸、异亮氨酸）集中的区域空间位阻较大，也妨碍 α-螺旋的形成。脯氨酸是亚氨基酸，N 原子上不存在 H 原子，故不能参与链内氢键的形成，致使 α-螺旋中断，多肽链发生转折。

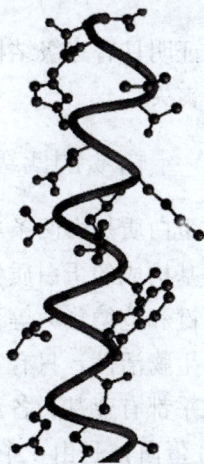

纤维状蛋白质主要由 α-螺旋组成，例如毛发、指甲、皮肤中的角蛋白、肌肉中的肌球蛋白以及血凝块中的纤维蛋白，它们的多肽链几乎全都卷曲成 α-

图 13-1　蛋白质的 α-螺旋结构示意图

螺旋。球状蛋白质中有的具有较多的 α-螺旋，如血红蛋白和肌红蛋白，有的只含有少量 α-螺旋，如溶菌酶和糜蛋白酶。

（三）蛋白质的三级结构

蛋白质的多肽链在主链借助肽键之间的氢键形成二级结构基础上，其相隔较远的氨基酸残基侧链（R—）之间还可借助于多种副键而进行范围广泛的卷曲、折叠，所形成的特定整体排列称为蛋白质的三级结构。

蛋白质三级结构的形成和维持主要是靠侧链之间的副键，包括氢键、盐键（离子键）、二硫键、酯键、疏水键和范德华力。蛋白质分子中的非极性侧链基团（疏水基），具有避开水相互集合而藏于分子内部的自然趋势，这种结合力称为疏水键。疏水键由于数量多，是维持蛋白质三级结构的主要作用力。在球状蛋白质分子中，疏水基总是埋藏在分子内部，而亲水基团则趋向水而暴露或接近于分子的表面（见图13-2），所以球状蛋白质如血红蛋白、肌红蛋白都能溶于水。

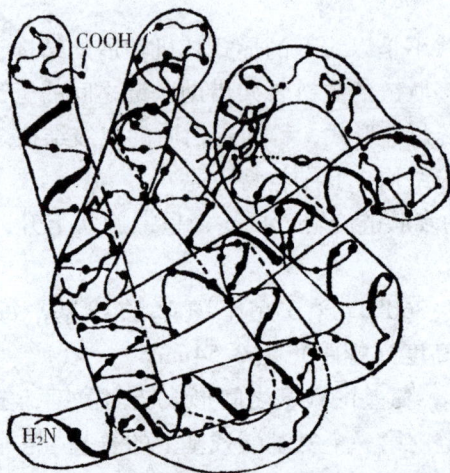

图13-2　肌红蛋白三级结构示意图

研究证明具有三级结构的蛋白质才具有生物功能，三级结构一旦破坏，蛋白质的生物功能便丧失。

（四）蛋白质的四级结构

许多蛋白质是由两条或多条具有独立三级结构的多肽链构成，这些多肽链称为亚基。由亚基构成的蛋白质称为寡聚蛋白。寡聚蛋白中各亚基借助于各种副键（氢键、盐键、疏水键和范德华力等）而形成的空间排列方式称为蛋白质的四级结构。分散的亚基一般没有生物活性，只有完整的四级结构才有生物活性。相对分子质量在55000以上的蛋白质几乎都有亚基，各亚基可以相同，也可以不同，数目从两个到上千个不等。例如 Hb（血红蛋白）是由4个亚基构成，其中两条 α-链，两条 β-链。α-链含141个氨基酸残基，β-链含146个氨基酸残基。α-链和 β-链的三级结构十分相似，并和仅含有一条多肽链的肌红蛋白相似。每个亚基的多肽链都卷曲成球状把一个血红素包裹其中，4个亚基通过侧链间副键两两交叉紧密镶嵌形成一个球状的血红蛋白（见图13-3）。

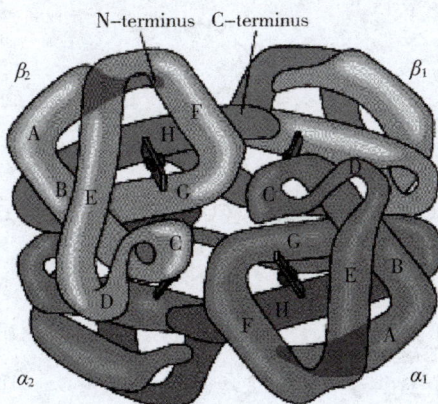

图13-3 血红蛋白四级结构示意图

蛋白质的结构非常复杂，人类在探索生命奥秘的过程中虽然对蛋白质的结构有一定认识，但对多数蛋白质的结构还有待进一步研究。

知识拓展

折叠病

蛋白质分子的氨基酸序列没有改变，只是结构或构象有所改变也能引起疾病，就是所谓的"构象病"，或称"折叠病"。

例如大家都知道的疯牛病，它是由一种称为 Prion 的蛋白质的感染引起的，这种蛋白质也可以感染人而引起神经系统疾病。在正常机体中，Prion 是正常神经活动所需要的蛋白质，而致病 Prion 与正常 Prion 的一级结构完全相同，只是空间结构不同。由于蛋白质折叠异常而造成分子聚集甚至沉淀或不能正常转运到位所引起的疾病还有老年性痴呆症、囊性纤维病变、家族性高胆固醇症、家族性淀粉样蛋白症、某些肿瘤、白内障等。

随着对蛋白质折叠研究的不断深入，更多的病因会被发现，从而找到更有针对性的治疗方法，研发治疗"折叠病"的新药。

三、蛋白质的理化性质

（一）蛋白质的两性电离和等电点

蛋白质分子多肽链中总有游离的氨基和羧基存在，其侧链上也常含有酸性基团和碱性基团，因此蛋白质与氨基酸相似，也具有两性电离和等电点的性质，在水溶液中蛋白质可解离为阴离子、阳离子，也可形成两性离子。

蛋白质在水溶液中的解离平衡，以及加酸或加碱时平衡移动的方向可用下式表示

（式中 H₂N—Pr—COOH 代表蛋白质分子，羧基代表分子中所有的酸性基团，氨基代表分子中所有的碱性基团）：

$$
\begin{array}{c}
\underset{\text{Pr}}{\overset{\text{COOH}}{\diagdown}}\;\text{NH}_2 \\
\Updownarrow \\
\end{array}
$$

$\underset{\text{Pr}}{\overset{\text{COO}^-}{\diagdown}}\;\text{NH}_2$	$\underset{\text{H}^+}{\overset{}{\underset{\text{OH}^-}{\rightleftharpoons}}}$	$\underset{\text{Pr}}{\overset{\text{COO}^-}{\diagdown}}\;\text{NH}_3^+$	$\underset{\text{H}^+}{\overset{}{\underset{\text{OH}^-}{\rightleftharpoons}}}$	$\underset{\text{Pr}}{\overset{\text{COOH}}{\diagdown}}\;\text{NH}_3^+$
蛋白质负离子		两性离子		蛋白质正离子
pH>pI		等电子 (pH=pI)		pH<pI

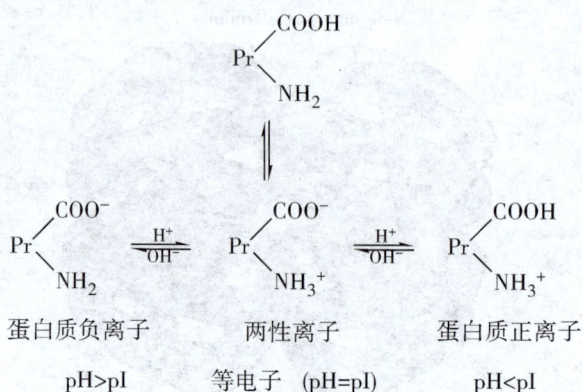

蛋白质在溶液中的存在形式随 pH 值变化而改变。适当调节溶液的 pH 值，可使蛋白质主要以两性离子的形式存在，故在电场中不向任何电极移动，此时溶液的 pH 值称为该蛋白质的等电点，用 pI 表示。

不同蛋白质因为所含各类氨基酸的残基数目不同，所以等电点也各不相同。一般含酸性氨基酸较多的蛋白质 pI 较低，例如人胃蛋白酶含酸性氨基酸残基 37 个，而碱性氨基酸残基只有 6 个，其 pI≈1；含碱性氨基酸较多的蛋白质 pI 较高，例如鱼精蛋白含精氨酸特别多，其 pI 为 12.0～12.4；含碱性和酸性氨基酸数目相近的蛋白质，其等电点大多略偏酸性，约为 5。人体蛋白质的等电点大多接近于 5，在体液（pH≈7.4）中一般为负离子形式，并与两性离子组成缓冲对，起着重要的缓冲作用。

在等电点时，蛋白质因不存在电荷相互排斥作用，最易聚集而沉淀析出，所以此时蛋白质的溶解度、黏度和渗透压等都最小。等电点沉淀法是分离提纯蛋白质的一种重要方法。

荷电蛋白质在电场中定向移动的现象称为电泳。各种蛋白质的等电点、颗粒大小和形状不同，在一定 pH 值的溶液中所带电荷的数量和性质也不同，因此在电场中泳动的方向和速率就存在差别，利用此性质可以从蛋白质混合液中将各种蛋白质彼此分离。

（二）蛋白质的盐析

蛋白质是高分子化合物，其溶液具有胶体性质。维持蛋白质溶液稳定的主要因素是蛋白质分子表面的水化膜和所带的同性电荷。向蛋白质溶液中加入一定浓度的中性盐，从而使蛋白质发生沉淀的现象称为盐析。盐析是沉淀蛋白质的方法之一，常用的盐析剂有（NH₄)₂SO₄、Na₂SO₄、NaCl 和 MgSO₄等。盐析作用的实质是盐类离子强烈的亲水作用破坏了蛋白质分子表面的水化膜，同时相反电荷的离子能中和蛋白质的电荷。

蛋白质盐析所需盐的最小浓度称为盐析浓度，不同蛋白质的水化程度和所带电荷不同，所以盐析浓度也各不相同，因此可用不同浓度的中性盐溶液使蛋白质分批析出沉淀，这种蛋白质的分离方法称为分段盐析。

用盐析法分离得到的蛋白质仍保持蛋白质的生物活性，只需经过透析法或凝胶层析法除去盐后，即可得到较纯的且保持原生物活性的蛋白质。

（三）蛋白质的变性

天然蛋白质因受某些物理因素或化学因素的影响，其分子内部原有的高度规律性的空间结构发生改变或破坏，导致蛋白质生物活性的丧失以及理化性质的改变，这种现象称为蛋白质的变性。变性后的蛋白质称为变性蛋白质。能使蛋白质变性的因素很多。物理因素有加热、高压、紫外线、X-射线、超声波和剧烈搅拌等；化学因素包括加强酸、强碱、尿素、重金属盐及一些有机溶剂等。不同蛋白质对各种变性因素的敏感程度不同。

蛋白质受到变性因素影响，维系其空间结构的副键断开，原有的高度规律性的空间结构变为散乱伸展的无序结构。变性后的蛋白质分子主要发生空间结构的破坏，原来藏在分子内部的疏水基大量暴露在分子表面，分子表面的亲水基减少，使蛋白质水化作用减弱，溶解度降低；同时，由于结构松散而使分子表面积增大，流动阻滞，黏度也就增大，失去结晶性；且因多肽链展开，使酶与肽键接触机会增多，因此变性蛋白质较天然蛋白质易被酶水解消化。变性蛋白质最主要的特征是生物学功能的丧失，例如酶失去催化活性，激素不能调节代谢反应，抗体失去免疫作用，这是蛋白质空间结构破坏的必然结果。

蛋白质变性后，若其空间结构改变不大，就可以恢复原有结构和性质，称为可逆变性；若其空间结构改变较大，则其结构和性质不能恢复称为不可逆变性。核糖核酸酶在 $8mol/L$ 尿素溶液中的变性就是可逆变性（见图13-4）。

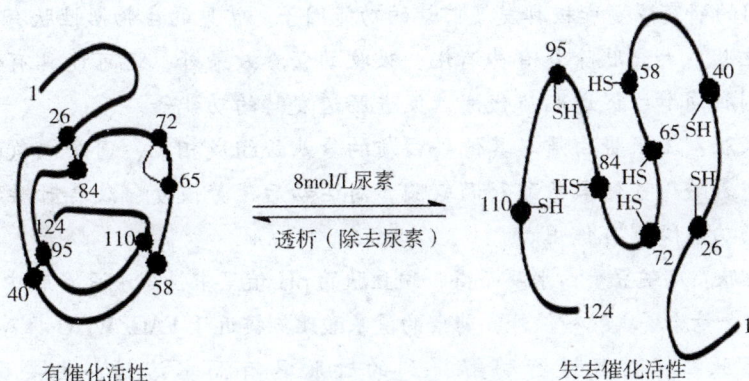

图 13-4　核糖核酸酶可逆变性示意图
（图中●—●表示二硫键）

蛋白质的变性有很多应用。例如"点豆腐"是利用钙、镁盐使豆浆中的蛋白质变性凝固。医药上用酒精或加热消毒，使细菌和病毒蛋白质变性而失去致病性和繁殖能力。在中药提取中，可用乙醇沉淀除去浸出液中的蛋白质杂质。而在制备具有生物活性的蛋白质制品（如疫苗、酶制剂等）时，就必须选择能防止发生变性作用的工艺条件。

（四）蛋白质的颜色反应

蛋白质分子内含有许多肽键和某些带有特殊基团的氨基酸残基，可与不同试剂产生各种特有的颜色反应（见表13-2），利用这些反应可以对蛋白质进行定性鉴定和定量分析。

表13-2　蛋白质的颜色反应

反应名称	试剂	颜色	作用基团
缩二脲反应	$CuSO_4$的碱性溶液	紫色或紫红色	肽键
米伦反应	硝酸汞、硝酸亚汞和硝酸混合液	红色	酚羟基
茚三酮反应	茚三酮稀溶液	蓝紫色	氨基
黄蛋白反应	浓硝酸-氨水	黄色-橙红色	苯环
坂口反应	次氯酸钠或次溴酸钠	红色	胍基
乙醛酸反应	乙醛酸、浓硫酸	紫红色	色氨酸

知识拓展

与医药有关的生物活性肽

生物活性肽是蛋白质中25个天然氨基酸以不同组成和排列方式构成的从二肽到复杂的线性、环形结构的不同肽类的总称，是源于蛋白质的多功能化合物。活性肽具有多种人体代谢和生理调节功能，易消化吸收，有促进免疫、激素调节、抗菌、抗病毒、降血压、降血脂等作用，食用安全性极高，是当前国际食品界最热门的研究课题和极具发展前景的功能因子。常见的生物活性肽有：

大豆肽：大豆肽除具有易消化、吸收的营养效果外，还可能具有低变应原性，抑制胆固醇、促进脂质代谢，促进肠道发酵的功能等。

玉米肽：玉米蛋白质与其他蛋白质的氨基酸组成相比，富含缬氨酸、亮氨酸、异亮氨酸等支链氨基酸和丙氨酸。对运动后疲劳恢复、改善肝脏病、防止醉酒、肠功能障碍有作用。

豌豆肽：从豌豆蛋白水解而得，豌豆肽的pH值呈中性。豌豆多肽中8种必需氨基酸的含量除蛋氨酸稍低外，其余的氨基酸比例接近于FAO/WHO推荐模式。

畜产肽：将猪肝进行酶解得到的肝肽具有高水溶性，主要由分子量3000Da以下的肽组成。

谷氨酰胺肽：谷酰氨肽可恢复术后肠黏膜功能，对免疫系统有重要作用。长时间、持久运动时，由于血浆中谷氨酰胺肽浓度降低、导致免疫力低下，所以谷氨酰胺肽有望用于运动营养。

水产肽：鱼类、贝类是人类消费量多而且重要的蛋白质来源，鱼肉蛋白质具有降压作用（血管紧张素Ⅰ转换酶抑制作用：ACE抑制作用），所以水产肽的开发也受到广泛关注。

第三节 核 酸

核酸是一类普遍存在于生物体内具有酸性的生物高分子化合物，最初是从细胞核中分离得到的，故称核酸。蛋白质是生物体用以表达各项功能的工具，而核酸是生物用来制造蛋白质的模型。没有核酸，就没有蛋白质，因此核酸是生命最根本的物质基础。

根据分子中含戊糖的种类，核酸可分为核糖核酸（RNA）和脱氧核糖核酸（DNA）。DNA 主要存在于细胞核和线粒体内，它是生物遗传的主要物质基础，承担体内遗传信息的贮存和发布。约 90% 的 RNA 在细胞质中，而在细胞核内的含量约占 10%，它直接参与体内蛋白质的合成。根据 RNA 在蛋白质合成过程中所起的作用不同又可分为核蛋白体 RNA、信使 RNA 和转运 RNA 三类：

核蛋白体 RNA（rRNA）又称核糖体 RNA，细胞内 RNA 的绝大部分（80% ~ 90%）都是核蛋白体组织。它是合成蛋白质多肽链的场所。参与蛋白质合成的各种成分最终必须在核蛋白体上将氨基酸按特定的顺序组装成多肽链。

信使 RNA（mRNA）是合成蛋白质的模板，在合成蛋白质时，控制氨基酸的排列顺序。转运 RNA（tRNA）在蛋白质的合成过程中，是搬运氨基酸的工具。氨基酸由各自特异的 tRNA "搬运" 到核蛋白体，才能 "组装" 成多肽链。

一、核酸的组成成分

核酸在酸、碱或酶作用下可逐步水解，其水解过程如下：

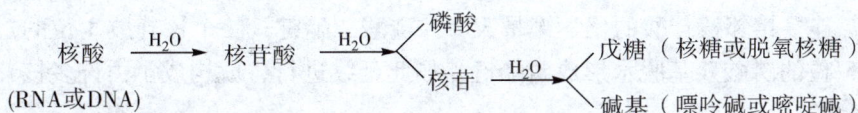

$$核酸 \xrightarrow{H_2O} 核苷酸 \xrightarrow{H_2O} \begin{cases} 磷酸 \\ 核苷 \xrightarrow{H_2O} \begin{cases} 戊糖（核糖或脱氧核糖）\\ 碱基（嘌呤碱或嘧啶碱）\end{cases}\end{cases}$$

（RNA或DNA）

从核酸的水解过程可见，核苷酸是核酸的基本组成单位，又叫单核苷酸。核酸是由数十到千万计的核苷酸连接而成的高分子化合物，也称为多核苷酸。

从核酸完全水解的产物可见，核酸含有磷酸、戊糖与碱基三类化学成分。

（一）戊糖

组成核酸的戊糖有 D-(-)-核糖和 D-(-)-2-脱氧核糖两种，它们都以 β-呋喃型的环状结构存在。其中 D-核糖存在于 RNA 中，D-2-脱氧核糖存在于 DNA 中。

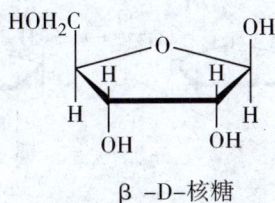

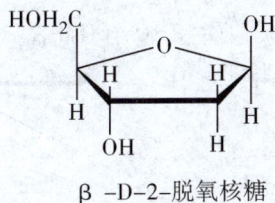

β –D–核糖　　　　　　β –D–2–脱氧核糖

（二）碱基

核酸中存在的碱基是嘧啶碱和嘌呤碱，它们是含氮杂环化合物嘧啶和嘌呤的衍生物。其结构及缩写符号为：

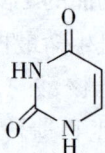

嘧啶

尿嘧啶(U)　　　　胞嘧啶(C)　　　　胸腺嘧啶(T)

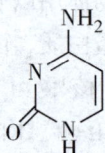

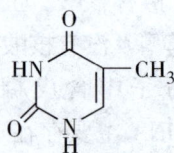

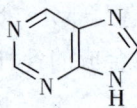

嘌呤

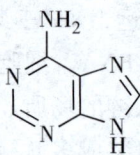

腺嘌呤(A)

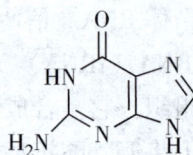

鸟嘌呤(G)

二、核酸的结构

（一）核酸的一级结构

各种核苷酸的排列顺序和连接方式即为核酸的一级结构，又称为核苷酸序列。在核酸分子中，连接相邻核苷酸的化学键是 3′,5′-磷酸二酯键，一个核苷酸 3′ 位的羟基与另一核苷酸 5′ 位的磷酸残基脱水形成磷酯键。如此延续进行，就构成了由许多核苷酸组成的多核苷酸链。

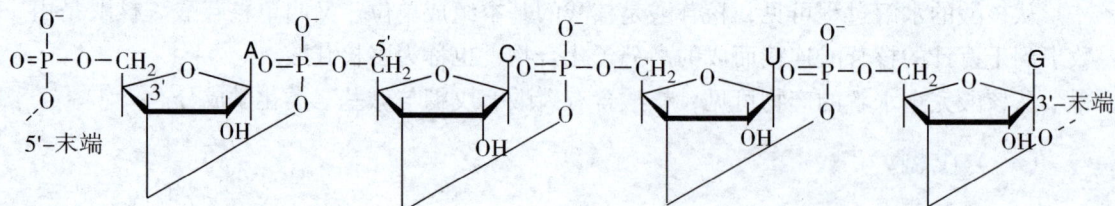

RNA一级结构片段

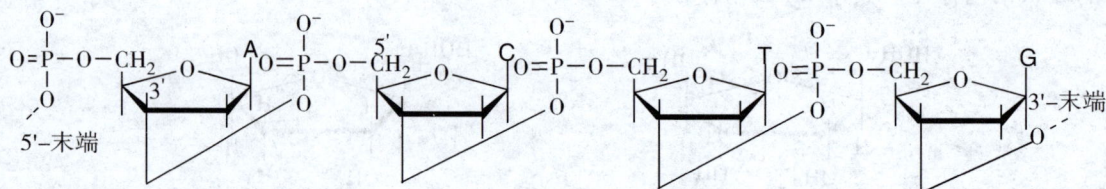

DNA一级结构片段

由于同类核酸都有同样的磷酸戊糖骨架，差别主要是戊糖 $1'$ 位上的碱基，所以也可用碱基顺序来表示核酸的一级结构。

（二）核酸的二级结构

1. DNA 的双螺旋结构 1953 年，Watson 和 Crick 提出了著名的 DNA 分子的双螺旋结构模型。大多数 DNA 分子的二级结构为双螺旋结构。

DNA 分子由两条走向相反的多核苷酸链绕同一轴心相互平行盘旋成右手双螺旋结构。双螺旋的螺距为 3.4nm，直径为 2.0nm，每 10 个单核苷酸构成一圈螺旋。两条核苷酸链之间的碱基以特定的方式配对并形成氢键，使两条核苷酸链结合并维持双螺旋的空间结构。

DNA 的两条多核苷酸链之间的氢键有一定的规律，一条链上的嘌呤碱基与另一条链上的嘧啶碱基形成氢键。因为螺旋圈的直径恰好能容纳一个嘌呤碱和一个嘧啶碱配对，而且 A–T、G–C 配对，可形成五个氢键，有利于双螺旋结构的稳定性。在 DNA 双螺旋结构中，这种 A–T 或 G–C 配对，并以氢键相连接的规律，称为碱基配对规则或碱基互补规律（见图 13–5）。

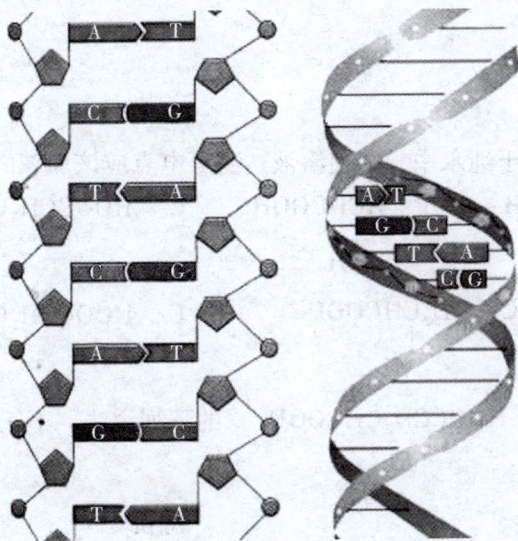

图 13–5 DNA 的双螺旋结构和碱基配对示意图

2. RNA 的空间结构 与 DNA 不同，大多数天然 RNA 一般由一条回折的多核苷酸链构成，它也是靠嘌呤碱与嘧啶碱之间的氢键保持相对稳定的结构，碱基互补规则是 A–U、G–C。RNA 的结构一般以单链存在，但可以有局部二级结构。

三、与医药有关的核酸类化合物

1981 年我国科学工作者成功地合成了具有生物活性的酵母丙氨酸转移核糖核酸，酵母丙氨酸转移核糖核酸是由酵母中提取出来的运送丙氨酸的转移核糖核酸，是分子量最小的一种核酸。它的合成不仅为天然核糖核酸的人工合成打开了通路，而且对于进一步研究核糖核酸结构与功能的关系，开展遗传工程以及病毒、肿瘤等的研究具有重要的意义。

本章小结

一、氨基酸

氨基酸的结构和构型、氨基酸的分类和命名、氨基酸的物理性质、氨基酸的化学性质、与医药有关的氨基酸类化合物。

二、蛋白质

蛋白质的元素组成和分类、蛋白质的结构、蛋白质的理化性质、与医药有关的生物活性肽。

三、核酸

核酸的组成成分、核酸的结构、与医药有关的核酸类化合物。

思考与练习

一、选择题

【单选题】

1. 将下列氨基酸溶于纯水中，欲使溶液达到等电点应该加碱的是（　　　）

    A. $CH_3CHCOOH$ B. $HCHCOOH$ C. $HOOCCH_2CHCOOH$
        $|$ $|$ $|$
        NH_2 NH_2 NH_2

    D. $H_2NCH_2CH_2CH_2CH_2CHCOOH$ E. $HOOCCH_2CH_2CHCOOH$
                              $|$ $|$
                          NH_2 NH_2

2. 关于天冬氨酸（ $HOOCCH_2CHCOOH$ ）的下列说法，不正确的是（　　　）
                                       $|$
                                   NH_2

    A. 是酸性氨基酸   B. $pI < 7$

    C. 没有旋光性   D. 能与亚硝酸反应放出氮气

    E. 与茚三酮溶液共热显蓝紫色

3. 根据结构预测，甘氨酸（ $HCHCOOH$ ）的等电点可能是（　　　）
                                 $|$
                             NH_2

    A. 7   B. 接近于 6   C. 接近于 2

    D. 接近于 9   E. 接近于 10

4. 等电点为 5 的蛋白质在 $pH = 10$ 的溶液中，主要存在形式为（　　　）

    A. 正离子   B. 负离子   C. 两性离子

    D. 中性分子   E. 无法确定

5. 在 pH = 8 的溶液中，主要以正离子形式存在的氨基酸是（　　）

    A. 甘氨酸（pI = 5.97）　　　　　　　　B. 谷氨酸（pI = 3.22）

    C. 苯丙氨酸（pI = 5.48）　　　　　　　D. 赖氨酸（pI = 9.74）

    E. 色氨酸（pI = 5.80）

6. 下列氨基酸，在 pH = 4.6 的缓冲溶液中向正极移动的是（　　）

    A. 赖氨酸（pI = 9.74）　　　　　　　　B. 精氨酸（pI = 10.76）

    C. 酪氨酸（pI = 5.68）　　　　　　　　D. 蛋氨酸（pI = 5.74）

    E. 天冬氨酸（pI = 2.77）

7. 以下不属于必需氨基酸的是（　　）

    A. 缬氨酸　　　　　　B. 亮氨酸　　　　　　C. 赖氨酸

    D. 蛋氨酸　　　　　　E. 谷氨酸

8. 赖氨酸（pI = 9.74）在 pH = 12 时的主要存在形式（　　）

    A. $H_2N(CH_2)_4\underset{\underset{NH_2}{|}}{C}HCOO^-$　　　　　　B. $H_2N(CH_2)_4\underset{\underset{NH_3^+}{|}}{C}HCOOH$

    C. $H_3^+N(CH_2)_4\underset{\underset{NH_2}{|}}{C}HCOO^-$　　　　　D. $H_2N(CH_2)_4\underset{\underset{NH_2}{|}}{C}HCOOH$

    E. $H_3^+N(CH_2)_4\underset{\underset{NH_3^+}{|}}{C}HCOOH$

9. 蛋白质通常是指（　　）

    A. 二肽　　　　　　　　　　　　　　　B. 寡肽

    C. 分子质量低于 1 万的多肽　　　　　　D. 各种多糖

    E. 分子质量高于 1 万至数千万的多肽

10. 蛋白质的一级结构是指其多肽链中（　　）

    A. 氨基酸的种类　　　　　　　　　　　B. 各种氨基酸的数目

    C. 氨基酸的种类和数目　　　　　　　　D. 所含各种氨基酸残基的排列顺序

    E. 各种氨基酸残基的结构

11. 维持蛋白质一级结构的主要化学键是（　　）

    A. 氢键　　　　　　　B. 肽键　　　　　　C. 二硫键

    D. 盐键　　　　　　　E. 配位键

12. 在碱性溶液中，与硫酸铜作用出现紫红色的化合物是（　　）

    A. 蛋白质　　　　　　B. 氨基酸　　　　　　C. 甘油

    D. 苯酚　　　　　　　E. 单糖

13. α-氨基酸与水合茚三酮溶液共热后出现（　　）

    A. 紫红色　　　　　　B. 蓝紫色　　　　　　C. 暗红色

    D. 黄色　　　　　　　E. 淡红色

14. 核酸的基本组成单位是（　　）

A. 核苷　　　　　　B. 核苷酸　　　　　　C. 核糖

D. 嘧啶碱基　　　　E. 嘌呤碱基

15. 临床上检验患者尿中蛋白质是利用蛋白质受热凝固的性质，这属于（　　　）

A. 水解反应　　　　B. 显色反应　　　　C. 变性

D. 盐析　　　　　　E. 聚合反应

16. 在组成蛋白质的氨基酸中，人体必需氨基酸是（　　　）

A. 6 种　　　　　　B. 7 种　　　　　　C. 8 种

D. 10 种　　　　　　E. 20 种

【多选题】

1. 根据氨基酸分子中侧链基团（R-）结构的不同，氨基酸可分为（　　　）

A. 脂肪族氨基酸　　　　　　　　B. 必需氨基酸

C. 杂环氨基酸　　　　　　　　　D. 芳香族氨基酸

E. 中性氨基酸

2. 根据氨基酸分子中氨基和羧基相对数目的不同，氨基酸可分为（　　　）

A. 两性氨基酸　　　B. 酸性氨基酸　　　C. 碱性氨基酸

D. 中性氨基酸　　　E. 必需氨基酸

3. 蛋白质的盐析作用产生的原理是（　　　）

A. 盐类的反离子能中和蛋白质的电荷　　B. 抑制蛋白质电离

C. 破坏蛋白质分子表面的水化膜　　　　D. 使蛋白质变性

E. 使蛋白质分子的布朗运动减慢

4. 核苷酸完全水解后生成的物质是（　　　）

A. 核苷　　　　　　B. 核糖　　　　　　C. 碱基

D. 磷酸　　　　　　E. 戊糖

二、名词解释

1. 必需氨基酸　　　　　　2. 氨基酸的等电点

3. 盐析　　　　　　　　　4. 蛋白质的变性

三、填空题

1. 蛋白质水解的最终产物是_____。

2. 氨基酸分子中既有酸性的_____，又有碱性的_____，所以氨基酸是_____电解质，可以发生_____电离。

3. 某氨基酸在电泳仪中不移动，此时溶液的 pH 值应等于_____。若向溶液中加酸，此氨基酸应向_____极移动。

4. 能使蛋白质变性的物理因素有_____等，化学因素有_____等。

5. 蛋白质等电点高低与所含各类氨基酸残基数目的相对多少有关。含酸性氨基酸残基较多的蛋白质 pI _____，含碱性氨基酸残基较多的蛋白质 pI _____。人体蛋白质的等电点大多接近于_____，在体液中一般为_____形式。

四、命名或写出下列化合物的结构式

1. 3-甲基-2-氨基丁酸（或缬氨酸）　　　2. α-氨基丁二酸（或天冬氨酸）

3. 脱氧胞苷（胞嘧啶脱氧核苷）　　　　　4. 腺苷酸

5. $\underset{\underset{SH}{|}}{CH_2}\!\!-\!\!\underset{\underset{NH_2}{|}}{CHCOOH}$　　　6. $H_2N(CH_2)_4\underset{\underset{NH_2}{|}}{CHCOOH}$

五、简答题

1. 下列氨基酸水溶液在等电点时呈酸性还是碱性？在 pH = 7.4 的溶液中它们主要带何种电荷？电泳方向如何？

（1）甘氨酸　　　（2）精氨酸　　　（3）天冬氨酸　　　（4）酪氨酸

2. 蛋白质变性的实质是什么？蛋白质的沉淀和变性有何不同？乙醇为什么能使蛋白质变性？

3. 根据蛋白质的性质回答下列问题：

（1）为什么可以用蒸煮的方法给医疗器械消毒？

（2）为什么硫酸铜、氯化汞溶液能杀菌？

（3）误服重金属盐，为什么服用大量牛奶、蛋清或豆浆能解毒？

（4）蛋白质盐析时，pH 值为多大时沉淀效果最好？

第十四章　类脂、萜类化合物

■ 学习目标

掌握：磷脂的结构特征和基本命名。
熟悉：萜类和甾体化合物结构基本特征。
了解：重要的磷脂、甾体和萜类化合物在医学上的用途。

【引子】随着现代人生活水平的提高，"富贵病"出现得愈来愈多，其中心脑血管疾病首当其冲，目前我国心脑血管疾病患者已经超过 2.7 亿人，而该病已成为人类死亡病因最高的头号杀手！此病常常与脂肪、磷脂、胆固醇有密切的联系，如高胆固醇血症的人比正常人患动脉粥样硬化率可高达 7 倍。萜类和甾体化合物广泛存在于自然界，有的是药物合成的原料，有的直接可以作为药物，例如具有良好抗子宫癌、卵巢癌的紫杉醇，合成维生素 A 的前体胡萝卜等。因此，了解其相关知识可帮助我们认知人体相应营养物质的代谢、疾病发生、疾病诊断和疾病治疗。

第一节　类　　脂

类脂是指物质化学结构或者理化性质与油脂类似的化合物，包括磷脂和甾体化合物等。

一、磷脂

磷脂是含磷的类脂化合物，存在于绝大多数的细胞中，特别是动物的脑、神经组织、肝脏以及植物的种子。磷脂可分为甘油磷脂和鞘磷脂（又称神经磷脂），由甘油构成的磷脂称为甘油磷脂，由鞘氨醇构成的磷脂称为鞘磷脂。

磷脂与油脂的结构相似，是由 1 分子甘油和 2 分子高级脂肪酸、1 分子磷酸通过酯键结合而成的化合物，故又称为磷脂酸，其结构通式如下：

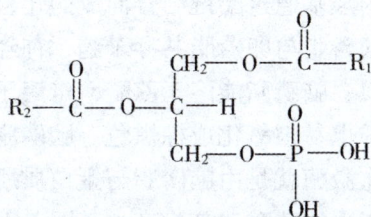

其中脂肪酸常常是软脂酸、硬脂酸、油酸、亚油酸、亚麻酸和花生四烯酸等。天然磷脂酸都属于 L-型，游离态的磷脂酸在自然界很少，在机体中多以甘油磷脂形式存在。若磷酸部分的羟基再与胆碱、胆胺、肌醇等结合时，则可得不同的甘油磷脂，最常见的是卵磷脂和脑磷脂。

（一）卵磷脂

卵磷脂又称胆碱磷酸甘油酯或磷脂酰胆碱，是磷脂酸与胆碱通过酯键结合而成的化合物，其结构式如下：

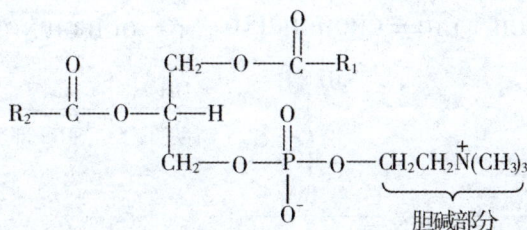

卵磷脂完全水解可得到甘油、脂肪酸、磷酸和胆碱 4 种水解产物。天然的卵磷脂是几种不同脂肪酸形成的卵磷脂的混合物，各种卵磷脂的区别在于脂肪酸的不同。卵磷脂存在于脑组织、肝、肾上腺、红细胞中，尤其在蛋黄中含量较为丰富。卵磷脂是白色蜡状固体，不溶于水，易溶于乙醚、乙醇及氯仿。卵磷脂不稳定，在空气中易被氧化变为黄色或棕色。卵磷脂及其合成原料能促进甘油三酯向肝外组织转运，常用作抗脂肪肝的药物。

（二）脑磷脂

称为乙醇胺磷酸甘油酯或磷脂酰胆胺，因脑组织中含量最多而得名。其结构式如下：

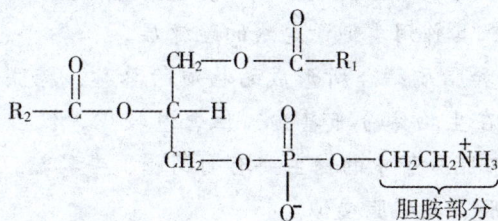

脑磷脂是磷脂酸与胆胺的羟基通过酯键结合而成的化合物，因此完全水解可得到甘油、脂肪酸、磷酸和胆胺。脑磷脂与卵磷脂共存于脑、神经组织和许多组织器官中，其结构与理化性质和卵磷脂相似，脑磷脂能溶于乙醚，难溶于乙醇，据此可以将脑磷脂与卵磷脂分离。脑磷脂在空气中也易被氧化成棕黑色。脑磷脂与血液的凝固有关，在血小板内，能促使血液凝固的凝血激酶就是由脑磷脂与蛋白质所组成的。

在生理环境中，甘油磷脂中的磷酸残基为亲水基团，而两个脂肪酸的烃基则为疏水基团，所以磷脂类化合物是具有生理活性的表面活性剂和良好的乳化剂；它既是生物膜的组分，又参与脂蛋白的组成与转运，在机体中有重要的生理作用。

◆ 知识拓展

鞘磷脂和糖脂

1. 鞘磷脂　又称神经磷脂，鞘磷脂不是磷脂酸的衍生物，而是由鞘氨醇（神经氨基醇）与脂肪酸、磷酸和胆碱各 1 分子结合而成的。结构式如下：

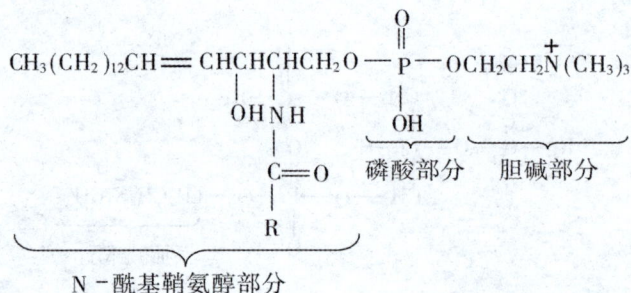

$$CH_3(CH_2)_{12}CH = CHCHCHCH_2O - \overset{\overset{O}{\|}}{\underset{\underset{OH}{|}}{P}} - OCH_2CH_2\overset{+}{N}(CH_3)_3$$

（图中标注：OH NH；C=O；R；N-酰基鞘氨醇部分；磷酸部分；胆碱部分）

在机体不同组织中发现的鞘磷脂所含脂肪酸的种类不同，主要有软脂酸、硬脂酸、二十四碳酸、15-二十四碳烯酸（神经烯酸）等。神经组织中以硬脂酸、二十四碳酸和神经酸为主，而在脾和肺组织中则以软脂酸和二十四碳酸为主。

鞘磷脂主要存在于脑和神经组织中，人体红细胞脂质中含 20% ~ 30% 的鞘磷脂。鞘磷脂是白色结晶，比较稳定，在空气中不易被氧化。它不溶于丙酮及乙醚，而溶于热乙醇中，这是鞘磷脂不同于卵磷脂、脑磷脂之处。

从分子结构看鞘磷脂有 2 条由鞘氨醇残基和脂肪酸残基构成的疏水性基团，有 1 个亲水性的磷酸胆碱残基，因此在结构上与表面活性剂相似，具有乳化性质。鞘磷脂是细胞膜的重要成分之一。鞘磷脂与蛋白质及多糖构成神经纤维或轴索的保护层，其作用类似于电线的绝缘层。

2. 糖脂　是糖和脂质结合所形成的物质的总称，糖脂亦分为两大类：甘油糖脂和糖鞘脂。在生物体分布甚广，但含量较少，仅占脂质总量的一小部分。自然界存在的糖脂分子中的糖主要有葡萄糖、半乳糖，脂肪酸多为不饱和脂肪酸，结构与磷脂、鞘磷脂类似。

甘油糖脂　　　　　　　　　　　　　鞘糖脂

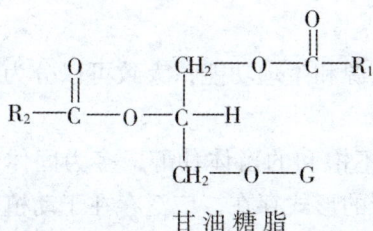

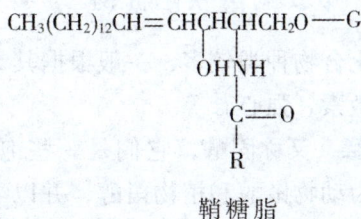

化学式中 G 为糖基，R 为脂肪酸的烃基。重要的糖鞘脂有脑苷脂和神经节苷脂。脑苷脂在脑中含量最多，肺、肾次之，肝、脾及血清中也有。神经节苷脂广泛分布于全身各组织的细胞膜的外表面，以脑组织最丰富。

二、甾族化合物

甾族化合物是广泛存在于生物体内的一类重要天然有机物，具有一定的生理活性，对动植物的生命活动起着重要的作用，与医药有密切的联系。

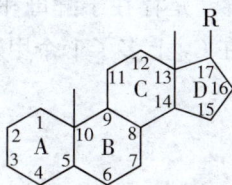

（一）甾族化合物的基本结构

"甾"字很形象地表达了甾族化合物的特征，分子中都含有 1 个环戊烷并多氢菲（也称甾烷）的碳环骨架，"田"表示 4 个稠合环，"巛"表示环上的 3 个侧链。4 个环一般用 A、B、C、D 标记，环上的碳原子有固定的编号顺序。大多数甾族化合物在 C_{10}、C_{13} 上各连有 1 个甲基，常称为角甲基，在 C_{17} 上连有 1 个碳原子数目不同的烃基或含氧烃基。其基本结构如下：

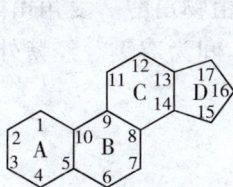

环戊烷并多氢菲　　　　　　　　甾族化合物的基本结构

（二）重要的甾族化合物

甾体化合物种类较多，一般根据其天然来源和生理功能，大致可以分为甾醇、胆甾酸、甾体激素、强心苷等。

1. 甾醇　又称固醇，它们是一些饱和或不饱和的甾体仲醇，多为固体。根据其来源分可分为动物甾醇和植物甾醇，并以酯和苷的形式存在，广泛存在于动植物体内。

（1）胆固醇　又称胆甾醇，因最初从胆结石中获得而得名。在人体内常和脂肪酸以酯的形式存在，人体血液中胆固醇正常值为 2.59 ~ 6.47mmol/L。其结构特征是 C_3 上有一个羟基，C_5 ~ C_6 之间有一个双键，C_{17} 连有一条含有 8 个碳原子的烃基。结构式如下：

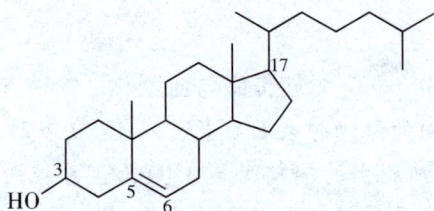

胆固醇广泛存在于人和动物各组织中，尤其在肝、肾、脑、神经组织和血液中含量较高，是细胞膜的重要组分，也是合成胆甾酸和甾体激素等的前体，在制药工业中用于合成维生素 D_3。胆固醇为无色或略带黄色的结晶，熔点 148℃，难溶于水，易溶于有机溶剂。它在人体内含量过高可引起胆结石和动脉粥样硬化。

（2）7-脱氢胆固醇　机体中由胆固醇转变而来，再由血液输送到皮肤组织，受紫外线照射时可发生开环反应而转化成维生素 D_3。在结构上与胆固醇的不同之处在于 C_7 ~ C_8 之间为双键。

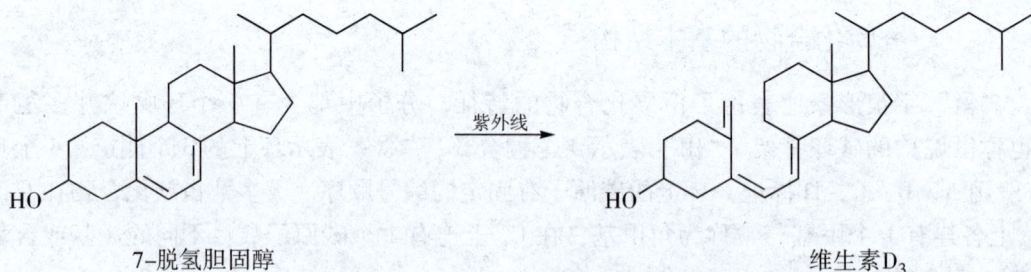

7-脱氢胆固醇　　　　　　紫外线　　　　　　维生素 D_3

（3）麦角甾醇　是存在于酵母和某些植物中的植物甾醇。麦角甾醇的分子结构中，比 7-脱氢胆甾醇在 C_{24} 上多了 1 个甲基，在 C_{22} ~ C_{23} 间为双键。经紫外线照射后生成维生素 D_2。

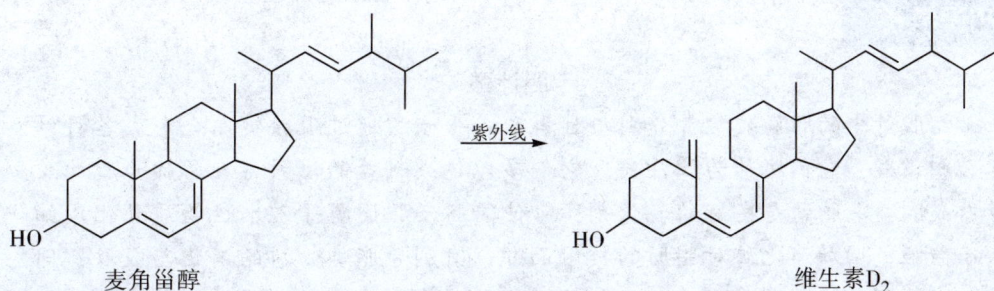

麦角甾醇　　　　　　　　　　　　　　　　　　维生素D₂

　　2. 胆甾酸　是存在于人和动物胆汁中的一类甾体化合物，在胆汁中它们一般不以游离态存在，而是以其羧基与谷氨酸或牛磺酸成酰胺的钾盐或者钠盐形式存在。胆甾酸包括胆酸、脱氧胆酸、鹅胆酸和石胆酸等，在人体内以胆固醇为原料可直接合成，其中重要的是胆酸和脱氧胆酸。胆酸的结构特征是分子中无双键，C_3、C_7 和 C_{12} 上各有 1 个羟基，C_{10}、C_{13} 上各有 1 个角甲基，C_{17} 上连有含 5 个碳原子的侧链，链端是羧基。胆酸、7-脱氧胆酸结构式如下：

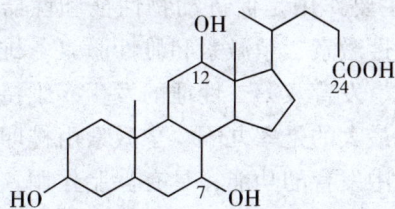

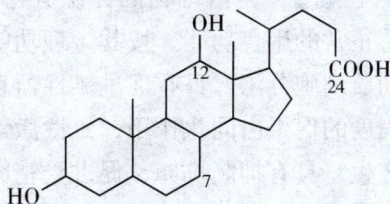

胆酸　　　　　　　　　　　　　　　　7-脱氧胆酸

知识链接

胆汁酸

胆汁中的胆甾酸常常分别与甘氨酸或牛磺酸通过酰胺键结合形成各种结合胆甾酸，它们统称为胆汁酸。它们多以钠或钾盐的形式存在，称为胆汁酸盐或胆盐。胆盐是良好的乳化剂，可使脂肪及胆固醇等疏水性物质乳化成细小微粒，增加消化酶对脂肪的接触面积，有利于脂类物质的消化与吸收，同时有溶解胆固醇的作用，防止胆固醇从胆汁中析出形成胆结石。临床上用的利胆药——胆酸钠，就是甘氨胆酸钠和牛磺胆酸钠的混合物。

3. 甾体激素 激素又称荷尔蒙，是生物体内存在的一类具有重要生理活性的特殊化学物质，在生物体内数量少，但生理作用十分强烈，对生物的生长、发育和繁殖起着重要的调节左右。根据化学结构可分为含氮激素（肾上腺素、甲状腺素）和甾体激素（又称类固醇激素）两大类；根据来源和生理功能的不同，甾体激素分为肾上腺皮质激素和性激素两类。

（1）**肾上腺皮质激素** 该激素是由肾上腺皮质分泌的。其结构特征是在甾环 C_3 上有酮基，$C_4 \sim C_5$ 之间为双键，C_{17} 上连有 1 个 2-羟基乙酰基。例如：

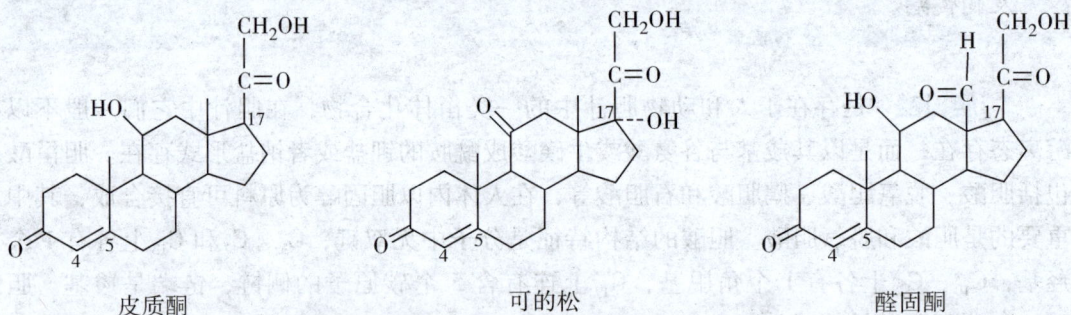

皮质酮 　　　　　　可的松 　　　　　　醛固酮

（2）**性激素** 是由动物的性腺分泌的，其主要作用是促进动物性征和性器官的发育，维持正常的生育功能。按其生理功能分为雄性激素、孕激素和雌性激素。雄性激素由睾丸间质细胞分泌，具有促进雄性器官的形成、发育及第二性征的发生、维持，并具有一定程度的促蛋白同化作用，雄性激素中活性最大的是睾丸酮。孕激素由排卵后形成的黄体产生，具有抑制排卵、促进受精卵在子宫中发育的功能，具有保胎作用。雌性激素由成熟的卵细胞产生，具有维持性征及性器官功能的作用，β-雌二醇是自然界活性最强的雌激素。

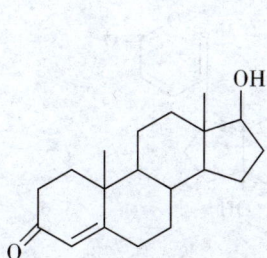
睾丸酮

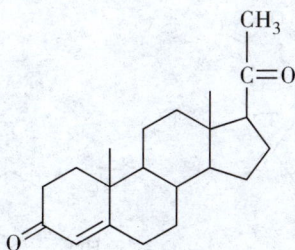
黄体酮

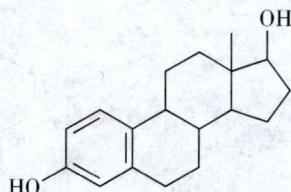
β-雌二醇

知识链接

甾体激素类药物

甾体激素类药物是临床上一类重要药物，《中国药典》收载的本类药物及其制剂达 97 个品种。它们中有些为天然药物，有些为人工合成药物，均具有环戊烷并多氢菲母核。甾体类激素药物根据其结构和药理作用的不同可分为四大类：肾上腺皮质激素类、雄性激素及蛋白同化激素类、孕激素类、雌性激素类。常见有：醋酸地塞米松、丙酸睾酮、黄体酮、雌二醇、炔诺酮等。以下是常用避孕药的主要成分：

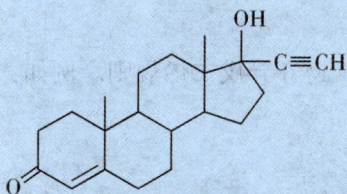
炔孕酮

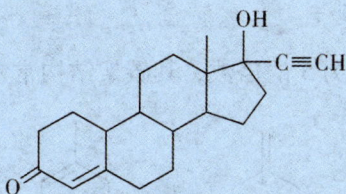
炔诺酮

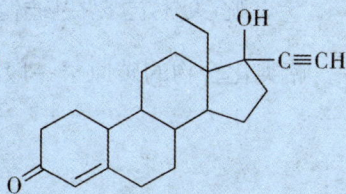
炔诺孕酮

知识拓展

强心苷

强心苷是植物中存在的一类对心肌有兴奋作用，具有强心生理活性的甾体苷类化合物，由强心苷元和糖缩合而成。临床上主要用于心力衰竭和心律失常的治疗，常用的有洋地黄苷、地高辛、去乙酰毛花苷丙和毒毛旋花子苷 K。从自然界得到的强心苷有千余种，但有相似的化学结构，分子中都有一个 C_{17} 位被不饱和内酯环所取代的甾体母核，若不饱和内酯环为五元环，则称为甲型强心苷基（又称强心甾）；若不饱和内酯环为六元环，则称为乙型强心苷基（又称海葱甾或蟾酥甾）。

强心甾   海葱甾

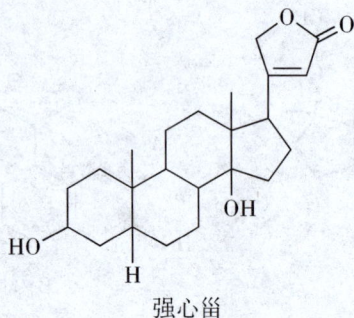

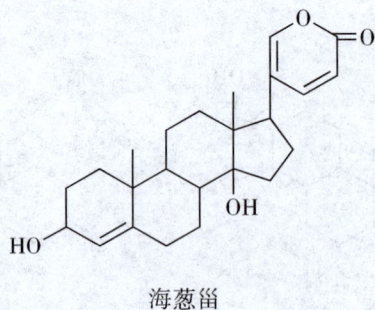

第二节　萜类化合物

萜类化合物在自然界中广泛存在，高等植物、真菌、微生物、昆虫以及海洋生物，都有萜类成分的存在。萜类化合物是中药中的一类比较重要的化合物，具有祛痰、止咳、发汗、驱虫、镇痛作用。同时它们也是一类重要的天然香料，在香料生产中，广泛使用含有萜烯及其衍生物的精油，是化妆品和食品工业不可缺少的原料。这类物质常常具有挥发性，可用水蒸气蒸馏或乙醚提取。

一、萜类化合物的结构

萜类化合物的碳原子一般为 5 的倍数，其碳架结构常常遵守异戊二烯规则。例如：

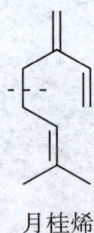

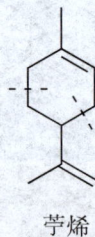

月桂烯   苧烯

萜类化合物从结构上可划分为若干个异戊二烯单位，由异戊二烯骨架首尾相连而成，少数头头相连或尾尾相连而成。异戊二烯的结构如下：

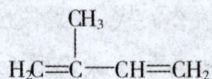

$$H_2C=C-CH=CH_2$$
$$\overset{\displaystyle CH_3}{|}$$

由于萜类化合物的结构比较复杂，为了简便起见，常常将异戊二烯骨架表示为：

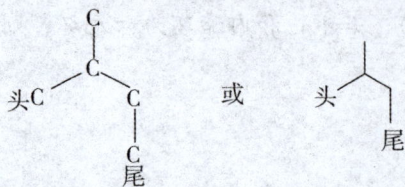

少数天然萜类化合物的碳原子数并不一定是 5 的倍数，如茯苓酸含有 31 个原子，而含有 5 的倍数的，不一定是萜类化合物。有些化合物是由异戊二烯聚合而成，但不是萜类化合物，比如橡胶。表面看萜类化合物可以按异戊二烯规则分割碳骨架，但是萜类化合物不是由异戊二烯合成的。生物体内合成萜类化合物的真正前体是由乙酰辅酶 A 合成的 3-甲基-3,5-二羟基戊酸（甲戊二羟酸）：

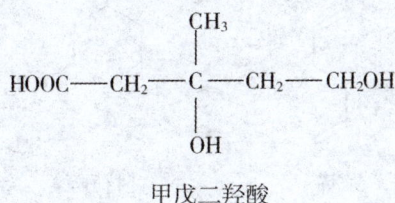

甲戊二羟酸

二、萜类化合物的分类

根据萜类化合物分子中所含异戊二烯单元的数目不同，可以按表 14-1 对该类化合物进行分类。

表 14-1　萜类化合物分类

萜的种类	异戊二烯单位数	碳原子数目	实例
单萜类	2	10	β-柠檬醛、薄荷醇
倍半萜类	3	15	姜烯、金合欢醇
二萜类	4	20	维生素 A、紫杉醇
三萜类	6	30	角鲨烯
四萜类	8	40	胡萝卜素
多萜类	大于 8	大于 40	杜仲胶

（一）单萜类化合物

单萜类化合物由两个异戊二烯单元形成，根据连接方式不同，分为链状单萜类、单环单萜类与双环单萜类。单萜类化合物多具有挥发性，是植物挥发油的主要成分，许多是香料。单萜化合物的沸点一般为 140℃ ~160℃，其含氧衍生物的沸点则是在 200℃ ~300℃之间。

1. 链状单萜类　由两个异戊二烯单位连接构成的链状化合物，主要有两种：月桂烯和罗勒烯，其含氧衍生物重要的有香叶醇、橙花醇、香茅醇和柠檬醛等，它们都是香精油的和主要成分。香叶醇有显著的玫瑰香。

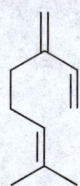

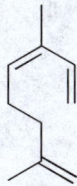

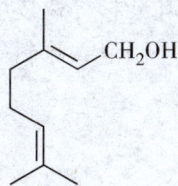

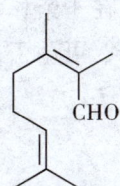

月桂烯　　　　　罗勒烯　　　　　香叶醇　　　　　β-柠檬醛

2. 单环单萜类 由两个异戊二烯单位连接构成的具有一个六元环的化合物，主要有苧烯、薄荷醇等。苧烯又叫柠檬烯，为无色液体，有柠檬香，可做香料；薄荷醇主要存在于薄荷挥发油中，为无色针状或棱柱状结晶，有强烈穿透性芳香清凉气味，并有杀菌和防腐作用，可用作制人丹、清凉油等中药和皮肤止痒搽剂。

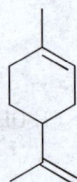
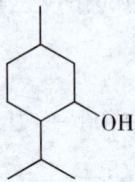

苧烯　　　　　　　　薄荷醇

（二）倍半萜类化合物

倍半萜是含有三个异戊二烯单位的萜类，多以含氧衍生物形式存在于挥发油中，是挥发油中高沸点部分的主要组成物，多有较强的香气和生物活性。金合欢醇是一种开链倍半萜，存在香茅草、橙花、玫瑰等多种芳香植物的挥发油中，为无色油状液体，是一种名贵香料。姜烯是姜科植物姜根茎挥发油的主要成分，有祛风止痛作用，还可做调味剂。

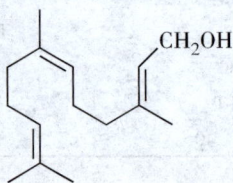
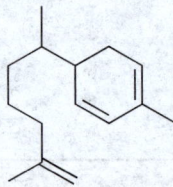

金合欢醇　　　　　　　　　　姜烯

（三）二萜类化合物

二萜类化合物由 4 个异戊二烯单元形成，有链状、单环、双环、三环等多种结构。在自然界分布广，是植物乳汁及树脂的主要成分，绝大部分不能随水蒸气蒸馏。常见的有植物醇、维生素 A、穿心莲内酯、紫杉醇、松香酸等。维生素 A 是人与动物生长必需的化学物质，存在于动物的肝脏、奶油、蛋黄和鱼肝油中，易被空气氧化，遇光或高温也易破坏。紫杉醇属于三环二萜类化合物，具有广谱抗癌活性，是高效低毒的抗癌新药。紫杉醇存在于紫杉、短叶紫杉等树皮中，含量极低，故该药价格昂贵。松香酸是松香的主要成分，可用于造纸、制皂、涂料等。

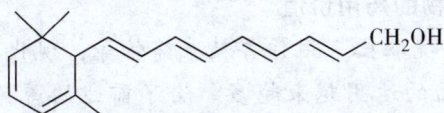
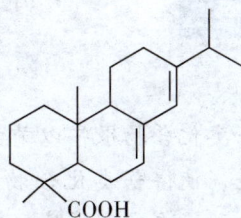

维生素A　　　　　　　　　　松香酸

（四）三萜类化合物

三萜类化合物由 6 个异戊二烯单元连接而成。在自然界分布较广，许多常用的重要中药如人参、三七、柴胡、甘草等都含有这类成分。比较常见的有角鲨烯、甘草酸、人参皂苷等。角鲨烯是鲨鱼肝油的主要成分，甘草酸是中药甘草的主要成分，人参皂苷是人参中的主要有效成分。

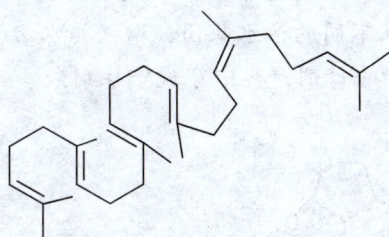

角鲨烯

（五）四萜类化合物

四萜类化合物由 8 个异戊二烯单元形成。胡萝卜素是最早发现的四萜多烯色素。胡萝卜素有很多种，最常见的有 α、β、γ 三种异构体，其中最重要的是 β-胡萝卜素，它在动物体内可转变为维生素 A，所以能治疗夜盲症。

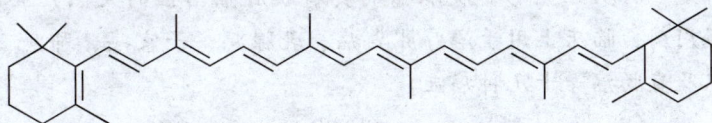

β-胡萝卜素

三、萜类化合物的性质

由于萜类化合物种类繁多，因此其理化性质也有差异。在物理性质方面主要有固体与液体之分，挥发与不挥发的区别，气味、旋光性的差异等。由于天然萜类化合物的同源性，结构上有一定的关联，化学性质有某些共性，双键类萜化合物可以发生加成反应、氧化反应，含有酯的萜类化合物可发生水解反应，有羟基、醛基、酮基的萜类化合物有相应醇、醛、酮的化学性质。

萜类化合物的药用价值

萜类化合物很早以前就从植物中提取出来用作香精、药物等，现代技术的发展，使得萜类化合物在医药方面的运用越来越多。除了前述的薄荷醇、金合欢醇、香叶醇等外，还有诸如以下的一些萜类化合物也是临床一线用药。

龙脑（冰片）主要存在于热带植物龙脑香树木部挥发油中，有清凉气味，具有开窍醒神、清热止痛的功效，是人丹、速效救心丸等许多中成药的主要成分。樟脑主要存在于樟树的挥发油中，临床上用作强心剂。

青蒿素是我国首先发现的一种新抗疟药，其作用方式与现有的抗疟药物不同，可用于对现有抗疟药已产生耐药的患者，而且起效快、毒性低，是一种安全有效的抗疟药。

穿心莲内酯是中药穿心莲的主要有效成分，具有祛热解毒、消炎止痛之功效，对细菌性与病毒性上呼吸道感染及痢疾有特殊疗效，被誉为天然抗生素。针对临床上的需求，引入不同的亲水基团，增强其水溶性，可提高疗效。由此已制成了多种穿心莲内酯的针剂，其中穿琥宁注射液、炎琥宁注射液、莲必治注射液是代表性药物。

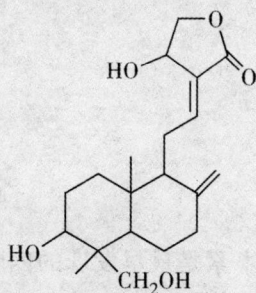

穿心莲内酯

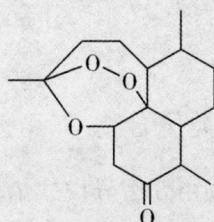

青蒿素

紫杉醇是一种从红豆杉中提取出的具有抗肿瘤活性的天然产品，是癌症治疗的一线用药，临床上用于治疗卵巢癌、乳腺癌、子宫癌、肺癌、食道癌、前列腺癌以及直肠癌等十几种癌症。

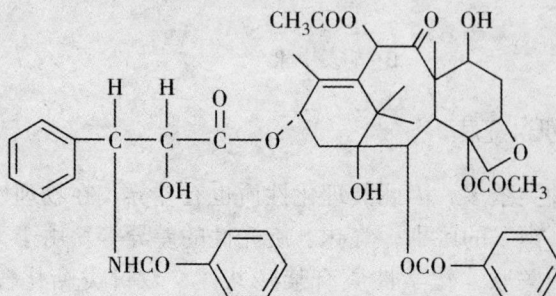

紫杉醇

本章小结

一、类脂

1. 是指物质化学结构或者理化性质与油脂类似的化合物，包括磷脂和甾体化合物等。

2. 磷脂常见的是卵磷脂和脑磷脂，动物的脑、神经组织、肝脏以及植物的种子含量丰富，其中卵磷脂常用作抗脂肪肝的药物。

3. 甾族化合物是广泛存在于生物体内的一类重要天然有机物，具有一定的生理活性，对动植物的生命活动起着重要的作用，分子中都含有 1 个环戊烷并多氢菲（也称甾烷）的碳环骨架，根据其天然来源和生理功能，大致可以分为甾醇、胆甾酸、甾体激素、强心苷等。甾族化合物在人体常常有着重要的生理功能，比如合成与钙代谢密切相关的维生素 D、与身体生长发育有密切联系的类固醇激素、有助于脂类消化与吸收的胆汁酸盐等。

二、萜类化合物

1. 萜类化合物是指分子式为异戊二烯单位倍数的烃类及其含氧衍生物，可以分为单萜、倍半萜、二萜、三萜等。

2. 萜类化合物具有祛痰、止咳、发汗、驱虫、镇痛等作用，还是香精工业的重要原料。例如有杀菌和防腐作用，用于制人丹、清凉油等的薄荷醇；有祛风止痛作用的姜烯；一线抗癌药物紫杉醇等。

思考与练习

简答题

1. 为何卵磷脂可以作为防治脂肪肝的药物？

2. 为何胆盐有助于脂类的消化吸收？

3. 穿心莲内酯具有祛热解毒、消炎止痛之功效，对细菌性与病毒性上呼吸道感染及痢疾有特殊疗效，试根据分子结构推测其化学性质。

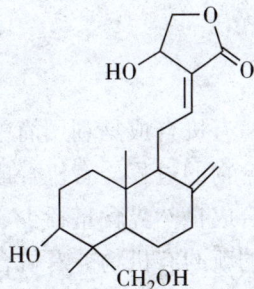

穿心莲内酯

第十五章　有机合成及鉴定

学习目标

掌握：有机合成路线的设计、有机化合物碳架的构建及官能团引入的基本思路和方法。

熟悉：有机合成的选择性控制。

了解：有机化合物分离提纯方法和重要的鉴定手段。

【引子】18 世纪，瑞典化学家贝采利乌斯认为：生命体内有一种神秘的非物质的东西存在，被称为"生命力"，生物正是依靠这种"生命力"进行那些在实验室内所不能进行的各种化学反应。所以有机化学的早期研究，只是从动植物有机体中提取和分离有机化合物，而人为地制造有机物质则被定为"禁区"。这个唯心的"生命力"论曾一度牢固地统治着有机化学界，使人们放弃了用人工合成有机物的想法，它严重阻碍了有机化学的发展。1828 年，贝采利乌斯的学生维勒，在实验室中将无机物氰酸铵溶液蒸发得到了有机物尿素。事实敲响了"生命力"论的丧钟，很多化学家像寻找新大陆般拥进来进行各种各样的化学实验设计，由无机物合成出一个又一个有机物。

第一节　有机合成简介

有机合成是利用简单而廉价易得的起始原料通过化学方法转化为天然或设计的目标化合物的过程。有机合成是有机化学的一个重要分支，是一个富有创造性的领域，它不仅合成自然界含量稀少、应用广泛的有机物，也合成自然界中不存在、具有重要应用价值的新的有机物。有机合成涉及几乎所有重要的有机化学反应及官能团之间的相互转化，其中最核心的问题是合成路线的设计工作。

一、有机合成路线的设计

在多步骤有机合成中，由于合成对象或所谓目标化合物的复杂性，需要事先拟定合成路线，这一工作称为合成设计。完成合成工作，需要合理的合成设计和训练有素的合成工艺完美结合，选择合理的合成路线是有机合成的灵魂。设计、筛选出比较合理的合成路线，要求设计者具备：对有机化学反应的掌握和运用及对化学反应的组合能力，对常用化学试剂的熟练应用及对现代技术和现代手段的使用能力等。

许多合成的设计是采用逆向合成分析法，即分析目标化合物的结构，找出起始原料，制定合成计划的思维方法。合成设计通常分为三步：①对目标化合物的结构特征进行分析。②根据某反应的结构变化特征，对目标化合物的某一个或多个化学键进行想象中的拆分（切断），产生比目标化合物分子结构更为简单或者更小的一个或多个化合物（前体），这个过程称为转换。③再对得到的前体进行类似的分析、切断、转换，又得到前体的前体（结构更为简单的化合物），这样的转换进行下去，直到获得的前体是简单的有商品出售的有机化合物为止，最后一个前体即是原料。逆合成法是以化学键的合理"切断"为基础，逆合成分析应用于复杂分子时，由于有多种"切断"方式，故有多条合成路线，需进行筛选。优良"切断"的准则：使合成步骤尽可能短；只用已知可信的切断；切断应相当于最高产率的反应；切断后起始原料应简单易得；切断应尽可能满足绿色化学的要求。以化学家的效率观、经济学家的价值观及生态环境的要求相结合，寻求最佳合成路线。

例如：拟合成目标化合物 $\ \underset{O}{\Vert} \diagup$ 。

逆向分析：在接近分子的中央处进行切断，使其断裂成合理的两部分，这两部分一般是比较易得的原料或较易合成的中间产物。

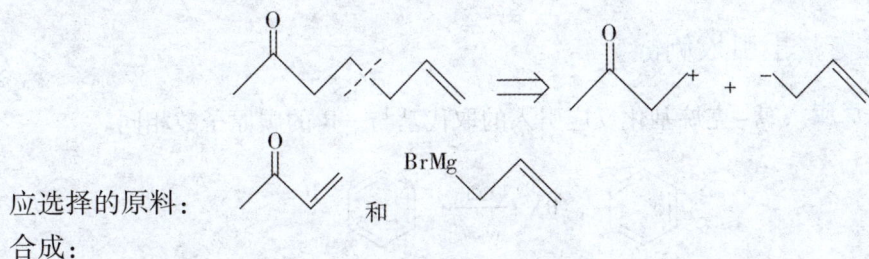

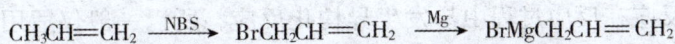

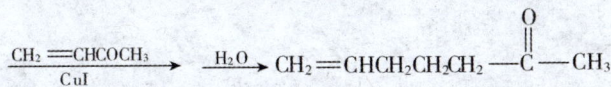

应选择的原料：

合成：

$$CH_3CH=CH_2 \xrightarrow{NBS} BrCH_2CH=CH_2 \xrightarrow{Mg} BrMgCH_2CH=CH_2$$

$$\xrightarrow[CuI]{CH_2=CHCOCH_3} \xrightarrow{H_2O} CH_2=CHCH_2CH_2CH_2 \overset{O}{\underset{\Vert}{-}C-CH_3}$$

二、有机化合物碳架的构建

为了合成目标化合物，多数情况下需要由简单易得的有机化合物，通过合成反应增长碳链或在芳烃上引入烃基，构建目标化合物骨架。

（一）增长碳链的方法

1. 卤代烃与炔化钠的反应 增加的碳原子数与—R 所含的原子数相同。

$$R-C\equiv CNa + R'X \longrightarrow R-C\equiv C-R'$$

2. 卤代烃与金属钠的反应　制备含偶数碳原子、结构对称的烷烃。

$$R{-}X + 2Na \longrightarrow R{-}R + NaX$$

3. 羰基化合物与格氏试剂的反应　增加的碳原子数与—R 所含的原子数相同。

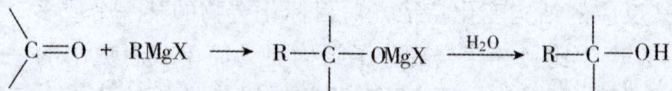

$$\underset{\ }{\overset{\ }{>}}C{=}O + RMgX \longrightarrow R{-}\overset{|}{\underset{|}{C}}{-}OMgX \xrightarrow{H_2O} R{-}\overset{|}{\underset{|}{C}}{-}OH$$

4. 卤代烃与 NaCN 醇溶液的反应　增加 1 个碳原子。

$$R{-}X + NaCN \xrightarrow{醇} R{-}CN + NaX$$

5. 羰基化合物与 HCN 的反应　增加 1 个碳原子。

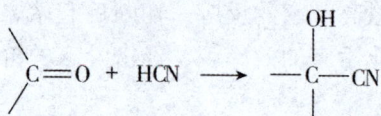

$$\underset{\ }{\overset{\ }{>}}C{=}O + HCN \longrightarrow {-}\overset{OH}{\underset{|}{\underset{|}{C}}}{-}CN$$

6. 羟醛缩合反应　增加的碳原子数由作为亲核试剂的醛决定。

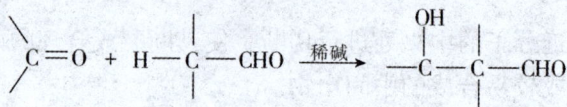

$$\underset{\ }{\overset{\ }{>}}C{=}O + H{-}\overset{|}{\underset{|}{C}}{-}CHO \xrightarrow{稀碱} {-}\overset{OH}{\underset{|}{\underset{|}{C}}}{-}\overset{|}{\underset{|}{C}}{-}CHO$$

（二）在芳烃上引入侧链

1. 傅-克反应　傅–克烷基化反应引入的取代基与—R 的碳原子数相同。

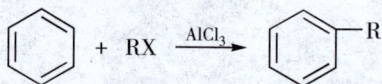

由于傅–克烷基化反应在反应过程中易发生异构化反应，所以一般仅适用于芳烃的甲基化反应。例如：

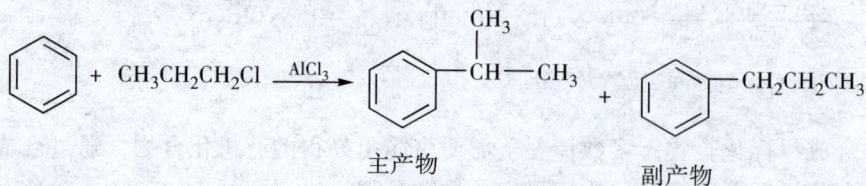

主产物　　　　　　副产物

傅–克酰基化反应引入的取代基比—R 多 1 个碳原子。

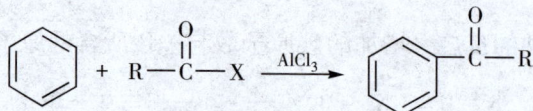

2. 重氮盐被氰基取代的反应

（三）碳环的形成

通过成环反应可以由链状化合物形成环状化合物。例如：狄尔斯-阿尔德反应。

（四）碳环的断裂

碳环的断裂通常是通过氧化反应实现的。例如：

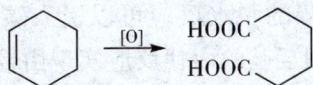

（五）缩短碳链的方法

在目标分子的结构骨架基本建立之后，有时需要消除某个不必要的官能团，在消除官能团的同时往往碳链的原子数目略有缩减。例如：

1. 碘仿反应

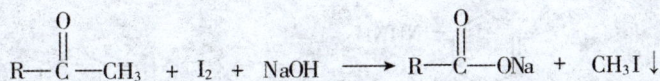

2. 脱羧反应

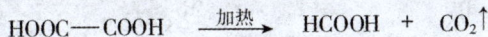

3. 霍夫曼降解反应

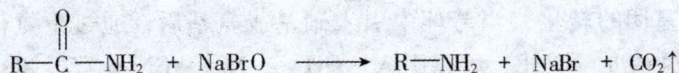

三、有机合成中官能团的引入

不同分子骨架与各种官能团的组合，构成了数目繁多的有机化合物，在构建分子骨架的同时，会随即引入或形成一些官能团。例如双键氧化断裂的同时，得到醛基、酮基或羧基；进行傅-克酰基化反应时，在芳烃侧链形成的同时引入了羰基。由于随即引入的官能团不一定符合目标分子的要求，所以要将构成碳架时引入的官能团转化为目标分子所需的官能团。

（一）官能团的转化

1. 利用不饱和键的加成反应引入官能团 通过不饱和键的加成可以引入卤素、羟基等，这些官能团可以再转化为其他官能团。例如：

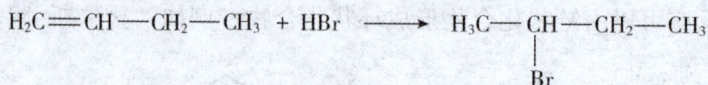

$$H_2C\!=\!CH\!-\!CH_2\!-\!CH_3 + HBr \longrightarrow H_3C\!-\!\underset{\underset{Br}{|}}{CH}\!-\!CH_2\!-\!CH_3$$

2. 利用卤素的转化 通过卤代烃的取代反应，可将—X 转化为—OH、—NH₂、—OR、—CN 等，其中—CN 进一步水解可以得到—COOH。例如：

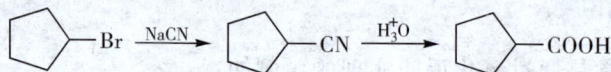

$$\text{环戊基—Br} \xrightarrow{NaCN} \text{环戊基—CN} \xrightarrow{H_3^+O} \text{环戊基—COOH}$$

3. 利用羟基的转化 通过醇的脱水反应可以引入碳碳双键或醚键，利用羟基的氧化可以将羟基氧化为羰基，利用羟基的卤代反应实现由羟基到卤素的转化。

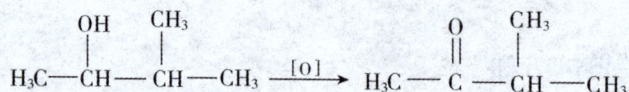

$$H_3C\!-\!\underset{\underset{OH}{|}}{CH}\!-\!\underset{\underset{CH_3}{|}}{CH}\!-\!CH_3 \xrightarrow{[O]} H_3C\!-\!\underset{\underset{O}{\|}}{C}\!-\!\underset{\underset{CH_3}{|}}{CH}\!-\!CH_3$$

4. 利用羰基的转化 羰基在反应中可以转化为其他的官能团。利用羰基的加成反应，可以得到含有—OH、 —C=N— 、—CN 等官能团的化合物；还原反应可以使羰基转化为—OH 或—CH₂—等。

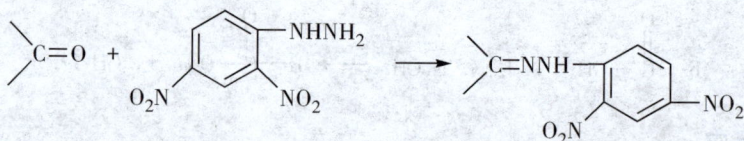

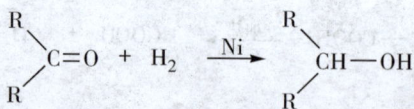

5. 利用含氮基团的转化 当芳环中引入硝基或氨基后，通过重氮化反应，可以得到重氮盐。将重氮基进行取代，可以引入—OH、—X、—CN 等官能团；通过偶合反应可以得到含有—N=N—的偶氮化合物；还原重氮盐可以得到含有—NH—NH₂的肼类化合物。

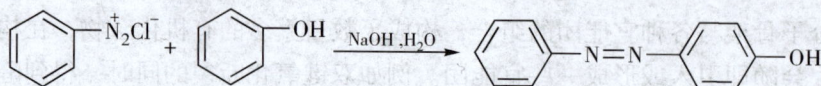

（二）官能团的保护

进行有机合成时，不仅要设计官能团引入、转化的方法，还要考虑对某些官能团采取保护措施。引入保护基，就是使某些官能团发生结构上的变化，从而避免某个基团或某些敏感的位置受到下一步反应的侵蚀和破坏。

理想的保护基应具有下列条件：①能够在不损伤分子其他部分的条件下，容易引入到所要保护的基团上，并且所使用的试剂应该是容易得到而且稳定的。②任务完成后，应该在不损伤分子其他部分的条件下，容易脱去。

常用的保护官能团的方法如下：

1. 双键的保护 双键易被氧化，通常采用使之饱和的方法进行保护。

$$\underset{}{\diagup}C{=}C\underset{}{\diagdown} + X_2 \longrightarrow -\underset{X}{\overset{}{C}}-\underset{X}{\overset{}{C}}- \xrightarrow{Zn} \underset{}{\diagup}C{=}C\underset{}{\diagdown}$$

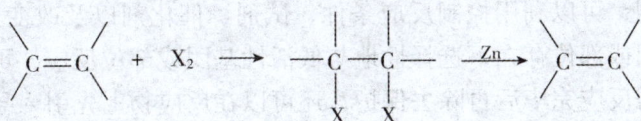

2. 羟基的保护 羟基易被氧化，用酯化反应或生成缩醛的反应，以酯基或烷氧基的形式对羟基加以保护。酯和缩醛不易被氧化而且容易通过水解反应将—OH释放出来。其中生成缩醛的保护法最为常见。

3. 羰基的保护 醛基易被氧化，在碱性条件下易发生羟醛缩合反应，可以利用生成缩醛的反应进行保护。缩醛不易被氧化，在碱性条件下稳定，在酸性条件下，醛基重新游离出来，水解生成原来的醛。例如将 $CH_2{=}CH{-}CHO$ 转化成 $CH_2OHCHOHCHO$，如果直接用 $KMnO_4$ 氧化，虽然双键可被氧化成邻二醇，但分子中的醛基也会被氧化。因此可采用先将醛基转化成缩醛后再氧化，待反应结束后，再用烯酸将缩醛分解成醛。

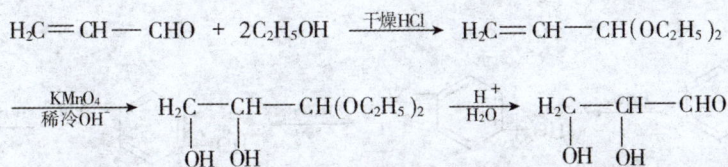

$$H_2C{=}CH{-}CHO + 2C_2H_5OH \xrightarrow{\text{干燥HCl}} H_2C{=}CH{-}CH(OC_2H_5)_2$$

$$\xrightarrow[\text{稀冷OH}]{KMnO_4} H_2C{-}\underset{OH}{\overset{}{C}}H{-}CH(OC_2H_5)_2 \xrightarrow[H_2O]{H^+} H_2C{-}\underset{OH}{\overset{}{C}}H{-}CHO$$

4. 羧基的保护 一般是转变为酯。羧基保护的目的除了避免影响其他反应步骤外，另一个就是防止脱羧。酯经过水解反应可以再得到羧基。

5. 氨基的保护 氨基易被氧化，尤其是芳香胺。当连有氨基的芳环与具有氧化性的试剂反应时，必须先将氨基保护起来。常用的反应是酰化反应，原因是极易引入，中间体酰胺稳定且不影响氨基在芳环上的定位效应。反应完成后利用酰胺的水解反应很容易释放出氨基。

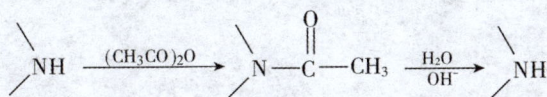

$$\diagup\text{NH} \xrightarrow{(CH_3CO)_2O} \diagup N{-}\overset{\displaystyle O}{\overset{\|}{C}}{-}CH_3 \xrightarrow[OH^-]{H_2O} \diagup\text{NH}$$

四、有机合成的选择性控制

有机合成反应的选择性是指一个反应可能在不同部位和向不同方向进行时，对形成几种产物的选择程度。

如果待合成的目标化合物中官能团不多且没有立体化学的问题，那么合成就容易进行，成功几率也比较大。但在合成工作中，经常会遇到在同一反应条件下，分子中有几个同时发生反应的官能团，这时不仅要考虑官能团的保护，还需要选择具有专一性的试剂。对于一些复杂的、具有分子立体结构要求的目标化合物，还需要选择符合空间几何构型要求的立体专一性的化学反应。选择性很好的合成反应以产生唯一的目标化合物为最佳结果，这样可以避免化合物分离的困扰。

选择性的控制，可以利用控制反应条件、试剂、催化剂以及改变反应环境等方法。如要在高活性基团或部位存在下选择性地与低活性基团或部位反应，可以先将前者进行保护，然后在所需反应完毕后再除去保护；还可以在反应物上先引入导向基团，从而改变选择性，反应后再除去，达到预期的目的。

（一）化学选择性

不同的官能团有不同的化学反应活性，当有两种活性不同的官能团时，总是可以做到只使较活泼的基团单独起反应。某种试剂与一个多官能团的化合物发生化学反应时，只对其中一个官能团起作用，这种特定的选择性称为化学选择性。例如：

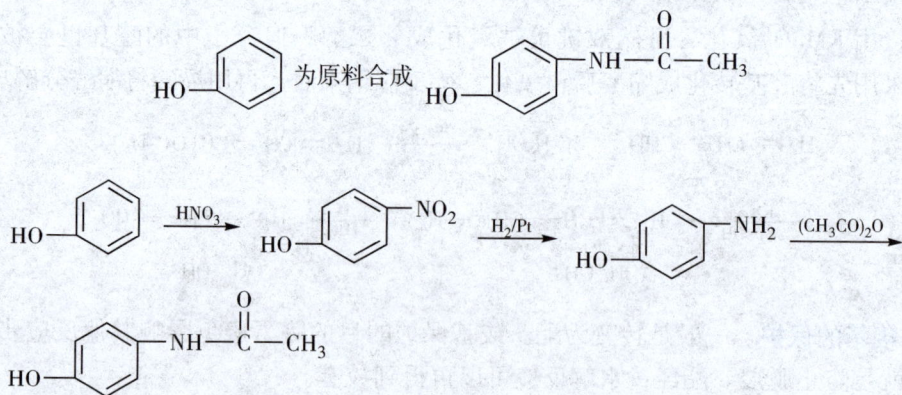

$$\text{HO} \longrightarrow \text{为原料合成} \longrightarrow \text{HO} \longrightarrow \text{NH}-\overset{\overset{\displaystyle O}{\|}}{C}-CH_3$$

$$\text{HO} \longrightarrow \xrightarrow{HNO_3} \text{HO} \longrightarrow NO_2 \xrightarrow{H_2/Pt} \text{HO} \longrightarrow NH_2 \xrightarrow{(CH_3CO)_2O}$$

$$\text{HO} \longrightarrow \text{NH}-\overset{\overset{\displaystyle O}{\|}}{C}-CH_3$$

1. 钝化作用 引入某些官能团使得某些位置的反应活性降低，从而产生多个位置间的活性差异，提高反应的选择性。例如：

以苯胺为原料合成对溴苯胺

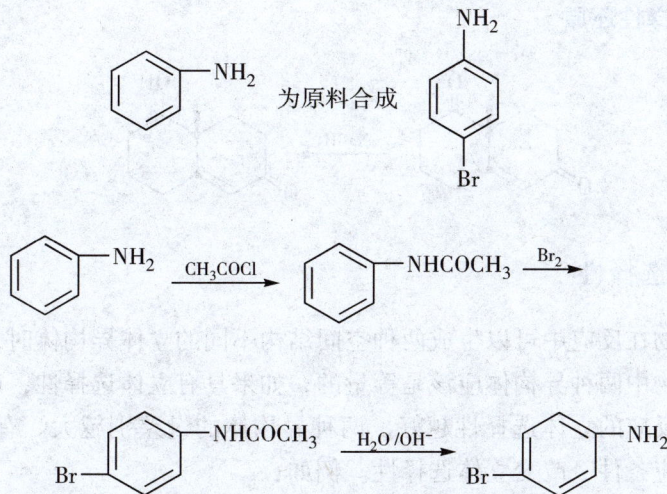

2. 封闭特定位置 引入某些官能团使得反应物的某些反应位置被占据，从而使反应发生在预计的反应空位上，可以提高反应的选择性。例如：

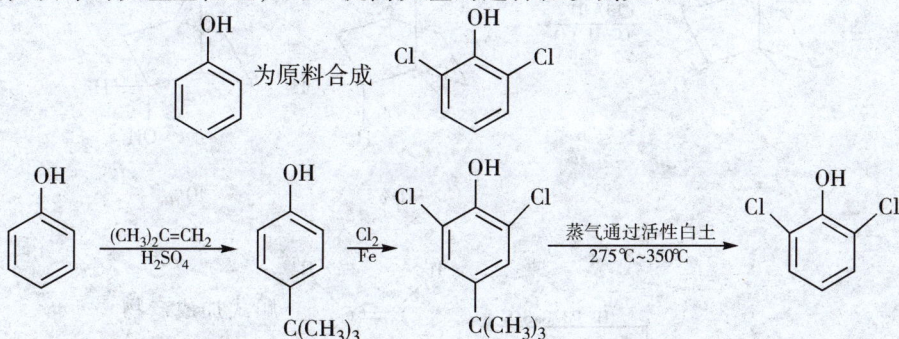

以苯酚为原料合成2,6-二氯苯酚

叔丁基体积大，空间效应明显，且易脱去。采用叔丁基引入作为封闭基团，没有降低芳环活性，有利于两个氯的引入。

（二）区域选择性

相同的官能团在同一分子的不同部位时，发生化学反应的速率会有差异，产物的稳定性也会不同。如果某一试剂只与分子的某一特定位置上的官能团反应，而不与其他位置上的官能团发生反应，这种特定的选择性称为区域选择性。

1. 羟基的选择性氧化

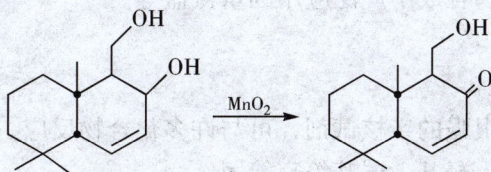

2. 羰基的选择性还原

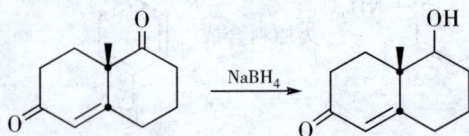

（三）立体选择性

当一个化合物在反应中可以生成两种空间结构不同的立体异构体时，如果该反应无立体选择性，产物中两种异构体应该是等量的；如果具有立体选择性，产物中的两种异构体则不等量，反应的立体选择性越好，两种异构体的量差别越大。有机合成反应时，可以通过改变反应条件，改变立体选择性。例如：

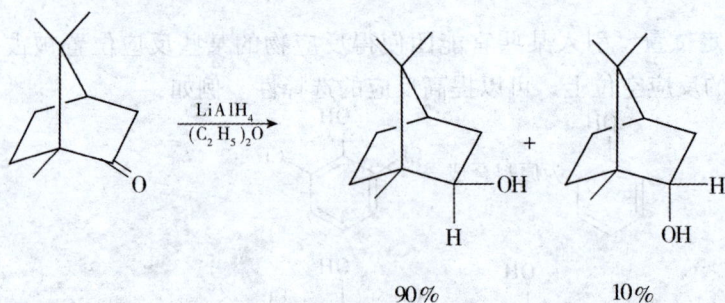

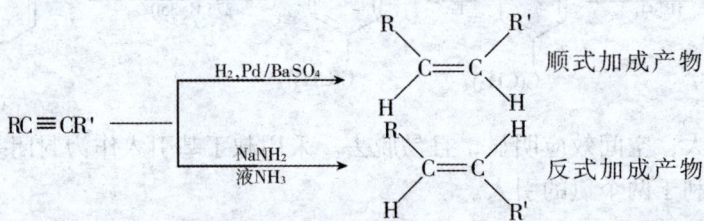

五、典型试剂在有机合成中的应用

基本有机化学反应是有机合成的基础，而典型试剂的应用则是有机合成中原料选择的技艺。这些典型试剂有些是易得的有机试剂，有些则是以廉价化学试剂为基础合成的有机物。典型试剂包括链状化合物合成中广泛应用的格氏试剂、乙酰乙酸乙酯、丙二酸二乙酯及在芳香族化合物合成中广泛应用的重氮盐等。

（一）格氏试剂

格氏试剂作为一个很强的亲核试剂，可与许多化合物反应。借助格氏试剂不仅可以增长碳链，同时可以引入羟基、羰基等官能团。

1. 与羰基化合物的反应 格氏试剂非常容易与羰基化合物进行加成反应，加成产物经过水解可形成醇。选择不同的格氏试剂、不同的羰基化合物，可以得到不同碳链、不同种类的醇。

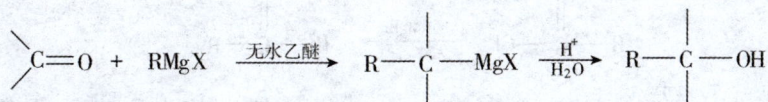

$$\text{C}=\text{O} + RMgX \xrightarrow{\text{无水乙醚}} R-\overset{|}{\underset{|}{\text{C}}}-MgX \xrightarrow[\text{H}_2\text{O}]{\text{H}^+} R-\overset{|}{\underset{|}{\text{C}}}-OH$$

甲醛 + 格氏试剂→伯醇：

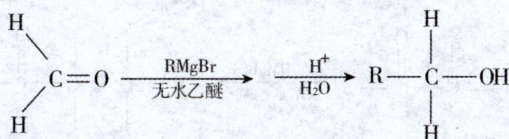

$$\overset{H}{\underset{H}{\text{C}}}=\text{O} \xrightarrow[\text{无水乙醚}]{RMgBr} \xrightarrow[\text{H}_2\text{O}]{\text{H}^+} R-\overset{H}{\underset{H}{\text{C}}}-OH$$

其他醛 + 格氏试剂→仲醇：

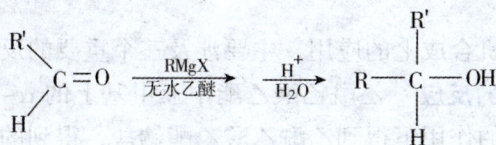

$$\overset{R'}{\underset{H}{\text{C}}}=\text{O} \xrightarrow[\text{无水乙醚}]{RMgX} \xrightarrow[\text{H}_2\text{O}]{\text{H}^+} R-\overset{R'}{\underset{H}{\text{C}}}-OH$$

酮 + 格氏试剂→叔醇：

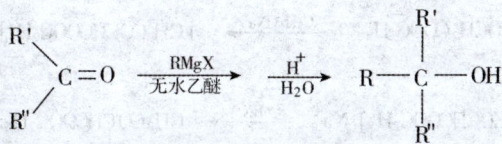

$$\overset{R'}{\underset{R''}{\text{C}}}=\text{O} \xrightarrow[\text{无水乙醚}]{RMgX} \xrightarrow[\text{H}_2\text{O}]{\text{H}^+} R-\overset{R'}{\underset{R''}{\text{C}}}-OH$$

利用格氏试剂和羰基化合物合成醇时，可以通过逆向合成分析法进行原料的选择，切断的位置在连有—OH的α-碳与其相邻的β-碳之间，切断后含有—OH的碳链部分来源于羰基化合物，剩余的烃基部分则由格氏试剂提供。

2. 与环氧乙烷的反应 格氏试剂与环氧乙烷反应，产物经水解生成伯醇。

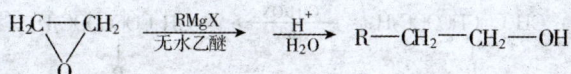

$$H_2C\overset{}{-}CH_2 \xrightarrow[\text{无水乙醚}]{RMgX} \xrightarrow[\text{H}_2\text{O}]{\text{H}^+} R-CH_2-CH_2-OH$$
$$\underset{O}{\diagdown\diagup}$$

3. 与卤代烃的反应 格氏试剂与卤代烃反应，产物经水解生成烃。

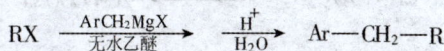

$$Ar-CH_2X \xrightarrow[\text{无水乙醚}]{RMgX} \xrightarrow[\text{H}_2\text{O}]{\text{H}^+} Ar-CH_2-R$$

$$RX \xrightarrow[\text{无水乙醚}]{ArCH_2MgX} \xrightarrow[\text{H}_2\text{O}]{\text{H}^+} Ar-CH_2-R$$

4. 与酰卤、酯、不饱和酮的反应 格氏试剂与酰卤、酯、不饱和酮等含碳氧双键的化合物反应生成酮。

$$R' - \overset{\overset{\displaystyle O}{\|}}{C} - Cl \xrightarrow[\text{无水乙醚}]{RMgBr} R' - \overset{\overset{\displaystyle O}{\|}}{C} - R$$

$$R' - \overset{\overset{\displaystyle O}{\|}}{C} - OR'' \xrightarrow[\text{无水乙醚}]{RMgBr} R' - \overset{\overset{\displaystyle O}{\|}}{C} - R$$

$$\overset{\displaystyle >}{C} = \overset{\displaystyle <}{C} - \overset{\overset{\displaystyle O}{\|}}{C} - \xrightarrow[\text{无水乙醚}]{RMgBr} R - \overset{\displaystyle |}{C} - \overset{\displaystyle |}{C} - \overset{\overset{\displaystyle O}{\|}}{C} -$$

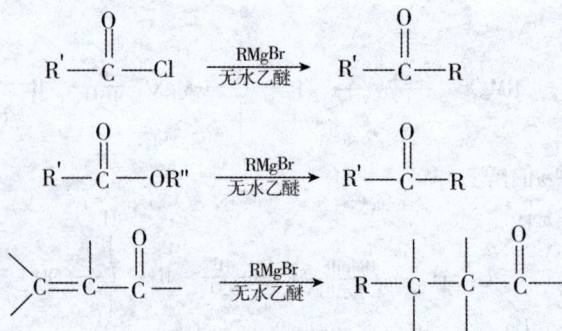

（二）乙酰乙酸乙酯

乙酰乙酸乙酯在有机合成上的应用，主要涉及三个重要的反应。

1. 亚甲基上活泼氢的反应　乙酰乙酸乙酯中亚甲基上的 α-H 受相邻两个羰基的影响，比较活泼，在醇钠的作用下得到乙酰乙酸乙酯钠盐，得到的乙酰乙酸乙酯钠盐与卤代烃发生取代反应，生成烷基取代的乙酰乙酸乙酯。

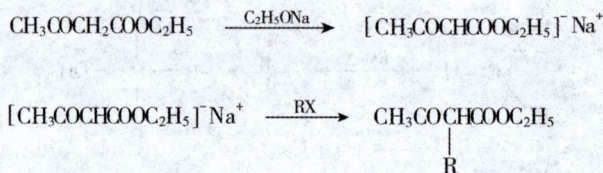

$$CH_3COCH_2COOC_2H_5 \xrightarrow{C_2H_5ONa} [CH_3COCHCOOC_2H_5]^- \, Na^+$$

$$[CH_3COCHCOOC_2H_5]^- \, Na^+ \xrightarrow{RX} CH_3CO\overset{\displaystyle |}{\underset{\displaystyle R}{C}}HCOOC_2H_5$$

生成的烷基乙酰乙酸乙酯中还有一个活泼氢原子，继续进行上述反应，得到二烷基乙酰乙酸乙酯。

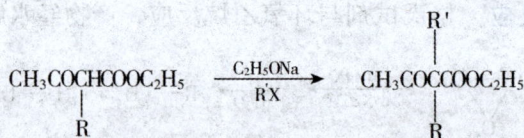

$$CH_3CO\overset{\displaystyle |}{\underset{\displaystyle R}{C}}HCOOC_2H_5 \xrightarrow[RX]{C_2H_5ONa} CH_3CO\overset{\displaystyle R'}{\underset{\displaystyle R}{\overset{|}{\underset{|}{C}}}}COOC_2H_5$$

2. 酸式分解　乙酰乙酸乙酯与浓碱（如 40% NaOH）共热时，α-C 与 β-C 之间发生断裂，生成乙酸钠，该反应称为酸式分解。

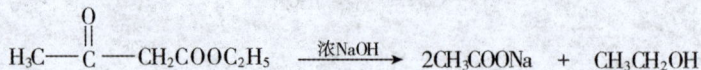

$$H_3C - \overset{\overset{\displaystyle O}{\|}}{C} - CH_2COOC_2H_5 \xrightarrow{\text{浓NaOH}} 2CH_3COONa \ + \ CH_3CH_2OH$$

烷基取代的乙酰乙酸乙酯发生酸式分解，生成取代乙酸。

$$R - CH_2 - COOH \qquad\qquad R - \overset{\displaystyle |}{\underset{\displaystyle R'}{C}}H - COOH$$

3. 酮式分解　乙酰乙酸乙酯与稀碱（如 5% NaOH）或稀酸作用，生成的乙酰乙酸极不稳定，受热后脱羧生成丙酮，此过程称为酮式分解。

$$CH_3COCH_2COOC_2H_5 \xrightarrow{稀NaOH} CH_3COCOONa \xrightarrow[-CO_2]{H^+} CH_3COCH_3$$

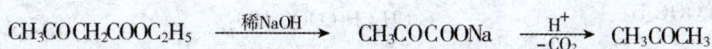

烷基取代的乙酰乙酸乙酯也可以发生酮式分解，生成取代丙酮——甲基酮。

综上所述，乙酰乙酸乙酯可以用于制备一元酸和甲基酮。

（三）丙二酸二乙酯

丙二酸二乙酯可由氯乙酸钠经下列反应制得：

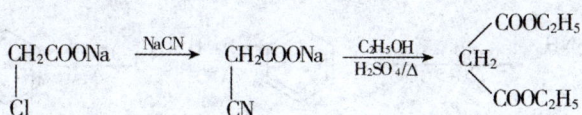

丙二酸二乙酯结构中的亚甲基受相邻两个羰基的影响非常活泼，亚甲基上的 $\alpha-H$ 具有一定的酸性，与强碱作用，生成丙二酸二乙酯钠。

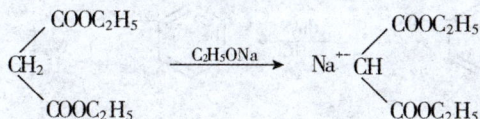

丙二酸二乙酯钠可与卤代烷发生反应，形成烷基丙二酸二乙酯。

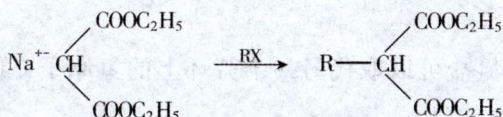

烷基丙二酸二乙酯水解生成烷基丙二酸，再加热脱羧，得到烷基乙酸。

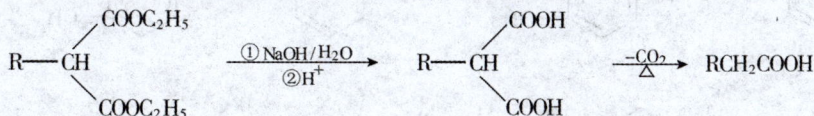

如果将得到的烷基丙二酸二乙酯重复进行烷基化反应，可以引入第二个烷基，得到二烷基乙酸。

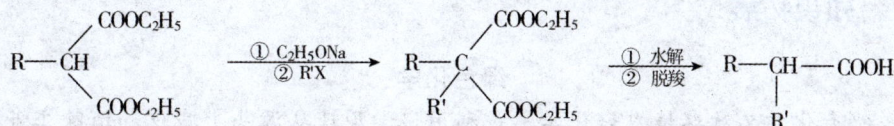

采用二卤代烷与丙二酸二乙酯作用可用于合成二元羧酸。例如：

$$2CH_2 \genfrac{}{}{0pt}{}{COOC_2H_5}{COOC_2H_5} \xrightarrow[\text{② } BrC_2H_4Br]{\text{① } 2C_2H_5ONa} \genfrac{}{}{0pt}{}{CH_2CH(COOC_2H_5)_2}{CH_2CH(COOC_2H_5)_2} \xrightarrow[\text{② 脱羧}]{\text{① 水解}} \genfrac{}{}{0pt}{}{CH_2CH_2COOH}{CH_2CH_2COOH}$$

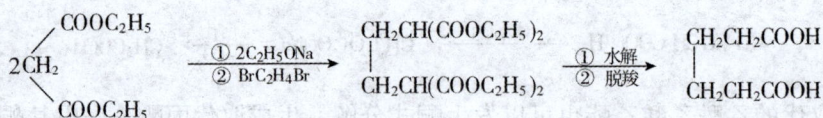

（四）重氮化合物

重氮盐中的重氮基可以被许多官能团取代，生成多种类型的芳香族化合物。它弥补了芳香烃取代反应种类较少、定位效应对取代基的限制和电子效应对芳香烃亲电取代反应活性的影响。因此，重氮盐的取代反应在芳香族化合物的合成中应用广泛，常用于合成一些难以通过芳环亲电取代直接合成的化合物。

1. 重氮盐的水解　该反应是芳胺合成酚的重要方法，其特点是反应条件比较温和。

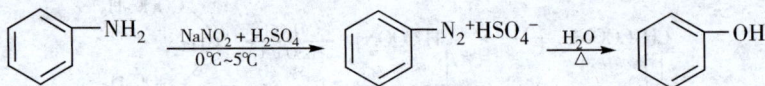

2. 桑德迈尔反应　这是一个应用广泛、产率较高的在芳环上引入—Cl、—Br、—CN的方法。

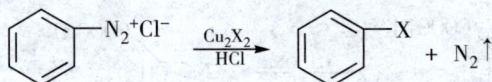

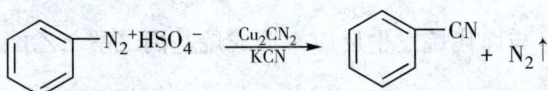

3. 芳基化反应　重氮盐可以取代另一个芳环上的氢原子，形成不同类型的偶氮化合物。

🔷 **知识拓展**

绿色化学

绿色化学又称环境友好化学，是利用化学原理从源头上减少和消除工业生产对环境的污染，使反应物全部转化为期望的最终产物。

现将绿色化学的十二条原则介绍如下：

1. 防止废弃物的产生，而不是产生后再来处理。

2. 合成方法应设计尽可能将所有起始物嵌入到最终产物中去。

3. 只要可能，合成方法应设计成反应中使用和生产的物质对人类健康和环境无毒或毒性很小。

4. 设计的化学产品应在保护其应有功能的同时尽量使其无毒或毒性很小。

5. 尽量不使用辅助性物质（如溶剂、分离试剂等），如果一定要用，也应使用无毒物质。

6. 能量消耗应是越少越好，应该可以被环境和经济方面所认可，合成方法尽量在常温常压下进行。

7. 只要技术上和经济上可行，使用的原料应是可再生的。

8. 应尽量避免不必要的派生过程（屏蔽基团、保护/去保护、物理/化学过程的临时性修饰）。

9. 尽量使用具有催化选择性的试剂。

10. 化学产品中的设计应保留其功能，而减少其毒性，当完成自身功能后不再滞留于环境中，可降解为无毒的产物。

11. 分析方法应能真正实现在线监测，在有害物质形成前加以控制。

12. 化工生产过程中各种物质的选择与使用，应使化学事故的隐患最小（包括气体泄露、爆炸和着火）。

第二节 有机化合物的提纯和鉴定

由于有机化学反应复杂，副反应和副产物多，合成产物通常含有多种杂质，所以要想得到纯净的产品，必须进行分离提纯，然后进行纯度检查和结构的确定。

一、分离提纯

分离提纯的基本原则是不增、不减、易分离、易复原，常用的方法有蒸馏、重结晶、萃取、升华、色谱法等。

1. 蒸馏　蒸馏是利用物质的沸点不同，将沸点相差较大（大于30℃）的液体化合物分离开。在蒸馏过程中，蒸汽中高沸点组分遇冷易冷凝成液体流回蒸馏瓶中，而低沸点的组分遇冷较难冷凝而被大量蒸出。蒸馏方法包括常压蒸馏、减压蒸馏、水蒸气蒸馏，根据分离对象和所含杂质的不同，可以采取不同的蒸馏方式。

2. 重结晶　重结晶是将粗的固体有机物溶解到合适的溶剂中，配成热的饱和溶液，然后冷却使目标物重新结晶出来的过程。

正确选择溶剂是重结晶操作的关键。适宜的溶剂应具备以下条件：①不与待提纯物质起化学反应；②被提纯的有机物溶解度高温时大，低温时小，能得到较好的结晶；③对杂质的溶解度非常大（留在母液中）或非常小（热过滤除去）；④溶剂的沸点不宜过高或过低，过低溶解度改变不大，不易操作，过高则晶体表面的溶剂不易除去；⑤安全、低毒、易回收；⑥对于不同的待提纯物质应选择合适的溶剂，有时需使用混合溶剂。

3. 萃取　萃取是利用有机物在两种互不相溶的溶剂中的溶解性不同，将有机物从一种溶剂转移到另一种溶剂的过程。常用的萃取剂有乙醚、氯仿、苯、乙酸乙酯等。

一般萃取剂应具备如下几个条件：①与水不相混合，能较快地分层；②被萃取物质在其中的溶解度要远大于在水中的溶解度，而杂质的溶解度则越小越好；③易挥发，以便与所萃取的物质相分离；④价格低廉，毒性小，不易着火。

4. 升华　某些具有挥发性的固体有机物，可以采用升华法提纯。主要用于分离易挥发且热稳定的固体物质，但升华通常在减压下进行。

5. 色谱法　包括薄层色谱、纸色谱、吸附柱色谱、气相色谱、高压液相色谱等分离方法。薄层色谱法是把吸附剂铺在玻璃板上，将样品点在其上，然后用溶剂展开，使样品中各个组分相互分离的方法。这是一种简便、快速、微量的分离分析技术，其应用范围非常广泛。

二、元素定性和定量分析

元素的定性、定量分析是用化学方法鉴定有机物分子的元素组成以及分子内各元素原子的质量分数。

元素定量分析的原理是将一定量的有机物燃烧，分解为简单的无机物，并作定量测定，通过无机物的质量推算出组成该有机物元素原子的质量分数，然后计算出该有机物分子所含元素原子最简单的整数比，即确定其实验式。

例如某含 C、H、O 三种元素的有机物，经燃烧分析实验测定该未知物中碳的质量分数为 52.16%，氢的质量分数为 13.14%，则 O 的质量分数为 34.7%，该有机物的三种元素原子的数值比为：$\dfrac{52.16}{12} : \dfrac{13.14}{1} : \dfrac{34.7}{16} = 4.35 : 13.14 : 2.17$；三种元素原子的最小数值比为：$\dfrac{4.35}{2.17} : \dfrac{13.14}{2.17} : \dfrac{2.17}{2.17} = 2 : 6 : 1$，由此可以确定该有机物的实验式为 C_2H_6O。

实验式只表示分子中各原子的最简单的整数比，一般不能代表分子中真实的原子数目，只有测定了化合物的相对分子质量后，才能确定化合物的分子式。如果测得实验式为 C_2H_6O 的有机物的相对分子质量为 46，该有机物的分子式即可确定为 C_2H_6O。该有机物可能为乙醇或甲醚。

三、相对分子质量的测定

测定有机物的相对分子质量，过去通常采用沸点升高法和凝固点降低法等经典的物理化学方法，目前通常采用质谱法。

质谱法是用高能电子流等轰击样品分子，使该分子失去电子变成带正电荷的分子离子和碎片离子。化合物分子失去一个电子变成分子离子，分子离子实际上是正离子自由基。由于电子质量很小，分子离子的质量即等于该化合物的分子量。分子离子、碎片离子各自具有不同的相对质量，它们在磁场的作用下到达检测器的时间将因质量的不同而先后有别，其结果被记录为质谱图。质谱图中分子离子峰能提供被测物质的相对分子质量，而分子离子还可以裂解成碎片，为确定结构提供非常有用的数据。

四、结构式的确定

测定有机物的结构目前大部分采用波谱法，常用的光谱有质谱、红外光谱、紫外光谱及核磁共振谱等。

1. 红外光谱 由于有机物中组成化学键、官能团的原子处于不断振动状态，且振动频率与红外光的振动频率相当。所以，当用红外线照射有机物分子时，分子中的化学键、官能团可发生振动吸收，不同的化学键、官能团吸收频率不同，在红外光谱图中将处于不同位置。因此，可以根据红外光谱图，推知有机物含有哪些化学键、官能团，以确定有机物的结构。

2. 紫外光谱 根据紫外吸收光谱的波长、位置大致估计所含官能团，判断结构中有无共轭体系，推测分子结构。

3. 核磁共振氢谱 不同化学环境的氢原子（等效氢原子）因产生共振时吸收的频率不同，被核磁共振仪记录下来的吸收峰的面积不同。例如对于 CH_3CH_2OH、CH_3OCH_3 这两种物质来说，除了氧原子的位置、连接方式不同外，碳原子、氢原子的连接方式及所处的环境也不同。所以，可以从核磁共振谱图上推知氢原子的类型及数目。

📚 知识拓展

质谱分析

利用电磁学原理，将化合物电离成具有不同质量的离子，然后按其质荷比（离子的质量与电荷的比值：m/z）的大小依次排列成谱收集和记录下来，形成质谱。以质谱为基础建立起来的分析方法称质谱分析法。丙酮的质谱图如下：

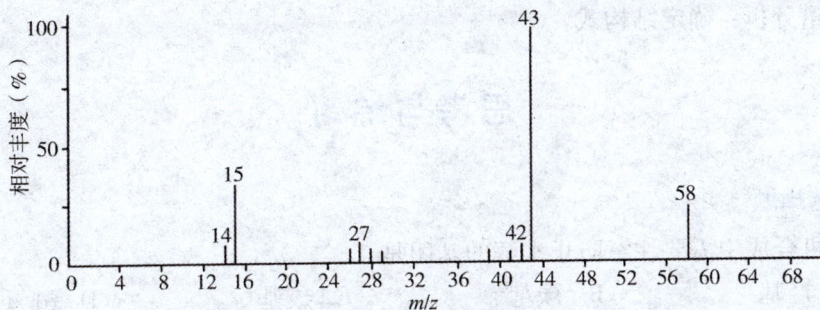

质谱图中，横坐标表示不同阳离子的质核比（m/z），纵坐标表示阳离子的相对丰度（阳离子的相对量），每一个峰表示一个碎片。

把原始质谱图上最强的离子峰定为基峰，规定基峰的相对丰度为100%，其他峰以基峰为准，相对百分值即相对丰度。

试样分子受到高速电子轰击后，失去一个电子所生成的自由基型正离子（$M^{\cdot+}$）称为分子离子。分子离子对应的离子峰称为分子离子峰。

分子离子受到高能电子（70eV）的轰击发生某些化学键的断裂而裂解成的碎片称为碎片离子，碎片离子还能进一步裂解成更小的碎片离子，由此产生碎片离子峰。例如甲烷样品经过电子流冲击，甲烷分子首先形成分子离子，继而进一步分离成其他的碎片离子：

$$CH_4 + e \longrightarrow CH_4^{\cdot+} + CH_3^{\cdot+} + CH_2^{\cdot+} + CH^{\cdot+} + C^{\cdot+} + H^+$$

根据质谱的分子离子峰可以准确测出有机化合物的相对分子质量，结合元素分析的结果即可确定分子式。

本章小结

一、有机合成

1. 合成路线的设计：逆向合成分析法。
2. 碳架的构建：增长碳链的方法、在芳烃上引入侧链、碳环的形成、碳环的断裂、缩短碳链的方法。
3. 引入官能团：官能团的转化、官能团的保护。
4. 反应的选择性控制：化学选择性、区域选择性、立体选择性。
5. 典型试剂的反应：格式试剂、乙酰乙酸乙酯、丙二酸二乙酯、重氮化合物。

二、有机物结构式的确定

1. 分离提纯：蒸馏、重结晶、萃取、升华、色谱法。
2. 元素定性和定量分析：确定实验式。
3. 测定相对分子质量：确定分子式。
4. 光谱分析：确定结构式。

思考与练习

一、选择题

1. 有机合成中需要注意防止水解的基团是（　　）
   A. 羟基　　　　　　B. 羰基　　　　　　C. 羧基　　　　　　D. 酰氧基
2. 为了防止醛基氧化，通常采取的保护措施是（　　）
   A. 生成缩醛　　　　B. 生成缩氨脲　　　C. 生成肟　　　　　D. 进行羟醛缩合
3. 在有机合成中，为了防止氧化通常采取酰基化保护的基团是（　　）
   A. 硝基　　　　　　B. 醚键　　　　　　C. 芳伯胺基　　　　D. 碳碳双键

4. $CH_3CH_2CH_2MgCl$ 与甲醛反应可以制备的醇是（　　）

    A. 正丁醇　　　　　　B. 仲丁醇　　　　　　C. 异丁醇　　　　　　D. 叔丁醇

5. 可以用分液漏斗分离的一组液体混合物是（　　）

    A. 溴和四氯化碳　　B. 苯和溴苯　　　　C. 汽油和苯　　　　D. 硝基苯和水

6. 可以准确测出有机物相对分子质量的波谱是（　　）

    A. 质谱　　　　　　B. 紫外光谱　　　　C. 红外光谱　　　　D. 核磁共振

二、推导题

    吗啡和海洛因都是严格查禁的毒品。吗啡分子含 C 71.58% 、H 6.67% 、N 4.91% 、其余为 O。已知其分子量不超过 300。试求：①吗啡的分子量；②吗啡的分子式。

三、实例分析

1. 拟合成

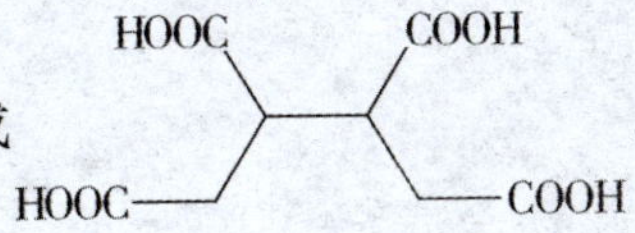

$$HOOC-CH(COOH)-CH(COOH)-CH_2-COOH$$

，用逆向分析法推测合成该化合物的原料。

2. 通过分析 2-甲基-2-己醇的结构，选择合成中可能使用的各种原料。

实 验 部 分

实验一　有机化学实验基本知识

一、实验目的

1. 掌握有机化学实验常用的基本技能：玻璃仪器的洗涤、干燥等。
2. 熟悉有机化学实验室的规则。
3. 熟悉有机化学实验常用的玻璃仪器。
4. 培养具有认真、严谨的科学态度。

二、实验原理及内容

（一）化学实验室规则

1. 实验前，须认真预习，明确实验目的和要求，弄清实验有关基本原理、操作步骤、方法以及安全注意事项，基本上做到心中有数，有计划地进行实验。

2. 实验中，爱护实验仪器设备，节约使用试剂和药品。要听从老师指导，保持安静。实验时做到操作规范，认真、仔细地观察，如实地做好实验记录。使用危险品应严格按照规程操作并注意安全。

3. 实验台面、地面、水槽等应经常保持清洁，污物、残渣等应扔到指定的地点，废酸、废碱等腐蚀性溶液不能倒进水槽，应倒入指定的废液缸中。合理安排时间，应在规定时间内完成实验，中途不得擅自离开实验室。实验室的物品不得携带出室外。

4. 实验完毕应将所用仪器洗涤干净，放置整齐。并将实验原始记录或实验报告交给老师，经检查、认可后方可离开。如有仪器损坏，必须及时登记补领。

5. 写报告时，应根据原始记录，联系理论知识，认真处理数据，分析问题，写出实验报告，并按时交指导老师批阅。

6. 实验指导老师可根据具体实验情况增加本守则以外的必要条款。

7. 以严谨、科学的态度，在老师指导下，按教学大纲要求进行实验。

（二）化学实验室安全知识

化学实验所用药品多数是易燃、易爆、有毒、有腐蚀性的试剂，所用仪器大部分是易破碎的玻璃制品，稍有不慎，就容易发生意外事故。所以应该采取必要的安全和防护措施，才能保证实验的顺利进行。

1. 实验开始前应检查仪器是否完整无损，装置是否稳妥。

2. 实验进行中不得随便离开。

3. 量取酒精等易燃液体时，必须远离火源。如果酒精灯或酒精喷灯在使用过程中需要添加酒精，必须先熄灭火焰，然后通过漏斗加入酒精，严禁往正在燃烧的酒精灯中添加酒精。

4. 熟悉安全用具如灭火器、沙箱（桶）以及急救箱的放置地点和使用方法。

5. 称取和使用有毒、异臭和强烈刺激性物质时，应在通风橱中操作。接触有毒物质后，应立即洗净双手，以免中毒。严禁在实验室内吃食物。

6. 使用电器时应防止触电，不能用湿的手接触电插头，以免造成危险。

（三）有机化学实验常用的仪器

有机化学实验室常常用到很多仪器，有玻璃仪器、金属工具、电器设备等。有机实验用的玻璃仪器，按其口塞是否标准及磨口，分为普通玻璃仪器（实验图1–1）和标准磨口玻璃仪器（实验图1–2）两类。标准磨口玻璃仪器由于可以相互连接，使用既省时方便又严密安全，将逐渐代替同类普通玻璃仪器。使用玻璃仪器皆应轻拿轻放，容易滑动的仪器（如圆底烧瓶），不要重叠放置，以免打破。

标准接口玻璃仪器是具有标准化磨口或磨塞的玻璃仪器。由于仪器口塞尺寸的标准化、系统化、磨砂密合，凡属于同类规格的接口，均可任意连接，各部件能组装成各种配套仪器。与不同类型规格的部件无法直接组装时，可使用转换接头连接。使用标准接口玻璃仪器，既可免去配塞子的麻烦手续，又能避免反应物或产物被塞子沾污的危险，口塞磨砂性能良好，使密合性达到较高真空度，对蒸馏尤其减压蒸馏有利，对于毒物或挥发性液体的实验较为安全。标准磨口玻璃仪器口径的大小，通常用数字编号来表示，该数字是指磨口最大端直径的毫米整数，常用的有10、14、19、24、29、34、40、50等。相同编号的磨口、磨塞可以紧密连接。使用标口玻璃仪器时注意：①磨口处必须洁净，若有硬质杂物，会损坏磨口。②用后应拆卸洗净。③一般用途的磨口无需涂润滑剂，以免沾污反应物或产物。若反应中有强碱，则应涂润滑剂，以免磨口连接处因碱腐蚀粘牢而无法拆开。减压蒸馏时，磨口应涂真空脂，以免漏气。④安装标准磨口玻璃仪器装置时，应注意安得正确、整齐、稳妥，使磨口连接处不受歪斜的应力，否则易将仪器折断，特别在加热时，仪器受热，应力更大。

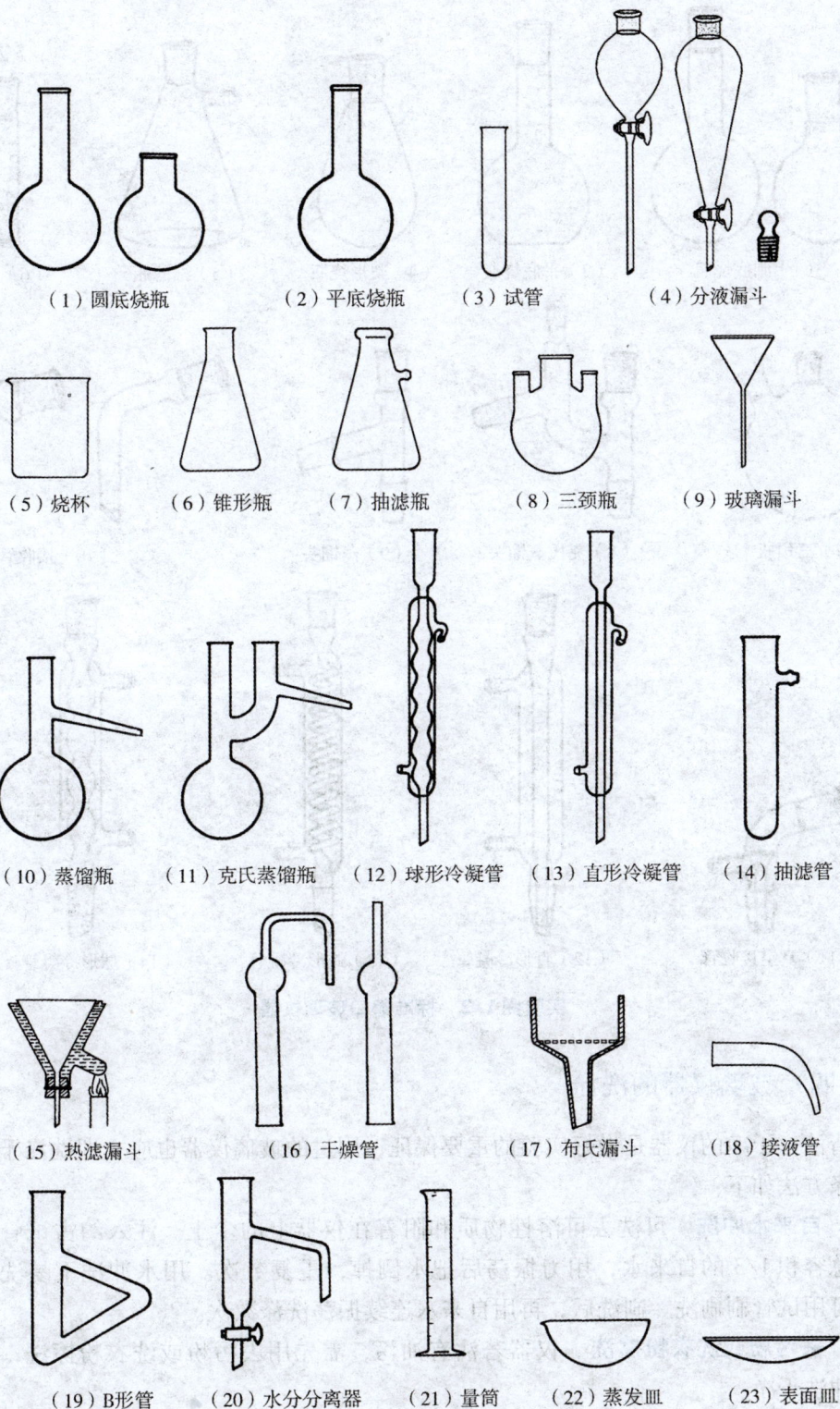

（1）圆底烧瓶　（2）平底烧瓶　（3）试管　（4）分液漏斗

（5）烧杯　（6）锥形瓶　（7）抽滤瓶　（8）三颈瓶　（9）玻璃漏斗

（10）蒸馏瓶　（11）克氏蒸馏瓶　（12）球形冷凝管　（13）直形冷凝管　（14）抽滤管

（15）热滤漏斗　（16）干燥管　（17）布氏漏斗　（18）接液管

（19）B形管　（20）水分分离器　（21）量筒　（22）蒸发皿　（23）表面皿

实验图 1-1　普通玻璃仪器

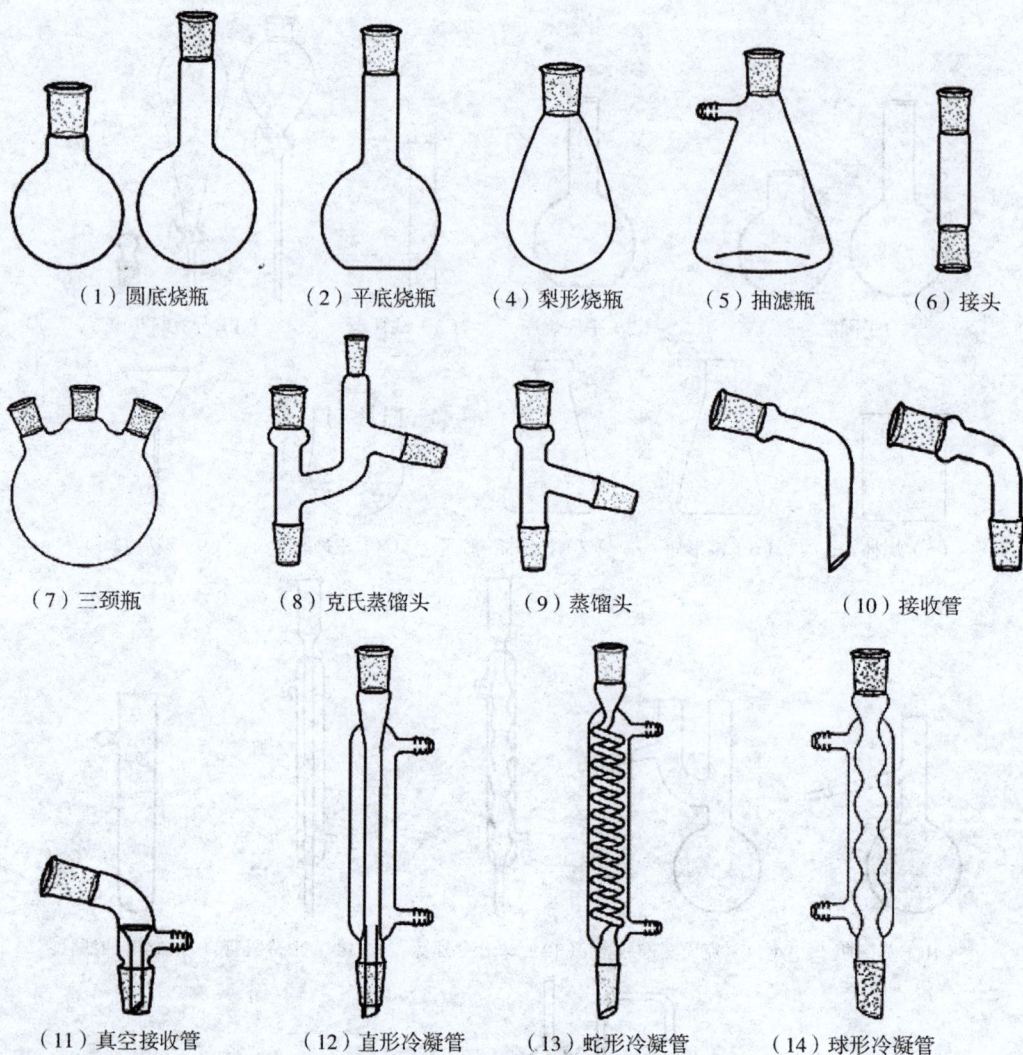

（1）圆底烧瓶   （2）平底烧瓶   （4）梨形烧瓶   （5）抽滤瓶   （6）接头

（7）三颈瓶   （8）克氏蒸馏头   （9）蒸馏头   （10）接收管

（11）真空接收管   （12）直形冷凝管   （13）蛇形冷凝管   （14）球形冷凝管

实验图 1-2　标准磨口玻璃仪器

（四）玻璃仪器的洗涤

清洁、干净的仪器是做好实验的重要保证，用过的玻璃仪器也应立即洗涤干净。一般洗涤方法如下：

1. 自来水冲洗　可洗去可溶性物质和附着在仪器上的尘土。注入约占试管或其他仪器总容积 1/3 的自来水，用力振荡后把水倒掉，重复数次。用水冲洗不易洗掉的物质，可用试管刷刷洗。刷洗后，再用自来水连续振荡洗涤数次。

2. 去污粉或洗衣粉擦洗　仪器若沾有油污，需先用去污粉或洗衣粉擦洗，再用自来水冲洗干净。

3. 用酸洗　如果仪器壁附有不溶性的碱、碳酸盐、碱性氧化物等，可先加入少量 6mol/L 的盐酸使其溶解，再用自来水冲洗干净。如果仪器壁附有铜、银等金属，可先加入少量 6 mol/L 的硝酸使其溶解，再用自来水冲洗干净。

4. 用重铬酸钾洗液洗　用以上方法均洗不掉的污垢，可用重铬酸钾洗液来洗。使用洗液时要注意安全，因为重铬酸钾洗液有很强的腐蚀性。使用洗液前，仪器内应尽量无水，以免洗液被稀释，效果下降。洗液可以反复使用，用完后倒回瓶内。洗液变成绿色时，表示失效。

用以上方法洗涤后的仪器，往往还含有 Ca^{2+}、Mg^{2+}、Cl^- 等离子，如果实验中不允许这些离子的存在，则应用蒸馏水润洗 2~3 次。

（五）玻璃仪器的干燥

1. 晾干　这是常用且简单的干燥方法，将仪器倒置在仪器柜内或仪器架上自然风干。

2. 烤干　烧杯和蒸发皿可放在石棉网上用小火烤干，试管可直接用小火烤干，操作时，试管应略微倾斜，管口略低，并不断来回移动试管，使之受热均匀，当烤到不见水珠时，使管口略向上，以便将水气除尽。

3. 烘干　洗净的仪器可以放在电热干燥箱（烘箱）（实验图 1-3）内烤干，放置仪器时，使仪器口朝下（如果倒置后不稳的仪器则应平放），也可用电吹风将仪器吹干。目前实验室还常用到气流烘干器（实验图 1-4），气流烘干器是一种用于快速烘干仪器的设备，使用时将待干燥的仪器洗净后，甩掉多余的水分，然后将仪器倒扣在烘干器的多孔金属管上，一般先用热风吹干后，再用冷风吹冷，即可使用。

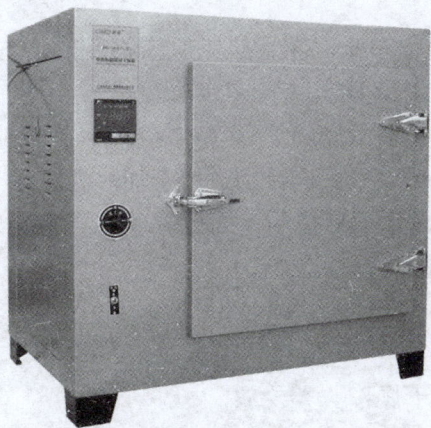

实验图 1-3　烘箱

4. 快干　用少量酒精或丙酮润洗（酒精或丙酮应回收），然后晾干或吹干。

带有刻度的计量仪器不能用加热的方法干燥，因为加热会影响这些仪器的精密度。

（六）加热方法

为了加速有机反应，往往需要加热，加热的方式有直接加热和间接加热。为了保证加热均匀，一般使用热浴间接加热，作为传热的介质有空气、水、有机液体等。根据加热温度、升温速度等的需要，常采用以下方法。

1. 空气浴 即利用热空气间接加热，对于沸点在80℃以上的液体均可采用。将容器放在石棉网上加热，这就是最简单的空气浴，但是，受热仍不均匀，故不能用于回流低沸点易燃的液体或者减压蒸馏。半球形的电热套（实验图1-5）属于比较安全的空气浴，因为电热套中的电热丝是玻璃纤维包裹着的，一般可加热至400℃。电热套主要用于回流加热，蒸馏或减压蒸馏以不用为宜，因为在蒸馏过程中随着容器内物质逐渐减少，会使容器壁过热。电热套有各种规格，取用时要与容器的大小相适应，为了便于控制温度，应使用调压变压器。

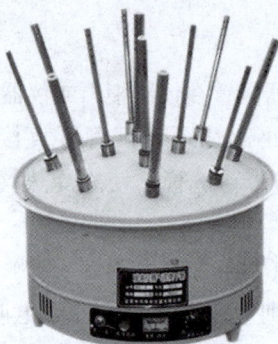

实验图1-4 气流烘干器   实验图1-5 电热套

2. 水浴 当加热的温度不超过100℃时，最好使用水浴加热，水浴为较常用的热浴方法。

3. 油浴 适用100℃~250℃，优点是使反应物受热均匀，反应物的温度一般低于油浴液20℃左右。

4. 砂浴 一般是用铁盆装干燥的细砂（或河沙），把反应容器半埋砂中加热。加热沸点在80℃以上的液体时可以采用，特别适用于加热温度在220℃以上者，但砂浴的缺点是传热慢，温度上升慢，且不易控制，因此，砂层要薄一些。砂浴中应插入温度计，温度计水银球要靠近反应器。

（七）实训操作

1. 玻璃仪器的洗涤和干燥：
（1）将领取的常备仪器中的玻璃仪器洗涤干净，抽取两件交指导老师检查。
（2）干燥1个烧杯和1支试管，然后交指导老师检查。
（3）将洗涤干净的仪器合理地放置于实验柜内。
2. 加热采用水浴加热的方式，加热小烧杯中的水至80℃，并保持5分钟。

三、思考题

1. 如何判断玻璃器皿是否洗涤干净？
2. 在烘箱中干燥玻璃器皿时需要注意哪些问题？

实验二　有机化合物物理常数的测定

一、实验目的

1. 掌握毛细管法测定熔、沸点的仪器的组装和操作方法。
2. 熟悉熔、沸点测定的原理和影响因素。
3. 了解熔、沸点测定的意义。

二、实验原理

固体化合物加热到一定温度时即可从固态转变为液态，此时的温度就是该化合物的熔点，严格地讲熔点应为固-液两相在大气压下处于平衡状态时的温度。固体化合物从开始熔化（始熔）至完全熔化（全熔）的温度范围称为熔点距，又称熔点范围或熔程。纯固体有机化合物一般有固定的熔点且熔点距很小（0.5℃～1℃），如果混有杂质时其熔点下降且熔点距增大，故测定熔点可用来鉴定固体有机化合物或判断其纯度。

液体受热时其蒸气压随温度升高而增大，当液体的蒸气压增大到与外界施于液面的总压力（通常是大气压力）相等时，液体就开始沸腾，此时的温度即为该液体的沸点。纯液体有机化合物在一定压力下具有固定的沸点且沸程很短（1℃左右），但是具有固定沸点的液体不一定都是纯的有机化合物，因为某些有机化合物常常和其他组分形成二元或三元共沸混合物，它们也有一定的沸点。不纯液体有机化合物的沸点取决于杂质的物理性质，若杂质是不挥发的则不纯液体的沸点比纯液体的高；若杂质是挥发性的则沸点会逐渐上升（恒沸混合物例外）；故测定沸点可用来鉴定液体有机化合物或判断其纯度。

三、实验仪器与试剂

仪器：毛细管、带软木塞的温度计（200℃）、酒精灯、布氏漏斗、烧杯（100mL、50mL）、长玻璃管、熔点测定管、玻璃管（内径4～5mm、长7～8cm一端封闭的玻璃管）、毛细管（内径约1mm、长5～6cm上端封闭的毛细管）、铁架台。

试剂：分析纯尿素、分析纯肉桂酸、液体石蜡、乙酸乙酯、苯。

四、实验内容

（一）熔点的测定

1. 熔封毛细管　将内径约1mm、长约10cm的毛细管一端呈45°，在酒精灯的外焰边缘，边捻动边加热灼烧至熔化，使毛细管的一端封闭严密，且封闭的端口尽可能薄而均匀，以免影响传热性能。

2. 填装样品 取 0.1 ~ 0.2g 研成粉末状的干燥待测样品置于干净的表面皿上，将毛细管开口一端插入粉末堆中，样品便被挤入毛细管内，再把毛细管开口一端向上，将装有样品的毛细管反复通过一根长约 40cm 直立于玻璃板上的玻璃管自由落下，直至样品高度在 2 ~ 3mm 为止。操作要迅速，以免样品受潮。样品一定要研得很细，装样要结实，如有空隙，不易传热，则影响测定结果。

样品：分析纯尿素，分析纯肉桂酸，肉桂酸和尿素三种比例（1∶9、1∶1、9∶1）的混合物。

3. 组装熔点测定装置 熔点测定装置如实验图 2-1（a）所示。往熔点测定管（Thiele 管，又称 b 形管）中加入传热液液体石蜡至高出上侧管约 1cm，熔点测定管口配一缺口单孔软木塞，温度计插入孔中，刻度朝向软木塞缺口，并使温度计水银球位于熔点测定管上下两侧管的中部。将装有样品的毛细管用橡皮圈紧固在温度计旁，样品部分位于温度计水银球的中部如实验图 2-1（b）所示。用铁夹夹紧熔点测定管颈的上部并固定在铁架上，高度以酒精灯外焰加热为准。

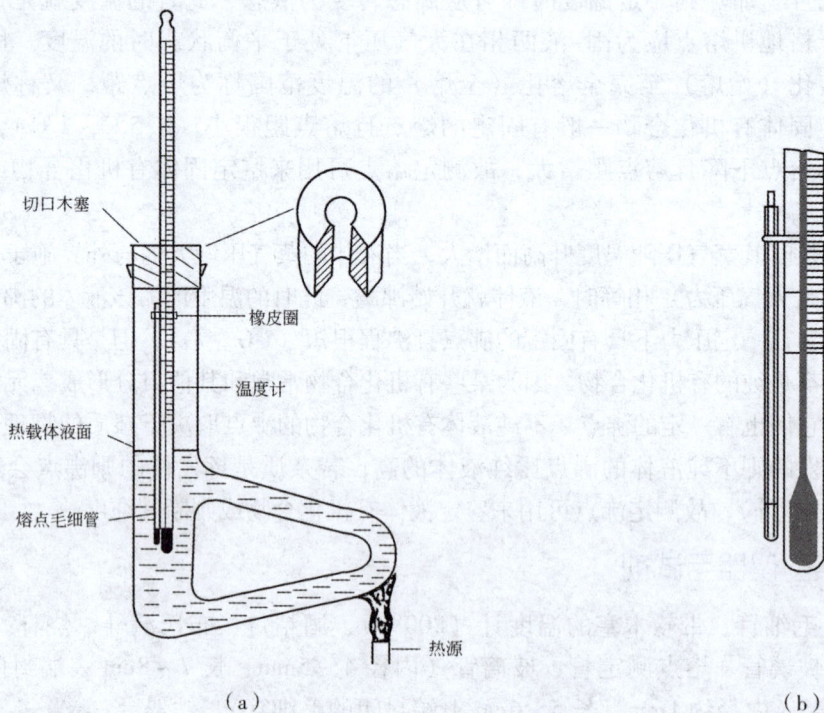

切口木塞
橡皮圈
温度计
热载体液面
熔点毛细管
热源
（a）
（b）

实验图 2-1　熔点测定装置

4. 测定熔点 按上述装置组装好仪器后，用酒精灯在熔点测定管侧管末端处加热，开始时升温较快，每分钟上升 3℃ ~ 4℃，距熔点 10℃ ~ 15℃时，减弱加热火焰使温度每分钟上升 1℃ ~ 2℃，接近熔点时每分钟上升 0.3℃ ~ 0.5℃，此时应特别注意温度的上升和毛细管中样品的情况。当毛细管中样品开始塌落和有湿润现象时，表示样品已开始熔化，为始熔，记下始熔温度；继续微热至固体样品消失成为透明液体时，为全熔，记下全熔温度；始熔至全熔的温度范围即为熔点距。

熔点测定至少要进行两次平行操作，每一次测定必须用新的毛细管新装样品，作第二次测定时，传热液的温度至少冷却至熔点以下30℃。测定未知物的熔点时，先以较快的速度升温，测出未知物的粗略熔点作为参考，再进行两次平行操作精确测定未知物的熔点。

实验完毕，温度计自然冷却至接近室温时才能用水冲洗，否则容易发生水银柱断裂。如果传热液温度很高（200℃），温度计取出后其水银柱急速下降容易发生断裂，所以应待传热液温度下降至100℃以下时才能取出温度计。

5. 实验注意事项

（1）一般选用熔点明确、在熔点不发生分解的化合物作测定熔点样品，样品在测定前经研细、干燥，放置于干燥器内备用。对于未知样品或经合成实验所得的样品，应经精制、干燥等处理后再进行测定。

（2）毛细管中装的样品过多会使熔点距增大，装的样品过少不易观察。

（3）传热液的选择：熔点在80℃以下的用水，在200℃以下的用液体石蜡、纯浓硫酸和磷酸，在200℃~300℃之间的用 H_2SO_4 和 K_2SO_4（7∶3）的混合液。

用浓硫酸作传热液时应特别小心，不仅要防止灼伤皮肤，还要注意勿使样品或其他有机物触及硫酸。所以填装样品时，沾在毛细管外的样品须拭去，否则硫酸的颜色会变成棕黑色，妨碍观察。如已变黑，可酌加少许硝酸钠（或硝酸钾）晶体，加热后便可退色。

（4）橡皮圈不要浸入到传热液中，否则橡皮圈泡涨后造成装有样品的毛细管从温度计上脱落。

（5）加热速度太快，往往使测定的熔点偏高，有时会相差2℃，所以要严格控制升温速度。

（6）已测定过熔点的毛细管冷却、样品固化后不能进行第二次测定，因为有些物质受热后会发生部分分解，有些会转变成具有不同熔点的其他晶形。

（二）沸点的测定

1. 组装沸点测定装置　沸点测定装置如实验图 2-2（a）所示。取一根内径 4~5mm、长 7~8cm 一端封闭的玻管作为沸点管的外管，往其中滴加样品（乙酸乙酯、苯）4~5 滴，在此管中插入一根内径约 1mm、长 5~6cm 上端封闭的毛细管，开口端浸入样品中。用橡皮圈将沸点管紧固在温度计旁，使外管底部位于水银球中部，如实验图 2-2（b）所示，然后将此温度计固定或悬挂在铁架上，并使温度计浸入小烧杯中的水浴。小烧杯中配有环形搅拌棒，如实验图 2-2（c）所示，便于上下搅拌。

2. 沸点的测定　按上述装置组装好仪器后加热，并用环形搅拌棒上下搅动水浴，使缓慢均匀升温。由于受热后气体膨胀，毛细管内断断续续有小气泡冒出，随着温度的升高，气泡冒出的速度加快，当温度稍超过样品的沸点时将出现一连串的小气泡。此时停止加热，继续搅拌，使水浴温度自行下降，气泡逸出的速度渐渐减慢。仔细观察，最后一个气泡出现而刚欲缩回毛细管的瞬间，则表示毛细管内液体的蒸气压和大气压平衡时的温度，亦就是此样品的沸点。

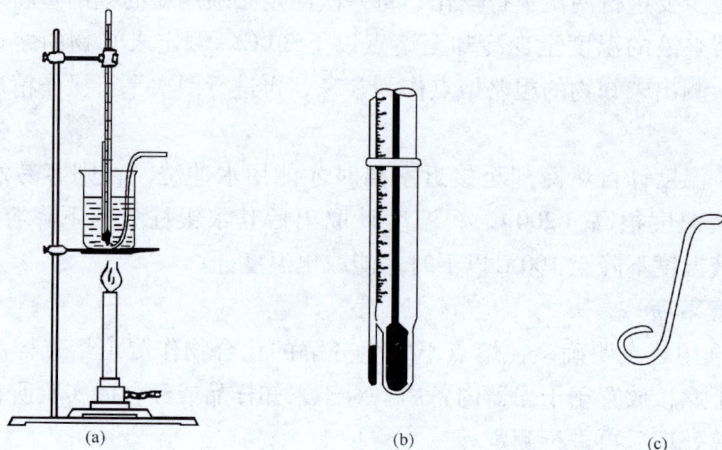

实验图 2-2　沸点测定装置

待水浴温度下降后另取一根毛细管插入样品中，重复上面操作测定沸点，两次误差应小于1℃。记录读数，取平均值。

3. 实验注意事项

（1）被测液体不宜太少，以防液体全部气化。

（2）毛细管内的空气要尽量赶干净，测定时让毛细管有大量气泡冒出，以此带出空气。

（3）待气泡全部消失后重新加热，第一个气泡冒出现时的温度也是该样品的沸点。

五、思考题

1. 什么是固体物质的熔点？如何判断固体物质是否是纯品？

2. 测得两种样品的熔点相同，如何判断它们是同一物质或是不同物质？

3. 毛细管法测定熔点时，若遇下列情况将会产生什么结果？

（1）毛细管的管壁太厚。

（2）样品未完全干燥或含杂质。

（3）样品研得不细或装得不紧密。

（4）升温太快。

4. 是否可以使用第一次测定熔点时已经熔化了的有机物使其固化后再作第二次测定？为什么？

5. 什么是液体物质的沸点？液体物质的沸点与蒸气压有什么关系？

6. 如果某液体具有恒定沸点，能否认为它是纯的物质？为什么？

7. 毛细管法测定沸点时，为什么将最后一个气泡出现而刚欲缩回毛细管的温度作为该液体物质的沸点？

实验三　萃取和洗涤

一、实验目的

1. 掌握分液漏斗的使用方法。
2. 熟悉萃取的基本原理。
3. 学会用分液漏斗进行萃取、洗涤和分离的操作。

二、实验原理

萃取和洗涤是利用物质在不同溶剂中的溶解度不同来进行分离的操作。两者原理相同，目的有所不同。通常将从混合物中分离提取所需物质的操作叫做萃取，将从混合物中除去杂质的操作叫做洗涤。

有机化合物在两液相间进行分配，在一定温度下，溶质在有机相和在水相中的浓度之比为一常数，即分配系数 $K = C_A/C_B$，可近似地看作此物质在 A、B 两溶剂中的溶解度之比。利用分配系数的定义式可计算每次萃取后溶液中的溶质的剩余量。

$$W_n = W_0 \left[KV/\left(KV+S\right)\right]^n$$

式中，V 为被萃取溶液的体积（mL）；W_0 为被萃取溶液中溶质的含量（g）；S 为萃取时所用溶剂即萃取剂的体积（mL）；W_n 为萃取 n 次后原溶液中剩余溶质的量（g）。

由于 $KV/\left(KV+S\right)$ 总小于 1，因此，n 越大，W_n 就越小，萃取效果越好。但实际操作中，一般萃取 3～5 次即可。

溶液中物质的萃取通常使用分液漏斗进行操作，固体中物质的萃取通常用索氏提取器提取。见实验图 3–1、3–2。

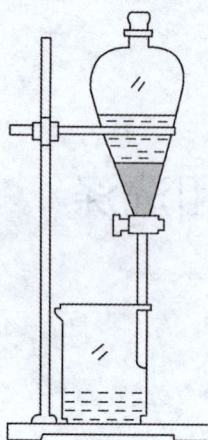

实验图 3-1 分液漏斗装置

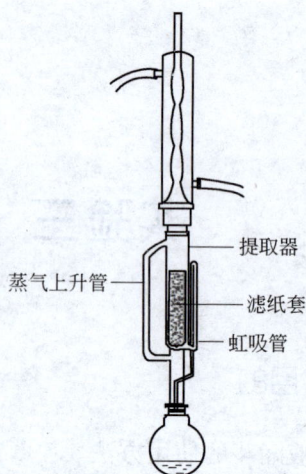

实验图 3-2 索氏提取器

提取器

蒸气上升管

滤纸套

虹吸管

三、实验仪器与试剂

仪器：125mL 梨形或球形分液漏斗、100mL 烧杯、100mL 锥形瓶、50mL 量筒。

试剂：0.2mol/L 苯酚溶液、乙酸乙酯、1% 三氯化铁溶液、凡士林。

四、实验内容

（一）分液漏斗的使用

1. 检漏　分液漏斗使用前必须检漏，即检查分液漏斗的盖子和旋塞是否严密，以防分液漏斗在使用过程中发生漏液而造成损失（检查的方法通常是先用水试验）。若分液漏斗漏液或玻璃旋塞不灵活，应拆下旋塞，擦干旋塞和内壁，涂抹凡士林。方法是用玻棒沾少量凡士林，在旋塞粗的一端轻轻抹一下，不要抹到旋塞的小孔里；在旋塞另一端，凡士林抹在旋塞槽内壁上；然后将旋塞插入槽内，向同一方向转动旋塞，直至旋转自如、关闭不漏液为止，此时旋塞部位呈现透明。再用小橡皮圈套住旋塞尾部的小槽，防止旋塞滑脱。

2. 装液　将待萃取液与萃取剂依次从分液漏斗上端倒入，盖上顶塞。

3. 振荡、放气　把分液漏斗倾斜，使漏斗的上口略朝下，如实验图 3-3 所示，右手抓紧漏斗上口颈部及顶塞，左手握住旋塞；振荡后，漏斗仍保持倾斜状态，缓慢地旋开旋塞，放出蒸气或产生的气体，使内外压力平衡；注意漏斗下端不要对着自己和他人。反复振荡、放气 3~4 次。

(a) 振摇　　　　　　　　　　　(b) 放气

实验图 3-3　分液漏斗的振荡

4. 静置、分液　将分液漏斗放在铁环上静置，待分液漏斗中的液体分成清晰的两层后，进行分液，下层液从下端口缓慢放出，上层液从上端口倒出。使用后用水清洗干净，顶塞和活塞用薄纸片包裹后塞进去。

（二）苯酚的萃取

向准备好的分液漏斗中依次加入 20mL 0.2mol/L 苯酚溶液和 10mL 乙酸乙酯进行萃取操作，水相再用乙酸乙酯萃取 2~3 次，每次用乙酸乙酯 10mL，合并有机相。取未经萃取的苯酚水溶液和经萃取后的水溶液各 2 滴于点滴板凹穴中，各加入 1% 三氯化铁溶液 2 滴，比较颜色的深浅，判断萃取的效果。

五、思考题

1. 如何提高萃取效率？萃取剂的选择有哪些要求？
2. 如何判断哪一层是有机相？哪一层是水相？
3. 分液漏斗的使用应注意哪些问题？

实验四 含氧衍生物的性质

一、实验目的

1. 通过观察醇、酚、醛和酮的化学反应，掌握分子结构与其化学性质的关系。
2. 掌握醇、酚、醛和酮的鉴别方法。

二、实验原理

(一) 醇

醇羟基上的氢易被金属钠取代，放出氢气生成醇钠，醇钠遇水则分解成醇和氢氧化钠。醇与羧酸生成羧酸酯。醇与氢卤酸反应生成卤代烷，其反应速度与氢卤酸的性质和醇的结构有关。通常用卢卡斯试剂来鉴别 6 个碳以下的伯、仲、叔醇。

(二) 酚

酚类具有弱酸性，能溶于 NaOH 溶液中，形成酚盐。酚类或含有酚羟基的化合物，可与三氯化铁溶液发生各种特有的颜色反应，可用于酚类的鉴别。

(三) 醛和酮

醛和酮都含有羰基，因此具有许多相似的化学性质。例如，都能与 2,4-二硝基苯肼反应生成晶体，但由于在醛的羰基上连有一个氢原子，故醛的化学性质较酮活泼。醛能与托伦试剂、斐林试剂反应，能与品红-亚硫酸试剂发生颜色反应，而酮不发生这些反应。

三、实验仪器与试剂

仪器：试管、烧杯、酒精灯、试管夹、石棉网、铁架台。

试剂：无水乙醇、正丁醇、仲丁醇、叔丁醇、酚酞指示剂、金属钠、卢卡斯试剂、醋酸、异戊醇、浓硫酸、2% 苯酚溶液、0.2% 邻苯二酚溶液、1% 间苯二酚溶液、0.5% 1,2,3-苯三酚溶液、1% $FeCl_3$ 溶液、饱和溴水、2,4-二硝基苯肼溶液、乙醛、丙酮、$AgNO_3$ 溶液、氨水、品红-亚硫酸试剂。

四、实验内容

(一) 醇的化学性质

1. 醇钠的生成和水解 取 2 支干燥的试管编好号码，分别加入 1mL 无水乙醇和

1mL 正丁醇，再加入一粒黄豆大小的用滤纸擦干的金属钠，观察反应速度有何差异。等到气体放出平稳后，使试管口靠近火焰，观察现象。

待金属钠完全反应后，将 1 号试管内的液体在水浴中加热蒸干，取蒸干后剩下的固体，滴 2~3 滴水使其溶解，然后滴 1 滴酚酞指示剂观察现象。

2. 伯醇、仲醇、叔醇的鉴别 取 3 支干燥的试管，编号后分别加入 5 滴正丁醇、仲丁醇和叔丁醇，然后各加入 15 滴卢卡斯试剂，塞好管口，振荡后静置，观察反应液是否变浑浊，记录反应液变浑浊所需的时间。

3. 酯化反应 在干燥的试管内盛 2mL 醋酸、2mL 异戊醇及 0.5mL 浓硫酸，然后将试管放在水浴中加热 10 分钟。加热完毕，将试管内的生成物倒入盛有冷水的小烧杯中，观察有何现象，能否闻到愉快的香味？

（二）酚的化学性质

1. 酚的酸性 滴入 3 滴液体苯酚于试管中，加入 1mL 水充分振荡，然后小心滴入 5% NaOH 溶液至苯酚完全溶解。在此溶液中再加入 3mol/L H_2SO_4 溶液呈现酸性，观察有何变化。

2. 与 $FeCl_3$ 溶液作用 取 3 支试管，编号后分别加入 2% 苯酚溶液、0.2% 邻苯二酚溶液、1% 间苯二酚溶液、0.5% 1,2,3-苯三酚溶液各 5 滴，每支试管各加入 1% $FeCl_3$ 溶液 1 滴，摇匀，观察颜色。

3. 溴代反应 取 1 支试管，加入 2% 苯酚溶液 5 滴，然后缓缓加入饱和溴水 10 滴，并不断振荡，观察现象。

（三）醛、酮的化学性质

1. 与 2,4-二硝基苯肼的反应 取 2 支试管，各加入 1mL 2,4-二硝基苯肼溶液，然后分别加入 3~4 滴乙醛和丙酮，用力振荡。如无沉淀生成，可静置 5~10 分钟，观察有无沉淀生成。必要时，可用玻璃棒摩擦管壁，促进晶体析出。

2. 醛与托伦试剂的反应 取 1mL $AgNO_3$ 溶液于干净的试管中，加入 1 滴 10% NaOH 溶液，在振荡下一滴一滴加入氨水至生成的沉淀恰好溶解，所得澄清溶液即为托伦试剂。

将制得的托伦试剂分置于 2 支干净的试管中，分别加入乙醛和丙酮 3 滴，摇匀后放置 1 分钟，如无变化，可在 50℃ ~60℃ 的水浴中加热 2 分钟，观察现象，并比较结果。

3. 与品红-亚硫酸试剂的反应 取 2 支试管，各加入 10 滴品红-亚硫酸试剂，在第一管中加入 2~3 滴乙醛，在第二管中加入 2~3 滴丙酮，观察 2 支试管中的现象。

五、思考题

1. 从实验结果中归纳醇和酚在结构和化学性质上有何异同？
2. 鉴别醛、酮有哪些简便的方法？

实验五　葡萄糖溶液旋光度的测定

一、实验目的

1. 掌握用旋光仪测定物质旋光度的方法。
2. 熟悉比旋光度的计算。
3. 了解旋光仪的构造。

二、实验原理

物质的旋光度与溶液的浓度、溶剂、温度、旋光测定管长度和所用光源的波长等都有关系，所以常用比旋光度$[\alpha]_D^t$来表示各物质的旋光性。

$$[\alpha]_D^t = \frac{\alpha}{c \cdot l}$$

式中，t为测定时溶液的温度；D为光源的光波波长（光源为钠光）；α为旋光度；c为溶液的浓度（指 1mL 溶液中所含物质的克数）；l为旋光管的长度（dm）。

比旋光度是旋光性物质的一个重要物理常数，通过对旋光度的测定可以检测光学活性物质的含量和纯度。

测定旋光度的仪器称为旋光仪，如实验图 5-1 所示。

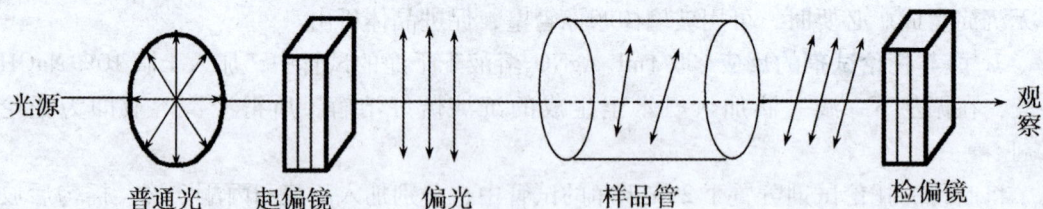

光源　　普通光　　起偏镜　　偏光　　样品管　　检偏镜　　观察

实验图 5-1

三、实验仪器与试剂

仪器：WZZ-2 型自动指示旋光仪、分析天平、烧杯（100mL）、容量瓶（100mL）、温度计（100℃）。

试剂：葡萄糖晶体。

四、实验内容

（一）葡萄糖溶液的配制

用分析天平准确称量 10g 葡萄糖晶体于小烧杯中，加入适量蒸馏水，搅拌使之溶解，定量转移到 100mL 容量瓶中，稀释至刻度标线，摇匀放置 10 分钟备用。

（二）启动旋光仪

将旋光仪电源插头插入 220 伏交流电源，并将接地脚可靠接地。打开电源开关，这时钠光灯应启亮，需经 10 分钟钠光灯预热，直至发光稳定。然后打开测量开关，机器处于待测状态。

（三）空白试验

将装有蒸馏水的旋光管放入样品室，盖上箱盖，待示数稳定后，按清零按钮。旋光管中若有气泡，应先让气泡浮在凸颈处；通光面两端的雾状水滴，应用擦镜纸揩干。旋光管螺帽不宜旋得过紧，以免产生应力，影响读数。旋光管安放时应注意标记的位置和方向。

（四）旋光度的测定

用步骤（一）中所配溶液少许润洗旋光管 2 次，以避免葡萄糖溶液被蒸馏水稀释而改变浓度。然后按步骤（三）的操作将溶液装入旋光管内，按下复测按钮，读取其稳定的读数。重复操作 5 次，取 5 次稳定读数的平均值，即为葡萄糖的旋光度。记录旋光管的长度和溶液的温度，计算葡萄糖的比旋光度。

五、思考题

1. 葡萄糖为什么具有变旋光现象？
2. 测定旋光性物质的旋光度有何意义？

实验六　乙酰水杨酸（阿司匹林）的制备

一、实验目的

1. 掌握乙酰水杨酸的制备原理和主要性质。
2. 巩固重结晶、抽滤等有机合成中常用的基本操作。
3. 了解乙酰水杨酸中杂质的定性检测方法。

二、实验原理

乙酰水杨酸为白色针状或片状晶体，熔点为 135℃ ~ 136℃，微溶于水，易溶于乙醇。乙酰水杨酸可以通过水杨酸的酰化反应得到，常用乙酸酐作为酰化试剂。反应如下：

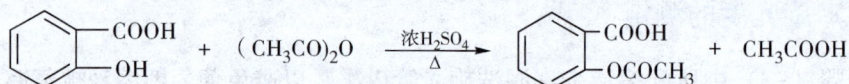

由于水杨酸分子中的羧基与酚羟基易形成分子内氢键，干扰水杨酸的酰化，所以常加入浓硫酸破坏氢键，保证水杨酸的酰化反应顺利进行。

反应中水杨酸可能会发生自身缩合反应，形成难溶于碱的缩合物：

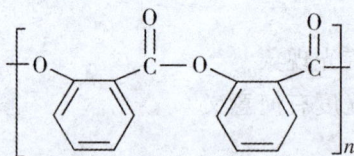

乙酰水杨酸能与碳酸氢钠反应生成水溶性钠盐，而副产物缩合物不溶于碳酸氢钠，这种性质上的差别可用于乙酰水杨酸的纯化。将合成后分离出的粗产品溶于碳酸氢钠溶液，除去不溶性的杂质，再加酸让纯化后的乙酰水杨酸析出：

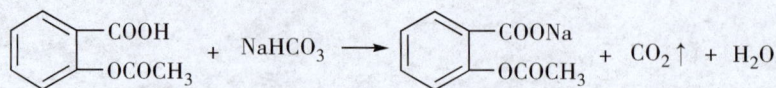

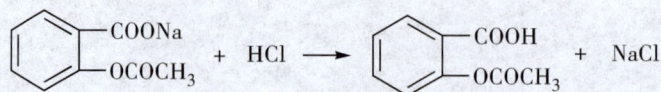

经过纯化后的乙酰水杨酸利用酚与三氯化铁的显色反应进行纯度检测，判断是否有水杨酸残留。

三、实验仪器与试剂

仪器：锥形瓶（125mL）、温度计（200℃）、量筒（50mL、10mL）、布氏漏斗、烧杯（100mL）、玻璃漏斗、表面皿。

试剂：水杨酸、乙酸酐、饱和碳酸氢钠溶液、0.06mol/L 三氯化铁溶液、浓硫酸、95% 乙醇、6mol/L 盐酸。

四、实验内容

1. 合成　称取水杨酸 3.0g 放置于干燥的 125mL 锥形瓶中，加入乙酸酐 10mL，塞紧胶塞，振摇锥形瓶使水杨酸全部溶解。打开胶塞，再加 6 滴浓硫酸。混合均匀后，水浴加热 10～15 分钟，控制水浴温度在 70℃～80℃，并不停地振摇。

酰化反应完成后，反应液冷却至室温，即有乙酰水杨酸结晶析出。加入 15～20mL 纯化水，将混合物继续在冰水浴中冷却使结晶完全，抽滤，用少量冰水洗涤结晶 2 次，得乙酰水杨酸粗产品。

2. 提纯　将乙酰水杨酸粗产品转移至 100mL 烧杯中，在不断搅拌下加入 35mL 饱和碳酸氢钠溶液，直至无 CO_2 气泡产生。抽滤，副产物聚合物应被滤出，用 5～10mL 水洗涤滤渣，合并洗涤液与滤液。滤液移至 100mL 烧杯中，边搅拌边加入 6mol/L 盐酸，使晶体析出。将烧杯置于冰水中冷却令结晶完全析出，抽滤，冷水洗涤 2～3 次，抽干。将结晶置于表面皿上，干燥，称重并计算产率。

$$产率 = 实际产量/理论产量 \times 100\%$$

3. 纯度检测　取少量纯化后的乙酰水杨酸晶体于试管中，加入 95% 乙醇 2mL 溶解后，滴入 0.1mol/L $FeCl_3$ 溶液 1～2 滴，观察有无颜色反应（紫色）。

五、思考题

1. 为什么在合成乙酰水杨酸时要使用干燥的锥形瓶，且加入乙酸酐后要塞紧胶塞进行振摇？

2. 制备阿司匹林时，加入浓硫酸的目的是什么？

3. 反应的副产物是什么？怎样把它们除去？

实验七　茶叶中咖啡因的提取及鉴定

一、实验目的

1. 学习从植物中提取生物碱的一般原理和方法。
2. 掌握从茶叶中提取咖啡因的方法，熟悉索氏提取器的原理和操作方法。
3. 巩固回流、蒸馏、升华等基本操作。
4. 了解咖啡因的鉴别方法。

二、实验原理

咖啡因又称咖啡碱，它具有刺激大脑神经和利尿作用，常作为中枢神经兴奋药，也是复方阿司匹林（APC）等药物的组分。

茶叶中含有多种生物碱，其中以咖啡因为主，占 $1\% \sim 5\%$。茶叶中还含有单宁酸、茶多酚、色素、纤维素和蛋白质等。

咖啡因化学名称为 1,3,7-三甲基-2,6-二氧嘌呤，属于嘌呤衍生物；为白色针状结晶，无臭，味苦，弱碱性化合物，能溶于氯仿、水、乙醇。无水咖啡因的熔点为 235℃，在 100℃ 时即失去结晶水，并开始升华，随温度升高升华加快，120℃ 时升华显著，178℃ 时迅速升华而不分解。利用升华法可以将咖啡因从提取物中与其他生物碱和杂质相分离。

本实验方法一是采用索氏提取器提取，通过回流，用乙醇提取出茶叶中的咖啡碱，然后蒸馏去大部分乙醇，最后利用升华得到咖啡碱晶体。索氏提取器由提取瓶、提取管、冷凝器三部分组成，提取管两侧分别有虹吸管和连接管，各部分连接处要严密不能漏气。提取时，将待测样品包在脱脂滤纸包内，放入提取管内；提取瓶内加入 95% 酒精，加热提取瓶，酒精气化，由连接管上升进入冷凝器，冷凝成液体滴入提取管内，浸提样品中的有机物质。待提取管内酒精面达到一定高度，溶有咖啡碱的酒精经虹吸管流入提取瓶。流入提取瓶内的酒精继续被加热气化、上升、冷凝，滴入提取管内，如此循环往复，直到抽提完全为止。

三、实验仪器与试剂

方法一：

仪器：索氏提取器、研钵、蒸馏装置、圆底烧瓶、蒸发皿、玻璃漏斗、滤纸、玻璃棒等。

试剂：茶叶、95％乙醇、生石灰。

方法二：

仪器：烧杯（250mL）、蒸发皿、木夹、玻匙、玻璃漏斗、瓷匙、滤纸、棉花。

试剂：茶叶、生石灰。

鉴别试剂：浓盐酸、氯酸钾、浓氨水。

四、实验内容

（一）实验步骤

1. 咖啡因的提取

方法一：称取15g预先研碎的茶叶末，将茶叶末装入滤纸套筒中，再将滤纸套筒小心地插入索氏提取器中。在圆底烧瓶中加入90mL 95％乙醇和几粒沸石，安装好装置，用电热套加热，连续提取约0.45小时后，提取液颜色已经较淡，待溶液刚刚虹吸流回烧瓶时，即停止加热。安装好蒸馏装置，重新加入几粒沸石，进行蒸馏，蒸出大部分乙醇（要回收）。残液（5~10mL）趁热倒入蒸发皿中，加入4g研细的生石灰粉，在玻璃棒不断搅拌下将溶剂蒸干。

取一支合适的玻璃漏斗，罩在隔以刺有许多小孔的滤纸的蒸发皿上，小心地加热升华，若漏斗上有水汽则用滤纸迅速擦干。当滤纸上出现白色针状物时，要控制温度，缓慢升华。当大量白色结晶出现时，暂停加热，稍冷后仔细收集滤纸正反两面的咖啡因晶体。残渣搅拌后可再次升华，合并两次收集的咖啡因。

方法二：在250mL烧杯中放入10g茶叶和60mL热水，煮沸15分钟（保持水的体积），滤去茶渣。

茶液于蒸发皿中浓缩至约20mL，加入4g粉状石灰，拌匀，置于石棉网上加热至干，小心焙炒片刻，除尽水分。冷却后擦去沾在蒸发皿边沿的粉末，以免升华时污染产品。

将蒸发皿内的粗咖啡因盖上一张刺有一些小孔的圆滤纸，在上面罩上干燥的玻璃漏斗（漏斗颈部塞少许棉花以减少咖啡因蒸气逸出）。在石棉网下小心加热使咖啡因升华。当滤纸上出现白色结晶时，控制温度，以提高结晶纯度，至漏斗内出现棕色烟雾时，停止加热，冷却，用玻匙收集滤纸上及漏斗内壁的咖啡因供鉴别。

2. 鉴别紫脲酸胺反应　在小瓷匙内放入咖啡因结晶少许，加入2~3滴浓盐酸使之溶解，再加入约50mg（绿豆大小）氯酸钾，在酒精灯上加热使液体蒸发至干，放冷，加入1滴浓氨水，有紫色出现说明有嘌呤环的生物碱存在。

（二）实验注意事项

1. 索氏提取器的虹吸管易断裂，拿取时要小心。

2. 提取时间主要依据萃取溶剂的颜色判断，当颜色较淡时，即大部分物质已被萃取到溶剂中，此时可停止萃取。

3. 滤纸套的大小要适宜，其高度不得超过虹吸管，滤纸包茶叶时要严实，以防止茶叶漏出堵塞虹吸管，滤纸套的上面应折成凹形，以保证回流液均匀浸润被提取物。

4. 升华操作是实验成败的关键，在升华过程中始终都须严格控制温度（最好维持在 120℃ ~178℃），温度太高会使被烘物冒烟炭化，导致产品不纯或损失。若升华开始时在漏斗内出现水珠，则用滤纸迅速擦干漏斗内的水珠并继续升华。

五、思考题

1. 为什么可以用升华法提纯咖啡因？
2. 要得到较纯的提取物，在实验过程中应注意些什么？
3. 生石灰的作用是什么？

实验八 含氮化合物和糖类化合物的性质

一、实验目的

1. 熟悉胺类化合物的性质。
2. 掌握胺类化合物的鉴别方法。
3. 验证糖类化合物的主要化学性质。
4. 熟悉糖类化合物的鉴定方法。

二、实验原理

胺可看成氨分子（NH_3）中的氢原子被烃基取代后而形成的化合物。由于胺分子中的氮原子具有一对孤对电子，所以胺具有碱性与亲核性。

胺的碱性：胺的碱性强弱取决于烃基的结构及溶剂的性质，水溶液中胺类碱性的顺序为脂肪胺 > 氨 > 芳香胺。胺的碱性使其能与强酸形成铵盐，但在强碱性条件下铵盐又游离出胺，该性质可用于提纯胺类。

芳胺的特性：芳伯、仲胺不稳定，对氧化剂敏感，空气中即被氧化而呈色。芳环上的亲电取代反应活性比苯大，卤代反应一般生成三取代物，如苯胺很容易与溴水作用，生成白色的2,4,6-三溴苯胺沉淀，该反应可定量完成，常用于苯胺的定性、定量分析。

糖类是多羟基醛（酮）及其聚合物、衍生物。

还原性：根据糖类化合物与氧化剂反应的不同，糖可分为还原性糖与非还原性糖。能被托伦试剂或斐林试剂氧化的糖称为还原性糖，不能反应的糖称为非还原性糖。与托伦试剂、斐林试剂反应简单且灵敏，常用于还原性糖的鉴定。

糖脎反应：还原性糖可与过量苯肼反应，生成黄色晶型的糖脎。可根据糖脎形成速率、晶型和熔点鉴别不同的糖。

淀粉遇碘的反应：淀粉是一种常见的多糖，无还原性，但遇碘显蓝紫色，故常用碘对淀粉进行定性分析及检验。

三、实验仪器与试剂

仪器：试管、玻璃棒、水浴锅、棉花、显微镜。

试剂：苯胺、pH 试纸、浓盐酸、蒸馏水、溴水、2% 葡萄糖、2% 果糖、2% 蔗糖、2% 麦芽糖、1% 淀粉溶液、托伦试剂、斐林试剂 A、斐林试剂 B、10% 氢氧化钠溶液、

5%硝酸银溶液、2%氨水、0.1%碘溶液、苯肼试剂。

四、实验内容

（一）胺的性质实验

1. 胺的碱性　取 1 支洁净的试管，加入 1 滴苯胺，再加入 0.5mL 水，振荡，得苯胺水溶液（苯胺未完全溶解而成乳状）。用玻璃棒沾苯胺水溶液用湿润的 pH 试纸试之，观察并记录现象。

在上述苯胺水溶液中，滴入 1~2 滴浓盐酸，摇动试管，观察试管中液体的变化。

2. 芳胺的特性　在试管中加入 1mL 苯胺水溶液，然后滴加 3 滴溴水，摇动试管，观察现象。

（二）糖类的性质实验

1. 糖的还原性

（1）**与托伦试剂反应**　取 4 支试管，各加入托伦试剂 1mL，然后分步加入 4 滴 2%的葡萄糖、2%果糖、2%蔗糖、2%麦芽糖溶液，摇匀，将试管同时放入 50℃~60℃水浴中加热，观察有无银镜生成。

（2）**与斐林试剂反应**　取 5 支试管，各加入 1mL 斐林试剂 A 和 1mL 斐林试剂 B，混匀，然后分别加入 4 滴 2%葡萄糖、2%果糖、2%蔗糖、2%麦芽糖、1%淀粉溶液，摇匀，将试管同时放入沸水浴中加热 2~3 分钟，然后取出冷却，观察并比较现象。

2. 糖脎反应　取 3 支试管，各加入 2%葡萄糖、2%蔗糖、2%麦芽糖 2mL，再分别加入 1mL 新配置的苯肼试剂，摇匀，取少量棉花塞住试管口，同时放入沸水浴中加热煮沸，随时将出现沉淀的试管取出，并记录时间。加热 20~30 分钟以后，将所有试管取出，让其自行冷却，比较各试管产生糖脎的顺序。取出少量沉淀晶体，用显微镜观察各种糖脎的晶型。

3. 淀粉遇碘的反应　在试管中加入 10 滴 1%淀粉溶液，再加入 1 滴 0.1%碘溶液，观察现象。将试管放入沸水浴中加热 5~10 分钟，观察有何变化？取出冷却后，结果又如何？解释以上现象。

五、思考题

1. 如何鉴别苯胺和苯酚？
2. 还原性糖与非还原性糖在结构和性质上有何不同？
3. 如何区别葡萄糖、果糖、蔗糖和淀粉？
4. 哪些糖能够形成相同的糖脎？为什么？

实验九 氨基酸的纸色谱

一、实验目的

1. 熟悉纸色谱的操作方法。
2. 了解纸色谱的基本原理。

二、实验原理

纸色谱是以滤纸作为支持物的分配层析法，它利用不同物质在同一推动剂中具有不同的分配系数，经层析而达到分离的目的。在一定条件下，一种物质在某溶剂系统中的分配系数是一个常数，若以 K 表示分配系数，则计算公式如下：

$$K = \frac{溶质在固定相总的浓度}{溶质在流动相中的浓度}$$

展开剂是由有机溶剂和水组成的。滤纸纤维素与水有较强的亲和力，能吸附很多水分，一般达滤纸重的 22% 左右，形成固定相；而展开剂中的有机溶剂与滤纸的亲和力很弱，可在滤纸的毛细管中自由流动，形成流动相。纸色谱常用于亲水性较强的成分的分离鉴定。

层析时，将点有样品的滤纸一端浸入展开剂中，展开剂连续不断地通过点有样品的原点处，使其上的溶质依据本身的分配系数在两相间进行分配。随着展开剂不断向前移动，溶质被携带到新的无溶质区并继续在两相间发生可逆的重新分配，同时溶质离开原点不断向前移动，溶质中各组分的分配系数不同，前进中出现了移动速率差异，通过一定时间的层析，不同组分便实现了分离。物质的移动速率以比移值（R_f）表示，计算公试如下：

$$R_f = \frac{色斑中心点至起始线的距离}{前沿线至起始线间的距离}$$

各种化合物在恒定条件下，层析后都有其一定的 R_f 值，借此可以达到定性、鉴别的目的。溶质的结构与极性、溶剂系统的物质组成与比例、pH 值、滤纸的质地以及层析的温度、时间等都会影响 R_f 值。

三、实验仪器与试剂

仪器：色谱缸、干燥箱、水浴锅、吹风机、喷雾器、滤纸、毛细管、培养皿、镊子。

试剂：6mol/LHCl、标准氨基酸（称取亮氨酸、天冬氨酸、丙氨酸、缬氨酸、组氨酸各1mg，分别溶于1mL 0.01mol/L 的 HCl 溶液中，保存于冰箱）、展开剂（正丁醇:88%甲酸: 水 =15:3:2）、0.5%的茚三酮丙酮溶液、10% 异丙醇溶液。

四、实验内容

（一）实验步骤

取 1 张 10cm×10cm 的层析滤纸放在普通滤纸上，用直尺和铅笔在距滤纸底边 2cm 处划一条平行于底边的很轻的直线作为基线。沿直线以一定的间隔做标记以指示标准氨基酸和蛋白质水解液的加样位置。用毛细管吸少量氨基酸样品点于标记的位置上。点样时，毛细管口应与滤纸轻轻接触，样点直径一般控制在 0.3cm 之内。用吹风机稍加吹干后再点下一次，重复 3 次，每次的样品点应完全重合。加样完毕后，将滤纸卷成圆筒状，使基线吻合，两边不搭接，用针和线将纸两边缝合。将点好样品的滤纸移入色谱缸中（色谱缸内预先加入一个注入 40mL 展开剂的直径为 10cm 的培养皿，使液层厚度为 1cm 左右，盖上色谱缸的盖子 20 分钟，以保证色谱缸内有一定蒸汽压），采用上行法进行展开。当溶剂前沿上升到距纸上端 1cm 时，取出滤纸，立即用铅笔记下溶剂前沿的位置，剪断缝线，用吹风机吹干滤纸上的溶剂。之后用茚三酮丙酮溶液均匀地喷洒在滤纸有效面上，切勿喷得过多致使斑点扩散。然后将滤纸放入烘箱，于80℃下加热 5 分钟后取出观察。

（二）实验结果处理

用铅笔轻轻描出显色斑点的形状，并用一直尺度量每一显色斑点中心与原点之间的距离和原点到溶剂前沿的距离，计算各色斑的 R_f 值，与标准氨基酸的 R_f 值对照，确定水解液中含有哪些氨基酸。

（三）实验注意事项

1. 点样时要避免手指或唾液等污染滤纸有效面（即展开时样品可能到达的部分）。
2. 点样斑点不能太大（直径应小于 0.3cm），防止层析后氨基酸斑点过度扩散和重叠，且吹风温度不宜过高，否则斑点变黄。
3. 层析开始时切勿使样品点浸入溶剂中。
4. 作为展开剂的正丁醇要重新蒸馏，甲酸须用分析纯的，且展开剂要临用前配制，以免发生酯化，影响层析结果。

五、思考题

1. 为什么点样时要避免手指或唾液等污染滤纸有效面？
2. 做纸色谱时，色谱缸为什么要求尽量封闭？

实验十　蛋黄中卵磷脂的提取与鉴定

一、实验目的

1. 熟悉卵磷脂的提取原理和方法。
2. 了解卵磷脂组成成分的鉴定方法。

二、实验原理

卵磷脂是生物体组织细胞的重要成分，其广泛分布于动物、植物、酵母、霉菌之中，以蛋黄中含量较高。卵磷脂也叫磷脂酰胆碱，是最典型的甘油酯类，由甘油与脂肪酸和磷酰胆碱结合而成。

卵磷脂不溶于水和丙酮，易溶于乙醇、乙醚及氯仿等有机溶剂。利用此性质可将卵磷脂从蛋黄中提取出来：

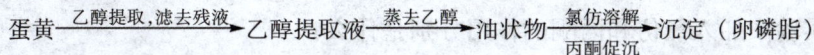

$$蛋黄 \xrightarrow{乙醇提取,滤去残液} 乙醇提取液 \xrightarrow{蒸去乙醇} 油状物 \xrightarrow[\text{丙酮促沉}]{\text{氯仿溶解}} 沉淀（卵磷脂）$$

三、实验仪器与试剂

仪器：研钵、电热套、水浴锅、蒸发皿、布氏漏斗、玻璃漏斗、铁架台、蒸发皿、天平、量筒（10mL）、量筒（50mL）、试管、玻璃棒、烧杯（50mL）、烧杯（100mL）。

试剂：熟鸡蛋黄、95% 乙醇、氯仿、丙酮、氢氧化钠、硝酸、醋酸铅、硫酸铜、硫酸、碘化铋钾、钼酸铵、蒸馏水。

四、实验内容

（一）卵磷脂的提取

1. 取熟蛋黄 1 个，在研钵中研碎。加入 95% 乙醇 10mL，研磨 15 分钟后，静置 15 分钟；然后再加入 10mL 乙醇，研磨 15 分钟后，用布氏漏斗减压抽滤。收集滤液，残渣移入研钵中，再向研钵中加入 10mL 乙醇充分研磨，再次抽滤。合并两次滤液，置蒸发皿中。

2. 在水浴上蒸去乙醇，得黄色油状物。

3. 冷却后，加入 5mL 氯仿，用玻璃棒搅拌至油状物全部溶解。

4. 在搅拌下加入 15mL 丙酮，即有卵磷脂析出。

（二）卵磷脂的水解和组成鉴定

1. 卵磷脂的水解　取 1 支洁净的试管，加入卵磷脂提取物，加入 10mL 20% 的氢氧化钠溶液，放入沸水浴中加热 10 分钟，并用玻璃棒不断搅拌，使之水解完全，冷却。在玻璃漏斗中用少量棉花过滤水解物，滤液妥善保存备用。

2. 组成鉴定

（1）脂肪酸的检查　取 1 支洁净的试管，加入棉花上的滤渣少许，加入 1 滴 20% 的氢氧化钠溶液和 5mL 水，用玻璃棒搅拌使其溶解，在玻璃漏斗中用少量棉花过滤后，滤液用浓硝酸酸化后加入数滴 10% 醋酸铅，观察溶液中的变化。（有沉淀生成）

（2）甘油的检查　取 1 支洁净的试管，加入 1mL 1% 的硫酸铜溶液，2 滴 20% 氢氧化钠溶液，振摇，有氢氧化铜沉淀生成，加入 1mL 水解液，观察现象。（得深蓝色甘油铜溶液）

（3）胆碱的检查　取 1 支洁净的试管，加入 1mL 水解液，滴加硫酸酸化，加入碘化铋钾溶液，观察现象。（有砖红色沉淀生成）

（4）磷酸的检查　取 1 支试管，加 10 滴滤液，5 滴 95% 乙醇，加入 2 滴硝酸酸化，然后再加入数滴钼酸铵试剂，振摇，水浴加热，观察现象。（生成黄色磷钼酸铵沉淀）

五、思考题

1. 从蛋黄中提取卵磷脂的原理是什么？
2. 本实验中加入氯仿和丙酮的作用分别是什么？

实验十一　有机化合物的鉴别实验

一、实验目的

1. 进一步掌握烃、醇、酚、醛、酮、羧酸、糖、蛋白质等有机物的性质。
2. 熟悉常见有机化合物的鉴别操作。

二、实验仪器与试剂

仪器：试管（大、小）、试管架、铁架台、带导管的塞子、酒精灯、烧杯（250mL、100mL）、温度计、药匙、量筒、石棉网、棉花、火柴。

试剂：0.03mol/L 高锰酸钾溶液、3mol/L 硫酸溶液、液状石蜡、饱和溴水、精制石油醚、松节油、0.5mol/L 氨水溶液、浓硝酸、浓硫酸、苯、甲苯、0.1mol/L 硝酸银溶液、无水乙醇、金属钠、2.5mol/L 氢氧化钠溶液、0.3mol/L 硫酸铜溶液、甘油、0.2mol/L 苯酚溶液、0.06mol/L 三氯化铁溶液、丙酮、乙醛、0.05mol/L 亚硝酰铁氰化钠溶液、1mol/L 醋酸溶液、无水碳酸钠、班氏试剂、0.5mol/L 葡萄糖溶液、50g/L 淀粉溶液、碘试液、鸡蛋白溶液、10g/L 硫酸铜溶液。

三、实验内容

（一）烷烃、烯烃的鉴别

1. 取试管 1 支，加入 0.03mol/L 高锰酸钾溶液 1mL 和 3mol/L 硫酸溶液 2 滴，摇匀，再加入液状石蜡（为高级烷烃的混合物，沸点在 300℃以上）1mL，振荡后观察有无颜色变化？记录并解释发生的现象。

2. 取试管 1 支，加入 0.03mol/L 高锰酸钾溶液 1mL 和 3mol/L 硫酸溶液 2 滴，摇匀，再加入松节油（含双键的环烯烃）1mL，振荡后观察有无颜色变化？记录并解释发生的现象。

（二）芳香烃的鉴别

取干燥大试管 2 支，每支试管中加入浓硫酸和浓硝酸各 2mL，摇匀。待混合酸冷却后，向一支试管中加入苯 1mL，另一支试管中加入甲苯 1mL，边加边不断振荡，混匀后将 2 支试管放在 60℃的水浴中加热。约 10 分钟后，将 2 支试管里的液体物质分别倒入盛有

20mL 水的小烧杯中。观察生成物的颜色、状态，并闻其气味，写出反应的化学方程式。

（三）醇的鉴别

1. 醇与金属钠的反应　取 1 支试管，加入无水乙醇 2mL，再加入绿豆大小金属钠一粒，观察有无气体产生和放热现象，用拇指按住试管口，收集较多气体时，用点燃的火柴接近管口，观察有无爆鸣声，加入酚酞 1 滴后，观察颜色变化，说明原因，写出反应的化学方程式。

2. 甘油的鉴别　取 1 支试管，加入 2.5mol/L 氢氧化钠溶液 2mL 和 0.3mol/L 硫酸铜溶液 2mL，制得氢氧化铜沉淀，将沉淀分于 2 支试管中，在第一支试管中加入甘油 15 滴，在第二支试管中加入乙醇 15 滴，振荡，观察比较颜色变化，说明原因。

（四）酚的鉴别

1. 与溴水反应　在试管中加 0.2mol/L 苯酚溶液 2 滴，逐滴加溴水振荡，直至白色沉淀产生，观察并解释现象，写出反应的化学方程式。

2. 与三氯化铁反应　取 1 支试管，加入 0.2mol/L 苯酚 0.06mol/L 三氯化铁溶液各 2 滴，振荡，观察颜色变化，并说明原因。

（五）醛的鉴别

1. 银镜反应　在 1 支洁净试管中加入 0.1mol/L 硝酸银溶液 2mL，再滴加 2mol/L 氨水，边加边振荡，直至生成的沉淀刚好溶解（切勿过量），即得托伦试剂。将试剂等分至 2 支洁净试管中，在第一支试管中加丙酮 5 滴，在第二支试管中加乙醛 5 滴，把 2 支试管置于 60℃ 上水浴加热数分钟，观察试管内壁各有何现象。说明原因，写出反应的化学方程式。

2. 希夫反应　取 2 支试管分别加入 5 滴乙醛、丙酮，然后各加入 5 滴希夫试剂，观察、记录并解释发生的现象。

（六）丙酮的鉴别

丙酮的显色反应　取试管 1 支，加入丙酮 2mL 和 0.05mol/L 亚硝酰铁氰化钠溶液 10 滴，再加入 2.5mol/L 氢氧化钠溶液 3 滴，观察有何现象。

（七）羧酸的鉴别

与碳酸钠的反应　取试管 1 支，加入少量无水碳酸钠，再滴入 1mol/L 醋酸溶液数滴，观察有何现象，写出反应的化学方程式。

（八）葡萄糖的鉴别

与班氏试剂反应　在试管中加入班氏试剂 2mL 和 0.5mol/L 葡萄糖溶液 5 滴，加热数分钟，观察有何现象，并说明原因。

（九）淀粉的鉴别

与碘的反应　取 1 支试管，滴入 50g/L 淀粉 1mL，再滴入碘试液 1 滴，观察颜色变化，并说明原因。

（十）蛋白质的鉴别

缩二脲反应　取试管 1 支，加入鸡蛋白溶液和 2.5mol/L 氢氧化钠溶液各 2mL，再滴入 10g/L 硫酸铜溶液 5 滴，振荡，观察溶液呈现什么颜色，并说明原因。

四、思考题

1. 如何设计鉴别乙醛、乙醇、丙酮的实验？
2. 如何设计鉴别甘油、蛋白质、淀粉的实验？

主要参考书目

1. 魏俊杰，徐春祥，汤先觉．医用化学基础．哈尔滨：黑龙江科学技术出版社，2000
2. 庞茂林．医用化学．北京：人民卫生出版社，2000
3. 刘斌．有机化学．北京：人民卫生出版社，2003
4. 唐玉海．医用有机化学．北京：高等教育出版社，2003
5. 彭松，林辉．有机化学实验．北京：中国中医药出版社，2006
6. 李东风．有机化学．武汉：华中科技大学出版社，2007
7. 刘斌，陈任宏．有机化学．北京：人民卫生出版社，2009
8. 林辉．有机化学．北京：中国中医药出版社，2012